|개정판|

수질환경 개론 및 실험

김성준 지음

도서출판 동화기술

머리말

삶의 질이 높아질수록 더 나은 수질 환경에 대한 욕구는 증가합니다. 급속한 산업의 발달은 삶의 질을 높임과 동시에 환경오염을 가중시키고 있습니다. 세계 여러 나라는 물 부족뿐만 아니라 수질오염으로 인한 건강상 문제와 수자원 이용에 많은 애로사항을 겪고 있으며 이는 우리나라도 예외가 아닙니다. 물은 지구상에서 가장 중요한 자원 중 하나입니다. 더 나은 수질환경을 위해선 물의 여러 가지 특성을 이해하고 활용해야 합니다.

이 책은 환경공학도 및 환경관련 실무자에게 입문서로서 도움이 되고자 집필이 되었으며 특히 대학의 환경공학 및 관련학과 교재로서 기초가 부족한 학생 및 실무자에게 초점을 맞췄습니다. 또한 제1장은 수질환경개론 분야를, 제2장은 수질환경 분석실험을 기술하여 이론과 수질환경을 이해하는데 기초적인 수질항목 실험까지 다루어 수질 환경을 처음 접한 이에게 아주 유용한 서적이 되도록 구성하였습니다.

그간 부족한 부분의 자료 수집을 통하여 보완 수정하여 개정판을 출판하면서 최대한 알차고 지루하지 않도록 기술하였으며 최대한 쉽게 이해 할 수 있도록 노력하였으나 많이 미진하고 부족할거라 여겨집니다. 향후 이 책의 내용이 보다 더 충실해지고 유용해지도록 많은 분들의 지적을 겸허하게 받아들이고 참고하여 아쉬움과 부족함을 채우도록 노력할 것을 다짐하며 환경공학 및 관련 실무 종사자 그리고 이 책을 접하는 모든 이에게 조금이나마 도움이 되기를 바랍니다. 더불어 이 책의 출판을 맡아주시고 도와주신 도서출판 동화기술 회장님과 편집 및 교정에 많은 도움을 주신 편집부 관계자 여러분께 진심으로 고개 숙여 감사를 드립니다. 이 책을 접하는 모든 분들 늘 건강하시고 웃음 잃지 마시길……

김성준 드림

목 차

제 1 장

수질환경개론

제1절 수질 기초 단위

최근 들어 많은 대학들이 융합교육을 실시하고 있다. 대부분의 학교들은 공학계열과 이학계열의 학생들에게 서로 다른 교과과정을 부여하고 있으며 각각의 교육기관과 전공분야에서 가르치는 일반적인 기초 단위와 기본개념은 많은 부분에서 서로 상이하다. 이와 같은 교육과정의 차이와 공학자에게 기본지식의 필요성 때문에 기초 단위에 대한 중요한 부분들을 복습 차원에서 알아보고자 한다.

1. 기본 단위(Unit)와 차원(Dimension)

1.1 기본 단위(Unit)

기본 단위는 비교의 기준이 되는 단위 중에서 특별히 기본이 되는 것으로 선정된 단위로 물리량으로서 길이, 질량, 시간을 채용하여 이를 각각 센티미터(cm), 그램(g), 초(s)로 나타낸 것을 CGS 단위라 하며, 미터(m), 킬로그램(kg), 초(s)로 나타낸 것을 MKS 단위라 한다. 기본 단위에 사용하여 단위 환산 등 여러 가지 단위로 사용되는 접두어는 다음과 같다.

p(pico): 10^{-12}, n(nano): 10^{-9}, μ(micro): 10^{-6}, m(milli): 10^{-3}, c(centi): 10^{-2}, d(deci): 10^{-1}, de(deca): 10^{1}, k(kilo): 10^{3}, M(mega): 10^{6}, G(giga): 10^{9}

1.1.1 길이(차원 L)

길이의 단위는 가장 기본적으로 m(미터)를 사용한다. 실생활에 m, inch, cm, feet, yard, km 등을 사용하는데 모두 길이를 나타내는 동차원이지만 서로 다른 단위이다. 또한 서로 다른 단위지만 같은 차원이기 때문에 단위 환산이 가능하다. 이런 기본 단위에 위에서 언급한 접두어를 붙여 여러 단위의 길이를 원하는 단위로 환산할 수 있다.

$$1\ km = 10^3\ m = 10^5\ cm = 10^6\ mm = 10^9\ \mu m = 10^{12}\ nm$$

1.1.2 질량(차원 M)

질량의 단위는 g(gram)을 사용한다. 이 단위 앞에 각종 접두어를 붙여 여러 가지 질량의 단위로 사용한다. 실생활에 이용되는 파운드(lb)는 같은 질량의 단위로 1 lb = 453.6 g과 같은 질량으로 단위 환산이 된다.

$$1\ kg = 10^{-3}\ ton = 10^3\ g = 10^6\ mg = 10^9\ \mu g = 10^{12}\ ng$$

1.1.3 시간(차원 T)

시간의 단위는 초(sec), 분(min), 시간(hr), 일(day), 주(week), 달(mon), 년(year)을 사용한다.

이 밖에도 온도의 Kelvin, 전류의 암페어, 명도의 칸델라 등이 기본단위이고, 그들 기본차원을 조합하여 각종 물리량 및 유도단위가 나온다.

1.2 유도 단위(derived unit)

기본 단위나 복수 단위를 곱하거나 나눔으로써 얻어지는 다양한 유도 단위가 있다. 유도 단위를 얻는 방법은 다음과 같다.

- $m \times m = m^2$ - 면적단위
- $m \times m \times m = m^3 = kL$ - 부피단위
- $km \div hr = km/hr$ - 자동차의 시속, 속도의 단위
- 시간당 증가하는 속도 $= (m/sec)/sec = m/sec^2$ - 가속도의 단위
- 질량 × 가속도 $= kg \times m/sec^2 = kg \cdot m/sec^2 = N$ - newton, 힘의 단위
- 면적당 가해지는 힘 $= N/m^2 = Pa$ - 파스칼, 압력의 단위

1.2.1 면적(A) (차원 L^2)

면적의 단위는 길이의 단위에 제곱을 붙여 cm^2, m^2, km^2 등으로 사용한다.

1.2.2 부피, 체적, 용적(V) (차원 L^3)

부피(체적, 용적)의 단위는 길이의 단위에 3제곱을 붙여 cm^3, m^3 등으로 사용하며 편의상 리터(L, liter)를 사용한다. 킬로리터(kL)는 m^3과 같은 단위로 사용한다.

$$1\ L = 10^{-3}\ kL = 10^3\ mL$$
$$1\ m^3 = 10^6\ cm^3$$
$$cm^3 = mL = cc$$

1.2.3 속도(v) (차원 L/T, $L \cdot T^{-1}$)

속도는 시간의 변화에 따른 거리의 변화이다. 속도는 단위 시간당 이동한 거리로 표현한다. 시간의 단위, 길이의 단위는 무엇이든 쓸 수 있다

$$v = \frac{\Delta L}{\Delta t} = \frac{dL}{dt}$$

1.2.4 가속도(a, 중력가속도 g) (차원 L/T^2, $L \cdot T^{-2}$)

가속도는 시간에 따른 속도의 변화이다. 예로 1초마다 9.8 m/sec씩 가속된다면 다음과 같이 표현할 수 있다.

$$a = \frac{dV}{dt} = \frac{9.8\ m/sec}{1\ sec} = 9.8\ m/sec^2$$

1.2.5 힘(차원 F, MLT^{-2})

Newton의 운동 제2법칙에 의하면 힘(force)은 질량과 가속도의 곱에 비례한다.

$$\text{힘} = \text{질량} \times \text{가속도}$$
$$N = kg \times m/sec^2$$
$$dyne = g \times cm/sec^2$$

1.3 단위계의 특성

절대, 중력, 공학 단위계의 특성은 다음과 같다.

- **절대 단위계** : 질량(M), 시간(T), 길이(L)를 기본단위로 하는 단위계
- **중력 단위계** : 절대 단위계의 질량 대신에 힘(F)을 기본으로 함
- **공학 단위계** : 절대 단위계와 중력 단위계의 조합

2. 기초 물리량

2.1 압력(P) (차원 FL^{-2}, $ML^{-1}T^{-2}$)

압력(pressure)은 단위 면적(A)당 작용하는 무게(W)로 표현하며, 다음과 같이 여러 방법으로 표현할 수 있다.

$$P = \frac{F}{A} = \frac{W}{A} = \mathrm{kg_f/cm^2}$$

1 atm(표준 대기압) = 760 mmHg = 10,322 mmH_2O = 101,325 Pa

= 101.325 kPa = 1,013.25 mbar = 14.7 PSI

1 at(공학 기압) = 1 kg_f/cm^2 = 735.6 mmHg

2.2 밀도(ρ) (차원 $M \cdot L^{-3}$)

밀도는 단위 체적당 질량으로 표현한다.

$$\rho = \frac{M}{V} = \mathrm{kg/m^3}$$

2.3 비중(S) (무차원)

2.3.1 액체, 고체의 비중

액체, 또는 고체가 물보다 무거운지 가벼운지 나타내기 위해 물의 밀도와 대상물질의 밀도를 비교한 수치로 비중은 단위가 없는 무차원 계수이다.

$$SG = \frac{\text{대상의 밀도}}{4℃\ \text{물의 밀도}}$$

액체·고체의 비중이 S인 경우 1 L = S kg과 같으며,
물의 비중 S = 1이므로 1 L = 1 kg 또는 1 mL = 1 g이다.

2.3.2 기체의 비중

어떤 기체가 공기보다 무거운지 가벼운지 나타내는 지표이다. 공기의 밀도와 대상물질의 밀도를 비교하여 나타낸 수치로 비중은 단위가 없는 무차원 계수이다.

$$SG = \frac{\text{대상의 밀도}}{\text{STP 공기의 밀도}}$$

여기서 STP = Standard Temperature and Pressure(0℃, 1기압을 의미)
기체의 비중이 S인 경우 1 L = 1.293 × S g과 같으며,
공기의 비중 S = 1이므로 1 L = 1.293 g이다.

2.4 비중량(γ) (차원 $F \cdot L^{-3}$)

비중량은 단위체적당 중량으로 어떤 물질의 체적과 중량을 비교한 수치로 단위 중량이라고 한다. 예를 들어, 물의 밀도는 1 g/cm^3, 1,000 kg/m^{3}이고, 물의 비중량은 1 g/cm^3, 1,000 kg/m^{3}이다. 즉, 이들의 차이점은 밀도는 g_m, kg_m이고, 비중량은 g_f, kg_f이다. 그러므로 물이 1,000 kg의 질량을 가지면 1,000 kg의 중량을 갖고, 물이 1 g의 질량을 가지면 1 g의 중량을 갖게 되는 것이다. 결론적으로 밀도와 비중량은 수치는 같지만 개념은 다르다.

2.5 연습문제

01 압력의 단위 환산에서 틀린 것은? ㉰

㉮ 1 atm은 1기압이며 이는 대기압이다.

㉯ 760 mmHg = 10,322 mmH_2O = 10,332 kg/m^2

㉰ 대기압은 게이지 압력으로 1기압이다.

㉱ 1 atm = 10.322 mH_2O = 1.0332 kg/cm^2

해설 : 게이지 압력은 대기압을 0으로 기준하여 설정된 값이다.

02 수은주 높이 200 mm는 수주로 몇 mm인가? ㉰

㉮ 약 4,388 ㉯ 약 3,360

㉰ 약 2,720 ㉱ 약 1,760

해설 : 200 mmHg × (10,332 mmH_2O / 760 mmHg) = 2,718.95 mmHg

03 물의 물리적 성질 중 틀린 것은? ㉯

㉮ 1 μm = 10^3 nm = 10^3 mμ ㉯ 1 cm = 0.01 m = 100 mm

㉰ 1 km^2 = 10^6 m^2 = 100 ha ㉱ 1 μm = 10^6 pm = 10^6 μμ

해설 : 1 cm = 10 mm

04 어느 폐수 중 유해물질이 2 μg/L가 존재한다. 이것은 ng/L로 환산하면 얼마가 되는가? ㉱

㉮ 2 ng/L ㉯ 20 ng/L

㉰ 200 ng/L ㉱ 2,000 ng/L

해설 : $2\,\frac{\mu g}{L} = \frac{2\,\mu g}{L} \times \left[\frac{1\,g}{10^6\,\mu g}\right] \times \left[\frac{10^9\,ng}{1\,g}\right] = 2{,}000\,ng/L$

05 다음 수질단위 환산을 한 것이다. 잘못된 것은 무엇인가? ㉮

㉮ 비중이 S인 경우 1 % = $S \times 10^4$ mg/kg

㉯ 비중이 S인 경우 1 % = 10^4 ppm

㉰ 비중이 S인 경우 1 ppm = 1 mg/kg

㉱ 비중이 S인 경우 1 ppm = $S \times 1$ mg/L

해설 : 수질단위 중 %, ppm, pphm, ppb는 (W/W)을 기준으로 비중이 1 또는 S인 경우 1 % = 10^4 ppm = 10^6 pphm = 10^7 ppb = 10^4 mg/kg = $S \times 10^4$ mg/L임(S는 비중임).

06 물의 밀도를 공학단위로 표시한 것은?(단, 4℃의 물임) ㉯

㉮ $0.102\ kg_f \cdot s^2/m^4$ ㉯ $102\ kg_f \cdot s^2/m^4$

㉰ $1.02\ kg_f \cdot s^2/m^4$ ㉱ $10.2\ kg_f \cdot s^2/m^4$

해설 : 공학단위로 표시하라는 것은 질량단위인 kg이 아닌 무게단위인 kg_f로 표시한 것이다. 4℃의 물의 밀도는 $1\ g/cm^3$이다.

$$\frac{1\ g}{cm^3} = \frac{1\ g}{cm^3} \times \left[\frac{1\ kg_f \times s^2}{1\ kg \times 9.8\ m}\right] \times \left[\frac{100\ cm}{1\ m}\right]^3 \times \left[\frac{1\ kg}{1000\ g}\right] = 102\ kg_f \cdot s^2/m^4$$이다.

07 1 atm은 몇 kg_f/cm^2인가? ㉮

㉮ $1.034\ kg_f/cm^2$ ㉯ $10.34\ kg_f/cm^2$

㉰ $103.4\ kg_f/cm^2$ ㉱ $1{,}034\ kg_f/cm^2$

해설 : 여기서 사용할 환산인자는 $1\ kg_f = 1\ kg \times 9.8\ m/s^2$으로부터 나오는 $\frac{1\ kg_f \times s^2}{1\ kg \times 9.8\ m}$와 $1\ N = 1\ kg \times m/s^2$으로부터 나오는 $\frac{1\ kg \times m}{1\ N \times s^2}$와 $1\ Pa = 1\ N/m^2$으로부터 나오는 $\frac{1\ N}{1\ Pa \times m^2}$를 이용하면 된다.

$$1\ atm = 1\ atm \times \left[\frac{101{,}325\ Pa}{1\ atm}\right] \times \left[\frac{1\ N}{1\ Pa \times m^2}\right] \times \left[\frac{1\ kg \times m}{1\ N \times s^2}\right] \times \left[\frac{1\ kg_f \times s^2}{1\ kg \times 9.8\ m}\right] \times \left[\frac{1\ m}{100\ cm}\right]^2$$

$$= 1.034\ kg_f/cm^2$$

08 수은주 높이 100 mm는 수주로 몇 mm인가? (수은의 비중은 13.6이다.) ㉱

㉮ 약 4,388 ㉯ 약 3,360

㉰ 약 2,720 ㉱ 약 1,360

해설 : 압력단위 환산에서 760 mmHg = 10,332 mmH_2O, 수주 = 물기둥이고, 10,332 mmH_2O = 10,332 mm 물기둥이라는 뜻이므로, 100 mmHg × (10,332 mmH_2O/760 mmHg) = 1,360 mmHg

09 비중량이 1,960 kg/m^3인 유체의 밀도($kg \cdot sec^2/m^4$)는 얼마인가? ㉮

㉮ $20\ kg \cdot sec^2/m^4$ ㉯ $200\ kg \cdot sec^2/m^4$

㉰ $980\ kg \cdot sec^2/m^4$ ㉱ $1{,}000\ kg \cdot sec^2/m^4$

해설 : 비중량 $r = \frac{W(중량)}{V(체적)} = \frac{M \cdot g}{V}$,

밀도 $\rho = \frac{M}{V} = \frac{r}{g} = \frac{1{,}960\ kg}{1\ m^3} \times \frac{sec^2}{9.8\ m} = 200\ kg \cdot sec^2/m^4$

10 다음의 차원방정식 중 틀리게 표시한 것은 무엇인가? ㉮

㉮ 점성계수$[MLT^{-1}]$ ㉯ 확산계수$[L^2T^{-1}]$

㉰ 유속$[LT^{-1}]$ ㉱ 밀도$[ML^{-3}]$

해설 : 점성계수 단위는 g/cm·sec이므로 차원으로 표기하면 $[ML^{-1}T^{-1}]$이다.

제2절 물(water)

없어도 문제가 되지만 넘치면 더욱 문제가 되는 것은 물이라고 예외가 아니다. 물은 지구상에서 가장 중요한 화학물질의 하나이다. 물이 없으면, 물의 성질이 현재와 같지 않다면 하는 가정을 해보면 끔찍한 일들이 상상이 된다. 우리 인체의 **약 70%** 정도가 물이니 그것의 중요성은 두말할 필요도 없다. 물은 왜 그렇게 **독특한 성질**을 띠며, 그 독특한 성질을 우리는 주변에서 어떻게 경험하는 지 알아보고 물이 갖는 수자원적 특성에 대해 알아보고자 한다.

1. 물의 특성

1.1 극성 용매인 물

물은 여러 가지 물질을 녹일 수 있는 **용매(solvent)**이다. 한 개의 물 분자는 수소 원자(H) 2개, 산소 원자(O) 1개로 이루어져 있지만, 액체 상태의 물은 수많은 물 분자들이 모여서 이루어진 것이다. 물 분자 한 개를 놓고 보면 수소 원자들은 부분적으로 양 전하를 띠며, 산소 원자는 부분적으로 음 전하를 띤다. 왜냐하면 산소 원자는 전자를 잘 끌어당기는 특성(산소 원자가 수소 원자보다 전기음성도가 큼)이 있어서 상대적으로 산소 원자 주위에 전자가 더 많이 쏠려 있게 되기 때문이다. 한 개의 분자 안에 부분적으로 양 전하, 음 전하를 가진 물 분자는 극성을 띤 분자(쌍극자)라고 말한다. 극성을 띤 물 분자들은 서로 이웃하고 있는 분자들끼리 서로 잘 끌어당기고 있어 물 분자의 수소 원자와 이웃 물 분자의 산소 원자 간에 결합이 이루어지게 되며 이를 **수소결합(hydrogen bond)**이라 한다.

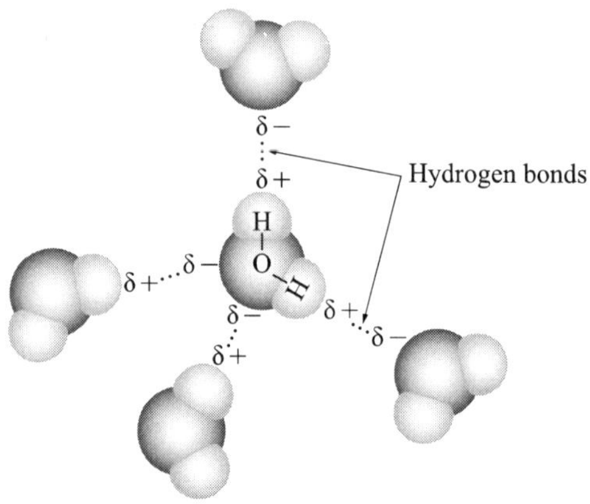

≫ 그림 1.1 **물 분자 수소결합의 3D 모델.** 〈출처: (CC) Qwerter at Czech Wikipedia 등〉

1.2 액체 상태의 물(물의 용해성)

물은 지구상에서 가장 중요한 화학물질의 하나다. 부분적으로 음 전하를 지닌 산소 원자 주위에 부분적으로 양 전하를 띤 다른 물 분자의 수소원자가 공간적으로 배치된다면 두 분자는 잘 끌릴 것이다. 그러므로 3차원 공간상에 이러한 끌림으로 인해서 물 분자끼리 여러 개가 뭉쳐지고, 결국에는 응집이 되면 액체가 되는 것이다. 물이 극성을 띠고 있으므로 극성을 띠고 있는 이온이나 분자들은 물에 잘 녹는다. 그러나 극성이 매우 약하거나 없는 분자들은 물에 녹지 않는다. 예를 들어서 기름 분자들은 극성이 없어서 극성 용매인 물에는 잘 녹지 않는다. 이는 물과 식용유를 섞을 때 서로 섞이지 않는 현상이 바로 이런 이유로 설명해 볼 수 있다. 기름은 상대적으로 무극성이기 때문에, 극성분자끼리 결합한, 물 분자하고는 결합을 하지 않으려고 하는 경향이 있다. 대신 기름 분자들은 극성이 약하거나 없는 유기 용매에는 잘 녹는다.

물 분자의 크기는 약 3.3Å인데 물 분자끼리 결합한 액체 상태에서 한 분자가 차지하는 용적은 29.7$Å^3$이다. 즉, 액체 상태의 물은 약 36.7%가 빈 공간이란 뜻이다. 이러한 빈 공간 내 각종 무기 이온들은 물에서 자유로이 이동하게 된다. 격자상의 결정구조를 지닌 어떤 물질이 물속에 들어오면 그 구조 내 양이온이 물 분자 중 (−)전기를 띤 산소로 이동하고, 음이온을 띤 물질은 물 분 자중 (+)전기를 띤 수소로 이동하여 둘러싸면서 전기적 중화작용이 이루어져 무기결정 구조물질이 용해된다. 따라서 거의 모든 물질은 위와 같은 물의 용해성에 의해 많든 적든 간에 녹게 되며, 물이 모든 생화학적 반응을 담당하는 능력을 갖게 된다. 결국 물은 용매분자 사이의 힘보다 용매와 용질분자 사이의 힘이 클 때 용해가 잘 일어난다. 태초 지구에 생명활동이 가능했던 것은 바로 물 때문 이었으며, 물이 존재한다는 것은 생명이 존재 가능하다는 것을 반증한다.

표 1.1 수온과 공기 용해량과의 관계

온도 ℃(℉)	0(32)	4.4(40)	15.6(60)	32.2(90)	48.9(120)	65.6(150)
공기용해량(%)	2.88	2.56	2.10	1.78	1.62	1.49

다음은 **물의 용매성**을 정리하였다.

① 물의 온도(수온)가 높을수록 기체의 용해도는 감소한다. (즉, 산소는 차가운 물에 잘 녹는다.)
② 대기 중의 부분 압력이 클수록 기체의 용해도는 증가한다.
③ 물속의 불순물질의 농도가 높을수록 용해도는 증가한다.
④ 고체는 물의 온도가 높을수록 용해도는 증가한다.
예외) ▸ 고체 중에서 온도가 높을수록 용해도가 감소하는 것 : Ca화합물 - $Ca(OH)_2$, $CaCO_3$, $CaSO_4$ 등
▸ 용해도가 온도에 별 영향을 받지 않는 것 : NaCl
▸ 온도증가에 따라 용해도가 증가하다 감소하는 것 : 황산나트륨(Na_2SO_4)
⑤ 유극분자(극성기를 가진 분자)는 유극분자끼리, 무극분자는 무극분자끼리 잘 녹는다.
▸ 유극분자 : 물, 알코올 등
▸ 무극분자 : 기름, 가솔린 등
⑥ 난류가 클수록(물이 거칠게 섞일수록) 기체가 물속에 많이 녹아 들어간다.
⑦ 공기와 물이 접하는 면적(계면적)이 클수록 기체의 용해도 증가한다.

1.3 물 분자의 수소결합과 표면장력

물 분자는 수소결합이라는 독특한 결합 방식을 통해서 다른 극성의 분자들 보다 더 잘 뭉친다. 다른 원자에 비해서 상대적으로 전자를 잘 끌어당기는 특성을 가진 산소(O), 질소(N), 불소(F) 원자들이 수소(H) 원자와 결합하여 형성된 분자들의 집합체에는 수소 결합이 존재한다. 예를 들어서 한 개의 물 분자에 포함된 산소원자는 분자 자

체 내의 수소 원자로부터 전자를 끌어당기기도 하지만, 이웃에 있는 다른 물 분자의 수소 원자까지도 끌어당겨 약한 결합을 하고 있다. 이런 약한 결합을 **수소결합**이라 부른다. 그러므로 물 분자끼리 모여 있으면 자연스럽게 수소결합이 형성된다.

수소 결합으로 인해서 물은 독특한 성질을 가진다. 한 예로 물의 끓는점은 분자량이 같은 다른 액체에 비해서 월등이 높다. 일반적으로 액체의 끓는점은 분자량이 비슷한 액체끼리는 거의 같지만 물은 수소결합을 하고 있어서 다른 액체에 비해서도 끓는점이 상당히 높은 것이다. 많은 액체는 고체가 되면 부피가 줄어든다. 그러나 물은 액체에서 고체가 될 때 오히려 부피가 늘어난다. 외부에 노출된 수도관의 물이 얼게 되면 수도관마저 찢겨 버리는 것을 보면 분자가 주위를 밀치는 힘이 무지무지 한 것을 볼 수 있다.

수소 결합을 하고 있는 물은 **표면장력(surface tension)**이 다른 액체에 비해서 유난히 크다. 물보다 밀도가 큰 물체들도 물의 표면장력이 크기에 떠 있을 수 있다. 컵에 물을 가득 채우고 조심스럽게 페이퍼 클립을 올려놓으면 페이퍼 클립이 가라앉지 않고 물위에 둥둥 떠 있는 재미난 실험을 할 수 있다. 연못에서 소금쟁이나 장구벌레가 물 위를 걸어 다닐 수 있는 것도 물이 표면장력이 큰 액체이기에 가능한 것이다. 표면장력은 수온이 증가하고, 불순물농도가 높을수록 감소한다.

다음은 **수소결합에 의한 물의 특성**을 나열하였다.

① 안정한 분자 배열
② 녹는점, 끓는점 및 비열이 큼
③ 표면장력이 큼
④ 얼 때 분자 사이의 공간이 커져 부피증가 및 밀도감소

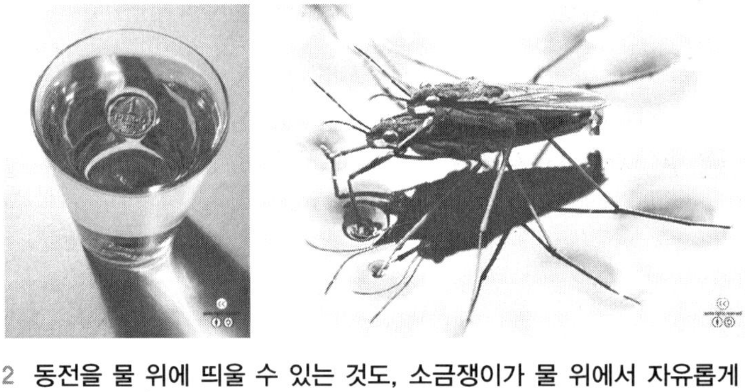

≫ 그림 1.2 **동전을 물 위에 띄울 수 있는 것도, 소금쟁이가 물 위에서 자유롭게 노닐 수 있는 것도 물의 표면장력 때문이다.** 〈출처: (CC) Roger McLassus(좌) Markus Gayda(우)〉

여기서 잠깐

만약에 물 분자가 구부러진 모양이 아니었다면?

만약 물 분자가 곧은 구조를 가지고 균형을 이루었다면, 물 분자의 극성은 사라지고 수소 결합도 불가능하게 된다. 그렇게 되면, 물은 −80℃에서 끓어 우리가 사는 세상에서는 모두 기체가 되어 사라진다. 강이나 바닷물은 물론이고, 생명체의 몸 안에 있는 물도 모두 기체가 되어 사라져 버릴 것이다.

출처 : https://www.water.or.kr/knowledge/educate

재미있는 물 이야기

지구의 물은 어디서 왔을까?

흔히 지구를 초록별 또는 물의 행성이라 부른다. 태양계의 여러 행성 중 지구는 물이 있는 유일한 행성으로 알려져 있다. 하지만 46억 년 전 지구가 처음 태어났을 땐, 오늘날처럼 물이나 대기가 없었다. 그렇다면 지구의 물은 어디서? 과학자들은 다음 2가지 이유라 추측한다.

1. 지구 내부에서 일어난 가스 방출로 물이 생겨났다?

막 태어났을 땐 뜨거운 불덩어리였던 지구가 차츰 식으면서 여기저기서 화산 폭발이 일어났고, 이 때 지구 내부에서 빠져나온 기체들이 지구를 감싸는 대기가 되었고, 이 대기는 지금과 달리 메탄가스, 수소가스, 암모니아가스, 그리고 수증기가 대부분이었다.

수증기들이 점점 더 크게 뭉쳐져서 더 이상 지탱할 수 없게 되자 비가 되어 수백 년 동안 끊임없이 내리기 시작했고 이로 인해 지표면의 낮은 부분이 모두 물로 채워져 태초의 바다가 생겨났다는 학설이다.

2. 혜성, TNO, 혹은 소행성이 지구에 부딪쳐 물이 생겨났다?

지구가 탄생했을 때 혜성, TNO, 혹은 물이 풍부한 소행성이 끊임없이 지구에 충돌해 바다가 생겨났다는 설도 있다. 이 3가지 중 지구에 물을 가져다 준 손님은 수분이 많은 소행성(asteroids)일 가능성이 가장 높다. 각각의 원소구성비율을 측정해보면 혜성이나 TNO에 있는 원소구성비율이 지구에 있는 바닷물과는 차이가 나고, 소행성에 있는 원소구성비율은 지구 바닷물과 거의 일치하기 때문이다.

* TNO(Trans-Neptunian Object)란? 태양계 막내인 해왕성보다 더 바깥 궤도를 돌고 있는 왜소행성들

출처 : '물이란 무엇인가' (우에다이라 히사시, 1987)

1.4 물의 열용량, 비열, 증발열

물보다 열용량이 큰 물질을 찾기 힘들 정도로 물의 열용량(heat capacity)은 매우 크다. 열용량은 물질의 온도를 1℃ 올리는 데 필요한 열로 물질의 양에 의존한다. 그러므로 열용량의 차이가 있는 두 종류 물질 일정한 양에 동일한 열을 가하면 열용량이 큰 물질의 온도 변화는 작지만, 열용량이 작은 물질의 온도 변화는 크다. 예를 들어 여름철에 햇볕을 받은 모래나 자갈은 뜨거워서 발을 디디기가 어렵다. 그러나 물은 온도가 그렇게 많이 올라가지는 않는다.

모래와 물의 양(무게 혹은 부피)이 다르므로 **비열**(specific heat capacity)을 사용하여 비교해 보면 이해하는 것이 어렵지 않다. **비열은 어떤 물질 1 g을 1℃ 높이는데 필요한 열(에너지)**이다. 물의 비열은 4.18 joule/g ℃이며, 모래의 주성분이 되는 실리콘 산화물의 비열은 0.70～0.84 joule/g ℃이다. 이것이 의미하는 것은 물 1그램을 1℃ 올리려면 4,18 joule/g ℃의 에너지가 필요하고, 모래 1 g을 1℃ 올리려면 0.70～0.84 joule/g ℃의 에너지가 필요하다는 말이다. 그러므로 같은 양의 열을 받았을 때 물의 온도가 왜 덜 올라가는지 이해할 수 있는 것이다.

≫ 그림 1.3 고체 상태의 물인 얼음. 물은 액체에서 고체가 될 때 부피가 느는 드문 화합물이다.
〈출처: (CC) Saperaud at wikimeda.org〉

≫ 그림 1.4 물을 끓이면 기체인 수증기가 된다. 물은 증발열이 크며, 유사한 분자에 비해 끓는점이 높다.
〈출처: (CC) Markus Schemist at wikimeda.org〉

반대로 물의 온도를 1℃ 낮추려면 더 많은 열을 물로부터 빼앗아야 한다. 추운 겨울날 물속이 따뜻하게 느껴지는 것도 주위의 물질에 비해 물의 온도가 상대적으로 덜 내려갔기 때문이다. 한편 식용 기름의 비열은 약 1.5～2.0 joule/g ℃로 물보다 작다. 그러므로 프라이팬에서 음식을 조리할 때 기름을 사용하면 물보다 신속하게 온도를 높이는 효과를 볼 수 있다. 또한 물은 수소결합으로 인해서 다른 어떤 물질보다 **증발열**(heat of vaporization)이 크다. 액체 물이 증발하여 기체가 되려면 물 분자 간에 이루어진 수소결합이 끊어져야 하기에 수소결합을 하지 않은 비슷한 분자에 비해 열이 더 필요하다. 그러므로 물의 끓는 점 역시 100℃로 다른 물질에 비해서 상당히 높다. 수소 결합을 하지 않는 황화수소(H_2S, 물 분자의 O 대신 S가 결합되어 있다.)의 끓는점이 약 −60℃인 것을 생각해 보면 물의 끓는점이 얼마 높은 것인지 알 수 있다.

표 1.2 물과 다른 물질들의 비열

물질종류	물	알코올	철	금
비열(cal/g·℃)	1.000(20℃)	0.570(21℃)	0.107(20℃)	0.003(20℃)

물의 비열은 1.0 cal/g·℃로 다른 물질들에 비하여 매우 높은 편이다(표 1.2). 물의 비열이 높은 이유는 물 분자들의 수소결합 때문이다. 인간 체중의 70%가 물이라는 사실은 신비스럽고 놀라운 일이 아닐 수 없다. 비열이 큰물이 주성분인 체액 및 혈액으로 인체가 채워져 있어서 한 여름의 뜨거운 햇볕에도 체온을 유지할 수 있으며, 추운 겨울의 한파에도 몸이 얼지 않고 버티어 낼 수 있다. 만약에 비열이 작은 액체가 주성분이 되는 혈액이나 체액으로 우리 몸이 채워져 있었다면 사막이나 극지방에서는 도저히 생존을 할 수 없었을 것이며, 지구의 기후 변화에 적응하지 못하고 전멸했을 것이다.

표 1.3 물의 물리적 특성

항 목	어는점
끓는점(비점)	1기압에서 100℃
어는점(빙점)	0℃, 단 압력저하의 경우(0.0074℃/atm)
비 열	1.0 cal/g·℃(15℃)
열전도율	1.40×10^{-3} cal/cm·sec·deg(20℃)
체적팽창률	1.52×10^{-3} /deg(5~10℃)
기화열	539.032 cal/g(100℃)
융해열, 응고열	79.40 cal/g(0℃)
표면장력	72.75 dyne/cm(20℃)
비저항	2.5×10^{7} Ω·cm
비전도도	1.49×10^{-8} /Ω·cm(0℃)
음파의 전파속도	1,482.9 m/sec(20℃)
빛의 굴절률	1.333

표 1.4 물의 특성과 자연현상

물의 특성	현 상	자연현상이나 생활에 미치는 영향
용해성이 큼	여러 물질을 잘 녹임	세탁할 때 물 사용 물에 산소가 녹아 생물 생존 많은 물질이 수용액 상태로 존재 영양분의 섭취 및 노폐물 배출
비열이 큼	바다의 온도변화가 적음	해안지방의 해륙풍 계절풍
증발열이 큼	증발할 때 많은 열 흡수	더울 때 물을 뿌림
표면장력이 큼	표면적 가능한 작게 유지	잎사귀에 맺혀있는 이슬방울 소금쟁이의 운동
얼면 부피 커짐	얼음이 물 위에 뜸	얼음이 뜨므로 수중생태계 유지

1.5 밀도

밀도(mass density : ρ)는 단위체적에 포함되어 있는 질량, 즉 물질의 양으로 질량 입자의 농도를 나타내는 척도이다. 물의 밀도와 온도와의 관계는 다음 표 1.5와 같다.

$$\rho = mv \quad (g/cm^3 : C.G.S \text{ 단위})$$

여기서, m(mass) : 질량
v(volume) : 체적

표 1.5 물의 밀도와 온도와의 관계($g/cm^3 = kg/L = ton/m^3$)

온도(℃)	밀도(g/cm^3)	온도(℃)	밀도(g/cm^3)
−13	0.99693	20	0.99823
−10	0.99794	30	0.99568
−5	0.99918	40	0.99225
0	0.99987	50	0.98807
2	0.99993	60	0.98324
4	1.00000	70	0.97781
6	0.99997	80	0.97183
8	0.99988	90	0.96534
10	0.99973	100	0.95858

물의 밀도는 다른 물질들처럼 온도의 영향을 받아 변하나 다른 물질들과 달리 3.98℃(약 4℃)에서 최대 밀도를 갖는 독특한 특성을 가지고 있다. 3.98℃(약 4℃)보다

온도가 상승하거나 하강하는 경우 체적이 증가하여 밀도가 감소하는 특성을 지닌다. 따라서 물은 대부분의 물질들과 반대로 고체가 액체의 밀도보다 작은 대단히 특이한 물질 중의 하나이다. 온도가 내려가면 부피가 감소하는 다른 물질들과 다르게 3.98℃(약 4℃)에서 0℃로 온도가 하강하는 동안에 부피가 증가하기 때문에 나타나는 현상이다.

얼음이 액체 상태의 물보다 밀도가 낮은 것은 수소결합의 결과물이다. 액체 상태에서는 불안정하게 결합되어 있던 물 분자 사이의 수소결합이 고체 상태에서는 안정되게 결합한다. 그 결과 빈 공간을 많이 형성하는 육각형 구조를 형성한다. 이런 구조가 체적의 증가를 가져와 밀도의 감소를 초래하는 것이다.

온도 이외 물의 밀도에 영향을 미치는 또 다른 요소들로서는 압력과 용존 불순물농도 등이 있다. 압력의 경우 1 kg/cm^{2}의 압력에 대해 압축률 50/1,000,000 정도로 아주 미세한 영향 밖에 주지 못한다. 그러나 용존 불순물은 그 농도가 자체밀도에 직접 비례하여 물의 밀도를 변화 시킨다. 해수의 밀도는 또한 염도의 함수이며, 이것은 다른 대양, 해역에 따라 상당히 달라진다. 보통 해수의 비중은 1.025이다. 대양의 해안수면 인접지대와 하구 내에 있는 담수와 염수의 밀도는 거의 유사하다.

물의 밀도는 이처럼 여러 요소의 영향을 받으나 그 변화 정도가 미미해 보통 수질 오염농도를 계산할 때는 다음 값을 사용한다.

- **담수** ρ = 1 g/cm^3 = 1 kg/L = 1 ton/m^3 = 62.4 lb/cuft
- **해수** ρ = 1.025 g/cm^3 = 1.025 kg/L = 1.025 ton/m^3 = 64.0 lb/cuft

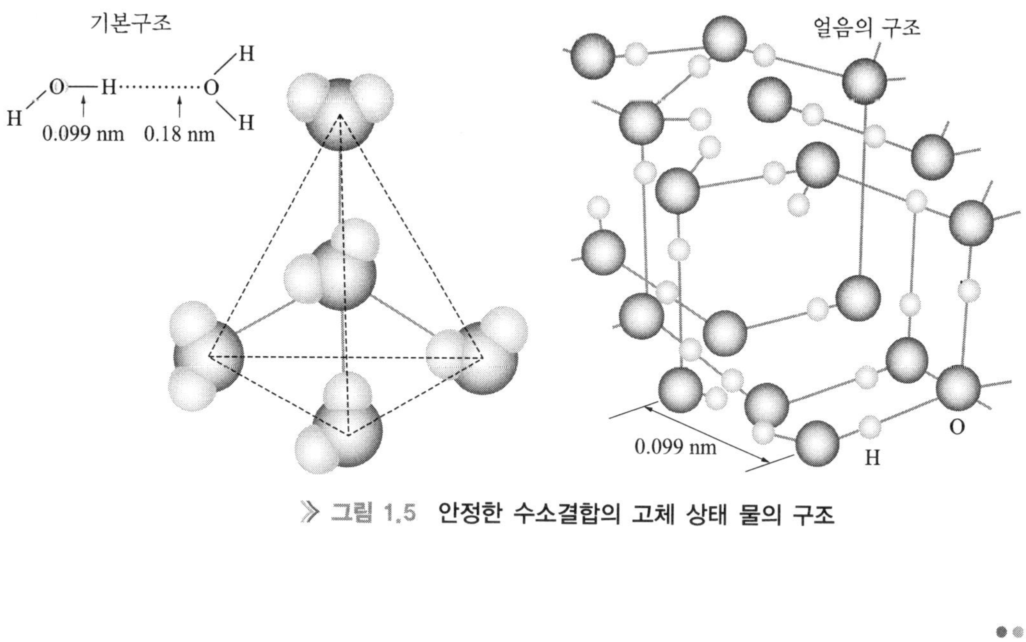

그림 1.5 안정한 수소결합의 고체 상태 물의 구조

이런 특성들은 생태계에서 다양한 현상들을 유발한다. 호수의 수온 변화가 있는 경우 가장 무거운 3.98℃(약 4℃) 정도의 물이 아래로 가라앉으면서 수체의 수직밀도 변화가 발생하여 **성층현상**을 유발시킨다. 성층이 형성된 호수에서 **전도현상**이 발생할 경우 수질이 악화될 수 있다. 해양에서는 심층류에서 **밀도류(density current)**의 생성을 유발시킨다.

또한 얼음이 물 위에 존재함으로서 외부의 차가운 공기를 차단시켜 준다. 차가운 냉기가 물속으로 전달되는 것을 차단하여 아래층의 물이 급속히 어는 것을 방지하고 극심한 추위로부터 수생생물을 보호하여 준다.

재미있는 물 이야기

물은 수축한다?

탁구공을 상자에 채워 넣어보면, 상태가 아래 그림과 같이 된다. 이를 최밀충전(最密充塡)이라 하는데, 되도록 빈틈이 없게 차곡차곡 포개면 어느 탁구공이든 주위에 12개의 공과 접하는 배열이 된다. 물 분자 역시 원에 가깝기 때문에, 원래대로라면 중심의 물 분자 주변에 12개의 원자가 둘러싸여야 하지만 실제 X선으로 조사해보면 4~5개 정도의 물 분자만이 가운데 물 분자 주변에 존재한다.

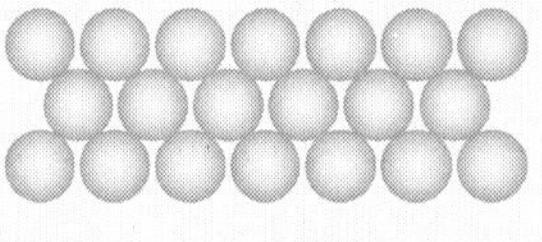

최밀충전
(압축률이 0일 때)

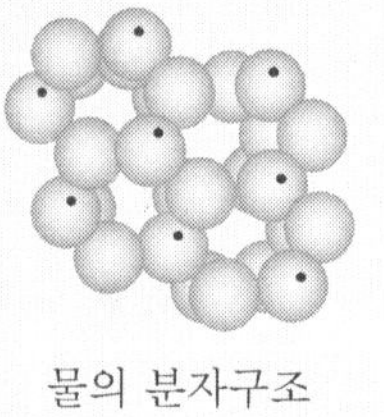

물의 분자구조

실제로 12개를 배열할 수 있는데도 4~5개 밖에 없다는 것은 물이 틈 사이가 많은 액체라는 증거이다. 공기를 예로 들어보자. 자전거 튜브에 공기를 넣어본 사람이라면 공기는 수축하기 쉽다는 것을 감각적으로 알고 있을 것이다. 공기와 같은 기체는 분자와 분자 사이가 빈틈투성이이다. 액체의 압축률을 비교해보면 다음 표와 같다.

액체의 종류	물	수은	에탄올	글리세린
압축률	45.9	3.8	114	21.7

압축률이 큰 액체일수록 수축하기 쉽다. 표에서 보면 알겠지만 물은 수은이나 글리세린보다 수축하기 쉽고 에탄올보다는 수축하기 어렵다. 수은과 물을 비교하면 수은은 틈 사이가 작다. 만약 물이 전혀 수축하지 않는 액체였다면 해수면은 지금보다 40 m나 높아지고 지구 육지의 5%가 바다 속에 잠긴다고 한다.

출처 : '물이란 무엇인가' (우에다이라 히사시, 1987)

1.6 요점정리 및 연습문제

1.6.1 물의 특성 요점정리

■ 물은 쌍극성 분자특성을 가진다. (수소 : 양 전하, 산소 : 음 전하)
- 물은 수소와 산소의 공유결합과 수소결합으로 이루어져 있다.

■ 물은 4℃에서 밀도가 가장 크다. (호소의 turn over 현상)
- 순수한 물은 4℃(비중 1)를 기준하며, 몰농도는 55.56 M이다.
- 물의 밀도는 4℃에서 가장 크고 4℃를 전후로 낮아지며, 온도가 증가할수록 물의 밀도는 감소한다.
- 물의 밀도 $\rho = 1\ \text{kg/L} = 1\ \text{g/mL} = 1\ \text{g/cm}^3$
- 물의 밀도(공학단위) $102\ \text{kg}_f \cdot \text{sec}^2/\text{m}^4$

■ 물의 점성과 표면장력은 온도가 증가할수록 감소한다.
- 물의 점성은 온도가 증가할수록 점성은 작아진다.
- 표면장력 : 액체 표면의 분자가 액체 내부로 당기는 힘에 기인된다. (단위길이당 힘으로 표시함. dyne/cm, N/m)
- 물은 용해도, 표면장력, 증발열량, 비열, 비점 등이 크고, 광합성의 수소 공여체로서 생명체에 중요한 대사물이 된다.
- 비열 1 cal/g·℃(1℃ 증가 기준은 14.5~15.5℃임) (비슷한 분자량을 갖는 다른 화합물보다 비열이 크다.)

■ 물의 극성(polarity)은 용매의 특성을 결정하는 중요한 인자이다.
- 분자는 H^+와 OH^-로 극성을 이루므로 용질에 대한 용매로 많이 이용된다.

■ 금속류 및 비금속류와 쉽게 결합하는 성질을 가지고 있다.

물의 특성	용도와 특성
- 우수한 용매	- 영양물질, 폐기생성물운반, 수용액 매질에서 생물학적 과정 형성
- 가장 높은 액체의 유전 상수	- 이온성 물질의 높은 용해도, 용액의 이온화
- 어떠한 액체보다 높은 표면장력	- 생리학적 조절인자 : 표면 현상 유지
- 자외선보다 긴 파장의 가시광선 투과	- 무색, 광합성에너지, 물의 투명성, 투과, 정상조건에서 물분해 불가능
- 액체의 최대밀도(4℃에서 1.0)	- 얼음이 물위에 뜬다. 물의 성층화(물의 수직적 순환불가) 수중 생태계유지
- 높은 증발열	- 대기와 물 사이에서 열의 이동조절
- NH_3를 제외한 어떠한 액체보다 높은 잠열과 용융열	- 어느 점에서 온도의 안정화
- NH_3를 제외한 어떠한 액체보다 높은 열용량	- 지구영역과 유기체의 온도안정화(온도조절물질)

1.6.2 연습문제

01 물의 물리적 특성으로 틀린 것은 무엇인가? ㉰

㉮ 고체 상태인 경우 수소결합에 의해 육각형 결정 구조를 형성한다.

㉯ 약체 상태의 경우 공유결합과 수소결합의 구조로 H^+, OH^-로 전리되어 전하적으로 양성을 가진다.

㉰ 동점성계수는 점성계수/밀도이며 포이즈(poise) 단위를 적용한다.

㉱ 물은 물 분자 사이의 수소결합으로 인하여 큰 표면장력을 갖는다.

해설 : 포이즈는 점성계수의 단위이고 동점성계수는 스토크(St)를 사용한다.

02 물의 특성에 관한 설명으로 틀린 것은 무엇인가? ㉮

㉮ 수온이 감소하면 물의 점성도가 감소한다.

㉯ 수소와 산소의 공유결합 및 수소결합으로 되어 있다.

㉰ 물의 점성도는 표준상태에서 대기의 대략 100배 정도이다.

㉱ 물 분자 사이의 수소결합으로 큰 표면장력을 갖는다.

해설 : 수온이 낮을수록 물의 점도는 높아진다.

03 물의 물리적 성질 중 틀린 것은? ㉯

㉮ 표면장력 72.75 dyne/cm(20℃)

㉯ 비열 1.0 cal/g(20℃)

㉰ 음파의 전파속도 1,482.9 m/sec(20℃)

㉱ 융해열 79.40 cal/g(0℃)

해설 : 비열 1.0 cal/g(15℃) 기준임

04 물의 물리적 특성으로 옳지 않는 것은 무엇인가? ㉱

㉮ 물의 표면장력이 낮을수록 세탁물의 세정효과가 증가한다.

㉯ 물이 여러 가지 특성은 물 분자의 수소결합 때문에 나타나는 것이다.

㉰ 물의 융해열은 다른 액체보다 높은 편이다.

㉱ 물이 얼게 되면 액체상태보다 밀도가 커진다.

해설 : 얼음은 물 위에 뜬다. 물보다 밀도가 작다는 것이고 물의 밀도는 4℃에서 최대가 된다.

05 다음중 물의 화학적 특성이 아닌 것은 무엇인가? ㉰

㉮ 물의 극성은 용매의 특성을 결정한 중요한 인자 가운데 하나이다.

㉯ 물은 금속류 및 비금속류와도 쉽게 결합하는 성질을 가지고 있다.

㉰ 물은 매우 불안정해서 약간의 열을 받아도 쉽게 H_2와 O_2로 분해된다.

㉱ 물은 쌍극성 분자의 특성을 지니고 있다.

해설 : 물은 수소와 산소의 수소결합과 공유결합으로 이루어져 있는 매우 안정한 화합물이다.

06 물의 물리적 특성에 관한 설명으로 틀린 것은 무엇인가? ㉯

㉮ 수소와 산소의 공유결합 및 수소결합으로 되어 있다.
㉯ 물 분자 사이의 공유결합으로 큰 표면장력을 갖는다.
㉰ 물의 점도는 표준상태에서 대기의 대략 100배 정도이다.
㉱ 수온이 감소하면 물의 점도는 증가 한다.

해설 : 물은 수소결합에 의해 표면장력이 크다.

07 다음은 물의 물리적 특성을 나타내는 용어이다. 이중 단위가 잘못된 것은 무엇인가?

㉮ 표면장력 - $dyne/cm^2$　　㉯ 동점성계수 - cm^2/sec ㉮
㉰ 밀도 - g/cm^3　　㉱ 점성계수 - g/cm · sec

해설 : 표면장력은 액체표면의 분자가 액체 내부로 당기는 힘에 기인한다. 표면장력은 단위 길이 당 힘으로 표시(dyne/cm, N/m)

08 다음 물리 화학적 특성을 설명한 것 중 틀린 것은 무엇인가? ㉱

㉮ 물은 광합성의 수소 공여체이며 호흡의 최종산물로서 생체의 중요한 대사물이 된다.
㉯ 물은 비열이 커서 수온의 급격한 변화를 방지해 주므로 생물의 활동이 가능한 기온이 유지된다.
㉰ 물은 액체 상태에서는 수소와 산소의 공유결합 및 수소결합으로 되어 있다.
㉱ 물(액체)분자는 H^+와 OH^- 평형을 이루어 극성을 형성하지 않으므로 용질에 대하여 유효한 용매이다.

해설 : 물 분자는 H^+와 OH^- 평형을 이루어 극성을 형성하므로 용질에 대하여 유효한 용매이다.

09 다음의 물의 물리적 특성 중 잘못된 것은 무엇인가? ㉯

㉮ 물의 밀도는 4℃에서 가장 크다.
㉯ 물이 얼게 되면 액체 상태보다 밀도가 커진다.
㉰ 일정한 온도에서 물은 2개의 수소와 결합하고 있는 H_2S보나 너 밀도가 높다.
㉱ 물이 여러 가지 특성은 물 분자의 수소결합 때문에 나타나는 것이다.

해설 : 물이 얼면 부피는 증가되고 밀도는 감소한다.

10 물에 대한 기술 중 잘못된 것은 무엇인가? ㉮

㉮ 물의 점성계수는 온도가 증가함에 따라 커진 다는 특성으로 중요한 의미를 갖는다.
㉯ 물의 잠열이 크다는 특성으로 물의 이용에 있어서 중요한 의미를 갖는다.
㉰ 물의 융해열이 크다는 특성으로 물의 이용에 있어서 중요한 의미를 갖는다.
㉱ 물의 비열이 크다는 특성으로 물의 이용에 있어서 중요한 의미를 갖는다.

해설 : 점도(정성계수)는 온도가 증가함에 따라 감소한다.

2. 물의 분포와 순환

2.1 물의 분포

지구의 물 부존량

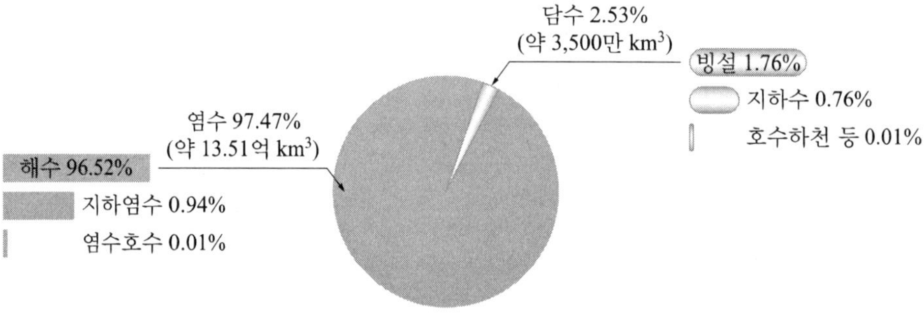

구 분	부피(백만 km^3)	비율(%)	비 고
총 량	1,386	100	
염 수	1,351	97.47	지하염수, 염수호수 포함
담 수	35	2.53	민물 중 상대적인 비율(%)
- 빙설(빙하, 만년설, 영구동토)	24	1.76	69.57
- 지하수	11	0.76	30.04
- 호수하천 등	0.1	0.01	0.39

(주) 남극 대륙의 지하수는 포함되지 않음

지구상에 존재하는 물의 총량 약 13억 8,600만 km^3은 지구 전체를 2.7 km 깊이로 덮을 수 있는 양이며, 전체물의 2.53%에 불과한 담수는 지구 전체를 약 70 m 깊이로 덮을 수 있는 양에 해당한다.

담수 중에 빙설 및 지하수를 제외한 사람이 손쉽게 사용할 수 있는 담수호의 물 또는 하천수는 전체 물의 0.01% 이하인 약 10만 km^3에 불과하며, 이는 지구 전체를 약 1.82 m 깊이로 덮을 수 있는 양에 불과하다.

따라서 우리가 수자원으로 이용할 수 있는 지표수는 전체 물량의 약 0.0072%에 불과하지 않는다.

이처럼 인간이 이용할 수 있는 1% 미만의 물도 담수의 지역적인 불균등 분포, 인간의 행위에 의한 오염, 토양의 특성에 의한 낮은 수질 등에 의하여 이용에 많은 제약이 따르고 있으며 전 세계적으로 깨끗한 식수를 이용하지 못하는 지역들이 많이 존재한다(표 1.6). 이러한 사실들로부터 물을 현명하게 이용하는 방안에 대한 연구가 절실히 요구된다.

빙설을 제외한 담수의 대륙별 분포비율(총계: 100%) 〈출처 : 물과 미래, K-water, 2021〉

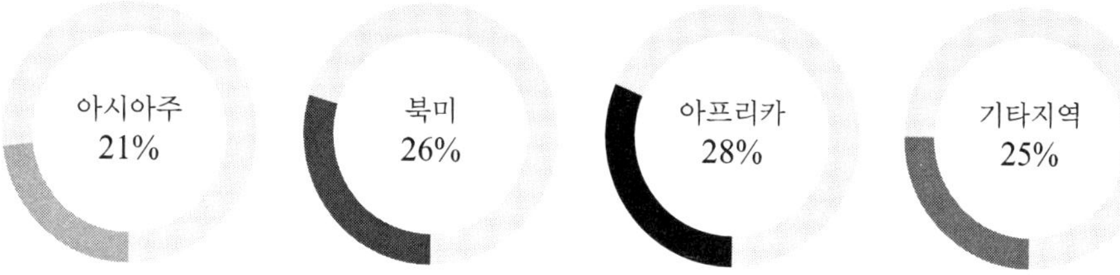

표 1.6 깨끗한 식수를 제공 받지 못하는 인구 〈출처 : 물과 미래, K-water, 2021〉

지 역	동아시아	남아프리카	아 랍	남아시아	남 미
인구(명)	4억 2,000만	2억 6,900만	3,600만	2억 1,200만	5,400만

재미있는 물 이야기

우리나라는 물 부족국가인가?

우리가 흔히 하는 말에 '돈을 물 쓰듯 한다', '누구를 물로 본다'는 말이 있는데 실제 상황을 들여다보면 그 말을 쓸 수 있는 상황이 아님을 알 수 있다.

하천으로 유출되는 물의 양을 인구수로 나누면 1인당 재생 가능 수자원 양이다. 우리나라는 2015년 기준 1인당 재생 가능 수자원 양이 1,488 m^3로 세계 128위이고 국제인구활동연구소(PAI) 기준인 1,700 m^3에 미달하여 물 부족국가군에 포함된다.

최근에는 1인당 수자원 양뿐 아니라 수자원 접근율, 사회경제요소, 물 이용량, 환경을 고려하여 측정하는 물 빈곤지수(WPI : Water Poverty Index)를 활용하곤 한다.

WPI 기준으로 볼 때 우리나라는 1인당 가용 수자원량(Resources)이 부족한데도 수자원 접근율(Access), 사회경제요소(Capacity)가 높아 전체 147개국 중 43위 수준이다.

* PAI Falkenmark박사의 분류기준 : 1인당 수자원 양을 기준으로 구분
  - 물 기근국가 : 1,000 m^3 이하 : 이집트 등 15개국
  - 물 부족(스트레스)국가 : 1,000~1,700 m^3 : 한국 등 15개국
  - 물 풍요국가 : 1,700 m^3 이상 : 중국 등 123개국

출처 : '물과 미래' (K-water, 2021)

2.2 물의 순환

지구상의 물의 순환

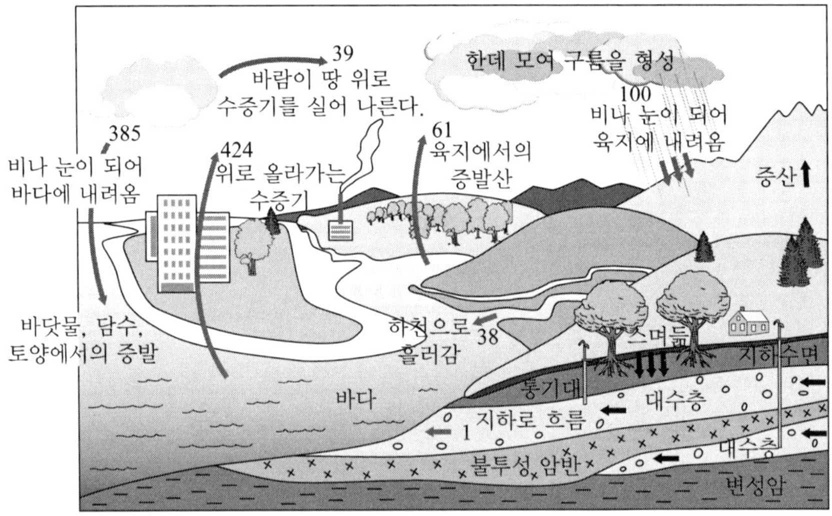

(주) 숫자는 물 흐름의 상대적인 양을 표시함

물의 순환은 물이 지면으로부터 **증발**(evaporation) 및 **증산**(transpiration)하거나, 바다로부터 증발하여 습한 기단을 형성한 후, 적절한 조건이 만들어지면 강수(precipitation)의 형태로 지면으로 반환되는 연속적인 과정이라 할 수 있다. 즉, 지구상의 물은 수증기나 물, 얼음과 같이 그 모습을 달리하면서 끊임없이 하늘과 땅의 표면 및 지하 그리고 바다를 순환한다.

구름으로부터 지면으로 떨어지는 강수는 여러 가지 경로를 통하여 이동하게 되는데, 이를 물의 순환이라 한다. 강수 또는 강우(rainfall)의 일부는 떨어진 곳의 토양에 저류되어 증발을 통해 수증기로 변하거나, 식물조직을 통해 증산되어 대기 중으로 되돌아간다. 이와 같이 물의 손실이라고 할 수 있는 증발과 증산을 합하여 **증발산**(evapotranspiration)이라 한다.

강수의 일부는 지면을 따라 흘러 결국 강으로 이동하게 된다. 지면에 떨어진 강수의 일부는 침투(infiltration)를 통해 토양 속으로 유입되고, 이와 같이 침투된 물은 침루(percolation)를 통해 지하수면까지 도달하게 되어, 지하수를 형성하게 된다. 또한 침투 또는 침루된 물의 일부는 증발산으로 통하여 다시 대기 중으로 환원되기도 한다. 지표수 및 지하수는 주로 중력의 힘에 의해 높은 곳에서 낮은 곳으로 이동되어 결국 바다로 유출된다.

중요한 담수의 근원은 바다 표면에서 일어나는 증발로, 전체 강수량 중 약 80%는 바다에 내리고 나머지 20%가 육지에 내리며 바다에서 증발된 양의 약 9%가 육지로 이동한다. 이는 다시 강물이나 지하수의 형태로 바다로 흘러가 전체적인 물의 균형이 이루어진다.

지구상의 물이 순환하는 기간을 보면 해양에서 약 2,500년, 빙하로 1,600~9,700년, 지하수로 1,400년, 담수호에서 17년, 하천에서 16일, 대기에 8일 정도 머문다.

2.2.1 증발산(evapotranspiration)

증발산은 액체 상태의 물이 **증발(evaporation)**과 **증산(transpiration)** 과정에 의하여 기체 상태의 수증기로 변하는 현상이다. 증발은 호수, 강, 바다, 토양 등의 표면에 존재하는 물이 기체 상태의 수증기가 되어 대기 중으로 유입되는 현상이다.

증발산의 주 원동력은 태양에너지이며 증산은 식물의 뿌리에서 흡수한 물이 물관을 따라 잎까지 올라온 후 잎에서 공기 중으로 유입되는 현상이다. 증산작용은 잎의 뒷면에 존재하는 공변세포(guard cell)에 의해 형성된 기공(stoma)을 통하여 일어난다. 증발산은 다음과 같은 요인들의 영향을 받는다.

- **증발산은 태양빛의 강도가 세고, 기온이 높으며, 풍속이 강하고, 대기 중의 습도가 낮은 경우에 잘 발생한다. 또한 물의 염분 농도가 낮은 경우에 증발이 잘 되며, 같은 종의 식물인 경우 수분 함량이 많은 개체의 증산작용이 활발하다.**

2.2.2 응결(condensation)

응결(condensation)은 공기가 이슬점(dew point) 이하로 냉각되면서 수증기가 포화되어 물방울이 형성되는 현상이다. 즉 기체 상태의 물 분자들이 액체 상태로 물리적인 변화를 하는 과정이다. 이 과정은 증발산의 역 과정으로 응결의 주원인은 공기의 냉각에 의한 증발열의 손실이다. 기체 상태의 물 분자들이 열을 손실하면 물 분자의 운동속도가 저하되면서 물 분자들 사이의 거리가 가까워진다. 거리가 가까워진 물 분자들이 수소결합에 의하여 재결합함으로서 액체상이나 고체상으로 변한다. 이런 과정을 통하여 만들어진 물방울들이 구름을 형성한다. 물의 순환에서 응결은 증발산 되었던 물이 강수로 육상이나 바다로 다시 되돌려지기 전의 과정이라 할 수 있다.

2.2.3 강수(precipitation)

강수(precipitation)는 대기 중의 수증기가 응결되어 형성된 물방울이 중력에 의하여 낙하하는 것이다. 다양한 기상조건에 따라 여러 종류의 강수가 발생하게 되는데,

비(rain), 눈(snow), 우박(hail), 진눈깨비(sleet), 이슬(dew), 서리(frost) 등 다양한 형태로 내린다. 비가 내리기 위해서는 몇 가지 기상조건이 구비되어야 하는 것으로 알려져 있다.

- **첫째, 공기를 이슬점(dewpoint)까지 냉각시킬 수 있어야 한다.**
- **둘째, 수분입자를 형성시킬 수 있는 응결핵이 존재해야 하며, 응결된 작은 수분입자를 점점 크게 하여 충분한 강도의 수분을 집적할 수 있어야 한다.**

응결핵은 바닷물의 증발에 의한 해염입자, 화산분출물, 토양입자 및 대기오염물질 등으로 도시의 높은 대기오염물질이 응결핵 작용을 하여 인근 시골에 비해 많은 비가 내리는 경향이 있으며 산성비의 원인이 되기도 한다.

강수는 물의 재순환 과정에서 대기 중으로 증발산 되었던 물이 바다나 육상으로 되돌려지는 과정이다. 이런 과정을 통하여 물이 재공급되어지며, 지리적으로 재분포 되어진다.

2.2.4 침투(infiltration)

침투(infiltration)는 강수의 일부가 지표로부터 토양 또는 바위의 공극을 통하여 지표 밑으로 이동하는 것이다. 강수의 침투율은 토양의 유형, 토양의 함수율, 바위의 유형, 식생 피복 형태와 정도, 지표의 경사, 강수의 강도 등의 영향을 받는다. 크고 작은 구멍이 무수히 뚫려 있거나 깨어진 틈을 가지고 있는 바위, 모래와 자갈의 비율이 높은 토양, 석회암 동굴처럼 통로가 존재하는 곳의 물의 침투율이 높다. 또한 식물이 없는 토양보다 식물이 많이 존재하는 토양에서 물의 침투율이 높다.

침투 과정에서 토양이나 바위에 포함되어 있던 성분이 물에 첨가되기도 하고 물에 포함되어 있던 성분이 토양에 흡착되어 제거되기도 한다. 이런 과정들을 통하여 물에 함유된 성분들의 조성이 변하는 것이다.

2.2.5 유출(runoff)

유출(runoff)은 강수가 토양 속으로 침투하지 못하고 지표면을 흐르는 것을 말한다. 물의 순환과정에서 인간생활에 가장 밀접한 영향을 주는 것이 유출과정이며 강수로 인한 물이 증발산, 침투, 침루, 지하수 등의 과정을 거치면서 결국 하천유량의 형태로 흐르게 되는 것이다. 유출현상은 그 생성형태에 따라 지표면 유출(surface runoff), 지표하 유출 혹은 중간 유출(subsurface runoff or interflow) 및 지하수 유출(ground water runoff)로 나뉜다.

① **지표면 유출(하천유출 : stream flow)** : 지표면 및 지상의 각종 수로를 통해 흘러가는 것으로서 그 중 하천수로를 통하여 흐르는 유출

② **지표하 유출** : 토양 속에 침투하여 지표에 가까운 상부토양층을 통해 하천을 향해 횡적으로 흐를 강수의 한 부분으로서 지하수위보다는 높은 층으로 흐르는 유출

③ **지하수 유출** : 지표면을 통해 침투한 물이 더 깊이 침루하여 지하수를 형성하며 비교적 장기간 동안 존재하여 중력에 의해 결국에는 바다로 흘러 들어가는 유출

재미있는 물 이야기

인공강우(Cloud Seed)란 무엇인가?

인공강우란 구름층은 형성되어 있으나 대기 중에 응결핵 또는 빙정핵이 적어 구름방울이 빗방울로 성장하지 못할 때, 인위적으로 인공의 "비씨(cloud seed)"를 뿌려 특정지역에 비를 내리게 하는 기술로 1946년부터 연구·개발되어 현재 40여 개국에서 실용화되고 있다.

인공강우는 어떻게 만들어질까요?

인공강우는 대상이 되는 구름에 항공기를 이용하여 비씨를 투입하거나 지상 장비를 이용하여 날려 보내는 방법이 있다.

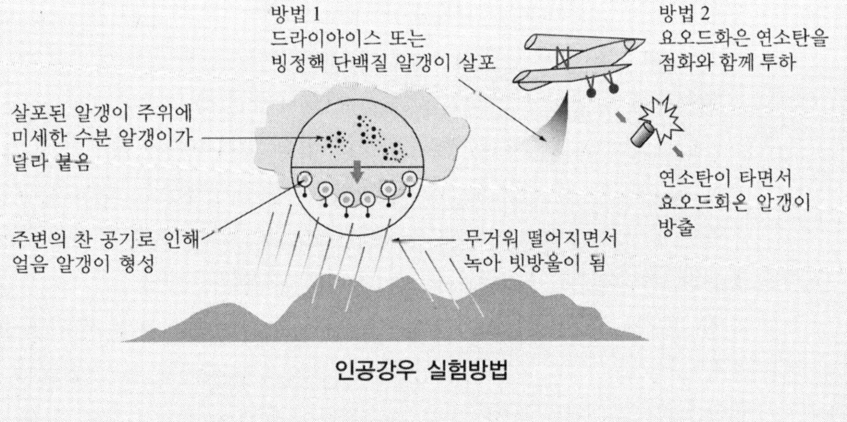

인공강우 실험방법

항공실험은 실용적인 인공강우를 시행하기 위해서는 전용 항공기 확보가 필수적이며, 항공기에 연소기나 연소탄 발사기와 같은 비씨 뿌리기 장비 및 구름입자 관측 장비를 탑재하여 실험을 수행한다.

지상실험은 지상에서 연소기를 이용하여 요오드화은(AgI) 용액을 태워서 구름 속에 주입시키거나 로켓포를 이용하여 요오드화은을 구름 속으로 쏘아 올려 터지게 하는 방법이다.

인공강우는 경제성이 있을까?

80년대 중반을 기점으로 순수한 연구 차원보다는 상업성을 고려한 인공강우실험이 많이 실시되고 있으며, 평균 10~20%의 강수 증가효과가 있는 것으로 분석되고 있다.

미국의 식수와 농업용수 확보를 위해 실시한 지상실험 결과에 따르면 1년간 60만 달러를 투자, 약 5천만 m^3의 물을 얻게 되었다. 따라서 물 1 m^3을 얻는데 1.3센트 정도 소요되어 경제성이 높게 나타났으며, 호주도 수력발전에 의한 전력 생산량을 높이기 위해 실시한 항공실험 결과에 따르면 연간 64만 달러를 투자, 2억 4천만 m^3의 물을 확보하고 물 1 m^3당 0.3센트 정도의 비용이 들어 경제성이 매우 뛰어난 것으로 분석되었다.

출처 : '물과 현대생활' (구미서관, 이삼노·박성천, 2002)

2.3 미래의 물 전망

2.3.1 심각해지고 있는 세계의 물 문제

국제연합아동기금(UNICEF) 및 세계보건기구(WHO)가 2017년에 공동으로 발표한 PROGRESS ON DRINKING WATER, SANITATION AND HYGIENE에 의하면 물이용의 안정성 측면은 점차 개선되고 있으나, 2017년 기준으로 약 5.7억 명이 아직까지도 안전한 음용수를 이용할 수 없는 상황이며 약 14억의 인구가 기본적인 위생시설도 없이 생활하고 있다.

물이용의 양적인 측면에서 UN은 지난 세기에 물 사용은 6배 이상 인구 증가율의 2배 이상 증가하였다고 하였다. 이러한 변화는 21세기에 많은 사회와 세계가 직면한 문제 중 하나인 물 스트레스를 악화시킬 가능성이 있으며 특히 불규칙하고 불확실한 수자원 공급과 결합하여 현재 물 부족 지역의 상황을 더욱 악화시키고 현재 수자원이 풍부한 지역에서도 물 스트레스를 유발할 것이다.

물 스트레스는 이미 모든 대륙에 영향을 미치고 있으며 물리적 물 부족은 계절적인 현상을 두드러지게 나타내며 기후변화는 여러 대륙에서 연간 계절적 물 사용량에 변화를 만들 가능성이 크다. 향후 약 40억 명의 사람들이 1년에 한 달 동안 심각한 물 부족을 경험할 것이며. 약 16억 명, 즉 세계 인구의 4분의 1이 경제적 물 부족에 직면해 있다. 이는 수자원시설 즉 물 인프라가 부족함을 의미한다.

2.3.2 미래의 물 전망에 대한 예측

표 1.7 미래의 물 전망에 대한 예측

세계기상기구(WMO)	2025년 6억 5천 3백만 명 내지 9억 4백만 명이, 2050년에는 24억 3천만 명이 물 부족을 겪을 것임
앤더슨 국제식량기구연구소 소장	앞으로 25년 이내에 5개국 중 한 나라가 심각한 물 부족 사태에 직면할 것임
산드라 포스텔 (Sandra Postel) World Watch Institute	향후 30년에 걸쳐 지구상의 인구는 약 24억 명이 더 늘어날 것임. 그런데 식량생산에 필요한 물의 40%만 강에서 가져온다 해도 농업용수가 매년 1천 750 km^3씩 증가해야 하며, 이 양은 대략 20개의 나일강 또는 97개의 콜로라도강의 규모와 맞먹음
국제원자력연구소 (IAEA, 2002. 3)	현 추세로 라면 2025년 약 27억 명이 담수부족에 직면. 현재 약 11억 명이 안전한 식수 0원에 접근하지 못하고, 25억 명이 비위생적인 환경에 놓여 있으며, 500만 명 이상이 수인성 질병으로 사망. 비위생적인 물로 인한 사망자는 전쟁으로 인한 사망자의 10배에 달함
UN 요하네스버그 정상회담 (2002)	2050년 세계인구는 90억 명에 이를 전망. 11억 명이 안전한 마실 물 부족에 직면할 것이며, 개발도상국 질병 원인의 10%는 안전한 식수 부족 또는 물 부족에 기인함
UN 세계 수자원개발 보고서 (2003. 3)	지구의 1인당 담수공급량은 앞으로 20년 안에 1/3으로 줄어들고 2050년까지 적게는 48개국 20억 명, 많게는 60개국 70억 명이 물 부족을 겪을 것임. 2050년까지 인구는 93억 명으로 늘고, 오염된 담수원 면적은 현재 관개용 수자원 면적의 9배에 달할 것임
캐나다 회의 (캐나다 시민단체) 마우드 발로(2004. 12)	산유국이 카르텔을 형성하여 석유자원을 무기화 했듯이 머지않아 물이 풍부한 국가들도 그렇게 할 것이라고 전망
세계경세포럼 수자원 이니셔티브 보고서 (2009. 1)	'수자원 부도(water bankruptcy)' 가능성 경고 "이제는 1970년대 석유파동(oil shock)이 아니라 물 파동(water shock)에 대비해야 한다."고 지적
2030 Water Resources Group Charting Our Water future(2009)	수자원시설 미확충 시 2030년에는 물 수요의 60%만 충족 가능을 경고
OECD Environmental Outlook to 2050(2012)	전 세계 인구의 40%가 심한 물 부족을 겪으며 강 유역에서 생활할 것으로 예측함. 전 세계 물 수요는 생산(+400%), 열병합발전(+140%), 가정용(+130%) 수요 증가로 전체 55% 증가 예상. 도시폐수와 농업에서 나오는 영양염류로 대부분의 지역에서 부영양화 심화 및 수생태계 다양성 파괴
Water And Energy (UN World Water Development Report 2014)	전 세계 물 수요는 2050년이 되면 55%까지 증가할 것으로 예상되며 이로 인해 전 세계 인구 중 40%는 심각한 물 부족을 겪을 것으로 예상되고, 또한 전 세계 대수층의 20%가 과도하게 개발되면서 지하수 공급이 현저히 감소할 것으로 예상
Global Risks Report 2020 (세계경제포럼)	글로벌 리스크 발생가능성 측면에서 '기상이변'이 가장 큰 위험요인으로 선정되었고, '물위기'는 영향력 측면에서 5위로 선정

water and climate change (The United Nations World Water Development Report, 2020)	빙권의 기후변화로 인한 변화도 널리 퍼져 글로벌 감소로 이어져 빙하 및 영구 동토층은 21세기 내내 거의 모든 지역에서 계속 감소할 것으로 예상된다. 빙하의 융해가 가속화되면 산악 지역과 인접한 저지대의 수자원에 부정적인 영향을 미칠 것으로 예상되며 이는 물 인프라가 부족한 대륙에 심각한 물 스트레스를 발생시킬 것이다.

2.4 요점정리 및 연습문제

2.4.1 물의 분포와 순환 요점정리

■ 물의 분포

- 해수와 담수로 크게 나누며, 담수는 빙하, 지하수, 지표수, 공기 중에 존재하는 수분으로 나뉜다.

■ 물 함유량

- 해수 : 97% 이상, 담수 : 3% 미만
- 담수 종류 : 빙하>지하수>지표수>공기 중에 존재하는 수분
- 담수 중 곧바로 이용가능한 물은 약 11~13% 정도에 불과

■ 비가 내리기 위한 기상조건

- 공기를 이슬점(dew point)까지 냉각시킬 수 있어야 한다.
- 수분입자를 형성시킬 수 있는 응결핵이 존재해야 한다.
- 응결된 작은 수분입자를 점점 크게 하여 충분한 강도의 수분을 집적할 수 있어야 한다.

■ 물의 순환

- 물은 강수, 침투, 유출, 증산, 증발 등으로 순환된다.
- 순환수 중 가장 많은 양은 증발이다.
- 순환수 중 가장 적은 양은 식물의 흡수 및 증산작용이다.

2.4.2 연습문제

01 물의 순환과 이용에 관한 설명으로 틀린 것은 무엇인가? ㉰

㉮ 지구전체의 강수량은 대략 4×10^{14} m^3/년으로서 그 중 약 1/4 가량이 육지에 떨어진다.

㉯ 지구상의 물의 전체량의 약 97%가 해수이다.

㉰ 담수 중 50%가 곧 바로 이용이 불가능하다.

㉱ 담수 중 하천수가 차지하는 비율은 약 0.39% 정도이다.

해설 : 담수 중 70% 정도가 빙하와 만년설 등이고 30% 정도가 지하수이며, 빙하, 만년설, 지하수는 곧 바로 이용가능한 수자원이 아니다. 담수 중 곧 바로 이용가능한 물은 약 11~13% 정도에 불과하다.

02 지구상 담수의 존재량을 볼 때 그 양이 가장 큰 형태는 무엇인가? ㉮

㉮ 빙하 및 빙산　　㉯ 하천수

㉰ 지하수　　㉱ 수증기

해설 : 빙하 > 지하수 > 지표수 > 공기 중에 존재하는 수분

03 지구상의 전체 담수량 중에서 실제 생활에 바로 이용 가능한 수량의 비율은 무엇인가? ㉰

㉮ 약 34%　　㉯ 약 25%

㉰ 약 11%　　㉱ 약 3%

해설 : 담수 중 곧 바로 이용가능한 물은 약 11~13% 정도에 불과하다.

04 물의 순환 및 이동에 관한 설명으로 알맞지 않은 것은 무엇인가? ㉯

㉮ 지구전체의 강우량의 약 25%는 육지에 떨어진다.

㉯ 지구상의 담수 중 10% 정도가 하천수로, 바로 이용할 수 있는 담수로는 가장 큰 부분을 차지한다.

㉰ 지구상의 담수는 약 75% 정도가 빙하나 극지의 얼음으로 형성되어 있다.

㉱ 지구상 물의 97%가 해수이다

해설 : 담수 중 하천수가 차지하는 비율은 약 0.03% 정도이다.

05 다음 설명 중 알맞지 않은 것은 무엇인가? ㉱

㉮ 지구 전체의 강수량 중 약 1/4이 육지에 떨어진다.

㉯ 얼마나 많은 물이 지구를 순환하고 있는가에 대해서는 강수량이 그 주체가 된다.

㉰ 전 세계 평균 강수량은 약 813 mm 정도이다.

㉱ 지구상 물 전체량 중 바로 이용 가능한 담수는 약 3% 정도이다.

해설 : 지구 전체의 물중 담수는 약 3% 정도이며 이중 곧 바로 이용 가능한 수량은 전체 11~13% 정도에 불과하다.

06 지구상의 물 순환 과정에서 주로 식물에 의해서 이루어지는 (Ⓐ)는 태양에너지에 의해서이며, 강수에 의해서 육지에서 형성된 물은 크게 지하수, (Ⓑ)의 형태로 나타난다. (Ⓐ, Ⓑ)에 들어갈 적당한 말을 순서대로 올바르게 나열한 것은 무엇인가? ㉰

	Ⓐ		Ⓑ		Ⓐ		Ⓑ
㉮	침투	-	하천수	㉯	증발	-	지면저류수
㉰	증산	-	지표수	㉱	증발	-	지표수

해설 : 식물에 의해 증산작용이 일어나며, 육지에 형성되는 물은 지하수와 지표수로 나누어진다.

07 자연계에서 물을 순환하게 하는 힘은 무엇이며 오염물이 적게 함유된 물은 어느 단계인가? ㉱

㉮ 태양에너지에 의해 순환되며 강우수이다.
㉯ 지구의 중력에 의해서 이루어지며 강우단계의 물이다.
㉰ 물이 갖는 위치에너지에 의해서 이루어지며 지표수이다.
㉱ 태양에너지에 의해서 이루어지며 증발되어 상승되는 물이다.

해설 : 물의 순환은 태양에너지에 의하며, 증발되어 상승하는 물이 가장 오염물을 적게 함유하고 있다.

08 물이 지구상에서 순환하는 과정 중 그 양이 가장 적은 것은 무엇인가? ㉰

㉮ 식물의 흡수 및 증산　　㉯ 해류
㉰ 증발　　㉱ 하천의 바다유입

해설 : 지구 순환수 중 가장 많은 부분을 차지하는 것은 증발이며, 식물의 흡수 및 증산작용은 가장 적게 차지하는 부분이다.

09 지구상에 분포하는 담수수량 중 빙하 다음으로 많은 비율을 차지하고 있는 것은 무엇인가? ㉯

㉮ 하천수　　㉯ 지하수
㉰ 토양수　　㉱ 공기 중의 습도

해설 : 빙하 > 지하수 > 지표수 > 공기 중에 존재하는 수분

10 지구상에 존재하는 물 중 그 양이 가장 많은 물의 형태는 무엇인가? ㉮

㉮ 바닷물　　㉯ 빙하
㉰ 지하수　　㉱ 하천수

해설 : 지구상에 존재하는 물은 해수 97% 이상, 담수 3% 미만이다.

3. 수자원의 종류와 특성

지구상에 있는 자연의 물 중에서 사람이 자원으로 이용할 수 있는 물을 **수자원**이라고 하며, 사람의 생활과 산업에 직접 또는 간접적으로 쓰이는 물을 말한다.

호수·강·바다의 맑은 물은 보는 것만으로도 생활에 활력을 주기도 하고, 조용히 흐르는 냇물은 물속에서 사는 수많은 생물의 삶의 터전이 될 뿐만 아니라, 사람의 생활에 교통수단이 되기도 한다. 그래서 오늘날 산업의 발달에 따라 물은 더욱 중요한 자원이 되었고, 이에 따라 세계 여러 나라는 수자원의 개발과 보존에 힘을 기울이고 있다.

이 수자원을 크게 구분할 경우 우수, 지표수, 지하수, 해수로 구분 가능하며, 그 존재 상태에 따라 모든 물리·화학적 특성이 다르며 동일 수원이라도 지역별, 시간별로 수질과 수량의 차이가 큰 특성을 가지고 있다.

3.1 우수(雨水, rain water)

우수(rain water)는 지표면 또는 해수면의 물이 증발되어 수증기가 응결된 것으로 다른 어떤 종류의 자연수보다 매우 순수하며 사실상 증류수이다. 이는 물이 증발산 되는 과정에서 용해되어 있는 대부분의 물질들을 남기고 증발산 되기 때문이다. 증류는 모든 종류의 액체를 정화시키는데 있어서 가장 훌륭한 방법으로 알려져 있다. 따라서 물이 부족한 곳에서는 생활용수의 수자원으로서 주목을 받고 있다.

그러나 대류권(troposphere)에 녹아 있는 입자상 물질들과 가스가 함유될 수 있다. 대기를 통하여 우수에 함유되는 물질들의 종류는 지리적 차이에 따라 매우 다양하다. 바닷물에 함유되어 있는 염들은 바닷물의 물보라(sea spray)에 의하여 대기 중에 유입될 수 있다. 따라서 **바다와 해안지역의 우수에는 바닷물의 주요 성분인 Na^+, K^+, Ca^{2+}, Mg^{2+}, SO_4^{2-}, Cl^- 등이 많이 함유**되어 있다. 육상의 우수는 지질적 특성과 생태적 특성, 인간의 활동에 의한 대기 중 부유성 입자와 가스의 유형 등의 영향을 받아 지역에 따라 함유물의 조성에 차이가 있을 수 있다.

3.1.1 산성비(Acid rain)

대기 중의 이산화탄소(CO_2)가 포화상태로 녹아 있는 순수한 우수는 pH가 약 5.6을 나타낸다. 대기가 오염되어 있으면 아황산가스(SO_2)나 이산화질소(NO_2) 같은 기체가 우수에 녹아 황산(H_2SO_4)과 질산(HNO_3)이 되기 때문에 우수의 pH가 더욱 떨어지게 되는데 우수의 pH가 5.6 이하로 떨어질 때 이를 **산성비(acid rain)**라고 한다. **산성비의 주원인 물질은 SO_x, NO_x, HCl, H_2S 등**으로 알려져 있으며, 우수의 산성도가 증가하는 직접적인 요인으로는 발전소, 공장 및 차량의 증가로 인한 화석연료 사용량의 증가와 공장규모에 따른 공장 굴뚝높이의 증가로 인한 광역적인 오염과 지역에 따른 계절적인 화학발전량 변화 및 차량운행의 증가 등이다.

산성비는 생태계에 여러 가지 부정적인 영향을 미치며, 최근에는 산성비 외에 산성눈(acid snow), 산성안개(acid fog), 산성이슬(acid dew)로 인한 피해도 빈번히 조사보고되고 있다. 현재 유럽과 미국 등 세계 각국의 선진국에서는 산성비 영향을 최소화하기 위하여 많은 연구가 이루어지고 있다.

3.2 지표수(地表水, surface water)

지표수(surface water)는 지표 위에 존재하는 물로서 하천, 강, 호수 및 저수지를 형성하고 있다. 대량 공급이 원활하여 대부분의 도시상수도 수원은 강이나 호수 또는 저수지로부터 취수된 지표수에 의존하고 있는 실정이며 수자원으로서의 가장 큰 역할을 담당하고 있다. 지표수는 오염으로부터 항상 노출된 상태로서 부유성 유기물질 함량이 높으며 각종 미생물의 번식 등이 활발하고 공기성분이 용해되어 있어 용존산소가 높고, 그 유역의 특성에 따라 수질 특성이 많은 영향을 받는다.

표 1.7 지표수와 지하수의 특성비교

비교 항목	지표수	지하수
유기성 오염물질 유입가능성, 병원성균 존재가능성, 홍수시, 갈수시의 오염농도 변화 가능성	높음	낮음
수온변화	큼	작음
용존산소(DO) 농도, 탁도	높음	낮음
유속 및 자정속도	빠름	늦음
경도(물의 세기)	낮음	가장 높음

3.2.1 하천수(stream water)

지구상의 생물이 살아가는 데 필요한 **하천수**는 음용수나 생활용수의 중요한 자원일 뿐 아니라 운반수단, 관개수 그리고 수력 발전의 주기능을 담당하고 있으며 수자원 개발의 대상으로 가장 많이 이용되고 있다. 하천수는 지구상에 약 1,250.4 km^3이 존재하는 것으로 알려져 있고 전체 물의 분포 중 약 0.0001%에 지나지 않으나 이용적인 측면에서 매우 소중한 수자원이다.

3.2.2 호소수(lake water)

호소수는 하천수와 지하수의 유입으로 이루어지며 하천과는 달리 유속이 거의 없는 정체된 수역공간으로 침식작용, 화산활동 그리고 물의 흐름에 의해 자연적으로 형성된 호소와 홍수조절, 각종 용수공급, 수력발전 및 관광운하 등 필요에 의해 인공적으로 조성된 호소가 있다.

3.3 지하수(地下水, ground water)

지하수는 지상에 떨어진 강우나 강수가 토양으로 침투, 침루하여 대수층(aquifer)에 저장되어 있는 물을 말하며, 토양으로 스며든 물은 중력에 의해 토양, 모래, 자갈 사이를 지나 지하수로 가득 찬 지하수 포화대까지 내려가게 되고 이 지하수 포화대의 가장 윗부분을 지하수면이라 한다. 지하수는 관개용수, 생활용수 및 공업용수 등으로 많이 이용되고 있으며 지표수에 비해 수온 변화가 적은 비교적 안정된 특성을 지니고 있는 중요한 수자원이다.

지하수는 황산염, 탄산염, 규산염 및 염화물의 용해 탓으로 지표수보다도 비교적 경도가 높으며 다음과 같은 수질특성을 갖고 있다.

- **토양수 내 유기물질 분해에 따른 CO_2의 발생과 약산성의 우수로 인하여 광물질이 용해되어 경도가 높다.**
- **지하수는 기온의 영향이 없어 연중 수온의 변동이 적고 토양의 여과작용으로 미생물이 거의 없으며 탁도가 낮다.**
- **하천수에 비해 유속이 느리며 한번 오염된 후에는 회복되는 데 오랜 시간이 걸리며 자정 작용이 느리다.**

지하수의 종류는 천층수, 심층수, 용천수, 복류수 4가지 종류가 있으며 각각의 특징은 아래와 같다.

① **천층수** : 제1 불투수층 윗면을 흐르는 자유수면 지하수로 수질은 양호하다.
② **심층수** : 제2 불투수층 윗면을 흐르는 피압수면 지하수로 수질이 좋고 경도가 높다.
③ **용천수** : 지하수가 자연적으로 지표에 솟아난 것.
④ **복류수** : 하천이나 호수의 저부 또는 측면부의 자갈층에 포함되어 있는 물이며,

지표수와 지하수 양쪽의 중간 성질을 갖고 있다. 어느 정도 여과된 것으로 지표수에 비해 수질이 양호한 편이다.

표 1.8 지하수 상층부와 하층부 특성 비교

구 분	상층수	하층수
ORP	고	저
유리탄산	대	소
알칼리도	소	대
질소(N_2)	소	대
염분	소	대
NO_3^-	대	소
SO_4^{2-}	대	소

재미있는 물 이야기

우리나라의 댐

1. 우리나라 최초의 다목적댐

1965년 완공한 섬진강 다목적댐은 높이 64 m, 길이 344.2 m, 부피 41만 m^3의 콘크리트 중력식 댐이다. 호남지방의 중요한 동력원이며, 동진강으로 방류된 물은 김제평야의 곡창지대를 기름지게 만든다.

2. 우리나라 댐 중 저수용량이 가장 큰 댐

1973년 완공한 소양강댐은 저수용량이 29억 m^3 규모로 가장 크다. 연간 12억 m^3의 용수공급과 5억 m^3의 홍수조절능력을 갖추고 있으며, 발전시설용량은 20만 kW로 전국 총 가구의 3.3일간 전력사용량에 해당하는 연간 353만 kW의 무공해에너지를 생산하고 있다.

저수용량은 소양강댐(29억 m^3) > 충주댐(27.5억 m^3) > 대청댐(14.9억 m^3) > 안동댐(12.5억 m^3) 순이나 충주댐은 발전용량이 41.2만 kW로 우리나라에서 가장 큰 전력공급능력을 가지고 있다.

출처 : 한국의 댐 (K water)

3.4 해수(海水, Sea water)

해수는 지구 전체의 물량 중 97% 이상을 차지하고 있으며 담수와 다르게 많은 염류들이 녹아 있는 염수(鹽水)다. 해수의 주요 화학적 성분을 살펴보면 $Cl^- > Na^+ > SO_4^{2-} > Mg^{2+} > Ca^{2+} > K^+ > HCO_3^-$ 순으로 이루어져 있으며 **이 7가지 주성분**을 Holy

Seven이라 한다. 이 밖에 Br, Sr, B, F, Rb, Al, Li, Ba, I, SiO_2, N, Zn, Pb 등 이 포함되어 있다.

해수의 특징을 살펴보면 pH 약 8.2 정도, HCO_3^-(중탄산이온, bicarbonate)의 완충 용액이며, 해수내의 용존 유기물은 평균 0.5 mg/L 정도이고 염분의 농도가 높은 순서는 **무역풍대>적도>극지방 순**이다.

재미있는 물 이야기

해양심층수란 무엇인가?

해양심층수는 태양광이 도달하지 않는 수심 200 m 이상의 깊은 곳에 존재하여 유기물이나 병원균 등이 거의 없을 뿐 아니라 연중 3℃ 이하를 유지하고 있으며, 해양식물의 성장에 필수적인 영양염류가 풍부하고 장기간 숙성된 해수자원이다.

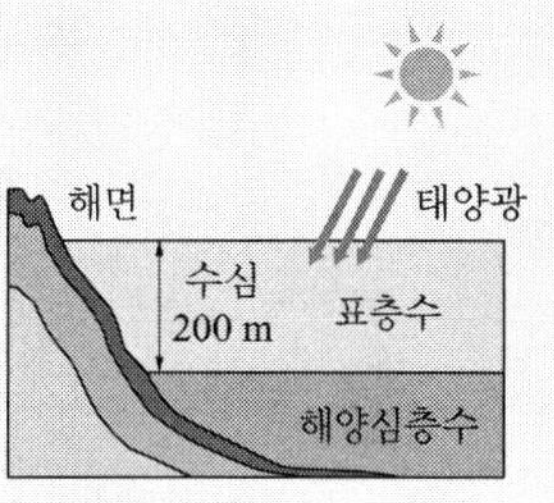

1. 해양심층수는 저온안정성, 청정성, 부영양성의 특성을 갖고 있음

해양심층수는 겨울이 되면서 표층수가 차가워지고 무거워져 200 m 보다 깊이 가라앉고 태양광이 도달하지 않아 연중 저온안정하며 광합성에 의한 유기물이 생산되지 않기 때문에 먹이가 없고 따라서 생물은 거의 서식하지 못하여 청정성이 높다. 또한 표층과 중층의 유기물 분해산물인 영양염류가 심층에 축적된 결과 부영양성이라는 특성을 갖고 있다.

2. 해양심층수는 다양한 산업에 활용되고 있음

해양심층수는 식료품분야, 농·수산분야, 의료·관광분야 등 다양한 분야에서 산업화되어 고부가가치를 창출하고 있다.

해양심층수는 일본, 미국, 노르웨이, 대만 등에서 개발되어 산업에 활용되고 있으며, 우리나라도 2008년 2월 4일, 『해양심층수 개발 및 관리에 관한 법률』이 시행됨에 따라 고성, 속초, 양양 및 울릉도 등 동해안 지역에서 7개 업체(기관)가 면허를 받아 해양심층수를 이용한 음료, 화장품, 주류 등의 제품을 출시하여 본격적인 산업화를 추진하고 있다.

산업분야	이용 사례
식품분야	생수, 주류, 기능성 음료, 두부, 소금, 간장 등
농·수산분야	한수성 어패류의 종묘생산, 수산물의 가공 등
의료·관광분야	해양요법, 해양심층수 데마파크, 신약 개발 등
에너지분야	해양 온도차 발전, 냉·난방 및 냉장 등의 에너지원

출처 : 해양심층수 이용학 (후지타 아이스케, 다카하시 마사유키, 2007)

3.5 요점정리 및 연습문제

3.5.1 수자원의 종류와 특성 요점정리

■ 우수의 특성(우수, 강수, 천수, 기상수 : 비, 눈, 우박 등)
- 우수는 대부분 해수의 성분과 비슷하다.
- 일반적으로 해안에 가까울수록 염분의 함량이 많고 내륙일수록 적다.
- 해수성분 : Cl^-, Na^+, SO_4^{2-}, Mg^{2+}, Ca^{2+}, K^+, HCO_3^-
- 담수성분 : SiO_2, HCO_3^-
- 우수는 공기 중의 CO_2, SO_x, NO_x 등의 성분을 포함, 대부분 산성이다.

■ 산성비의 기준은 pH 5.6 이하이다.
- 물에 CO_2가 포화상태로 존재할 경우 pH는 약 5.6이다.
- 산성비 기준 pH 5.6 이하는 CO_2 외 산성물질인 대기오염물질이 포함되어 있음을 의미하며 산성비의 원인물질 : SO_x, NO_x, HCl, H_2S 등

■ 산성비의 영향
- 인체에 유해하며 질병을 유발, 건물 부식 등 재산상 피해, 토양 유실속도 증가 및 산성화시킨다. 수중 생태계 변화 일으킬 수 있다.

■ 지표수의 특성
- 유량, 유역의 특성, 계절 등에 따라 크게 다르며, 가장 오염되기 쉽다.
- 지하수에 비해 알칼리도, 경도가 낮음, 수질의 변동이 크고 유기물 함량이 높다.

■ 지하수의 특성
- 수온의 변동이 적고 탁도가 낮으며 경도나 무기 염료의 농도가 높다.
- 지층의 종류, 지역적 수질의 차이가 크다.
- 미생물과 오염물이 적으며, 세균에 의한 유기물의 분해가 주된 생물 작용이다.
- 국지적인 환경조건에 영향을 가장 크게 받는다.
- 일반적으로 CO_2 존재량이 많아 약산성이다.

■ 지하수의 종류

- 천층수 : 제1 불투수층 위에 존재하는 지하수로서 자유면지하수라 한다.
- 심층수 : 제1, 제2 불투수층 사이에 존재하는 지하수로서 피압면지하수라 한다.
- 용천수 : 자연적 현상으로 지하수가 지상으로 솟아나오는 물
- 복류수 : 모래, 자갈층 사이에 존재하는 물

■ 해수의 특성

- 해수의 pH는 약 8.2이며, HCO_3^-의 완충용액이다.
- 해수 내의 용존 유기물은 평균 0.5 mg/L 정도이다.
- $Cl^- > Na^+ > SO_4^{2-} > Mg^{2+} > Ca^{2+} > K^+ > HCO_3^-$의 순으로 존재한다.

3.5.2 연습문제

01 지하수의 특성에 대한 설명으로 틀린 것은 무엇인가? ㉯

㉮ 지하수는 국지적인 환경조건의 영향을 크게 받는다.
㉯ 지하수의 염분농도는 지표수 평균농도 보다 낮다.
㉰ 주로 세균에 의한 유기물 분해 작용이 일어난다.
㉱ 지하수는 토양수내 유기물질 분해에 따른 탄산가스의 발생과 약산성의 빗물로 인하여 광물질이 용해되어 경도가 높다.

해설 : 비교적 얕은 지하수의 염분 농도는 하천수보다 평균 30% 큰 값을 나타낸다.

02 지하수의 일반적 특성으로 가장 거리가 먼 것은 무엇인가? ㉮

㉮ 자정속도가 빠르다.
㉯ 수온변동이 적고 탁도가 낮다.
㉰ 미생물이 거의 없고 오염물질이 적다.
㉱ 무기염류 농도와 경도가 높다.

해설 : 지하수는 지표수에 비해 자정속도가 느리다.

03 빗물의 특성에 대한 내용과 가장 거리가 먼 것은 무엇인가? ㉰

㉮ SO_2나 NO_2 같은 기체가 빗물에 녹아 H_2SO_4와 HNO_3가 되어 산성비를 만든다.
㉯ 수자원으로서 부정기적인 강우패턴과 집수, 저장방법 문제로 가치가 비교적 크지 않은 편이다.
㉰ 빗물은 용해 성분이 많아 경수이다.
㉱ 빗물은 낙하하면서 대기 중의 CO_2를 포화상태로 녹여 순수한 빗물의 pH를 약 5.6으로 만든다.

해설 : 빗물은 용해 성분이 많지 않다.

04 지표수의 특성에 관한 설명 중 틀린 것은 무엇인가? ㉯

㉮ 지하수에 비해 알칼리도, 경도가 낮다.
㉯ 수질 변동이 작다.
㉰ 도시하수 및 동·식물에 의해 유기물의 함량이 높다.
㉱ 수온의 계절변화가 심하고 홍수시와 갈수시 오염도 변화가 심하다.

해설 : 지표수는 유기성 오염물의 유입가능성이 크기 때문에 수질변동이 크다.

05 하천이나 호수의 바닥 또는 변두리의 자갈, 모래층 중에 함유되어 있는 물로서 철분, 망간 등의 함유도가 적고 수량이 비교적 안정적이고 확실한 지하수 수원은 무엇인가?

㉮ 심층수　　㉯ 천층수　　㉱
㉰ 용천수　　㉱ 복류수

해설 : 모래, 자갈층 사이에 존재하는 물, 수량이 비교적 안정적인 지하수 수원은 복류수이다.

06 우수에 대한 다음 설명 중 옳지 않는 것은 무엇인가? ㉱

㉮ 우수의 주성분은 육수 보다는 해수의 주성분과 거의 동일하다고 할 수 있다.
㉯ 해안에 가까운 우수는 염분함량의 변화가 크다.
㉰ 산성비가 내리는 것은 대기오염물질인 NO_x, SO_x 등의 용존 성분 때문이다.
㉱ 용해성분이 많아 완충작용이 크다.

해설 : 우수는 용행성분이 적어 완충작용이 작다고 할 수 있다.

07 산성강우에 관한 설명으로 올바르지 않는 것은 무엇인가? ㉱

㉮ 보통 대기 중 탄산가스와 평형상태에 있는 물은 약 pH 5.6의 산성을 띠고 있다.
㉯ 초목의 잎과 토양으로부터 Ca^{2+}, Mg^{2+}, K^{+} 등의 용출속도를 증가시킨다.
㉰ 주요원인물질은 유황산화물, 질소산화물, 염산을 들 수 있다.
㉱ 대기오염이 혹심한 지역에 국한되는 현상으로 비교적 정확한 예보가 가능하다.

해설 : 대기오염은 바람에 의해 확산이 일어난다. 지역에 국한되는 현상이 아니라, 전 세계적으로 광범위한 문제라 할 수 있다.

08 다음 내용 중 옳지 않은 것은 무엇인가? ㉰

㉮ 우수의 주성분은 육수보다는 해수의 성질과 비슷하다.
㉯ 우수(빗물)는 대기 중 CO_2나 SO_x의 영향으로 산성이 될 경우가 있다.
㉰ 우수는 지하수보다 경도가 높은 것이 보통이다.
㉱ 해안에서 가까운 우수 중에는 염분 농도가 높다.

해설 : 경도 유발 물질은 지하수에 가장 많이 존재한다.

09 다음 설명 중 잘못된 것은 무엇인가? ㉯

㉮ 비 거주 지대의 지표수는 유기성 불순물이 훨씬 적다.
㉯ 지표수는 오염이 쉽게 되므로 도시에서는 지표수를 이용하지 않는다.
㉰ 지표수의 구성 성분은 유동적이며, 집수역의 특성에 그게 의존된다.
㉱ 지표수는 강물, 호수 및 저수지의 물 등이 포함된다.

해설 : 도시에서 주로 사용되는 물은 지표수이다.

10 다음은 자연수의 특징에 관한 설명이다 올바르지 않는 것은 무엇인가? ㉯

㉮ 하천수에서 최소유량과 최대유량 사이의 수질은 비교적 변화가 심하다.
㉯ 우수는 지표수에 비해 비교적 오염물 함유량이 적다. 이는 자정작용으로 일어난 결과이다.
㉰ 지하수는 지층과 지리적 조건에 의한 수질 변화가 심하다.
㉱ 산성비는 건물부식 및 수중 생태계도 변화 시킬 수 있다.

해설 : 우수는 자체적으로 오염물의 함유량이 적게 존재 한다. 자정작용의 결과로는 볼 수 없다.

4. 수자원 현황과 이용

2009년 세계경제포럼 '수자원 이니셔티브 보고서'에 의하면, 물의 수요는 1950년~1990년 사이에 인구 성장률을 크게 넘어선 3배나 증가했고, 글로벌 경제가 성장하면서 앞으로 35년 이내에 현재보다 2배나 증가할 것으로 전망하고 있다.

이러한 물의 수요가 급증함에도 불구하고 많은 지역에서 물의 가격이 낮게 형성됨에 따라 물이 남용되는 원인을 제공하고 있으며, 이러한 현상으로 전 세계 많은 지역은 수자원 부도상태에 직면할 것임을 경고하였다.

4.1 수자원 현황

4.1.1 국가별 수자원 현황

(1) 1인당 가용(재생가능) 수자원량(renewable water resources)

1인당 가용 수자원량은 국토면적에 떨어지는 연간 강수량 중 증발산 등의 손실을 제외한 유출량을 인구수로 나눈 값으로, 국가별 기본적인 수자원 여건을 판단할 수 있는 일반적으로 통용되는 지표로 UNEP, ESCAP, PAI 등 UN 산하 기관 등에서도 공식적으로 인용되고 있다.

2007년에 국제인구행동연구소(PAI)에서 발표한 자료에 의하면, 우리나라는 1,453 m^3으로 세계 153개 국가 중 129위로 PAI 기준의 **물 스트레스국**(1,700 m^3 이하, 국민들이 알기 쉽게 물 부족 국으로 표현)으로 분류되어 있다. 이는 강수량은 풍부하나 좁은 국토에 많은 인구가 살고 있어 수자원 여건이 아주 열악하다는 것을 의미한다. 특히 우리나라의 경우 계절별 강수량의 편차가 심하여 홍수기에 버려지는 물이 많아 실제로는 더 열악한 실정이라고 할 수 있다(**제4차 수자원장기종합계획 제3차 수정계획에서 2015년 기준 우리나라 1인당 이용 가능한 수자원량은 1,488 m^3으로 이는 128위에 해당**).

한편, 아프리카 일부국가 중 물 풍족 국가로 분류 되었음에도 물 부족을 겪고 있는 것은 가난하여 풍족한 수자원을 이용하는 상수도시설 등의 공급시설이 확충되지 못하고 있기 때문이다. 반면, 우리나라가 주기적인 가뭄을 겪고는 있으나 물이용에 큰 어려움이 없는 것은 그동안의 수자원 개발 및 상수도 확충에 지속적으로 노력해 온 결과라고 할 수 있다.

(2) 물 빈곤지수(WPI : Water Poverty Index)

1인당 가용 수자원량은 국가별 기본적인 수자원 여건을 판단할 수 있는 지표이다. 물이 부족하더라도 1인당 물 사용량이 적을 경우 물 부족이 발생하지 않으며 물이 풍부하더라도 국민이 물을 사용할 수 있는 기반시설이 없을 경우 물 부족을 겪게 된다. 따라서 가용 수자원량, 물이용량, 수자원 접근율 등을 포함한 종합적인 관점에서 국가별 수자원 여건에 대한 판단이 필요하다.

이에, 영국 생태환경 및 수문학센터(CEH)에서는 국가의 복지 수준과 물이용 가용성의 관련성을 나타낼 수 있는 통합적인 수치를 만들어내고, 물 부족이 인구에 얼마나 큰 영향을 미치는가를 평가하기 위해 1인당 가용 수자원량(Resources), 수자원 접근율(Access), 사회·경제요소(Capacity), 물 이용량(Use) 및 환경(Environment) 등을 종합적으로 고려한 물 빈곤지수(WPI)를 개발하여 발표하였다.

발표 자료에 의하면 우리나라의 물 빈곤지수(WPI)는 전체 147개국에서 43위 수준이며, 29개 OECD 국가 중 20위로서 선진국에 비하면 낮은 수준이다.

- 1인당 가용 수자원량(Resources) : 6.1점 - 117위
- 수자원 접근율(Access) : 19.3점 - 27위
- 사회·경제요소(Capacity) : 17.7점 - 20위
- 물 이용량(Use) : 8.4점 - 106위
- 환경(Environment) : 10.9점 - 53위

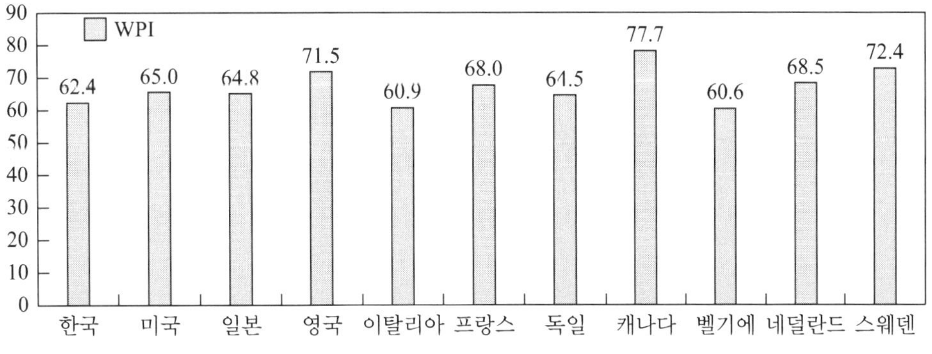

지표명	한국	미국	일본	영국	이탈리아	프랑스	독일	캐나다	벨기에	네덜란드	스웨덴
WPI	62.4	65.0	64.8	71.5	60.9	68.0	64.5	77.7	60.6	68.5	72.4

(주) WPI : 0～100 사이의 값을 가지며, 0에 가까울수록 수자원 여건이 좋지 않음을 나타냄

≫ 그림 1.6 물 빈곤지수(WPI : Water Poverty Index)

(3) 국가별 물 사용량 지표(물 발자국)

물 발자국(Water footprint) 및 가상수(Virtual water)는 국가별 실제의 물소비량을 가늠하고 장래 물 부족에 효율적으로 대비하기 위하여 최근 도입된 지표로, 물 발자국은 그 국가에 거주하는 사람들이 소비하는 상품과 서비스를 생산하는데 필요한 물의 양을 추적하여 계산한 값이다. 2004년에 발표된 UNESCO-IHE 연구 자료에 의하면 우리나라는 평가대상 100개 국가 중 15번째로 물 수입률(62%)이 높은 나라로 제시되고 있다.

우리나라의 경우 고부가가치 상품의 수출이 많은 반면, 농산물·원유 등 저부가가치 상품 대부분을 수입에 의존하므로, 식량의 무기화 및 보호무역 등에 매우 취약함을 의미하며, 만일의 상황에서의 국내 자급을 위해서는 현 수준 사용량의 1.4배의 물이 더 필요함을 나타낸다고 할 수 있다.

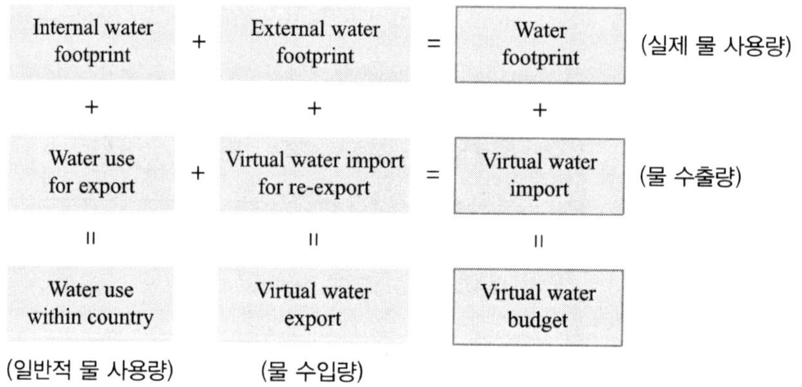

그림 1.7 국가별 물 사용량 계산구조(Water Footprint NETWORK)

표 1.9 생산에 필요한 물의 양 (단위 : m^3/톤)

구분	쌀	밀	옥수수	커피	소고기	돼지고기	닭고기	달걀	우유	치즈
세계 평균	2,895	1,334	909	19,028	15,497	4,856	3,918	3,340	990	4,914

(주) 기상, 품종, 영농방식, 수자원 여건 등에 따라 국가별로 차이가 있으나 출처에서 제시된 평균을 재산정하여 제시한 것임.

표 1.10 주요국가의 물 사용량(물 발자국) 분석결과 (단위 : 억 m^3/년)

지표명	일반적 물 사용량 (A)	Internal water footprint (B)	External water footprint (C)	Water footprint (B+C=D)	물 자급률 (B/D, %)	물 수입률 (C/D, %)	국내 자급기준 물 증가량 (D−A)
쿠웨이트	3	3	19	22	13	87	19
일본	544	519	942	1,461	36	64	917
한국	231	210	342	552	38	62	321
프랑스	1,165	691	411	1,102	63	37	−63
미국	7,495	5,658	1,302	6,960	81	19	−535
중국	8,932	8,259	574	8,834	93	7	−98
인도	10,127	9,714	160	9,874	98	2	−253

자료 : 물과 미래, K-water, 2021

4.1.2 우리나라의 수자원

(1) 수자원 부존량

도서지역을 포함한 우리나라의 연평균 강수량은 1,300 mm(1986~2015년)로 세계 평균(813 mm)의 1.6배이고, 수자원 부존량(연평균 강수량×국토면적)은 1,323억 m^3/년이지만, 높은 인구밀도로 인해 1인당 부존량(강수총량)은 연간 2,546 m^3으로 세계 평균의 약 1/6에 불과하다.

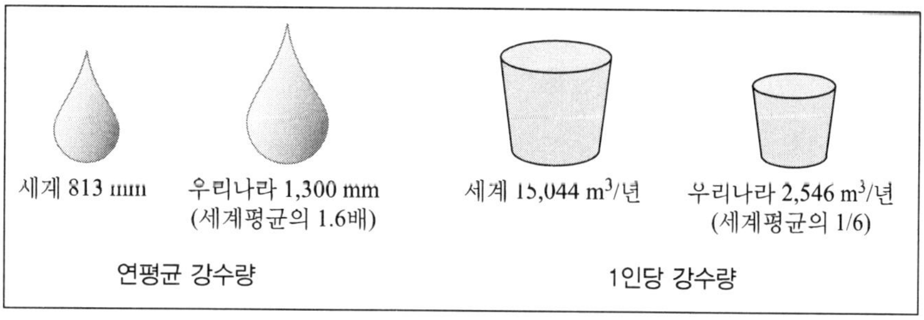

그림 1.8 주요 국가별 수자원 부존량

표 1.11 주요 국가별 강수량 및 1인당 강수량

구 분	한국	일본	미국	영국	중국	캐나다	세계평균
연평균 강수량(mm/년)	1,300	1,668	715	1,220	645	537	813
1인당 강수량(m^3/년)	2,546	4,964	21,791	4,663	4,345	150,929	15,044

(주) 1인당 강수량(m^3/년) = 연평균 강수량 × 국토면적 / 인구수

(2) 우리나라 강수 특성

우리나라의 연평균 강수량은 과거 약 100년에 걸쳐 추세를 살펴보면 연간 강수량은 대체로 증가 추세에 있다. 그러나 과거 100여 년간의 연강수량 추이를 보면 최저치 754 mm(1939년)와 최고치 1,756 mm(2003년)로 무려 2.3배의 차이가 있으며, 극한 가뭄과 홍수 발생 빈도가 증가하는 경향을 나타내고 있다. 주요 유역별 평균 강수량은 한강 1,292 mm, 낙동강 1,250 mm, 금강 1,240 mm, 섬진강 1,423 mm, 영산강 1,293 mm, 동해안 1,270 mm, 서해안 1,272 mm, 남해안 1,496 mm, 제주도 1,729 mm인 것으로 나타났다. 지역별 및 유역별로 강수량의 편차 또한 심하여 남해안과 강원도 영동지역은 1,400 mm 이상인 반면 경상북도, 충청도 및 경기도 내륙은 강수량이 적으며, 특히 낙동강 중부지역은 1,000 mm 이하이다. 또한 대관령 주변의 산악지역은 1,400 mm 이상의 강수량 분포를 나타내어 주변과 큰 차이를 나타내고 있다.

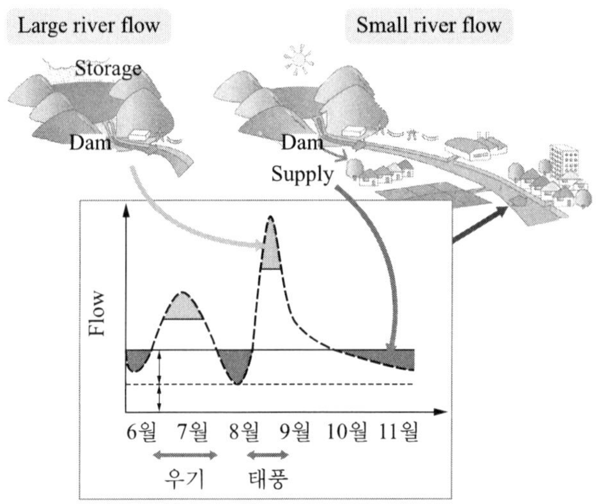

우리나라의 연간 강수량은 세계 평균인 813 mm보다 많지만 국토의 65%가 산악지형이고, 하천경사가 급한 지리적 특성으로 홍수기에는 비가 내린 후 1～3일 이내에 상류의 물이 하구에 도달하며, 갈수기에는 유출량이 적어 하천수질 오염을 가중시키는 등 수자원의 이용 측면에서 매우 불리한 자연조건을 갖고 있다. 또한 수문학적으로는 강수량의 약 85%가 여름철인 6～9월에 집중된다. 따라서 하천의 일정 지점에서의 최대유량과 최소유량의 비인 유량변동계수(하상계수)가 매우 크다. 다목적댐이 건설되기 전에는 4대강 평균치가 300 이상(300～390)이었던 점은 하천의 물이용 여건이 유럽이나 다른 외국에 비해 상대적으로 열악함을 단적으로 말해주고 있다. 세느강, 나일강, 라인강, 템즈강 등 외국 주요 하천의 유량변동계수(하상계수)가 40 이하인데 비

하여 우리나라의 주요 하천인 섬진강, 영산강 등의 유량변동계수(하상계수)는 200 이상이다. 이런 특성은 물이 풍부한 홍수기에는 홍수 피해를 유발시키고 갈수기에는 수자원의 부족현상을 유발한다.

최근에는 이처럼 홍수기의 홍수 피해를 막고 갈수기의 물 부족 현상을 해결하기 위한 시설로서 댐이나 재해방지용 저류지 및 일본 등에서 만들어 효과를 보고 있는 지하댐 등이 거론되고 있으며, 이를 위한 연구가 활발히 진행되고 있다.

표 1.12 국내·외 주요 하천의 유량변동계수(하상계수) 비교

국내 주요 하천		국외 주요 하천	
하천명	하상계수	하천명	하상계수
한 강	115(390)	대정천(일본)	110
낙동강	101(372)	세느강(프랑스)	34
섬진강	272(390)	나일강(이집트)	30
영산강	214(320)	라인강(독일)	16
금 강	71(300)	템즈강(영국)	8

(주) 1. 하천 유량변동계수(하상계수)는 해당하천의 최대유량과 최소유량의 비로 표시됨.
2. ( )안의 숫자는 댐에 의한 홍수 조절을 하기 전의 유량변동계수(하상계수)임.

국내·외 주요 하천의 유량변동계수(하상계수) 비교

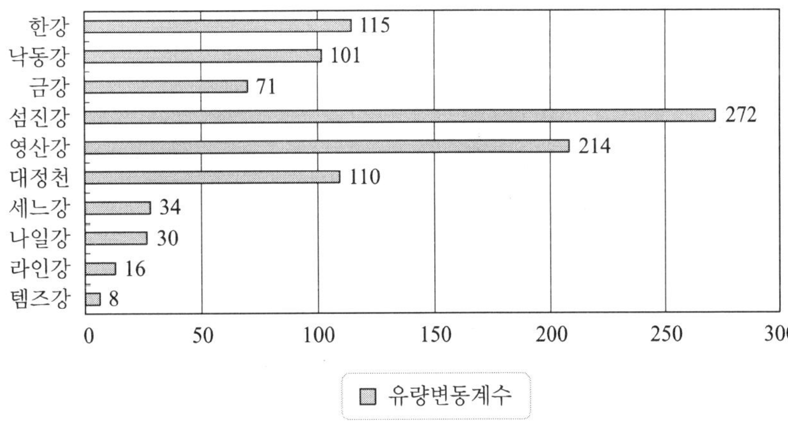

(3) 우리나라 강수의 유출특성 변화

연평균 강수량에 국토면적을 고려한 강수총량과 북한지역 유입량을 포함한 수자원 총량은 연간 1,323억 m^3으로 이중 이용 가능한 수자원량은 760억 m^3이고 이 중 72%는 홍수기에 편중되어 있으며, 비홍수기 유출량은 212억 m^3에 불과하다. 또한, 가뭄시에는 강수량이 줄어들어 과거최대 가뭄 상황에서는 이용 가능한 수자원량이 평년의 46% 수준인 351억 m^3으로 대폭 하락한다.

물 이용량의 증가와 함께 가뭄시 이용 가능한 수자원량의 부족이 물 부족의 근본 원인이며, 계절별로 편중된 가용 수자원 분포 특성(수요와 공급의 시간적 불균형)은 물 부족을 더욱 악화시키는 요인이다.

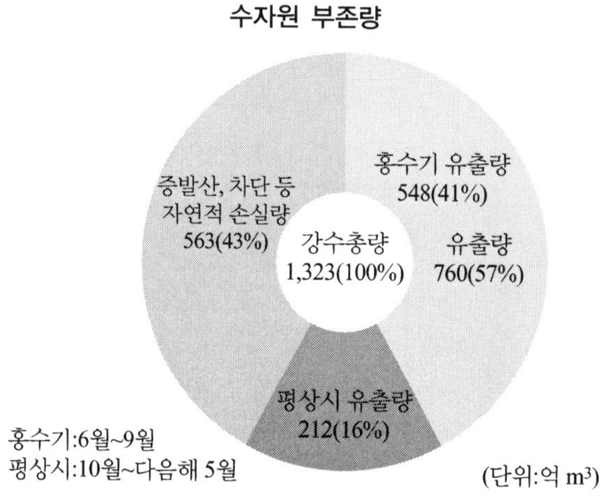

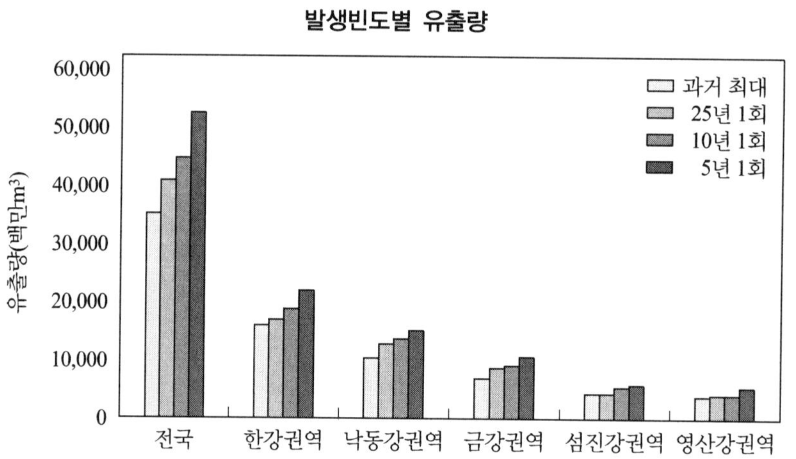

표 1.13 가뭄빈도별 이용 가능한 수자원량 (단위 : 백만 m^3/년)

구분	전국(주)	한강권역	낙동강권역	금강권역	섬진강권역	영산강권역
5년 1회	53,454	22,482	13,721	9,056	4,454	3,741
10년 1회	44,679	18,683	12,174	7,510	3,747	2,566
25년 1회	38,836	16,211	11,100	6,241	2,930	2,353
과거 최대	35,093	15,818	8,733	5,577	2,808	2,158

(주) 이용 가능한 수자원량에 대한 전국 현황은 제주도 및 울릉도에 대한 현황이 제외된 결과임
자료 : 제4차 수자원장기종합계획 제3차 수정계획(국토교통부, 2016)

4.2 수자원 이용 현황

우리나라 수자원 이용 현황을 살펴보면 총 이용 취수량이 증가 추세이며, 그 중 생활용수 공급량이 가장 증대되어 왔다. 최근 들어서는 농업용수 이용량이 상대적으로 줄어들고 있으며, 공업용수량은 거의 변화가 없는 상황이다. 이와 같이 수자원의 양적 증가추세는 인구증가와 생활수준의 향상 및 도시화와 공업화 등에 의한 것이며, 유역별로는 수자원 부존량의 큰 차이가 있어서 용수공급 능력에 유역 간 불균형이 내재되고 있는 실정이다.

2015년 기준 총 이용량은 372억 m^3/년으로 수자원 총량 대비 28%를 이용하고 있으며, 이는 평상시 유출량의 1.7배 수준으로 홍수시 유출량을 댐 등의 저류시설을 통해 저장하였다가 이용하고 있다.

총 이용량 중 생활, 공업, 농업용수 이용량은 251억 m^3/년으로 이용 가능한 수자원량의 33%를 취수하여 이용하고 있으며, 하천 122억 m^3, 댐 209억 m^3, 지하수 41억 m^3을 통해 공급하고 있다.

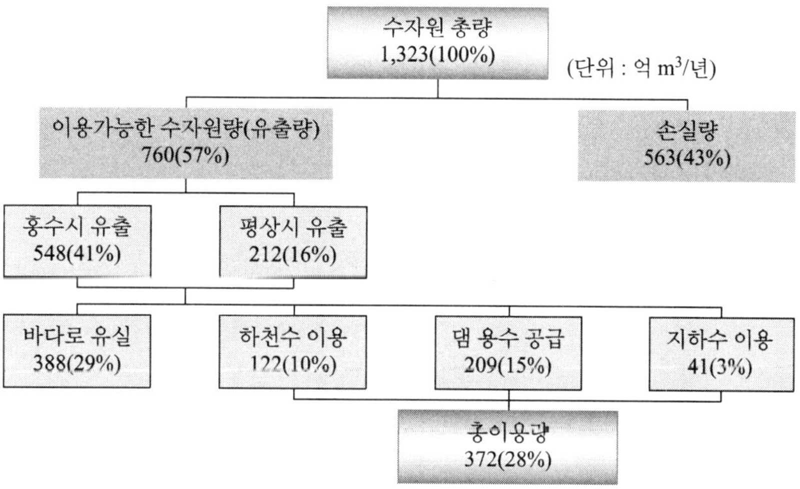

(주) 1. 수자원 총량은 연평균 강수량 × 국토면적이며, 북한지역에서의 23억 m^3/년이 포함된 수량임.
2. 이용가능한 수자원량은 강수량을 이용하여 산정한 유출량('86~'15)이며, 손실량은 수자원 총량에서 이용가능한 수자원량을 제외한 값으로 증발산 등의 손실을 간접적으로 나타낸다고 할 수 있음.
3. 홍수시 유출량은 6~9월의 유출이고, 나머지 기간이 비홍수기 유출량임.
4. 댐 용수 공급량은 계획공급량, 지하수 이용량은 연간 실지하수 이용량, 하천수 이용량은 총이용량에서 댐 용수와 지하수 이용량의 차로 산정
5. 바다로 유실은 이용가능한 수자원량에서 총이용량을 제외한 값으로 간접적으로 산정
6. 총이용량 372억 m^3은 용수이용량('14)과 하천유지용수('15)로 구성

그림 1.9 우리나라의 수자원 이용현황

표 1.14 연도별 수자원 총량 및 이용현황 변화(1980~2014)

구분 \ 연도	1980년	1990년	1994년	1998년	2003년	2007년	2014년
수자원 총량	1,140	1,267	1,267	1,276	1,240	1,297	1,300
이용가능한 수자원량 (유출량)	662	697	697	731	723	753	760
총이용량 *취수량(취수율)	153 128(19%)	249 213(31%)	301 237(34%)	331 260(36%)	337 262(36%)	333 255(34%)	372 251(33%)
생활용수	19	42	62	73	76	75	76
공업용수	7	24	26	29	26	21	23
농업용수	102	147	149	158	160	159	152
유지용수	25	36	64	71	75	78	121

(주) 취수량은 유지용수 제외, 취수율은 하천 유출량 대비 취수량
자료 : 제4차 수자원장기종합계획 제3차 수정계획(국토교통부, 2016)

표 1.15 하천 취수율에 따른 물 스트레스 국가 구분

하천 취수율	물 스트레스 구분	해당 국가
10% 이하	저(低)	뉴질랜드, 캐나다, 러시아 등
10~20%	중(中)	일본, 미국, 영국, 프랑스, 터키 등
20~40%	중(中)~고(高)	한국, 중국, 인도, 이탈리아, 남아공 등
40% 이상	고(高)	이라크, 이집트 등

자료 : 제4차 수자원장기종합계획 제3차 수정계획(국토교통부, 2016)

4.3 장래 물 수급 전망

전국의 장래 물 수급전망을 보면 4대강 살리기 및 다목적댐 건설 등을 통한 물 공급능력의 증가로 대부분의 지역에서 생·공·농업용수 부족은 해소되며, 하천의 수질 및 생태계 보전 등을 위해 필요한 하천유지 및 환경개선용수 수요도 대부분 충족될 수 있다.

다만, 도서 및 산간 등 일부지역에서는 가뭄정도에 따라 약 1.9억 m^3(5년 빈도 가뭄시)~4.0억 m^3(과거 최대 가뭄시)의 물 부족이 발생할 것으로 전망되었다.

앞으로 국지적으로 발생하는 물 부족에 대처하기 위해 친환경 중소댐건설, 공공지하수 개발 등 신규 수자원확보와 기존 노후시설의 개량 및 비상연계체계 구축 등을 적극 추진할 필요가 있다.

표 1.16 물 수급 전망(기준수요) (단위 : 억 m^3/년)

구분 \ 가뭄빈도	5년 빈도	10년 빈도	20년 빈도	과거 최대
물 부족량	1.9	2.5	3.3	4.0
생활 · 공업 · 농업용수	1.9	2.5	3.3	4.0

(주) 2020년 기준 가뭄빈도별 물 부족량 전망임

표 1.17 물 수급 전망(권역별) (단위 : 백만 m^3/년)

구분 \ 권역	전국	한강	낙동강	금강	영산강	섬진강	제주·울릉
수 요 량	24,653	7,347	6,477	6,180	2,655	1,654	340
생활용수	7,479	3,787	1,795	1,196	365	224	112
공업용수	2,839	917	910	750	79	180	3
농업용수	14,335	2,643	3,772	4,234	2,211	1,250	225
공급가능량	24,249	7,295	6,461	6,040	2,489	1,624	340
과 부족량	▼404	▼52	▼16	▼140	▼166	▼30	-

(주) 과거 최대 가뭄 발생 시 권역별 생·공·농업용수 물 부족량임
자료 : 제4차 수자원장기종합계획 제3차 수정계획(국토교통부, 2016)

4.4 우리나라 댐의 현황

우리나라의 댐별 개소 및 유효저수량 비율을 살펴보면, 다목적댐이 66.9%로 제일 많으며 다음으로 농업용 저수지 22% 순이다.

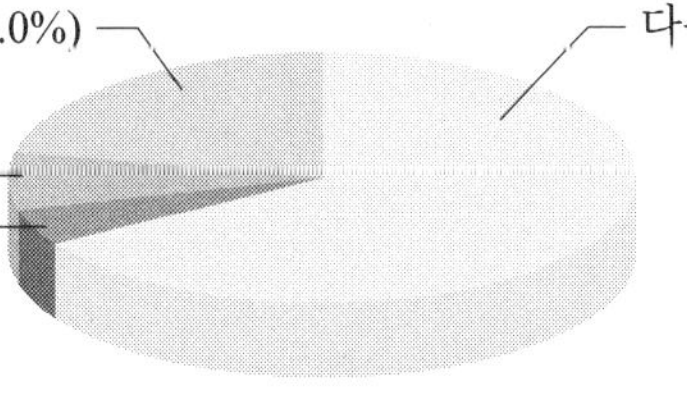

<table>
<tr><th>구분</th><th>합계</th><th>다목적댐</th><th>홍수조절댐</th><th>생공용수 전용댐</th><th>발전전용댐</th><th>농업용 저수지</th></tr>
<tr><td>개소수(개)</td><td>17,493</td><td>20</td><td>3</td><td>54</td><td>15</td><td>17,401</td></tr>
<tr><td rowspan="2">유효저수용량(주)
(백만 m³)</td><td rowspan="2">13,708.2</td><td>9,170</td><td>-</td><td>536.3</td><td>992.8</td><td>3,009.1</td></tr>
<tr><td>66.9%</td><td>-</td><td>3.9%</td><td>7.2%</td><td>22.0%</td></tr>
</table>

(주) 1. 유효저수용량은 이수목적으로 활용되는 저수용량으로서 저수위에서 상시만수위까지의 저수용량
2. 울릉도를 제외한 전국의 댐 시설 및 저수지(기본계획고시된 계획시설 포함) 개수
자료 : 1. 제4차 수자원장기종합계획 제3차 수정계획(국토교통부, 2016), 2. 물과 미래, K-water, 2021

2020년 전국 다목적댐의 총저수용량은 약 129억 m^3 규모이며, 발전시설용량 약 106만 kW, 홍수조절 능력은 약 23억 m^3, 연간 용수공급능력은 약 113억 m^3이다.

댐별로는 소양강댐의 저수용량이 29억 m^3로 가장 많으나 연간 용수공급 능력은 12억 m^3으로, 충주댐의 34억 m^3보다 적다. 발전시설용량 규모는 충주댐이 41만 kW로 가장 크다.

2016년 영주댐 및 한탄강댐 건설공사를 준공하여 홍수조절용량 345백만 m^3 및 연간 용수공급량 203백만 m^3를 확보하였으며, 현재는 지역건의에 의해 추진중인 소규모댐(원주천댐, 봉화댐)을 설계 완료하고 공사 진행중이다. 원주천댐 및 봉화댐이 완공되면 연간 홍수조절용량 약 3.82백만 m^3, 연간 약 1.26백만 m^3의 용수공급능력을 추가 확보하게 되어 지류하천에 대한 기후변화 대응력 제고와 물수요 증가에 대비한 안전정 물공급에 기여할 수 있을 것으로 예상된다.

표 1.18 건설 중인 댐 현황

수계명	댐명	유역 면적 (km^2)	제원		총 저수량 (백만 m^3)	유효 저수 용량 (백만 m^3)	발전 시설 용량 (천 kW)	사업효과		공사 기간
			높이 (m)	길이 (m)				홍수 조절 (백만 m^3)	용수 공급 (백만 m^3/년)	
한 강	원주천댐	7.5	49	210	1.8	-	-	1.74	-	‘18~’23
낙동강	봉화댐	27.8	41.5	266	3.10	-	-	2.08	1.26	‘18~’24

자료 : 물과 미래, K-water, 2021

표 1.19 세계의 댐·총 저수 용량 순서(베스트 10)

순위	총저수 용량(백만 m^3)	저수지명	국명	형식
1	180,600	Kariba	짐바브웨·잠비아	아치
2	169,000	Bratsk	러시아	중력식 콘크리트
3	150,000	Akosombo	가나	락필
4	141,851	Daniel Johnson	캐나다	멀티풀 아치
5	135,000	Guri	베네수엘라	중력식 콘크리트/락필/어스
6	132,000	Aswan High	이집트	락필
7	74,300	Bennett W.A.C	캐나다	멀티풀 아치
8	74,000	Hidase(C)	에티오피아	중력식 콘크리트
9	73,300	Krasnoyarsk	러시아	중력식 콘크리트
10	68,400	Zeya	러시아	밧트레스

자료 : 물과 미래, K-water, 2021

2019년을 기준으로 우리나라의 전체 발전량은 585,301 GWh이다. 그 중 수력발전이 6,247 GWh(1.07%), 화력이 331,786 GWh(56.69%), 원자력이 145,910 GWh(24.93%)를 차지한다.

수력발전량과 외국의 수력발전 의존율을 참고하면 우리나라의 수력발전 비율은 1.07%로 적극적인 개발이 필요한 상황이다.

표 1.20 세계의 댐·총 저수 용량 순서(베스트 10)

국 가	총발전량(GWh)	수력발전량(GWh)	수력발전 의존율(%)
한 국	585,301	6,247	1.07
일 본	998,055	84,540	8.47
미 국	4,057,000	294,000	7.25
캐나다	650,000	390,000	60.00
중 국	6,495,140	1,189,840	18.32
프랑스	529,400	53,600	10.12
브라질	578,900	380,900	65.80

자료 : 1. World Small Hydropower Development Report 2019
2. 전력통계정보시스템(한국전력거래소, 2019년)

4.5 물 분쟁

전 세계적으로 300여개가 넘는 강들이 두 국가 이상에 걸쳐 흐르고 있으며, 이 국제하천 유역에 50여 개국 세계인구의 35～40%가 살고 있다. 우리나라도 남북 공유하천으로 북한강과 임진강이 있으며, 국제 공유하천을 둘러싼 물이용과 관련한 분쟁은 과거부터 지속되고 있어 국제적으로 심각한 문제 중 하나이다.

세계인구 증가와 산업 발달로 늘어나는 물 수요에 대처하기 위한 수자원 확보는 국가의 중요 정책과세로 대두되고 있다. 존 라이드 영국 국방장관은 2006년 2월 27일 영국 왕립국제문제연구소(채텀하우스) 연설에서 "지구온난화로 지구 곳곳에서 사막화가 진행되고 있어 20～30년 안에 물을 둘러싼 폭력적이고 정치적인 충돌이 일어날 것"이라고 경고했다.

1972년 스웨덴에서 개최된 UN 인간환경회의 및 1977년 아르헨티나에서 개최된 UN 마르델플라타 물 회의 이래 1992년 리우환경개발회의, 2002년의 남아프리카공화국에서 개최된 지구정상회의 및 2006년의 멕시코에서 개최된 제4차 세계물포럼 각료회의에 이르기까지 물과 환경 문제에 대한 국제적인 합의와 개선 노력이 진행되고 있다. 이제 물 문제는 국제적인 규범 마련과 이를 실천하기 위한 세계적인 노력 없이, 한 국가만의 의지만으로는 해결이 어려운 상황이다.

물 사용량의 반 이상을 인접국가와 공유하는 국가 현황

4.5.1 공유하천의 평화적 협력사례

공유하천의 평화적 해결방안으로는 균등배분, 기득수리권보장, 필요에 의한 배분 등이 있다.

첫 번째 유형의 협력방법은 갠지스강(인도-방글라데시), 압록강(북-중) 사례와 같이, 상하류 간 관측된 유량의 50%를 공평하게 분배하는 방법으로 공유하천 협력을 위해 30%정도가 채택하는 가장 단순하고 적용이 쉬운 방법이다.

두 번째 방법으로는 콜로라도강(미국-멕시코) 사례와 같이 상류에서 하류의 기득수리권 혹은 상류지역 개발 전의 자연유량을 보장하는 방식으로 할당하는 방식의 협력 방법이 있다.

마지막으로 컬럼비아강(미국-캐나다) 사례처럼 합리적이고 공평한 할당을 기본원칙으로 할당의 방법과 기준을 설정하고 공동관리기구를 통해 수자원을 배분하는 협력 방법이 있다.

특히 캐나다 컬럼비아호에서 발원하여, 미국 워싱턴주와 오리건주의 경계를 지나 태평양으로 유입되는 컬럼비아강은 대륙에서 최대의 전력을 생산하는 하천으로, 1909년 경계수역 이용 연구 등을 위한 국제공동위원회(IJC) 설립을 시작으로 협력이 시작되었다. 이후 1948년 대홍수 발생으로 11년간 홍수방지와 전력발전에 대해 논의한 결과 미국은 홍수조절에 대한 편익을 현금 또는 전력으로 캐나다에 제공(캐나다 댐건설에 현금지원 등)하고 캐나다는 미국에 홍수조절 혜택 및 발전수익 반분하는 내용의 컬럼비아강 조약을 체결했다.

대부분의 국제하천에서는 상호 호혜적인 협력이 추진되며, 양국간 또는 다국간 위원회와 같은 협의기구를 통해 협력이 추진된다. 공유하천 물 문제 해결을 위한 비용은 경제적 우위에 있는 국가가 상대적으로 많이 부담하는 사례도 있으며, 아랄해와 같이 하류지역의 국가들이 용수를 확보하는 대신 상류 국가에 석탄 등 에너지를 공급하는 방식도 존재한다.

4.5.2 남북한의 공유하천 관리

(1) 남북한의 공유하천 관리방안 및 현황

남북관계에서 군사적 이외에 공유하천에 대한 효율적인 이용을 위하여 2000년부터 여러 차례 북한과 협의 노력하였으나, 지속적으로 추진되지 못하였다. 공유하천의 관리는 협상과 협력을 기초로 하는 것이 원칙이며 지속적으로 추진되어야 하지만, 남북관계의 특수성으로 국제관례를 그대로 적용하기는 어려운 실정이다. 국제사례를 바탕으로 한 남북공유하천 관리를 위한 단계별 계획으로는 공동관리를 위한 조약의 체결과 관리기구의 설치, 공유하천 공동 이용방안 마련을 들 수 있다.

표 1.21 남북한의 공유하천 현황

유역명	구분	전체	남한	북한
북한강	유역면적(km^2)	10,124	7,787(76.9%)	2,337(23.1%)
	유로연장(km)	291.3	158.8	132.5
임진강	유역면적(km^2)	8,118	3,009(37.1%)	5,109(62.9%)
	유로연장(km)	273.5	91.1	182.4

(주) 유로연장은 본·지천의 총 연장을 의미
자료 : 물과 미래, K water, 2021

(2) 남북 공유하천 관리의 추진 노력

남북 간에는 공유하천 관리의 공동 추진에 필요한 만큼 아직 충분하게 제도적 장치가 마련되어 있지 않지만, 1990년대 초반 이후 남북관계의 진전에 따라 사업의 공동 추진을 위한 기초적인 합의는 이루어진 상태이다. 1991~1992년 남북 사이에 채택된 남북기본합의서 및 관련 부속합의서는 남북이 자원의 공동 개발을 포함한 경제교류협력을 추진할 수 있도록 보장하고 있으며, 이를 위해 남북경제교류협력 공동위원회를 설치·운영하도록 규정하고 있다.

한편 2000년 6월 남북정상회담 이후 남북관계의 발전을 위해 개최하기로 한 남북장관급회담에서는 북한 수자원 개발사업의 공동 추진을 합의한 바 있으며, 2000년 8월 장관급회담에서 임진강 수해방지사업 공동 추진 합의 이후 2004년 3월 임진강 수해방지와 관련된 합의서 채택, 2007년 4월 임진강 수해방지와 관련된 합의서 교환방식 합의 등 10여 차례의 실무협의를 지속적으로 추진하여 왔다.

2009년 10월 임진강 수해방지 남북실무회담을 거치면서 그 동안 중단되었던 남북 수해방지 사업 등을 재개하여 남북 간 공유하천에 대한 피해를 방지할 수 있도록 협약을 추진 중에 있으며, 이번 기회를 토대로 기존의 수자원개발 분야에서 환경·생태,

하천관리·복원, 용수공급 등 다양한 분야로의 확대가 필요하다.

(3) 정전협정 이후 첫 한강하구 남북 공동수로조사

남북은 한반도에서 군사적 긴장 상태를 완화화기 위한 포괄적 방안을 담은 「역사적인 판문점선언 이행을 위한 군사분야 합의서」(2018년 9월 19일, 평양)에 합의하였다.

합의서에 따라, 정전협정(1953년) 이후 최초로 한강하구 공동이용을 위한 남북 공동수로조사가 2018년 11월 5일부터 12월 9일까지 35일간 진행되었다.

남북 수로전문가 각 10명이 우리 조사선 6척에 탑승하여 수로측량을 실시하였으며 선박이 항해할 수 있는 물길을 찾아냈으며, 물속 위험물인 암초 21개를 발견하고 그 위치와 대략적인 크기를 확인하는 등 선박의 안전한 항해를 위해 필요한 정보들을 확보하였다.

해양수산부 산하 국립해양조사원은 조사를 통해 확보된 수로측량 및 조석 관측자료를 분석하여 선박이 임시로 이용할 수 있는 해도를 제작하였다.

한강하구 조사가 완료됨에 따라 한강하구 내 안전한 뱃길이 개척되어, 앞으로 민간 선박의 안전하고도 자유로운 항해가 가능해질 것으로 기대되며, 그간 민간선박의 접근이 제한되었던 한강하구수역을 군사적으로 개방하여 또 하나의 새로운 평화공간이 복원될 수 있는 여건이 마련되었다.

4.6 대체수자원

대체수자원이란 하천수, 저수지, 댐 및 지하수 등 일반적으로 쉽게 이용이 가능하거나 주로 사용되고 있는 수자원 이외에 주 수자원의 확보가 곤란한 도서해안 및 산간지역에서의 수원 확보, 물이용의 효율증대, 인위적인 수자원의 증대, 특수용도 등을 위하여 개발되고 있는 수자원으로서, 우리나라에서는 하수재이용, 해수담수화, 지하수 저류지, 빗물이용, 인공강우, 녹색댐, 강변여과, 해양심층수 등이 대표적인 대체수자원이다.

4.6.1 하수재이용

하수재이용이란 하수가 공공하수처리시설로 처리되어 하천이나 바다 그 밖의 공유수면에 방류되고 있는 처리수를 재이용시설을 이용하여 생활, 공업, 농업, 조경, 하천유지 등의 용도로 활용하는 것을 말한다.

우리나라는 가뭄 및 기후변화에 적극 대응하기 위하여 하수처리수를 수자원으로 이용하기 위한 하수재이용 활성화 정책이 추진되고 있으며, 최근 기술발전과 더불어 고품질의 공업용수 공급 등 하수재이용 활용성도 높아지고 있다. 특히 극심한 가뭄으로 마실 물도 부족한 지역의 경우에는 하수재이용수를 활용하여 농업 및 공업용수로 공급하고, 당초 공급량을 생활용수로 전환하여 국가 수자원의 효율적 이용체계를 마련할 수 있다.

하수재이용 활성화 정책 추진에 따라 2009년 연간 728백만 톤이던 하수 재이용량이 2019년 1,149백만 톤(하수처리량 중 16.1%)으로 57.8%가 증가하였고, 주요 용도는 하수처리장 내 이용(520백만 톤, 45.3%), 하천유지용수(483백만 톤, 42%), 공업용수(105백만 톤, 9.1%), 조경용수(16백만 톤, 1.4%), 농업용수(12백만 톤, 1.0%), 기타 용수(13백만 톤, 1.2%) 순으로 지속적으로 증가되는 있는 추세이다.

표 1.22 연도별 하수발생량 대비 재이용량 현황 (만 톤/년)

구분	'11	'12	'13	'14	'15	'16	'17	'18	'19
하수발생량	706,885	717,432	718,677	699,753	700,518	716,577	701,655	716,372	714,045
재이용량	78,110	87,232	90,744	94,288	102,746	112,105	111,323	111,273	114,866
재이용률(%)	11.0	12.2	12.6	13.5	14.7	15.6	15.9	15.5	16.1

자료 : 2019 하수도 통계(환경부, 2020. 12)

표 1.23 용도별 하수재이용량 및 재이용률 현황(2018년 기준) (만 톤/년)

구분	장내용수	장외용수					
		계	공업용수	농업용수	조경용수	하천유지수	기타
재이용량	51,976	62,891	10,462	1,192	1,639	48,253	1,345
재이용률(%)	45.0	54.0	9.1	1.0	1.4	42.0	1.2

자료 : 2019 하수도 통계(환경부, 2020. 12)

4.6.2 해수담수화

해수담수화란 다양한 공정기술을 사용하여 해수 또는 기수(Brackish Water)로부터 염분 및 기타 화학물질을 제거하여 먹는 물로 만드는 것을 의미한다.

오늘날 인구 증가 및 급속한 산업화로 인하여 물 부족 현상이 심화되고 있고 지구온난화 등 기후변화에 따른 가뭄 등 물 부족지역이 확대되고 있으며, 이용 가능한 수자원의 절대적 부족에 따른 대체수원 확보가 절실한 상황에 있어 해수담수화의 필요성이 대두되고 있다.

세계 해수담수화 플랜트 시설 전망 및 현황은 담수화플랜트 시장 전망(Global water market 2018)에 따르면 시설 용량은 2013년 31만 m^3/day 규모에서 2020년 41만 m^3/day 규모로 성장이 예상되며 시장규모는 2013년 기준 42억 불 규모에서 2020년

50억불 규모로 성장이 예상된다고 전망하였다.

해수담수화시설의 경제성은 에너지 저감기술 적용, 고성능 막 개발 및 시설의 대형화를 통한 경제성 확보로 시장확대가 가속화 되고 있으며 지난 20년간 해수담수화 m^3 당 생산단가는 10 USD에서 0.76 USD로 하락하였다.

표 1.24 해수/기수 담수화 연간 시설용량 현황(기술별) (m^3/day)

구분	2015	2016	2017	2018	2019	2020
Thermal	194,996	498,938	213,339	287,648	264,565	241,715
Membrane	1,585,982	2,077,714	1,903,344	3,434,439	3,583,692	3,917,107
Total	1,780,978	2,576,652	2,116,683	3,722,087	3,847,257	4,158,822

자료 : 담수화플랜트 시장 전망(Global water market 2018)

표 1.25 해수담수화 연간 자본적 지출 현황(기술별) (백만 달러)

구분	2015	2016	2017	2018	2019	2020
Thermal	590.2	723.4	706.1	793.5	733.8	606.7
Membrane	2,216.5	2,149.1	2,314.8	3,172.7	3,974.2	4,380.8
Total	2,716.7	2,872.5	3,021.0	3,966.2	4,707.9	4,987.5

자료 : 담수화플랜트 시장 전망(Global water market 2018)

4.6.3 지하수 저류지(지하수자원 확보시설)

지하수 저류지란 지하수가 유동하는 대수층 내에 인공 물막이벽(차수벽)을 설치하여 지하수를 대수층 내에 저류시키고 관정 등의 시설에 의해 취수하는 시설을 말한다. 현재 우리나라에는 7개소의 지하수 저류지가 설치되어 1일 약 15만 m^3의 공급능력을 갖추고 있으며, 지하수법 개정(2012년 1월)으로 안정적인 수자원의 확보와 가뭄 등에 대비하기 위해 지하수 저류지를 설치할 수 있는 법적 근거가 마련되었다. 이에 환경부에서는 우선적으로 도서해안 등 물복지 소외지역의 안정적인 용수확보와 염수침입 방지를 위해 8개 대상지점을 선정하고 지하수관리기본계획(2017년 12월 수립, 2020년 1월 변경)에 중장기계획을 반영하여, 2020년 12월 도서지역 최초로 옹진군 대이작도에 설치를 완료하였으며, 소외지역 물 복지 개선을 위해 지속적으로 확대 추진해나갈 예정이다.

지하수 저류지는 일반 저수지에 비해 증발 손실과 수몰 면적이 없고 수질오염 위험이 적은 장점이 있으나, 일시에 다량의 물을 이용하기 곤란하며, 관개용으로 직접 사용하기에는 수온이 낮은 단점이 있다.

지하수 저류지 개념도

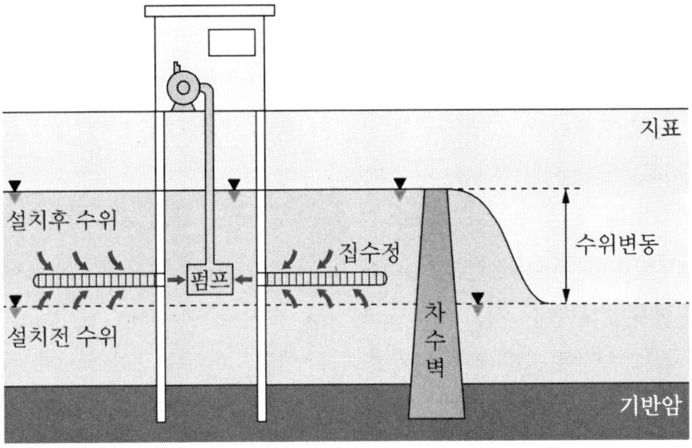

표 1.26 국내 지하수 저류지 개발 현황

구 분	도서지역(환경부 추진사업)			내륙지역					
	애이작도	안마도	보길도	쌍천	이안	남송	옥성	고천	우일
위치 (하천명)	인천옹진 (이작리)	전남영광 (월촌리)	전남완도 (부황리)	강원속초 (쌍천)	경북상주 (이안천)	경북포항 (곡강천)	충남공주 (유구천)	전북정읍 (용호천)	전북정읍 (한교천)
공급능력 (m^3/일)	110	100	1,100	33,000	24,000	23,600	27,900	25,110	16,200
용도	생활용	생활용	생활용	생활용	농업용	농업용	농업용	농업용	농업용
준공년도	2020	2021 (예정)	2022 (예정)	1998 (2000)	1983	1986	1986	1986	1986
물막이벽 길이(m)	72	412	257	800 (832)	230	89	482	192	778

표 1.27 도서·해안지역 지하수 저류지 가능시점 현황

구 분	지하수 저류지 가능지점	
1	서해권(도서)	인천 옹진군 대이작도
2	서해권(도서)	전남 영광군 안마도
3	남해권(도서)	전남 완도군 보길도
4	서해권(도서)	전북 군산시 개야도
5	남해권(도서)	전남 완도군 청산도
6	서해권(도서)	전남 신안군 우이도
7	서해권(도서)	전남 신안군 대둔도
8	서해권(도서)	충남 보령시 삽시도

자료 : 제3차 지하수관리기본계획 수정계획 변경(환경부공고 제2020-11호, 2020)

4.6.4 빗물 이용

빗물 이용은 평상시에 지표수·지하수에 대한 의존을 경감해 수원의 보존이나 수리 안전도의 향상과 함께 절수의식의 향상에 기여할 뿐만 아니라, 한정된 수자원을 유효하게 활용함으로써 가뭄에 강한 사회형성에 도움을 주고 도시지역의 홍수 시 내수배제와 도시하천의 건천화 문제를 완화시킬 수 있다.

빗물 이용 시설은 도시지역에 있어 어느 정도 홍수의 완충장치 역할을 할 수 있고 부분적인 수자원 확보 수단이란 점에서 20년 전부터 외국에서 도입·추진해 오고 있으며, 최근에는 정기적인 국제 빗물 모으기 회의(IRCSC) 등을 통한 다각적인 국제 기술교류가 활발히 이루어지고 있다.

우리나라 빗물이용시설 현황

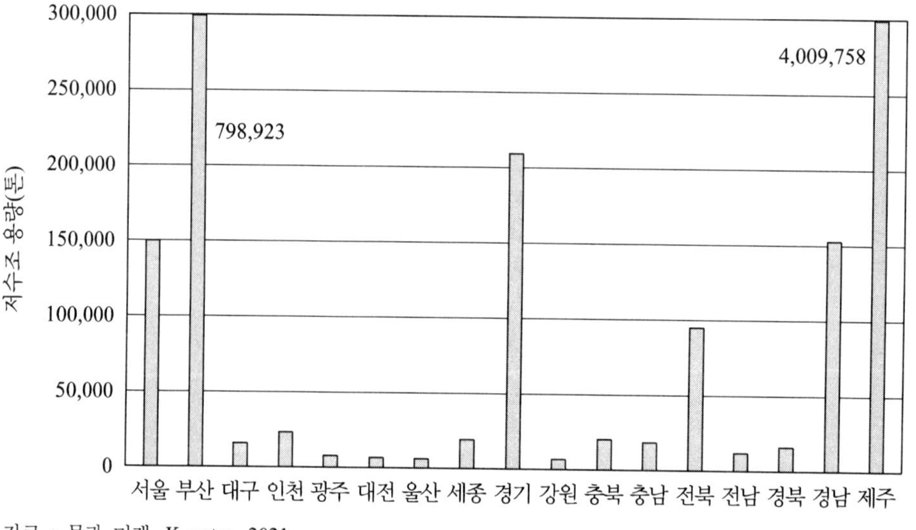

자료 : 물과 미래, K-water, 2021

표 1.28 우리나라 빗물이용시설 현황

구분	시설개소	저수조용량(m^3)	연간사용량(m^3/년)	비고
전국	2,825	5,569,341.8	8,768,910.6	
서울특별시	854	150,217.6	880,594.0	
부산광역시	50	798,923.0	388,192.0	
대구광역시	164	16,442.3	119,567.4	
인천광역시	55	23,284.2	5,977.0	
광주광역시	37	8,188.6	15,845.5	
대전광역시	92	6,890.2	2,697.8	
울산광역시	47	6,529.7	11,106.0	
세종특별자치시	41	19,326.2	15,270.2	
경기도	634	208,928.7	437,100.4	
강원도	26	6,720.0	39,888.0	
충청북도	39	19,969.3	130,846.0	
충청남도	146	18,683.5	84,253.1	
전라북도	311	95,274.1	76,403.2	
전라남도	28	12,368.7	38,916.0	
경상북도	37	15,641.1	153,045.5	
경상남도	209	152,196.7	239,430.5	
제주특별자치도	55	4,009,757.9	6,129,778.0	

자료 : 2019 하수도 통계(환경부, 2020)

(1) 우리나라 빗물 이용 시설 현황

우리나라는 「국토의 계획 및 이용에 관한 법률」의 하위규정으로 ‘도시계획시설의 결정·구조 및 설치기준에 관한 규칙’과 ‘도시공원내 저류시설의 설치운영 지침’ 등에서 주로 도로, 공원, 광장 등 도시계획시설에 대한 빗물 저류와 침투시설의 기준 및 운영을 규정하고 있다.

「자연재해대책법」에서는 개발사업 등을 시행할 경우 우수유출저감대책을 수립하도록 되어 있고 「물의 재이용 촉진 및 지원에 관한 법률」에서는 종합운동장, 체육관, 공공청사를 신축 시 빗물이용 시설의 설치 및 운영을 규정하고 있다. 지방자치단체에서는 조례와 지침을 제정하여 빗물이용시설의 설치를 촉진하고 있다. 서울시는 ‘서울시 빗물관리에 관한 조례’를 제정(2005년 12월)하여 빗물관리기본계획의 수립과 빗물관리 시설의 설치 확대 및 개선을 권고하고 있으며 빗물관리시설 설치비 일부를 지원할 수 있도록 하였다. 지질 특성상 지표수가 적은 제주도는 하루 물 사용량이 1천 m^3을 넘는 시설과 업소에 대해 빗물 이용시설 설치를 의무화하는 내용의 “특별자치도 지하수관리 규칙”을 제정하였는데, 이 조례는 하루 1천 m^3 이상의 용수를 쓰는 업소는 전체 물 사용량 중 빗물을 10% 이상 모아 사용하도록 하고 있으며, 2004년부터 빗물을 20% 이상 사용하도록 규정하고 있는 골프장의 경우에는 전체 물 사용량 중 빗물을 40% 이상 이용하도록 강화하였다.

도시화가 가장 많이 진행되어 하천건천화와 도시홍수에 민감한 경기도의 경우 파주시를 비롯한 11개 시군에서 빗물이용시설 설치 관련 조례를 제정하여 운영하고 있다. 특히, 파주시는 빗물을 재활용할 경우 빗물 사용량에 해당되는 수도요금을 최고 65%까지 감면해줄 수 있도록 하고 있다.

(2) 빗물관리

기존의 도시관리 방법은 홍수예방을 위한 제방 축조, 배수펌프장 설치 등 내수배제 위주의 치수정책과 댐 및 하천위주의 이수정책으로 다양한 수원의 분산화가 이루어지지 못하였다. 빗물관리는 이수목적의 빗물 이용뿐만 아니라 치수목적의 저류용량 확보, 빗물의 지하침투, 옥상녹화, 생태정원 등의 조성으로 도시 내 물과 에너지 순환을 회복하는 일련의 관리방안이다.

집수시설은 강우를 집수하여 강우처리설비까지 빗물을 반송하는 설비로, 지붕면, 루프드레인, 빗물집수관, 빗물받이 등으로 구성된다. 저류시설은 유역으로부터 유입된 빗물을 저류할 목적의 저류지와 부지를 이용하여 강우유출수를 저류하여 활용하기 위한 주차장, 공원 등을 말한다. 침투시설은 빗물을 지하에 침투시켜 빗물유출을 저감함과 동시에 지하수위와 하천유지용수를 확보하는 등 도시화로 인한 불투수면적의 영향을 저감하는 시설로 침투트렌치, 침투측구, 침투통, 투수성포장 등으로 구성된다.

(3) 저영향개발(Low Impact Development, LID)

'저영향개발(LID)'은 유역 개발에 따른 환경적 악영향을 최소화하고, 왜곡된 물순환 체계를 개선하기 위하여 침투, 저류 등 자연적 효과를 극대화하는 요소기술(식생수로, 빗물정원, Wet Land 등)을 적용하여 개발전 본래의 자연적 물순환 상태에 가깝도록 모사하는 최신 물관리 기술

기후변화 대응 및 국가정책 기조에 따라 수자원 관리 및 이용의 중요성이 확대되면서, 저영향개발(Low Impact Development, LID)기반의 물순환 도시 조성 계획·설계 기술의 확보가 요구되고 있다.

친수구역 조성지침(2011)에서는 홍수 및 수질오염 저감을 위한 우수의 침투, 저류, 물순환 체계를 고려한 토지이용 계획기법으로 정의하고 있고, 주로 신도시는 개발 이전의 수문특성에 근접하는 것에 목표를 두고 있으며 재개발도시는 유출량 개선과 오염저감을 주목표로 하는 경우가 많지만 개발 사업에 따라 접근방식과 목표를 다양하게 제시하고 있다.

국가별로 사용하는 용어는 상이하나 접근하는 방식은 유사한데, 공통적으로 발생한 강우를 그 지역 내에서 관리하는 분산형 빗물관리 기술을 적용하고 있고, 저영향 개발(LID, 미국), 자연 순응형 개발(sound water cycle on national planning, 일본), 분산식 도시계획(decentralized urban design, 독일), 지속가능한 도시계획(water sensitive urban design, 호주) 등 발생원의 빗물관리를 목표로 한다.

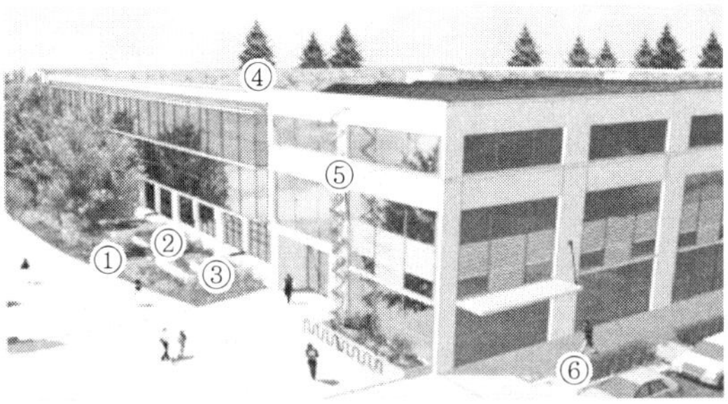

① 침투 화단
② 옥상 녹화가 안되어 있을 경우 화단(Planter) 설치
③ 옥상 배수관에 나오는 우수를 모으는 Basin
④ 옥상 녹화
⑤ 옥상 배수관
⑥ 인도 및 주차장에서 발생하는 유출을 막기 위한 침투지

① Overflow을 수집하기 위한 배수조(Catch Basin)
② 주차공간에 투수성 블록 설치
③ 습지(Swale), 침투 화단(Planter)
④ 그늘 및 우수관리를 위한 나무

자료 : 친수구역 LID 물순환 플랫폼 구축 및 최적설계 기술개발(K-water, 2014)

미국 내 많은 연방기관과 주 정부 및 지자체에서는 저영향개발을 이용한 우수관리 기법에 관한 지침서와 매뉴얼을 제공하고, 유역의 신규 개발 또는 재개발 시 LID 기술을 활용하도록 제도화 되어 있다.

국내에서는 신도시 건설과 기존 도시의 재생 및 비점오염 저감 등의 목적으로 LID 기법이 활발하게 적용되고 있다. LH공사의 아산탕정지구 분산형 빗물관리 도시, 환경부의 강릉 저탄소 녹색시범도시 등이 대표적이다. 또한, 수원시는 물 자급률 향상을 위해 빗물 관리 사업인 레인시티 사업을 시행하고 있고, 서울시에서도 빗물관리 기본계획을 수립하는 등 지방자치단체에서도 저영향개발에 대한 관심이 매우 높아지고 있다. K-water에서는 송산 그린시티사업, 에코델타시티 사업 등 다양한 수변도시 및 친수구역 조성 사업에 LID 기술을 적용하여 진행하고 있다.

국내 적용 예를 살펴보면, 먼저 송산 그린시티 조성 사업은 시화호 주변 지역의 생태환경을 보전하는 동시에 시화 방조제 건설로 생성된 대규모 간석지를 효율적으로 활용, 자연과 환경, 인간 모두를 고려한 합리적인 도시를 조성하는 사업이다. 사업 지역 내 동측지구에 계획된 장치형 비점오염 저감시설을 식생수로, 빗물정원 등 자연형 LID시설로 전환하는 것을 시작으로 강우발생 시 자체 발생원에서 관리가 가능한 분산식 우수배제 방식으로 설계하는 등 저영향 개발 기술을 적극적으로 활용하고 있다. 또한, 그린인프라 시설에 대한 효과를 극대화하는 시범지구를 설정, 저영향 개발 설계를 진행하고 있으며 아산탕정택지개발 사업은 천안시 불당동에 위치한 대지조성 공사로 국내 최초의 LID 분산형 빗물관리 기준을 수립하여 지구단위계획지침에 토지이용별 빗물관리 기준을 명시 하고 침투도랑, 식생수로, 측구형 침투시설 및 빗물저류시설을 설치하고 현재 모니터링을 수행 중에 있다.

식생수로 및 침투도랑 예시도

자료 : 저영향개발(LID)기법 조경·경관 가이드라인(환경부, 2018. 12)

4.6.5 인공강우

인공강우는 항공기나 지상 장비를 이용하여 구름층이 형성되어 있는 대기 중에 "비씨(cloud seed)"를 뿌려, 특정 지역에 비를 내리게 하는 기술이다. 그러나 구름이 없는 상태에서는 비를 내리게 할 수 없어 '인공증우'라는 표현으로도 쓰인다.

1946년부터 연구 개발되어온 인공강우는 현재 40여 개국에서 실용화되고 있으며 우리나라는 기상청을 중심으로 실용화 연구를 진행하고 있다. 기상청은 기상이변으로 인한 가뭄 대응과 같은 대체수자원 확보를 주요 목적으로 인공강우 기술개발을 추진하고 있으며, 최근에는 산불 예방 및 미세먼지 저감효과도 함께 분석하고 있다.

미국과 호주에서 시행한 인공강우 실험 결과, 물 1 m^3를 얻는데 1.3센트에서 0.3센트 정도 경제성이 있는 것으로 나타났다. 우리나라의 경우 중위도 편서풍대에 위치하여 인공강우에 적합한 기상상태를 갖추고 있으므로 인공강우에 의한 수자원확보 시경제적 이익을 볼 수 있을 것으로 판단된다.

인공강우 기술은 영구시설을 설치하는 것이 아니라 가뭄 및 수자원 수요에 따라 필요할 때만 가동시킬 수 있기 때문에 다른 방법에 비해 초기투자비용이 적게 드는 장점이 있다. 그러나 항공기 살포가 가장 많이 사용되는데 경비가 많이 들며, 로켓 발사에 의한 방법이 경제적이나 구름씨가 부분적으로 과다 투여되어 구름을 소산시킬 우려가 있다.

인공강우 실험방법

자료 : 물과 미래, K-water, 2021, 기상청(http://www.kma.go.kr)

4.6.6 녹색댐

녹색댐은 산림이 홍수유출량을 줄여 홍수기 피해를 줄이고 갈수기에는 저류한 수자원의 균등한 유출로 가뭄을 막아주는 등 수자원 측면에서 댐과 같은 역할을 한다하여 붙여진 이름이다. 산림청 연구에 따르면 산림은 약 190억 톤의 물을 저장하며, 이는 소양강댐 총저수량 2,900백만 톤의 약 6.6배에 달한다.

녹색댐은 산림의 기능 중 수원함양기능을 강조한 의미로서, 산림의 공익기능에는 ① 평상시 유량을 증가시켜 수자원확보에 기여하는 「수원함양기능」 ② 토층을 통해 오염물질을 걸러주는 「수질정화기능」 ③ 강우시 홍수유량을 경감시키는 「홍수조절 및 토사유출 방지기능」 ④ 탄소와 같은 온실가스 흡수, 미세먼지 저감 등을 통한 「대기질 개선기능」의 기능이 있으며, 이밖에 산림휴양기능, 생물다양성보전기능, 산림경관기능 등이 있다.

우리나라는 1970~80년대의 치산 녹화사업으로 녹화는 완성되었으나 산림정비 미흡으로 숲이 지나치게 우거져 토양의 이화학성이 악화되어 빗물 저류기능이 떨어지고, 빗물이 땅에 닿기 전 차단 증발되거나 치밀해진 잎 밀도 증가에 따라 증산량이 증대되는 등 수분 손실량이 많아진 상태에 있었다. 이는 산림면적이 지속적으로 감소하고 있으나 임목축적량은 증가하고 있는데서 알 수 있다.

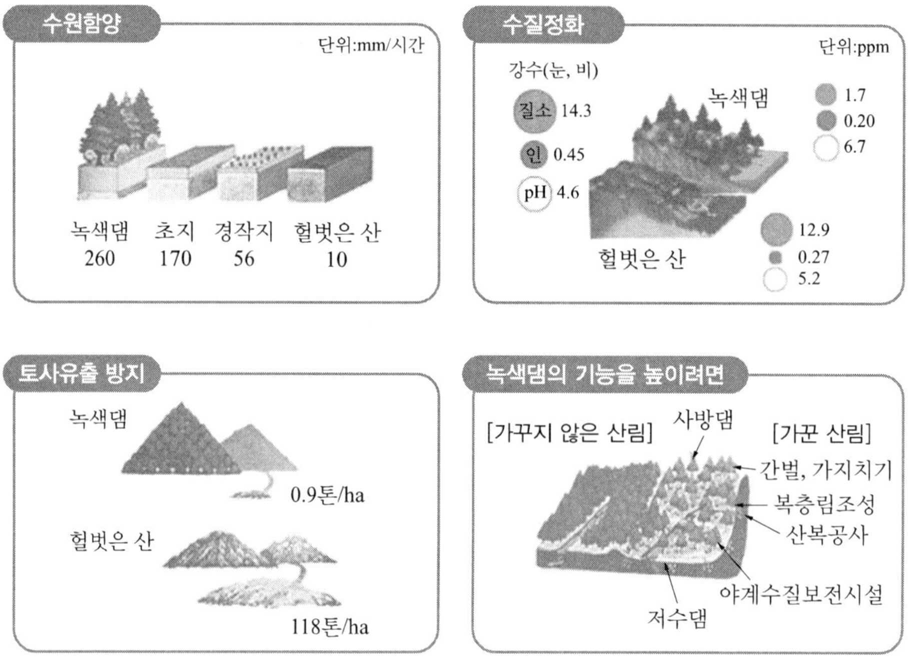

자료 : 물과 미래, K-water, 2021

솎아베기, 가지치기 등의 숲가꾸기를 통해 입목의 적절한 밀도를 유지하고, 숲속의 광도를 높여 지피식생과 하층 식생이 회복함에 따라 토양구조를 개선하며, 증발산으로 인한 손실량을 줄여 수원함양기능을 증대할 수 있다.

댐 유역을 대상으로 연차별로 시행 중인 숲가꾸기를 통해 수원함양기능은 20~30% 증진되고 빗물 차단손실량은 30%, 증산손실량은 20% 이상 감소하는 것으로 알려져 있다. 녹색댐을 통하여 다량의 맑은 물을 공급하기 위해서는 숲가꾸기 사업의 지속적 추진을 통한 수량 및 수질관리가 필요하다.

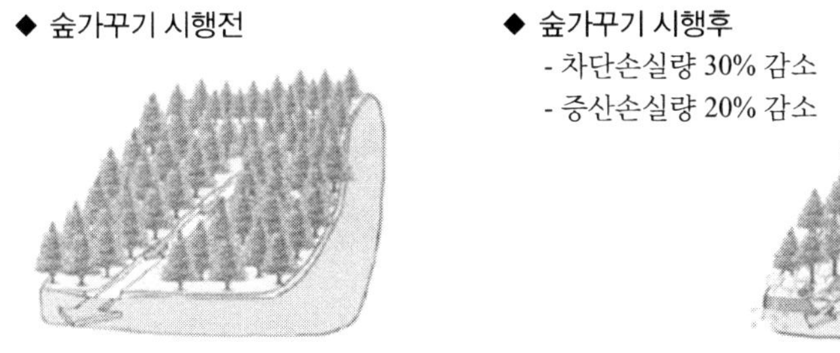

자료 : 물과 미래, K-water, 2021

또한, 온실가스 배출 등으로 인한 기후변화로 인해 댐 유역의 산림 생태환경도 변화할 것으로 전망된다. 식생천이, 종자분산, 교란 등과 같은 생태적 과정으로 인해, 식생분포가 다변화할 것으로 예상되며, 이는 장기적으로 유역의 토지피복 등에도 영향을 미쳐 산림의 수원함양기능의 감소 및 토사유출량의 증가, 온실가스 흡수량 감소 등을 야기할 수도 있다. 따라서, 안정적인 댐 유역관리를 위해서는 장기적인 관점의 유역 단위 산림생태환경의 변화 예측 연구와 함께 최적 관리 전략을 마련하고 최근 환경정책 방향인 탄소중립 실천을 위해 산림 환경 개선으로 쇠약해진 기능을 향상시키는 숲가꾸기 등을 통한 탄소흡수 기능 보존 및 증진을 위한 대책 수립 등의 노력이 필요하다.

한편, 기후변화와 더불어 만성적인 식량난으로 인한 북한지역의 산림생태계 변화도 예측된다. 산림 개간지역은 경사가 급하고 지력이 좋지 않아 황무지화 되어 지표침식이 가중되고, 지속적인 땔감 채취로 무입목지로 변하는 지역이 늘어나는 것으로 보고되고 있다. 강수가 집중되는 우기에 산지의 경계에 산사태와 사면 토사유출이 빈번하고 수자원 함양이 미흡하여 통일 시대에 막대한 재원 투자와 관리의 어려움이 예측된다. 이를 대비하기 위해서는 민관 거버넌스 구축을 통해 북한 유역별 녹색댐 조성, 관리기법을 연구하는 등 생태계 기반으로 수량·수질을 연계하는 안정적 수자원 확보 노력이 필요하다.

다만, 산림에 저장된 물은 댐과 같이 필요한 시기에 필요량을 공급할 수 없어 수자원 확보의 근본 대안이 될 수 없다. 산림의 수원함양 및 물 공급 기능은 갈수기가 아닌 평상시에 주로 유효한 것으로, 오히려 갈수기가 장기화될 경우에는 식생의 생존에 필요한 물을 산림 내에서 소비하게 됨에 따라 산림의 보조적 수자원으로서의 기능은 제한적일 수밖에 없다

4.6.7 강변여과수

강변여과수란 하천, 호소 또는 그 인근지역의 사력층을 통과한 물로 하천 또는 호

수 인접 지역을 굴착하여 설치한 양수시설로 취수하며, 하천 표류수가 대수층을 통과하면서 여과되는 이점을 활용하는 것이다.

강변여과수의 여과 메커니즘은 모래나 자갈의 공극을 통과하여 우물로 집수되면서 물리적 여과와 흡착이나 생화학적인 분해에 의해 용존 오염물질이나 병원성 세균이 제거되는 화학적·생물학적 여과로 구분된다. 강변여과수는 오염물질을 걸러 주기 때문에 비교적 양호하고 안정적인 수원을 제공하고, 정수처리시 발생하는 슬러지 처리 비용을 줄이는 장점이 있다.

강변여과수 취수방식 중 유럽에서 많이 이용되고 있는 인공함양 방식은 해안가 사구지대 또는 강변의 둔치를 활용하거나 인공적으로 굴착한 인공함양지를 만드는 방식으로, 대체적으로 원수를 인공함양지로 직접 공급할 경우 여과 기간이 짧아져 여과 효과를 떨어지게 하므로, 우선 원수를 침전 및 여과로 전처리한 후 인공함양지로 공급하여 우물을 통해 취수 및 공급하는 방식을 주로 채택하고 있다. 그러나 인공함양지 조성을 위한 대규모 토지 매수와 막대한 투자비가 요구되는 단점이 있다.

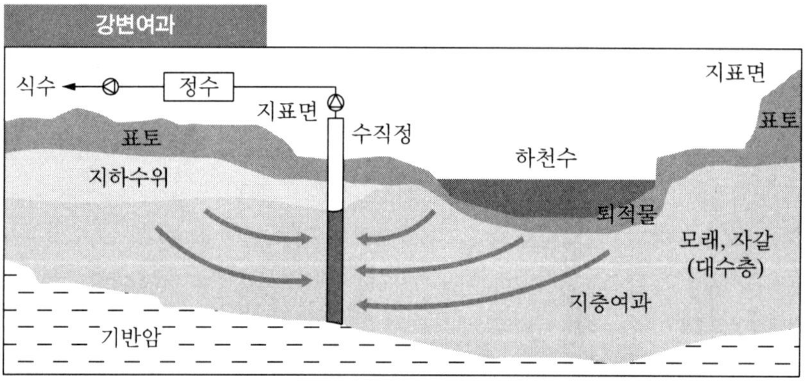

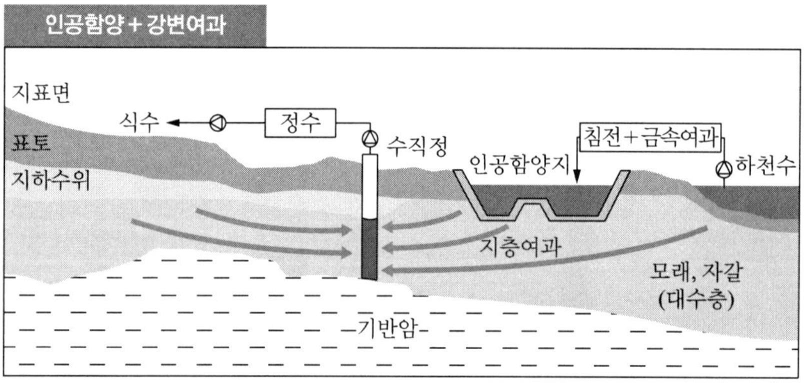

자료 : 물과 미래, K-water, 2021

표 1.29 우리나라 강변여과수 개발 현황

구분	지 점	시설규모(m^3/일)	비고
계		350,000	
한강	용산 미8군(반포대교 하류고수부지)	10,000(1970 준공)	운영중
낙동강	창원시 I단계 확장사업 창원시 II단계 확장사업 창원시 대산·북면 시범시설 함안군 김해시	60,000('06.12 준공) 60,000('13.02 준공) 20,000('01.12 준공) 20,000('05.05 준공) 180,000('17.12 준공)	운영중 운영중 운영중 운영중 건설중
태화강	울산시	40,000('09.06 준공)	하천유지용수
홍제천	서울시	68,000('08.03 준공)	하천유 지용수
탄천	서울시	7,000('05.03 준공)	하천유지용수
남천	경산시	70,000('11.12 준공)	하천유지용수

자료 : 물과 미래, K-water, 2021

4.6.8 해양심층수

해양심층수란 태양광이 도달하지 않는 수심 200 m 이하의 해수로서 수온이 연중 3℃ 이하를 유지하고, 해양식물성장에 필수적인 영양염류와 미네랄이 풍부하고 유기물이나 병원균 등이 거의 없는 청정한 해양수자원을 말한다.

(1) 우리나라 해양심층수 개발 현황

우리나라 동해는 약 2,800만 년 전에 해양심층수가 형성되기 시작하여 물리·화학적으로 대양과 동일한 수괴구조의 특성을 가짐에 따라 미니대양(Ocean Miniature)으로 표현되고 있으며, 약 100~300년에 걸쳐 반시계 방향으로 순환하며 타지역의 심층수에 비해 저온 안정성이 뚜렷한 고유수이다.

우리나라의 해양심층수 개발은 해양수산부(구 국토해양부)의 해양심층수연구센터(강원도 고성)가 2005년 12월 해양심층수 취수를 시작으로 본격적인 연구개발에 착수하였으며, 2008년 2월 해양심층수의 개발 및 관리에 관한 법률이 시행되었다.

해양심층수 개발을 위해 강원도, 경북 울릉도 등 8개 해역이 취수해역으로 지정·관리 되고, 강원도 고성, 속초, 양양, 동해 및 경북 울릉군 등에서 6개 기업, 2개 공공기관이 해양심층수 개발업면허를 취득, 최대 32,100 m^3/일의 해양심층수 취수시설을 갖추고 제품생산·판매 또는 산업화를 추진하고 있다. 현재 국내 상용화 제품으로 (주)워터비스의 '몸愛좋은물'(강원도 양양)과 (주)강원심층수의 '천년동안'(강원도 고성) 등이 있으며, (주)울릉심층수가 '11년 울릉군에 해양심층수 생산공장을 준공, 병물과 소금을 생산 중이다.

해양심층수 이용분야는 생수, 주류 및 두부 등 음료·식품분야, 타라소테라피(해양요법), 화장품 등 의료·레저·미용분야, 해조류 양식 등 수산분야, 해양온도차 발전 등 에너지분야 및 농업분야 등에서 다양하게 산업화가 추진되거나 실용화를 위한 연구가 진행 중에 있다. 우리나라 해양심층수 산업은 제도개선과 투자확대를 통해 2024년까지 약 1조5천억 원 규모의 시장을 목표로 해양심층수 융복합산업을 적극 추진할 계획에 있다

(2) 해외 해양심층수 개발 현황

1980년대 초 일본해양과학기술센터(JAMSTEC) 주도로 연구·개발 후 지방정부가 이관 받아 산업화에 성공하였고, 2007년 기준으로 16개소에 해양심층수 개발시설이 조성되어 운영(총용량 46,365 m^3/일)되고 있으며, 13개소는 지방정부에 의해 공공개발로 추진되었다. 일본의 해양심층수 시장규모는 2015년 기준 약 3,658억 엔(약 3조원)의 시장을 형성하고 있다.

4.7 요점정리 및 연습문제

4.7.1 수자원 현황과 이용 요점정리

■ 수자원 이용 현황
- 농업용수 > 생활용수 > 유지용수 > 공업용수
- 수원으로 이용되는 것은 하천수 > 댐 > 지하수

4.7.2 연습문제

01 다음의 설명 중 알맞지 않는 것은? ㉱

㉮ 최근 100년간 우리나라 연평균 강수량은 약 1,300 mm 정도이다.
㉯ 수자원은 크게 농업용수, 유지용수, 생활용수, 공업용수로 분류할 수 있다.
㉰ 세계평균 강수량보다 많다.
㉱ 면적당 강수량을 비교해 보면 물 부족국가에 해당된다.

해설 : 우리나라는 인구를 기준으로 할 경우 물 부족국가로 분류된다.

02 우리나라 하천에 대한 설명 중 바르게 설명한 것은? ㉯

㉮ 유출시간이 길다.
㉯ 하상 계수가 크다.
㉰ 하천 유량이 안정되어 있다.
㉰ 최소 유량에 대한 최대 유량의 비가 적다.

해설 : 우리나라 하천은 외국 하천에 비해 하상계수가 크다. 유량이 안정하지 못하며, 유출시간이 짧은 것이 특징이다.

03 우리나라 하천 특성에 대한 설명 중 틀린 것은? ㉮

㉮ 하천의 길이가 길고 경사가 심하다.
㉯ 외국의 하천에 비해 하상계수의 차이가 매우 크다.
㉰ 하천의 유출량이 2/3가 하절기인 6~8월에 집중된다.
㉱ 하천유량은 강우에 의해 크게 좌우한다.

해설 : 우리나라 하천은 길이가 짧고 경사가 심하다.

04 우리나라의 수자원 이용 현황 중 가장 많은 용도로 사용하는 용수는 무엇인가? ㉰

㉮ 생활용수　　㉯ 공업용수
㉰ 농업용수　　㉱ 유지용수

해설 : 우리나라 수자원이 이용 현황은 농업용수>생활용수>유지용수>공업용수 순이다.

제3절 수질오염

수질오염(water pollution)**현상**이란 수중에 어떤 물질이 유입되어 수질을 변화시켜 그 결과로 인하여 물을 이용하는 인간을 포함한 생물에게 유해한 영향을 미쳤을 때 수질이 오염되었다 하고 이 때 유입된 물질을 **수질오염물질**(water pollutants)이라고 한다. 다시 말해 오염물질이 물의 자연자정능력을 초과하여 자연수체내로 배출될 때 해당 수체가 이용목적에 적합하지 않게 된 상태이다. **환경공학적 의미**에서 수질오염 현상은 순수(pure water)에 대한 뜻이 아니고 물 이외의 다른 물질이 혼입되어 있어도 본래 그 물을 이용하고 있던 생물에 유해한 영향을 미치지 않으면 수질이 오염되었다고 말하지는 않는다.

1. 수질오염원

수질오염(water pollution)이 되면 수생태계의 물리·화학적 변화를 초래하여 생태계를 교란시키거나 직접적으로 생물체에 피해를 줄 수 있다. 많은 물이 오염에 의하여 이용 목적에 적합하지 않은 상태에 있으며, 매년 많은 인류가 부적절한 음용수로 인한 질병으로 고통 받거나 사망에 이르고 있다. 따라서 수질오염 문제는 시급히 해결해야 될 지구의 중요한 현안 문제 중 하나라고 할 수 있다.

표 1.30 **수질오염원과 배출형태**

수질오염원	배출형태
생활하수	설거지물, 분뇨, 폐식용유, 세탁수
농·축산폐수	가축분뇨, 사료, 비료, 살충제, 제초제
산업폐수	공정수, 세척수, 광산폐수

수질오염물질이 수중에 혼입되어 하·폐수 형태로 배출되는 것은 일상생활에서 배출되는 생활오수와 공장 등의 사업장에서 배출되는 산업폐수 및 농·축산 폐수로 구

분될 수 있다. 강우의 형태에서 지하수, 지표수를 거쳐 다시 대기 중으로 되돌아가는 물은 순환과정에서 인간을 포함한 모든 생물들에 의해 물은 사용된다. 물의 순환과정에서 자연에서 발생된 물질 및 인위적으로 생성된 물질들이 이동하게 된다. 이 물질 속에는 박테리아와 바이러스 같은 미생물과 방사성 물질, 유기물, 부유물질 및 침전물이 포함되어 있다. 이러한 부유물질과 용존 물질이 과다하여 지표수와 지하수내에서 자정능력을 잃게 되면 수생 생태계를 파괴시키고 인간의 건강을 위협하게 된다.

다음은 각 오염원들의 일반적인 특징이다.

1.1 생활하수

주로 가정하수와 도시하수로 나뉘는데 일반가정, 공중시설, 산업계의 공장, 사업장 등에서 배출된다. 현재 우리나라에서는 도시보다는 소도시 또는 농촌지역의 하수처리가 미흡하며, 생활하수가 수질오염의 주원인이 되고 있다. 특히, 가정하수와 도시하수 중에는 인산염이 함유되어 있으며, 이로 인해 호소, 하천, 하구 연안에서 소위 **부영양화(eutrophication)**를 일으키는 원인이 된다. 이는 식물성 플랑크톤(phytoplankton)이 과도로 번식하여 악취가 나며 상수 정수과정에서 여과지를 막히게 하여 여과효율을 저하시키며 산소가 결핍되어 혐기상태로 만들고 부패를 일으켜 악취를 발생시킬 수 있다.

- **오염물질은 설거지물, 분뇨, 폐식용유, 세탁수 등의 형태로 배출**
- **오염물질들의 주요 성분은 유기물, 무기영양소, 미생물 등이며, 수질오염물질 중 가장 많은 비중을 차지하고 있다.**

1.2 농·축산폐수

농·축산 폐수는 주로 농경지, 목장, 양계장, 양식장 등에서 배출된다. 최근의 육류 소비 증가에 따라 가축사육 두수가 늘어나는 추세에 있으며, 특히 기업형 축산이 증가하고 있다. 축산폐수는 그 발생량은 많지 않으나 고농도의 유기물질을 함유하고 있어 수질오염 부하량이 매우 높다. 그러므로 일정 규모 이상(축사의 면적기준)의 축사시설(소, 돼지, 말)을 폐수배출 시설로 규제하고 있다.

> ■ 오염물질은 가축의 분뇨, 사료, 비료, 살충제, 제초제 등의 형태로 배출
> ■ 오염물질의 주요 성분은 유기물, 무기영양소, 병원체, 화학물질 등이다.

1.3 산업폐수

산업폐수는 주로 산업시설, 폐광 등에서 배출된다. 각종 제품의 생산 등 산업 활동의 결과 생성되는 폐수는 생활하수와는 달리 일반적으로 **고농도**이며, **중금속 등 유독성 물질을 많이 함유**하고 있다. 즉, 유류(油類), 다량의 무기물, 유독성 유기물 등 농약, PCB, 중성세제, 기타 물질들을 함유하고 있다. 산업화가 가속화됨으로써 오늘날 세계 유류 수요는 매년 증가 추세에 있으며, 유류가공 폐수가 수중에 들어가면 일부분은 분해되고 대부분이 잔류하여 주된 오염의 원인이 된다.

> ■ 오염물질은 공정수, 세척수, 광산폐수 등의 형태로 배출
> ■ 오염물질의 주요 성분은 다양한 화학물질, 중금속 등이며 생활하수에 비해 유해성분이나 난분해성 오염물질들이 많이 존재한다.

1.4 점오염과 비점오염원

수질오염을 발생시키는 오염원은 배출 형태에 따라 크게 점오염원(point source)과 비점오염원(non-point source)으로 구분할 수 있으며 점오염원과 비점오염원의 특성은 다음과 같다.

① **점오염원**(point source) : 특정오염원이라고 하며 오염물질이 어느 한 지점으로부터 연속적으로 오염물질이 유입되는 곳으로 배출지점을 분명하게 알 수 있다. 따라서 오염원을 관리하기가 편리하다. 산업폐수, 생활하수, 축산폐수 등이 점오염원 형태로 배출된다.

② **비점오염원**(non-point source) : 비특정오염원 또는 면오염원 이라고 하며 점오염원과는 달리 일정한 배출구가 없이 오염물질의 배출이 넓은 범위에 걸쳐 배출되는 오염원으로 배출지점을 명확히 알 수가 없다. 따라서 점오염원에 비하여 오염원의 확인이 불분명하고, 오염물질 양의 측정과 오염원의 관리가 쉽지 않다. 농경지, 목초지, 산림지, 사육장, 건축현장, 광산과 벌채지, 폐기물 처분현

장 및 주차장, 도로 등의 오염원들이 비점오염원 형태로 배출된다.

표 1.31 점오염원과 비점오염원의 비교

구 분	점오염원	비점오염원
배출원	공장, 생활하수, 분뇨처리장, 가두리양식장, 축산농가 등	논, 밭, 임야, 대지, 도로, 대기 중의 오염물질 등
특 징	- 인위적 - 배출지점이 특정 - 한 지점으로 집중적 배출 - 자연적 요인에 영향을 적게 받아 계절적인 변화 적음 - 차집 용이, 처리효율 높음	- 인위적 및 자연적 - 배출지점이 불특정 - 희석, 확산되면서 넓은 지역으로 배출 - 계절에 따른 변화가 심하여 예측이 곤란함 - 차집 곤란, 강우의 영향을 받아 처리효율이 일정치 않음

재미있는 물 이야기

볼펜의 잉크가 잘 흘러나올 수 있는 이유

수성 펜 안에 있는 가느다란 심에 수성 잉크가 채워져 있다. 좁은 심을 통해 잉크가 흘러나와 글씨를 쓸 수 있게 되는 건 물의 '모세관 현상' (얇은 관을 액체가 타고 올라가는 현상) 때문이다.

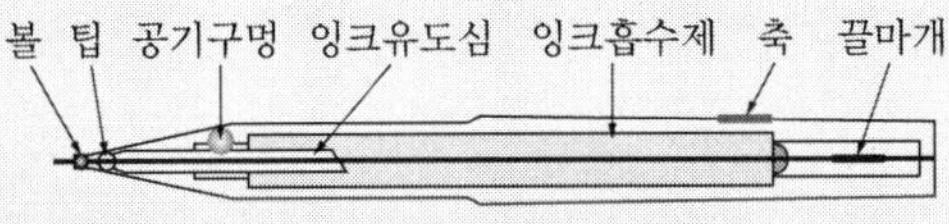

수성볼펜의 구조

생활 속의 모세관 현상

1. 수성 펜 사용

수성 펜 안에 있는 가느다란 심에 수성 잉크가 채워져 있다. 좁은 심을 통해 잉크가 흘러나와 글씨를 쓸 수 있게 되는 건 물의 '모세관 현상' (얇은 관을 액체가 타고 올라가는 현상) 때문이다.

2. 뿌리에서 흡수된 물이 나무 꼭대기까지 올라간다.

중력의 법칙 때문에 물은 위에서 아래로만 흘러야 하죠? 물의 모세관 현상 덕분에 식물의 제일 아래 땅 속 뿌리에서 흡수한 물과 그 속의 영양분이 나무 꼭대기까지 올라갈 수 있다.

3. 양초가 계속 타는 이유

양초의 불꽃이 양초 윗부분을 액체로 녹이지요? 액체가 된 양초는 모세관 현상 때문에 심지를 적시며 위로 타고 올라가고, 이게 연료가 되어 불꽃이 꺼지지 않는 이유이다.

출처 : 환경부(http://www.ilovewater.or.kr)

1.5 요점정리 및 연습문제

1.5.1 수질오염원 요점정리

■ 수질오염

- 자연적 또는 인위적인 요인에 의해 수계가 오염되어 자연 또는 사람에게 피해를 주는 것을 말한다.

■ 수질오염 피해사항

- 건강상(보건상) 피해
- 재산상 피해
- 심미적 피해

■ 생활하수

- 생활하수 → 유기물 → 수계 유입
- 세탁수 → 세제 사용 → 수계 유입
- 화장실수 → 배설물 → 수계 유입

■ 농·축산폐수

- 농작물 재배 시 비료, 살충제 사용으로 일부 수계 유입
- 가축의 배설물 등 수계 유입

■ 산업폐수

- 발생량은 생활하수보다 적으나 유독성은 일반적으로 강하므로 법적으로 유출량을 규제함

■ 점오염원 및 비점오염원

- 점오염원 : 어느 한 지점으로부터 오염물이 연속적으로 유입되는 곳
- 비점오염원 : 오염물의 유입이 어느 지점으로부터 유입되는지 명확히 설명할 수 없지만 오염물이 유입되는 경우(강우 시, 특히 홍수)

1.5.2 연습문제

01 다음 중 비점오염원(nonpoint source)의 관리방안이라 할 수 없는 것은 무엇인가? ㉯

㉮ 농업지역에서는 수로 매입하기, 강변 완충 지대의 설정 등을 시행한다.

㉯ 광산지역의 경우, 채광활동에 따른 오염물질이 종류와 성상이 거의 차이가 없어 채광 전, 중, 후 방안으로 나누어 현지중심의 응집침전 처리한다.

㉰ 도시지역에 주로 적용되는 관리방안은 배출되는 빗물의 양을 관리하고 빗물과 함께 유출되는 오염물질을 줄이는 데에 중점을 둔다.

㉱ 비점오염원의 수질특성과 수계에의 영향을 파악한다.

해설 : 채광 전에 많은 자료를 수집하고, 채광 중에 폐수처리를 수행하는 것이 바람직하다.

02 다음 중 수질오염으로 인한 피해 사항에 해당되지 않는 것은 무엇인가? ㉰

㉮ 건강상 피해
㉯ 재산상 피해
㉰ 심미적 피해
㉱ 지하수 고갈 피해

해설 : 수질오염으로 인한 피해는 건강상(보건상), 재산상, 심미적 피해를 들 수 있다.

03 발생량은 생활하수보다 적으나 유독성은 일반적으로 강하므로 법적으로 유출량을 규제하고 있는 폐수는 무엇인가? ㉰

㉮ 농업폐수
㉯ 축산폐수
㉰ 산업폐수
㉱ 생활하수

해설 : 발생량에 비해 유독성이 강한 산업폐수는 법적으로 유출량을 규제하고 있다.

04 다음 중 점오염원(point source)과 가장 거리가 먼 것은 무엇인가? ㉮

㉮ 농경지 유출수
㉯ 축산폐수
㉰ 산업폐수
㉱ 생활하수

해설 : 농경지 유출수는 비점오염원에 해당된다.

05 다음 중 비점오염원(nonpoint source)에 해당되지 않는 것은 무엇인가? ㉱

㉮ 농경지로부터 토양배수
㉯ 강우로 인한 배수
㉰ 거리 청소에 의한 배수
㉱ 생활하수

해설 : 생활하수는 점오염원에 해당된다.

06 수질오염의 요인과 피해 상황 연결이 잘못된 것은 무엇인가? ㉯

㉮ 유기물 - DO 감소로 부패

㉯ 유류 - 수인성 전염병, 부영양화

㉰ 질소, 인 - 부영양화, 적조현상으로 COD 증가

㉱ 분뇨 - BOD, COD 증가, DO 감소

해설 : 유류는 수인성전염병과 부영양화와는 거리가 멀다.

07 다음은 수질오염 방지대책에 대한 설명이다. 타당치 않은 것은 무엇인가? ㉰

㉮ 하천을 적정 정화하기 위해, 정화용수의 도입, 하천의 준설, 청소 등이 행해져야 한다.

㉯ 오염 부하량의 감소대책으로 하수로의 정비, 발생원에 대한 배출규제가 행해져야 한다.

㉰ 특정유해물질의 대책으로도, 자연계에도 상당한 양이 존재하므로 공장에서 배출될 때는 희석해서 방류하면 그다지 문제가 되지 않는다.

㉱ 각 기업에서는 각자가 공정폐수를 처리하거나 같은 제품의 공정끼리 공동처리 방안 등을 검토하는 것도 좋은 방안이 될 수 있다.

해설 : 오염물은 희석처리해서는 안 된다.

08 다음 설명 중 합성세제에 대한 설명으로 올바르지 않는 것은 무엇인가? ㉱

㉮ 경도를 일으키는 이온들과 불용성 침전을 생성하지 않음

㉯ 계면활성제와 보조제로 구성

㉰ 계면활성제는 음이온 계면활성제, 양이온계면활성제, 비이온계면활성제가 있다.

㉱ 합성세제 ABS(생물학적 분해 가능), LAS(생물학적 분해 불가능)가 있다.

해설 : 합성세제 ABS(생물학적 분해 불가능), LAS(생물학적 분해 가능)가 있다.

09 다음 수질오염에 관한 사건 중 올바르지 않는 것은 무엇인가? ㉮

㉮ 미나마타병 - 불소 중독사건

㉯ 이타이이타이병 - 카드뮴 중독사건

㉰ 키폰 살충제 하천 유입 - 제임스강 오염사건

㉱ 카네미유증 - PCB 중독사건

해설 : 미나마타병은 수은 중독 사건이다.

10 다음 점오염원과 비점오염원에 대한 설명 중 올바르지 않는 것은 무엇인가? ㉱

㉮ 점오염원의 배출원은 공장, 가정하수, 분뇨처리장 등이다.

㉯ 비점오염원의 배출원은 논, 밭, 임야, 대지, 도로 등이다.

㉰ 점오염원은 한 지점으로 집중적 배출이 되고 자연적 요인의 영향을 적게 받는 특징이 있다.

㉱ 비점오염원은 차집이 용이하나 계절에 따른 변화가 심하여 예측이 곤란하다.

해설 : 비점오염원은 배출지점이 불특정하여 차집이 곤란하고 희석, 확산되면서 넓은 지역으로 배출되는 특징이 있다.

2. 수질오염물질

2.1 수질오염물질

수질을 오염시키는 **수질오염물질**의 종류를 분류할 때 분류를 하는 자의 관점에 따라 여러 가지로 분류할 수 있다.

첫째, 사람의 건강과 위생에 관심이 많은 의료 보건 관계자나 먹는 물을 생산하고 취급하는 사람들의 관점에서 보면, 인체에 직접 유해한 수질유해물질, 즉 병원균이나 잔류농약성분, 유해금속 그리고 페놀과 같은 유해물질들로 나뉜다.

둘째, 환경공학을 전공하여 수질관리를 주로 하는 사람들의 관점에서 보면, 인구가 집중된 도시에서 사람들이 생활을 함으로써 가장 많이 배출하는 수질오염물질, 즉 부유물질, 유기물, 질소와 인과 같은 영양염류 등으로 나뉜다.

이처럼 여러 관점에서 수질오염물질의 종류를 분류할 수 있는데 Stoker와 Seager (1976)에 의해 **수질관리자의 측면에서 본 수질오염물질을 분류**하면 다음과 같다. 각 오염물질들의 원인물질과 영향은 아래 표와 같다.

표 1.32 수질오염물질의 종류와 영향

오염물질	원인물질	영 향
유기물	음식물, 분뇨, 동식물 사체	DO 감소, 혐기성화
유해금속	산업폐수, 광산폐수	중금속 중독증
화학물질	살충제, 제초제, 산업폐수	생물독성, 생식기능 변화, 암
무기영양소	분뇨, 화학비료, 생활하수	부영양화
병원균	분변	수인성 전염병
부유물질	농경지나 건설현장의 토사	수질 악화, 생물서식처 파괴
온배수	발전소나 산업체의 냉각수	수온 상승에 의한 수중생태계 교란
석유(유류)	산업용기름, 폐식용유	생물독성, 물의 기체 교환 방해
방사성 물질	핵발전소 폐기물, 산업용, 학문용 방사성물질	암, 기형아 출생

2.2 수질오염 물질의 종류 및 영향

2.2.1 유기물

물속의 산소 즉, 용존산소(DO)는 수중생물의 생육에 가장 중요한 환경인자이다. 물고기는 용존산소 농도가 5 ppm 이하가 되면 호흡곤란으로 살 수가 없다. 그런데 수중에 최고로 녹을 수 있는 **용존산소 포화농도가 20℃에서 9.1 ppm**에 불과하기 때문에 수질관리를 조금만 소홀히 하면 용존산소 부족현상을 일으킬 수 있다.

수중에서 용존산소를 소모하는 요인으로는 수중생물의 호흡에 의한 소모와 수중의 유기물질들이 미생물에 의해 산화 분해될 때 소모되는 것이 있다. 수중의 산소를 소모하는 유기물질의 농도가 증가하면 용존산소가 급히 소모되어 산소부족 현상을 일으킨다.

이렇게 되면 수중생물은 호흡 장애를 일으켜서 사멸하게 되고, 더 나아가 무산소 상태가 되면 혐기성 박테리아에 의한 유기물 분해가 일어나서 메탄, 암모니아, 황화수소와 같은 악취가스가 발생하여 썩은 물로 변하게 된다.

표 1.33 호기성 상태와 혐기성 상태 하에서 유기물질 분해 시 최종 분해 생성물 비교

호기성 상태			혐기성 상태		
C	→	CO_2	C	→	CH_4
N	→	HNO_3	N	→	NH_3
S	→	H_2SO_4	S	→	H_2S
P	→	H_3PO_4	P	→	PH_3

용존산소를 소모하는 유기물질의 오염원은 생활하수, 식품공장 폐수, 축산폐수, 펄프, 피혁공장 폐수 등이다.

유기물질들이 산화 분해될 때 소모되는 산소량은 다음 화학식으로부터 계산하면

$$C_6H_{12}O_6 + 6O_2 \rightarrow 6CO_2 + 6H_2O$$

180 g의 포도당이 산화 분해되는 데 192 g의 산소가 필요하다. 즉 이론적으로 1 g의 유기물질이 산화 분해되는 데 1.07 g의 산소가 요구되는 셈이다.

한 방울의 식용유가 수중에 들어가서 산화 분해될 때 약 4 L 정도의 물속에 있던 용존산소를 모두 소모해서 무산소 상태로 만들 수 있다.

2.2.2 유해금속

106가지의 원소 중에서 84가지 원소가 금속에 분류되어 있으며 이중 중금속(heavy metal)은 금속 중에서 그 비중이 물보다 4.0배 이상인 것을 말한다. 중금속은 채광(mining), 제련(refining), 중금속 이용 공정 등으로부터 배출된다. 수은, 카드뮴, 구리, 납, 아연, 베릴륨, 바륨, 망간, 니켈, 주석, 바나듐, 비소 등이 대표적인 유해 중금속들이며 이것들은 다양한 질병을 일으킨다. 이러한 중금속은 환경 속에서 잔류성이 강하

여 어떤 형태로 환경에 투입되면 결국 하천 또는 해양으로 유입하게 되고 다시 먹이사슬을 통하여 동식물 내에 축적되는 생물농축현상이 일어나게 되므로 먹이사슬의 마지막 단계인 인간의 건강에 영향을 미치게 되어 급성 또는 만성 중독을 일으킨다. 이런 물질들은 먹이사슬의 영양단계(trophic level)가 1단계 높아지면 농도가 10배 정도 증가하는 것으로 보고되고 있다. **수은**은 **미나마타병**, **카드뮴**은 **이타이이타이병**으로 중금속과 관련된 질병으로 잘 알려져 있다.

(1) 대표적은 유해금속인 수은 오염원 및 영향

① 수은 오염원

㉠ 염소·알칼리 제조업 : 해수 전기분해시 수은 전극 사용

㉡ 펄프공업 : 펄프 저장시 해충의 번식을 막기 위해 Phenylmercuryacetate(PMA) 살충제 사용

㉢ 종자살균 : 유기수은 사용

㉣ 전기용품 : 수은 등, 수은 전지

㉤ 석탄, 석유와 같은 화석연료 연소

㉥ 페인트, 의약품, 촉매제, 온도계

② 수은 영향

㉠ 먹이사슬을 통해서 식품에 축전된 1970년 참치 0.5 ppm(FDA 한계농도) 초과

㉡ 수은화합물은 환경 중에서 유기수은으로 전환되어 간다.

㉢ 유기수은 형태가 가장 독성이 강하고 생체에 쉽게 섭취된다.

㉣ 수은은 생체 내에 있는 황 함유 아미노산과 결합해서 생체 중요 기능 장애를 일으킨다(언어장애, 지각장애, 보행장애, 청각장애 등).

㉤ **미나마타병** : 1953년경 일본의 미나마타 만에서 잡힌 고기를 먹고 백여 명이 수은 중독에 걸리고 그 중 44명이 사망한 사건으로 만 부근의 합성수지 제조공장에서 촉매로 무기수은화합물을 사용한 것이 원인이었다. 합성수지 공장 주변 저질에 수은이 2,000 ppm 검출되고 주변 해수 중에 1.6~3.6 ppb가 검출(해수 중 정상농도 0.1 ppb)되고, 그 곳에서 잡힌 어류에 5~20 ppm의 수은이 검출되었다.

(2) 대표적은 유해금속인 납 오염원 및 영향

① 납 오염원

㉠ 납이 첨가된 휘발유연소 : anti-knocking인 tetraethyl lead $Pb(C_2H_5)_4$

(ㄴ) 1940년도 이후 그린란드 얼음 중의 납의 농도 급격히 증가
(ㄷ) 옛날 납을 사용한 수도관
(ㄹ) 도자기 토기 유약 : PbO 첨가
(ㅁ) 페인트 : 흰색과 노란색

② **납 영향**

(ㄱ) 납이 헤모글로빈 생성에 중요한 역할을 하는 효소를 구성하는 황 함유 아미노산과 결합해서 변성시켜 빈혈을 일으킨다(식욕부진, 두통, 피로, 급성위장병 등).
(ㄴ) 체내에 흡수된 납의 90% 이상이 골격에 축적된다.

표 1.34 대표적인 수질오염 물질별 배출원과 피해 및 영향

오염물질	배출원	피해 및 영향
유기물질 (BOD)	도시하수, 낙농업, 식품공장, 피혁공장, 펄프공장 등	방류수역의 혐기성화 수중생태계 교란, 악취유발
크롬 (Cr)	합금, 도금, 제련공장, 피혁공장, 염료공장, 쓰레기 연소시 등	피부염, 피부궤양, 코·위에 점막 형성, 피부암, 신장장해
시안 (CN)	도금공장, 코크스공장, 아크릴로 니트릴 산업 등	흡입시 질식, 호흡계 및 소화계 장애
PCB	전기기기공장, 접착제, 인쇄잉크, 변압기, 콘덴서 등	간장장해, 피부장해, 전신권태, 수족저림, 카네미유증
페놀 (C_6H_5OH)	도로, 석유정제, 양품공장, 금속공장 등	페놀에 노출된 물을 염소소독하면 클로로페놀을 만들어 악취유발
비소 (As)	황산제조, 사충제공장, 피혁제조업, 비료공장 등	빈혈, 구토, 설사, 수족의 지각장애, 흑피증
구리 (Cu)	도금공장, 파이프제조업, 전선공장, 동식기제조공장 등	간경변, 푸른녹의 독성
납 (Pb)	축전지제조공장, 안료제조공장, 페인트공장, 요업공장 등	빈혈, 식욕부진, 두통, 피로, 급성위장병
망간 (Mn)	건전지공장, 화학공업, 광산, 유리착색 등	파킨슨씨 증후군 유사증상 인체에 부족하면 빈혈 유발(미량필요원소)
카드뮴 (Cd)	정련공장, 도금공장, 금속광산, 석유화학공업 등	간과 신장에 축적, 칼슘대사장애, 골연화증, 이타이이타이병
수은 (Hg)	전해소다공장, 정련공장, 농약공장, 금속광산 등	언어장애, 지각장애, 보행장애, 청각장애, 미나마타병, 헌터 - 루셀 증후군
아연 (Zn)	아연공장, 광련제련, 맥기공장 등	흡입시 구토, 발열 인체에 부족하면 소인증 유발
불소 (F)	인산비료공장, 살충제공장, 유리공장, 형석, 반도체공장 등	부족하면 충치유발 과하면 반상치(법랑반점)

2.2.3 화학물질(유기염소화합물 및 농약)

유해한 화학물질(chemical material)들은 주로 산업적으로 생성된다. 물질의 생성 공정, 저장시설, 운반과정에서 유출되어 수질오염을 시키거나 제품의 사용 과정에서 수질오염을 시킬 수 있다. 수생생태계에 유입된 화학물질은 생물체에 직접 해를 줄 수 있다. 유기염소화합물도 중금속과 마찬가지로 생물체내에서 농축되며 독성이 강한 물질이다. 특히 PCB(polychlorinated biphenyl)는 공업용 절연물질로서 사용과정에서 환경에 방출되며 물에 녹지 않고 자정작용에 의하여 쉽게 분해되지 않는다. 유기용매에 잘 녹기 때문에 동물체내에 섭취되며 지방질 부분에 축적된다.

살충제(pesticide), 제초제(herbicide) 등은 농경지, 도로변, 잔디밭에 뿌려져 하천이나 지하수 등에 유입됨으로서 사람이나 다른 생물체에 직접 피해를 줄 수 있다. 또한 많은 물질들이 내분비계교란물질, 발암물질로 작용할 수 있다.

다음은 이들 **화학물질들**이 환경오염에 문제가 되는 특성을 나열하였다.

- 첫째, 이들 물질 중의 대부분은 천연수나 하수처리장에 있는 수중 미생물에 의해서 생화학적인 분해가 잘 되지 않아서 수중에 장기간 남게 된다.
- 둘째, 극미량의 농도에서도 수중 생물에게 유독한 물질이 많다.
- 셋째, 수산물에 나쁜 냄새와 맛 그리고 색깔을 남기게 된다.

2.2.4 영양염류

식물이 성장하는 데 필요한 원소는 20여 가지가 있는데 거기에는 C, N, P, K, S와 여러 가지 미량원소 등이 있다. 이 중에서 N과 P를 제외하고는 수중에 충분한 양이 있기 때문에 N과 P는 수중식물의 성장에 제한인자가 된다. N과 P가 함유된 무기염류를 식물영양염류(비료성분)라고 하며, 여기에는 NH_4^+, NO_2^-, NO_3^-, PO_4^{3-} 등이 있다.

수중에 영양염류의 농도가 증가하여 식물성 플랑크톤의 번식량이 많아져 물 색깔이 녹색으로 변해가는 현상을 **부영양화(eutrophication)** 현상이라고 한다. 수역이 부영양화가 진행되면 식물성 플랑크톤의 양이 너무 많아지고 이렇게 된 물은 정수하여 수돗물을 만들 때 여러 가지 정수공정에 문제점을 야기하며 물맛을 나쁘게 할 뿐만 아니라 THM과 같은 발암물질을 형성하여 상수도 원수로 사용할 수가 없게 된다. 그리고 무성한 식물성 플랑크톤이 물 밑으로 가라앉아서 산화 분해가 일어나면 수중 산소를 소모해 버리기 때문에 무산소 상태가 되어 수질환경을 악화시키는 원인이 된다. 이렇게 광합성에 의해 생성된 유기물질을 **자생-BOD**라고 한다.

◆ Richard의 생화학적 산화 모델

$$(CH_2O)_{106}(NH_3)_{16}H_3PO_4 + 138O_2 \rightleftarrows 106CO_2 + 16HNO_3 + H_3PO_4 + 122H_2O$$

(1) 영양염류의 오염원

가정 정화조 유출수, 도시하수, 축산폐수, 분뇨와 하수처리장 유출수, 농경지 유출수 등

(2) 수질에 미치는 영향

부영양화(eutrophication)로 조류가 대량 번식한 물을 사용해서 수돗물을 만들게 되면 수돗물에 이끼냄새를 남김으로 상수원수로 사용이 어렵게 된다. 남조류 중 Microcystis와 같은 조류는 유독성물질을 함유하고 있기 때문에 이런 조류가 함유된 수돗물을 마시면 인체에 유해한 영향을 미치게 된다. 연안 해역에 편모조류와 같은 식물성 플랑크톤이 우점 적으로 대량 번식해서 해수의 색깔이 적갈색으로 변한 것을 적조라 한다. 적조가 발생하면 어·패류를 폐사시킴으로써 수산업에 피해를 주게 된다.

2.2.5 병원균

물은 수인성 전염 병원균의 매체가 되기 때문에 병원성 미생물로 오염된 물을 마시게 되면 장티푸스, 파라티푸스, 이질, 콜레라, A형 간염 등의 질병을 일으키게 된다. 역사적으로 수처리를 하게 된 동기가 수인성 전염 병원균을 살균하기 위한 것이었다.

병원성 미생물에 의한 수질오염 여부를 판단하기 위해서는 병원성 미생물을 직접 조사해야함이 마땅하지만 일상적인 채수과정에서는 병원성 미생물이 발견되지 않을 경우가 많고 설령 발견되었다 하더라도 확인 동정을 하는 데는 24시간 이상의 배양시간이 걸리기 때문에 수돗물의 경우는 병원성 미생물에 오염된 수돗물이 이미 가정에 급수된 이후가 된다.

따라서 간접법으로 대장균을 지표미생물로 사용하고 있다. 대장균이 검출되면 분변이 유입되었음을 나타내고 환자의 분변으로 배출되는 병원성 미생물로 오염되었을 가능성을 나타내게 된다.

수인성 전염병의 예방을 위해서는 개인위생과 분변의 처리에 관심을 두어야 한다. 수인성 전염병은 선진국보다 개인위생 관념이나 분변처리 시설이 낙후된 후진국에서 주로 발병률이 높다.

2.2.6 부유물질

농지나 공사장의 나대지로부터 토양 침식작용에 의해 부유물질이 발생하고 매립이나 준설공사장에서 토사유출에 의해 발생하는 부유물질은 물을 흐리게 하므로 각종 물이용 목적에 부적합하게 하는 수질오염물질이다. 부유물질의 종류로는 토사에 의한 부유물질과 식물성 플랑크톤 번성에 의한 휘발성 부유물질이 있다.

부유물질의 영향으로는 정수비용을 증가시키고 탁도를 증가시켜 수중으로의 태양광의 투과를 감소시켜 수생 광합성 생물의 광합성을 저해한 결과 식물성 플랑크톤의 수가 감소되어 수생생태계의 먹이 사슬이 교란된다. 또한 저층에 퇴적됨으로서 저서생물 생육에 지장을 주며, 항만과 저수지의 수심을 감소시킨다. 유기물 형태의 부유물질들은 용존산소(DO) 감소의 원인이 되기도 한다.

2.2.7 온배수

화력 또는 원자력 발전소에서 냉각수로 사용된 후 대량으로 배출되는 온배수는 유입되는 수체의 생물에 여러 가지 악영향을 미친다.

수온 상으로 용존산소의 용해도가 감소하고, 표층 수온상승으로 **성층현상**이 일어나서 상하류층 간의 물의 교환이 억제되고 저층산소의 결핍현상이 일어나게 된다. 수온이 상승하면 화학반응 속도가 빨라지는데, 10℃ 수온상승으로 반응속도가 두 배 빨라진다. 따라서 수중 생물의 호흡률 증가로 수중 산소소모가 촉진되고 수중의 유기물질의 분해속도가 증가하여 산소소모 속도도 빨라져서 용존산소 부족현상을 초래한다. 이런 현상이 오래 지속되면 어류들의 질병이나 독성물질에 대한 저항성이 감소한다. 이처럼 수온의 변화는 생물종의 변화를 초래할 수 있다.

한편 수중생물의 산란과 성장 등 생리작용은 수온에 따라 민감하게 반응한다. 연어알은 수온이 3℃일 때 165일만에 부화를 하지만, 수온이 12℃가 되면 32일만에 부화를 하고 15℃ 이상이 되면 부화를 하지 못한다. 수중생물들은 자연 상태에서 서서히 수온이 변화하는 데는 적응이 되어 있지만, 갑작스러운 인위적인 수온변화는 3℃ 정도만 변화해도 적응을 하지 못한다.

2.2.8 석유(유류)

석유(유류)는 자동차, 산업체, 선박, 유류 저장탱크, 송유관 등으로부터 유출되어 지표수와 지하수를 오염시킨다. 석유(유류)는 물에서 빠르게 확산되어 얇은 막을 형성함으로서 기체의 확산을 방해하게 된다. 유류막이 형성되면 수중생물들은 산소의 부족에 직면하게 되고 이는 수생태계의 파괴를 야기한다.

석유(유류)의 오염원과 영향은 다음과 같다.

(1) 석유(유류) 오염원

유조선 ballast water, 선박 운항시 선저폐수, 연안 석유 채굴, 유조선 사고 등

(2) 유출된 석유(유류) 변화과정

유출된 석유(유류)는 증발, 표면 확산, 에멀전 형성, 산화, 생물에 섭취, 시설물이나 연안의 바위, 모래에 흡착 등의 변화과정을 거친다.

(3) 수질에 미치는 영향

① **단기적 영향**

(ㄱ) 수중으로의 광투과 감소
(ㄴ) 용존산소 소모, 용존산소 용해 방해
(ㄷ) 조류 깃털에 영향
(ㄹ) 조간대 해조류를 뒤덮어 질식시킴
(ㅁ) 수산물에 기름 냄새를 남김
(ㅂ) 어류의 마취, 질식 등 급성 중독

② **장기적 영향**

해양생물은 먹이를 찾아내는 일, 적으로부터 도망가는 일, 서식처를 찾아내는 일, 암수를 유인하는 일 등 생리적으로 중요한 과정을 ppb 정도의 극미량의 유기화학물질에 의해서 인식한다. 석유(유류)의 오염은 이러한 생물의 감지기능을 마비시켜 생존에 악영향을 주게 된다. 다만 원유에 포함된 끓는점이 높은 방향족 탄화수소들 중의 어떤 부분은 발암물질인 3,4-benzopyren과 유사한 영향을 끼친다.

2.2.9 방사성 물질

방사성 물질은 원자력 시설의 폐기물, 산업, 의학, 과학계의 **방사성물질(radioactive material)**로부터 유래된다. 방사성 물질들의 오염원은 우라늄을 채광하고 제련하는 과정에서, 핵무기를 사용할 때 그리고 핵발전소에서도 방사성 물질이 발생할 수 있다. 생물이 방사성 물질에 노출되었을 경우 가장 치명적인 영향을 받는 것은 유전자다. 그 결과 암 발생률, 기형아 출생률 등이 증가한다.

우리나라에서는 방사성 물질의 오염에 관한 사항은 원자력법에 의해 따로 취급하고

있는 실정이다.

2.2.10 미세플라스틱

(1) 미세플라스틱의 정의

플라스틱은 합성수지와 동의어로 고분자물질을 주원료로 하여 인공적으로 유용한 형상으로 만들어진 고체를 말하며, 특성과 용도에 맞는 제품들로 개발되어 일상생활 및 산업용으로 사용되고 있다.

최근 다양한 수체에서 미세플라스틱이 발견됨으로 인해서 새로운 환경문제로 인식되고 있다. 이러한 미세플라스틱은 전 세계적으로 먹이연쇄 과정을 통해 인간의 몸속에 도달하여 적은 양이 지속적으로 축적되어 건강에 영향을 미칠 수 있으며 플라스틱은 분자 사이에 공극이 존재하는 가교형태의 구조를 띄고 있어 주변 환경에 잔류하고 있는 유기화학물질과 중금속을 포함한 다양한 오염물질을 흡착하는 것으로 알려져 있다.

2019년 ISO/TC 61 Plastics에서는 미세플라스틱에 대한 획일적인 이해를 위해 기술보고서를 발간하였으며 미세플라스틱을 입자 크기별로 세분화하여 정의하고 있다.

표 1.35 입자크기에 따른 미세플라스틱의 구분

구분	입자크기
Macroplastic	> 5 mm
Large microplastics	1 ~ 5 mm
Microplastic	< 1 mm(1,000 μm)
Nanoplastic	< 1 μm

자료 : ISO, 2019. TR 21960

미세플라스틱은 크기와 재질(PE, PP, PVC 등)과 형태(조각, 섬유, 필름, 무정형 등)도 매우 다양하며, 아직까지 통상적으로 크기에 대한 정의만 적용되고 있을 뿐 국제적으로 명확하게 정의되지 않은 상황이다.

일반적으로 미세플라스틱의 경우 발생 경로에 따라 1차 미세플라스틱과 2차 미세플라스틱으로 구분하고 있으며 1차 미세플라스틱은 특정한 목적에 따라 제조될 때부터 작은 크기로(5 mm 이하) 만들어진 것을 말하며, 생활용품(치약, 세제, 세안제 등)의 원료로 사용되거나 타이어 마모, 합성섬유 세탁 등에서 배출되는 플라스틱 미립자이고 2차 미세플라스틱은 1차 미세플라스틱이 수중에서 시간이 지나면서 바람, 파도, 자외선 등에 의해 파쇄되어 삭아신 플라스틱을 의미한다.

해양 미세플라스틱의 종류

1차 미세플라스틱

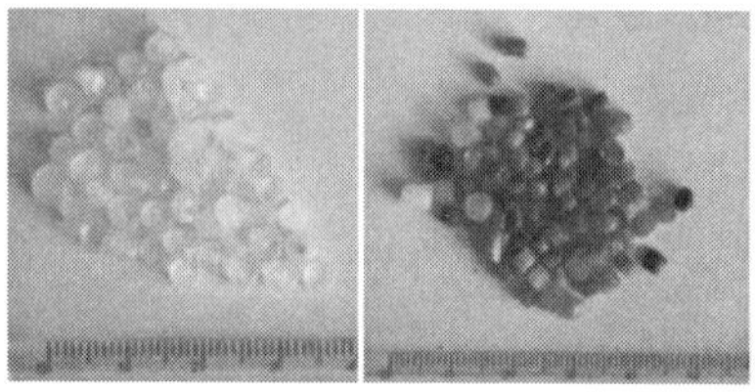

Resin pellets(Geoje, Korea/KIOST)

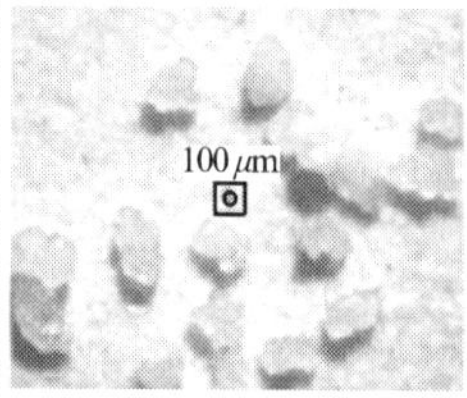

PE microbead in cosmetics

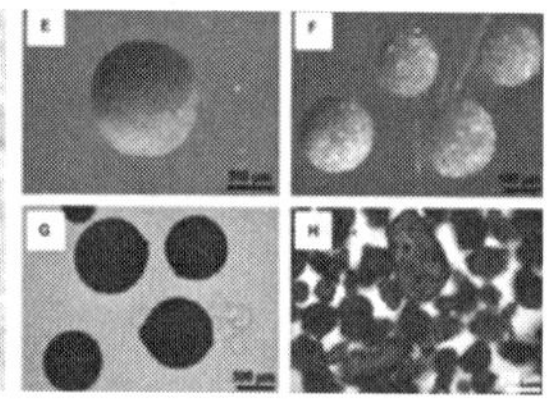

PE microbead

2차 미세플라스틱

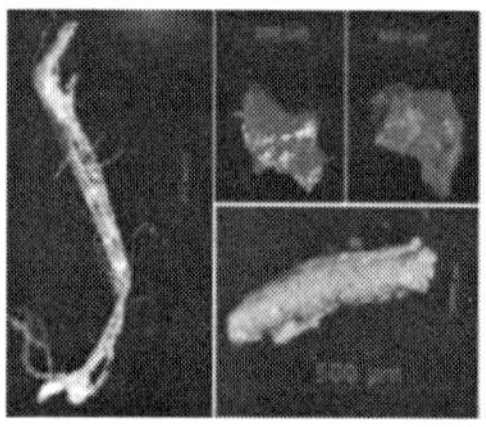

Fragment(Geoje/KIOST)

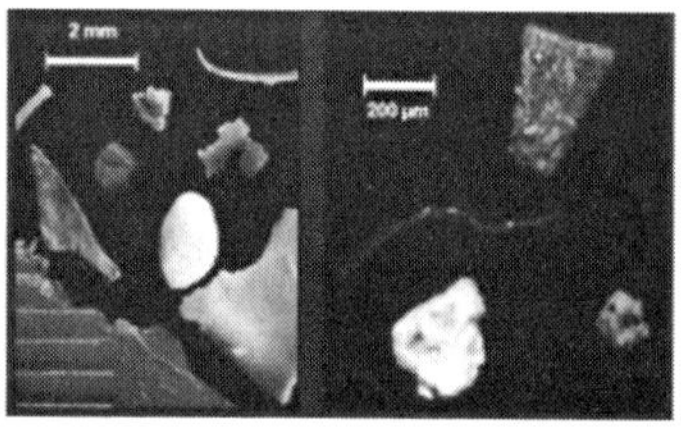

Sewage sludge

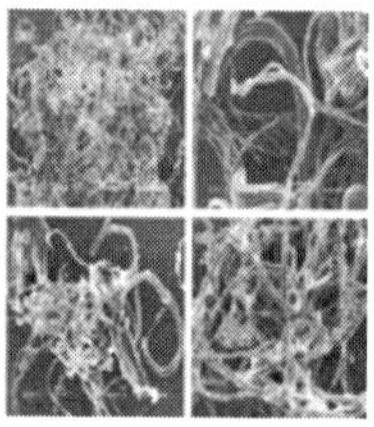

Microfiber in lobster
Murray and Cowie(2011)

자료 : 한국해양과학기술원, 2015. 미세플라스틱 해양오염 관련 국제동향

(2) 국내·외 미세플라스틱 발생 현황

① 국내 플라스틱 생산 및 사용현황

국내에서 생산하는 플라스틱은 PP : 26%, LDPE : 18%, HDPE : 13%, ABS : 11%, PVC : 10% 등 상위 5개 품목이 전체 생산량의 87.36%를 차지하고 있다. 2016년 기준 플라스틱 폐기물 발생량은 약 10.1백만 톤이며, 이중 생활폐기물이 5.2백만 톤으로 50%를 차지하며 사업장폐기물 4.4백만 톤 건설폐기물 0.5백만 톤이다. 이렇게 발생하는 플라스틱 중에 소각되는 양이 4백만 톤, 재활용되는 양이 5백만 톤, 매립되는 양이 1 백만 톤에 이른다.

국내 플라스틱 생산 및 사용현황

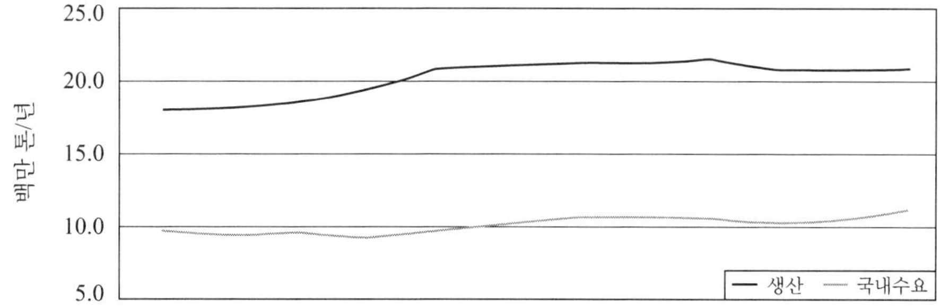

	2005	2006	2007	2008	2009	2010	2011	2012	2013	2014	2015	2016
생산	18.2	18.2	18.7	19.4	21.0	21.2	21.3	21.4	21.7	21.0	21.0	21.1
국내수요	9.7	9.4	9.5	9.3	9.7	10.2	10.6	10.6	10.6	10.3	10.5	11.2

자료 : 국내외 플라스틱 폐기물 문제 현황 및 해결방안, 환경부

낙동강 하구 거제도 6개 해변(진우, 구영, 흥남, 덕포, 와현, 명사), 전국 12개 해변(태안, 신안, 강릉, 여수, 울진, 고흥, 보령, 부안, 고성, 통영, 포함, 속초)에서 조사된 자료를 종합하면 미세플라스틱의 크기 그룹별로 소형은 평균 11,841 ± 34,707 particles/m^2, 중형은 평균 249 ± 584 particles/m^2, 대형 평균은 1.8 ± 2.3 particles/m^2이다.

국내 해안폐기물 모니터링 결과에 따르면, 해안폐기물 중 플라스틱류가 차지하는 비율은 56%로 가장 많으며, 플라스틱 항목별로 보면 각종 뚜껑, 페트병, 비닐봉투, 밧줄, 스티로폼 부표 등의 비율이 높게 나타났다.

국산 천일염 6개에 대한 미세플라스틱 조사 결과, 조사 대상에서 모두 미세플라스틱 검출되었고 국내산 패류 5개체를 조사한 시료에서 미세플라스틱이 검출되었으며, PE, PP, PS 등 많은 재질의 플라스틱이 다양한 형태로 발견되었다.

국내 4대강 수계에서 주로 지표수를 취수하는 24개 정수장, 서울시와 한국수자원공사가 생산하는 수돗물 병입수 2개 제품과 먹는 샘물 6개 제품을 대상으로 미세플라스틱 함유실태를 조사결과 24개 정수장 중 21개 정수장은 검출되지 않았고 3개 정수장은 1L 당 각각 0.2개, 0.4개, 0.6개 검출되었다.

녹색소비자연대는 시중에 판매되는 섬유유연제 12종에 대해 미세플라스틱 검출 성분을 분석하였으며, 섬유유연제 12종 제품 중 5종의 제품에서 미세플라스틱 성분이 검출되었으며, 50 μm 미만의 캡슐로 구성되는 구형 (공, 모양) 입자가 검출되었으며, 그 중 3종에서 검출된 물질은 멜라민 수지로 추정되는 미세플라스틱이, 3종은 폴리아크릴레이트 계열로 추정된다.

국내 시장유통 패류 검출 미세플라스틱의 현미경 사진

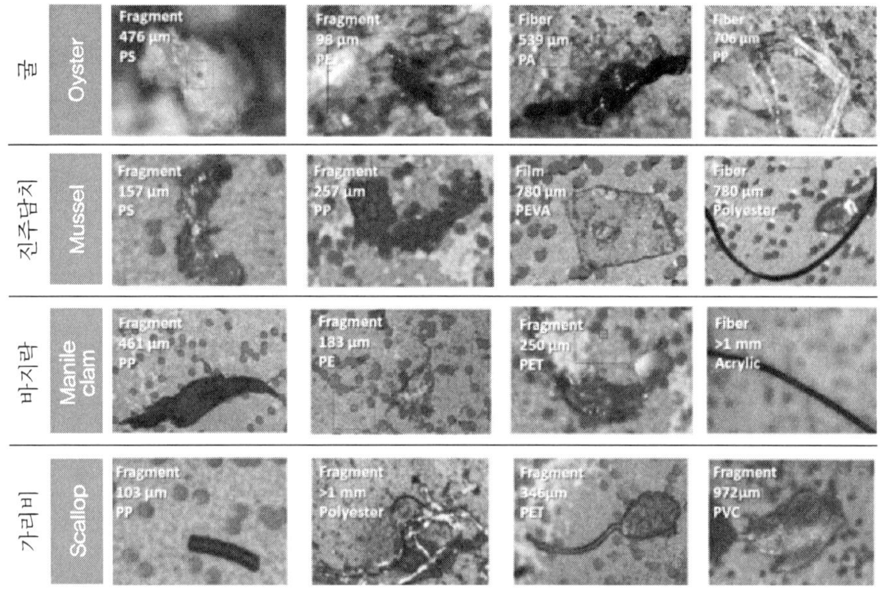

자료 : 한국해양과학기술원, 미세플라스틱 식품안전관리방안 연구, 2017

해양환경에서 미세플라스틱의 검출 횟수

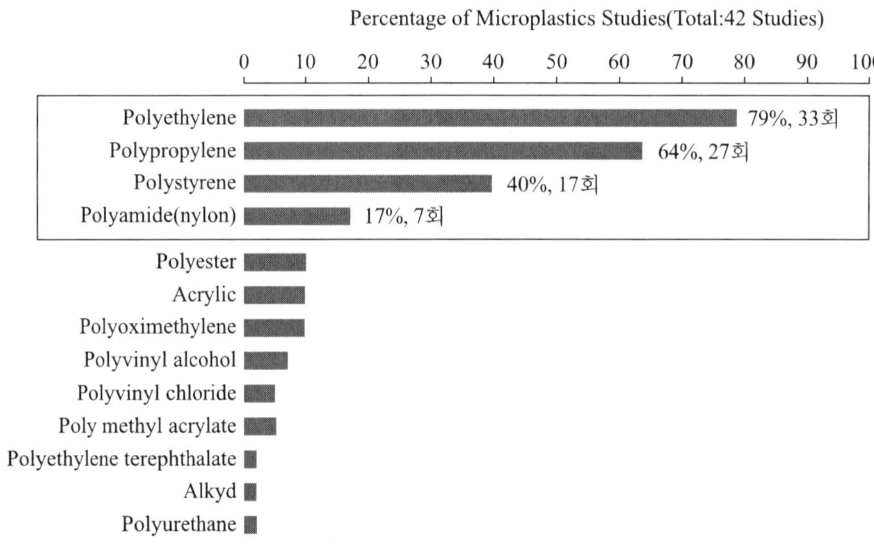

자료 : 류광현, 김현중, 2019. 미세플라스틱의 현황과 대체제 연구동향 및 저감대책

② 국외 미세플라스틱 발생현황

플라스틱 쓰레기 분포의 해양에서 해류의 영향으로 북반구와 남반구의 중위도 지역에 집중되어 있으며, 0.33～1 mm, 1.01～4.75 mm의 미세플라스틱의 오염이 가장 심

각한 것으로 나타났다.

세계 주요 14개의 나라를 임의로 선정하여 159개 지역 수돗물 속 미세플라스틱 조사 결과, 83%에서 미세플라스틱이 검출되었으며, 미국은 94%, 레바논은 90% 이상 오염된 것으로 확인된다. 또한 생수와 일회용 및 PET로 만든 재사용 병과 유리병에서 미세플라스틱이 발견되었다.

전 세계적으로 수산물, 소금, 맥주 등 식품에서 미세플라스틱 검출이 보고되고 있다. 맥주는 24개 샘플 중 모두 발견되었으며, 수산물(굴)에서 0.62 개/g가 존재하고 주요성분은 셀로판, PE 및 PET 였다. 소금에서는 1 kg 당 43～46개의 미세플라스틱이 검출되었다.

유럽에서는 하수슬러지, 미국에서는 지하수 17곳 중 16곳에서 미세플라스틱이 검출되었으며, 하수 슬러지를 비료로 사용하는 토양에서도 높은 농도의 미세플라스틱이 검출되었다.

(3) 미세플라스틱 관리 동향

① 국내 동향

식약처는 2017년 1월 「화장품 안전기준 등에 관한 규정」에 화장품에 사용할 수 없는 원료로 미세플라스틱(세정, 각질제거 등의 제품에 남아있는 5 mm 이하의 고체플라스틱)을 추가한다.

환경부는 세정·세탁 제품 내 미세플라스틱 사용금지, 인주 등 3개 품목에 대해 벤젠 등 안전기준 마련, 항균필터에 가습기 살균제 원인물질(5종) 사용금지를 주요 내용으로 하는 "안전확인 대상 생활화학제품 지정 및 안전·표시기준"을 제정(2019.2.12.)한다.

환경부는 2020년도 환경기술개발사업 공고를 통하여 미세플라스틱 측정 및 위해성 평가 기술개발을 통하여 환경오염 및 인체 건강영향을 평가하기 위해 지원하고 있으며, 국립환경과학원은 '19년부터 폐플라스틱 재활용 전과정 연구 수행하고 있고, '22년부터 미세플라스틱 시험방법 개발, 폐기물 처리시설의 미세플라스틱 거동 연구, 물환경 중 미세플라스틱 모니터링, 토양·지하수 중 미세플라스틱 함유실태 및 거동특성 평가 등 다양한 매체에 대한 연구 추진 계획을 발표한다.

② 해외 동향

전세계 다양한 국가에서 미세플라스틱에 대한 시장분석 및 위해성 평가와 미세플라스틱에 대한 분석과 처리방법에 대한 다양한 연구와 규제들을 진행하고 있으며, 또한 환경으로 배출되는 플라스틱의 재활용 및 회수 등에 대한 관심을 지속적으로 가지고 있다.

미세플라스틱의 대체물질에 대하여 EU는 옥수수, 타피오카, 카르나우바에서 추출한 전분, 해초, 실리카, 점토, 호두껍데기, 기타 천연 화합물 등의 다양한 물질을 대상으로 타당성 조사 중이다.

UNEP, OECD 및 WHO 등 국제기구 차원에서는 미세플라스틱에 대한 직접적인 행동을 유도하는 저감활동과 관련 연구 수행 및 정보 공유 등 네트워크 구성을 통한 기반 마련을 위한 간접적인 저감활동이 진행되고 있다.

표 1.36 해외 미세플라스틱에 대한 국가별 규제

국가	규제대상품목	규제행위	법률제정일	시행일
캐나다	자연건강제품, 미처방의약품 제외한 마이크로비즈 함유 세면제품	제조수입금지	'17.6	'18.11
	자연건강제품, 미처방의약품 중 마이크로비즈 함유 세면제품	판매금지		'18.7
미국	씻어내는 화장품류	제조금지	'15.12	'17.7
		상업거래 금지		'18.7
	비처방 의약품	제조금지		'18.7
		상업거래 금지		'18.7
뉴질랜드	각질제거, 청소, 표면 또는 물건 연마, 제품외관 시각적 기능 향상 등을 목적으로 하는 워시오프에 마이크로비즈 함유할 수 없음	제조 및 판매금지	'17.12	'18.6
스웨덴	치약, 바디스크럽, 샤워젤 샴푸 및 마이크로비즈 추가된 컨디션 조절기 등 헹구거나 얼룩을 닦아내거나 광개선 기능이 있는 플라스틱 입자가 들어간 제품	판매금지	'17.7	'18.7
영국	신체를 부드럽게 하거나 세척, 탈뷔 및 방향의 목적으로 사용되는 목욕제품 및 화장품	제조금지	'17.12	'18.1
		판매금지		
프랑스	극소 플라스틱 구슬을 함유한 화장품	판매금지	'16.8	'18.1
	네오니코노이드를 함유한 살충제	판매금지		'20.1
	1회용 플라스틱제 식탁용품	판매금지		'20.1
	플라스틱제 면봉	판매금지		'20.1
이탈리아	미세플라스틱을 포함하고 있는 세제와 씻어내는 화장품류	판매금지	'17.12	'20.1

자료 : 한국환경상업기술원, 2019. 미세플라스틱 규제 관련 국내외 동향 분석

재미있는 물 이야기

수질관련 사건 사고는 뭐가 있을까?

1. 수도열(Water fever, Hannover fever)

독일의 Hannover시에서 1926년에 장티푸스 환자 2,500명이 발생하기 이전에 그의 10배에 달하는 발열, 설사 환자가 발생하였는데 이것은 장티푸스와 관계없이 대장균이나 잡균에 의해 발생한 것으로 보고 이와 같은 대장균이나 잡균에 의한 발열현상을 수도열이라고 한다.

2. Mills-Reincke 현상

1893년 Mills가 Massachusetts에서 물을 여과, 급수한 결과 장티푸스 환자 및 일반사망자 감소시켰고 Reincke도 강물을 여과, 급수하여 Hamburg 시민에게 공급함으로써 Mills와 동일한 결과를 얻었다. 즉, 물을 여과 소독한 후 수인성질병이 급격히 감소되었다.

3. 제임스강 오염사건

키폰이라는 살충제가 하수구에 버려져 하수처리장에 유입, 하천에 유입되어 일어난 사건이다.

4. PCB 중독사건(가네미유증)

1968년 일본 키타큐우슈우시에서 발생한 가네미창고(주)의 제품인 미강유 오염사건이다. 간질 발생, 손발톱의 변색, 구토, 관절통, 체중 감소, 월경불순, 빈혈 등의 증상을 수반한 PCB 중독은 일본에서 약 9백여 명의 환자가 발생하였다. 이들 PCB가 함유되어 있는 미강유라는 식용유를 섭취한 것으로 알려져 있다.

5. 미나마타사건

수은 중독사건

6. 이타이이타이사건

카드뮴 중독사건

표 1.37 생활 속 수질오염

종류별		오염농도의 대략치 BOD(ppm)	오폐수로 이정도 버린다면	물고기가 살 정도로(BOD 5 ppm 이하)로 희석하는데 필요한 물의 양
술	소주	243,000	1잔(50 mL)	2,400 L
	위스키	305,000	1잔(50 mL)	3,000 L
	맥주	69,000	1컵(150 mL)	2,100 L
음료	요구르트	99,000	1개(50 mL)	990 L
	사이다	51,500	1컵(150 mL)	1,545 L
	콜라	40,000	1컵(150 mL)	1,200 L
	오렌지주스	62,500	1컵(150 mL)	1,875 L
	이온음료	35,500	1컵(150 mL)	1,065 L
	우유	100,000	1컵(150 mL)	3,000 L
	커피	72,000	1컵(150 mL)	1,800 L
음식	된장찌개	23,000~(56,000)	1그릇(150 mL)	690 L
	보신탕	21,500	1그릇(150 mL)	650 L
	북어국	12,500	1그릇(150 mL)	380 L
	조개탕	7,700	1그릇(150 mL)	230 L
	설렁탕	10,400	1그릇(150 mL)	390 L
	육개장	9,200	1그릇(150 mL)	280 L
	갈비탕	5,400	1그릇(150 mL)	160 L
	해물탕	2,600	1그릇(150 mL)	78 L
	라면국물	10,300	1그릇(150 mL)	300 L
	짬뽕국물	13,000	1그릇(150 mL)	390 L
기타	식용유	140,000	1병(50 mL)	1,400 L
	사라다유	150,000	1병(50 mL)	1,500 L
	간장	83,000	1컵(150 mL)	2,490 L
	동물의피	150,000	1병(50 mL)	1,500 L
	인분	20,000	1인/일(150 g)	600 L
	뇨	5,000	1인/일(900 g)	900 L
	축분(젖소)	22,000	1두/일(24 kg)	105,600 L
	축분(돼지)	59,000	1두/일(1.6 kg)	18,800 L
	축뇨(젖소)	4,000	1두(20 L/일)	16,000 L
	축뇨(돼지)	4,000	1두(2 L/일)	2,400 L

2.3 요점정리 및 연습문제

2.3.1 수질오염원 요점정리

■ **수질오염물질의 종류와 영향(수질관리자 측면에서 본 수질오염물질 분류)**

오염물질	원인 물질	영 향
유기물	음식물, 분뇨, 동식물 사체	DO 감소, 혐기성화, 메탄·암모니아·황화수소 같은 악취 발생
유해금속	산업폐수, 광산폐수	중금속 중독증 - 수은 : 미나마타병, 헌터-루셀 증후군 - 카드뮴 : 이타이이타이병 - PCB : 가네미유증 등
화학물질	살충제, 제초제, 산업폐수, PCB	생물독성, 생식기능 변화, 암 - 대부분 난분해성으로 수중에 장기가 체류 - 극미량의 농도로도 독성 강함 - 수산물에 나쁜 냄새, 맛, 색깔을 남김
무기 영양소	분뇨, 화학비료, 생활하수, 축산폐수, 농경지 유출수, 정화조 유출수	부영양화
병원균	분변	수인성 전염병 - 장티푸스 - 파라티푸스 - 이질 - 콜레라 - A형 간염 등
부유물질	농경지나 건설현장의 토사	수질 악화, 생물서식처 파괴 - 용존산소 감소의 원인 - 정수비용 증가 - 탁도 증가
온배수	발전소나 산업체의 냉각수	수온 상승에 의한 수중생태계 교란 - 용존산소의 용해도 감소
석유 (유류)	자동차, 선박, 유류 저장탱크, 송유관, 산업용 기름, 폐식용유	생물독성, 물의 기체 교환 방해 - 수중으로의 광투과 감소 - 용존산소 소모, 용존산소 용해 방해 - 어류의 마취, 질식 등 급성 중독
방사성 물질	핵발전소 폐기물, 산업용, 학문용 방사성 물질	암, 기형아 출생 - 우리나라 : 원자력법에 의해 따로 취급하고 있음

2.3.2 연습문제

01 만성중독 증상으로 카네미유증이 대표적이며, 간장장해, 피부장해, 전신권태, 수족저림, 발암 등이 알려져 있는 수질오염물질로 가장 적절한 것은 무엇인가? ㉰

㉮ 페놀류 ㉯ 트리할로메탄
㉰ PCB ㉱ 망간

해설 : 카네미유증을 유발하는 대표적인 수질오염물질은 PCB이다.

02 수질오염물질별 인체영향(질환)이 틀리게 짝지어진 것은 무엇인가? ㉮

㉮ 비소(As) : 법랑반점 ㉯ 크롬(Cr) : 비중격 연골천공
㉰ 아연(Zn) : 기관지 자극 및 폐렴 ㉱ 납(Pb) : 근육과 관절의 장애

해설 : 불소(F)가 과하면 반상치 즉 법랑반점을 일으킨다.

03 미량의 페놀(phenol)을 함유한 물을 염소처리하면 음료수에 불쾌한 맛과 냄새를 야기시키는데 그 이유는 무엇인가? ㉰

㉮ 염소와 작용하여 polyolefines를 생성시키기 때문이다.
㉯ 염소와 작용하여 chlorophenol을 생성시키기 때문이다.
㉰ 염소와 작용하여 H_2S를 생성시키기 때문이다.
㉱ 염소와 작용하여 trihalomethanes을 생성시키기 때문이다.

해설 : 페놀에 노출된 물을 염소소독하면 클로로페놀을 만들어 악취유발

04 다음 중 수질관리자 측면에서 분류한 수질오염물질이 아닌 것은 무엇인가? ㉱

㉮ 방사성 물질 ㉯ 유기물
㉰ 유기염소화합물 및 농약 ㉱ 폐식용유

해설 : 폐식용유는 수질관리자 측면에서 분류한 수질오염물질이 아니다.

05 다음 중 음료수에 페놀류를 문제 삼는 가장 큰 이유는 무엇인가? ㉱

㉮ 경도가 높아서 물때가 생기기 때문
㉯ 물거품을 일으키기 때문
㉰ 물이 탁하게 되고 색을 띄기 때문
㉱ 불쾌한 냄새를 내기 때문

해설 : 페놀에 노출된 물을 염소소독하면 클로로페놀을 만들어 악취를 유발한다.

06 수질오염물질 중 유류에 의한 오염의 영향 중 단기적 영향에 해당되지 않는 것은 무엇인가? ㉱

㉮ 수중으로의 광투과 감소
㉯ 용존산소 소모, 용존산소 용해 방해
㉰ 조간대 해조류를 뒤덮어 질식시킴
㉱ 유막 형성에 따른 DO의 수중 내 변화 없음

해설 : 유류에 오염되면 단기적으로 수중으로의 광투과 감소, 용존산소 소모, 용존산소 용해 방해, 조류 깃털에 영향, 조간대 해조류를 뒤덮어 질식시킴, 수산물에 기름 냄새를 남김, 어류의 마취, 질식 등 급성 독성을 일으킨다.

07 PCB에 관한 설명 중 틀린 것은 무엇인가? ㉱

㉮ 만성 중독증상으로 카네미유증이 대표적이며, 간장장애, 피부장애, 정신 권태, 수족 저림, 발암 등이 널리 알려져 있다.
㉯ 산, 알칼리, 물과 반응하지 않는다.
㉰ 화학적으로 불활성이고 내열성과 절연성이 좋다.
㉱ 고온에서 염소이온의 해리로 대부분의 금속과 합금을 부식시킨다.

해설 : PCB는 물리화학적으로 매우 안정한 물질로 고온이라 하더라도 염소이온이 해리되지 않는다.

08 다음 유해물질과 그로 인하여 발생하는 대표적인 만성 질환을 알맞게 짝지은 것은 무엇인가? ㉰

㉮ 아연 : 윌슨씨병
㉯ PCB : 파킨슨씨 증후군과 유사한 증상
㉰ 수은 : 헌터 - 루셀 증후군
㉱ 구리 : 카네미유증

해설 : 아연은 소인증, PCB는 카네미유증, 구리는 간경변, 수은은 미나마타병과 헌터 – 루셀 증후군이 대표적이다.

09 인체에 아연성분이 부족한 경우 발생되는 질환은 무엇인가? ㉯

㉮ 윌슨씨병
㉯ 소인증
㉰ 빈혈
㉱ 반상치(법랑반점)

해설 : 아연이 인체에 부족하면 소인증을 유발한다.

10 피부염, 피부궤양을 일으키며 흡입으로 코, 폐, 위장에 점막을 생성하고 폐암과 피부암을 유발하는 중금속으로 쓰레기 연소시, 피혁공장 등이 배출원인 물질은 무엇인가? ㉮

㉮ 크롬
㉯ 카드뮴
㉰ 석면
㉱ 비소

해설 : 크롬은 피부염, 피부궤양을 일으키며 흡입으로 코, 폐, 위장에 점막을 생성하고 폐암과 피부암을 유발하는 중금속으로 쓰레기 연소 시, 피혁 공장, 합금, 도금, 제련 공장, 염료 공장 등이 배출원이다.

제4절 수질오염 기초화학

1. 용액의 농도

오염물질의 농도는 일정한 질량이나 부피에 대하여 어떤 성분이 얼마나 포함되어 있는지를 나타내주는 값이다. 특정물의 양을 표현하기 위한 수단인 물질의 농도는 용액의 특성 파악, 비교의 편의성, 정보 공유의 편의성 등을 제공해 준다.

물질의 농도를 이해하기 위하여 다음과 같은 용어들에 대한 이해가 우선되어야 한다. 고체물질을 액체에 녹이는 물질을 **용매**(solvent)라 하고 녹아들어가는 물질을 **용질**(solute)이라 한다. 그리고 용질과 용매가 섞여서 만들어진 혼합물을 **용액**(solution)이라 한다. 소금을 물에 녹여 소금물을 만드는 경우 물은 용매, 소금은 용질, 소금물은 용액이 되는 것이다.

용액 = 용매 + 용질

농도를 표현하는 여러 가지 방법들이 있으나 일반적으로 많이 사용하는 것들과 수질오염의 기초가 되는 표현 방법들을 알아보자.

1.1 미량 물질의 농도

1.1.1 백분율(%, parts per hundred)

(1) 질량(중량) 백분율(weight/weight %, wt %)

질량 백분율은 용액 전체 질량에 대한 어떤 성분의 질량비이다. 용액 중의 어떤 성분 A의 질량 백분율은 다음과 같이 정의한다.

$$\text{성분 A의 w/w \%} = \frac{\text{용질 A의 질량(g)}}{\text{용액의 전체 질량(g)}} \times 100$$

$$= \frac{\text{용질 A의 질량(g)}}{\text{(용매+용질 A)의 질량(g)}} \times 100$$

즉, 용액 100 g 중의 성분무게(g)를 나타냄. 예) 1 %(w/w) = 1 g/100 g

(2) 부피(용량) 백분율(volume/volume %, vol %)

용액 전체 부피에 대한 어떤 성분의 부피 비를 **부피(용량) 백분율**이라 한다.

$$\text{성분 A의 v/v \%} = \frac{\text{용질 A의 부피(mL)}}{\text{용액의 전체 부피(mL)}} \times 100$$

즉, 용액 100 mL 중의 성분용량(mL)을 나타냄. 예) 1 %(v/v) = 1 mL/100 mL

(3) w/v %(weight/volume %)

용액 100 mL 중에 포함되어 있는 용질의 g 수로 표시한다. 보통 용액의 농도를 %로만 나타내었을 때는 w/v/%를 말한다.

$$\text{성분 A의 w/v \%} = \frac{\text{용질 A의 질량(g)}}{\text{용액 100 mL}} \times 100$$

즉, 용량 100 mL 중의 성분중량(g)을 나타냄. 예) 1 %(w/v) = 1 g/100 mL

(4) v/w %(volume/weight %)

용액 100 g 중에 포함되어 있는 용질의 mL 수로 표시한다.

$$\text{성분 A의 v/w \%} = \frac{\text{용질 A의 부피(mL)}}{\text{용액 100 g}} \times 100$$

즉, 용액 100 g 중의 성분용량(mL)을 나타냄. 예) 1 %(v/w) = 1 mL/100 g

(5) 몰 분율(mol/mol %)

전체 몰 수를 100 mol 중 성분 몰수 mol로 표시한다.

예) 1 %(mol/mol) = 1 mol/100 mol

(6) 물질에 따른 백분율의 표시

고체 시료의 계산에는 무게(g)가 기준이 된다. 따라서 일반적인 고체 시료의 표시법은 분석성분의 무게를 질량 백분율(wt %)로서 나타낸다.

액체시료의 경우는 w/w %로 나타내거나 w/v %를 기준으로 하며, 후자가 보다 일반적으로 사용된다. 임상분석 실험에서는 mg %가 사용되는 데, 이것은 시료 100 mL 중에 녹아 있는 용질의 mg 수로 표시한다.

기체시료의 분석의 경우에는 w/w %, w/v %, v/v %의 단위를 사용할 수 있다.

농도의 형태는 명기하는 것이 바람직하나, 정확한 표시가 없으면 고체인 경우에는 일반적으로 w/w %, 기체는 v/v %로 표시하며 액체는 진한 산 염기 시약은 w/w %, 대개의 묽은 용액은 w/v %, 알코올성 음료는 v/v %로 가정하는 것이 일반적이다.

1.1.2 천분율(‰, parts per thousand)

천분율은 어떤 물질이 전체 1,000 중 어느 정도 함유되어 있는 가를 나타내는 비율이다. 천분율의 단위는 ‰(permil)로 표시하며 해수의 염분 농도를 나타낼 때 주로 사용한다. 해수는 일반적으로 35 ‰, 즉 3.5 % 정도의 염분을 함유하고 있다. 35 ‰이란 1 kg의 바닷물에 35 g의 염류가 함유되어 있음을 나타낸다.

예) 1 ‰(w/w) = 1 g/1,000 g = 1 g/1 kg

예) 1 ‰(v/v) = 1 mL/1,000 mL = 1 mL/1 L

1.1.3 백만분율(parts per million)

백만분율은 어떤 물질이 전체 1,000,000 중 어느 정도 함유되어 있는 가를 나타내는 것이다. 즉, 일백만 분의 1단위의 농도를 말하며, 1 ppm이란 용액 1 kg 중에 용질 1 mg 녹아 있는 상태를 의미한다. 수질에서 오염도를 나타내는 데 가장 빈번하게 사용되는 농도 표시 방법이다.

$$\text{ppm} = \frac{\text{용질의 질량(g)}}{\text{시료의 질량(g)}} \times 10^6 \qquad 1\text{ ppm} = 1\,\frac{\text{mg}}{\text{kg}} = 1\,\frac{\mu\text{g}}{\text{g}}$$

수질오염물질의 농도 표시에서 %가 너무 큰 단위이므로 ppm을 이용하여 표시하는 경우가 빈번하게 사용된다. 1 ppm은 1 mg/kg을 나타내므로 1 mg/L와는 차이가 있다. 그러나 4℃의 순수한 물인 경우 밀도가 1 g/mL이므로 ppm = mg/L의 관계가 성립된다. 이 경우 1 L = 1 kg이므로 mg/kg과 mg/L는 같은 의미를 갖게 된다. 용매가 물이고 용질의 양이 별로 크지 않은 용액에서는 ppm은 mg/L와 거의 동일하게 사용해도 무리가 없다.

ppm보다 더 적은 양을 표현하고자 하는 경우에는 10억분율인 ppb(parts per billion)를 사용하는데 주로 중금속과 농약 등의 미량 오염물질 농도를 표시할 때 사용한다.

예시 1) 1 ppm(w/w) = 1 g/10^6 g = 1 mg/1 kg

예시 2) 1 ppm(v/v) = 1 mL/10^6 mL = 1 mL/1 m^3

예제 1 물 1 L 중에 용질이 1 mg 녹아 있는 시료의 ppm은 얼마인가?

해설 물 1 L는 실온에서 약 1,000 g이다. 따라서 용액(용매 + 용질)의 총 g수는 1,000 g으로, 그 농도는 약 1 ppm이 된다.

예제 2 400 ppm은 몇 %인가?

해설 1 % = 10,000 ppm

∴ 400 × 1/10,000 = 0.04 %

예제 3 요즘 인기 있는 소주와 맥주를 섞어 마시는 소맥이라는 술이 있다. 이 소맥의 도수는 얼마인가? (단, 소주와 맥주는 각각 : 도수는 17.8도와 4.5도, 부피는 50 mL, 180 mL이며, 맥주는 약 60 % 정도 채우고, 소주잔 약 50 %로 하여 먹는다고 가정하고 맥주에서 생기는 거품은 생략하고 계산하여라.)

해설 17.8도 소주 25 mL 중의 에틸알코올의 부피는

25 mL × 0.178 = 4.45 mL

4.5도 맥주 중의 에틸알코올의 부피는

108 mL × 0.045 = 4.86 mL

에틸알코올의 합계 = 4.45 + 4.86 = 9.31 mL이고, 용액의 총부피 = 133 mL이므로

혼합주의 v/v % = 9.31 / 133 × 100 = 7.18145 %

∴ 약 7도의 술이다.

예제 4 한때 유행했던 20도 소주 2홉(360 mL)과 13도 백세주(330 mL)를 섞어 소위 오십세주라고 만들어 먹었다. 이 소주 + 백세주 혼합 술의 도수는 얼마인가?

해설 20도 소주 360 mL 중의 에틸알코올의 부피는

360 mL × 0.20 = 72.0 mL

13도 백세주 중의 에틸알코올의 부피는

330 mL × 0.13 = 42.9 mL

에틸알코올의 합계 = 72.0 + 42.9 = 114.9 mL이고, 용액의 총부피 = 690 mL이므로

혼합주의 v/v % = 114.9 / 690 × 100 = 16.7 %

∴ 약 17도의 술이다.

예제 5 양주와 맥주를 섞어 마시는 폭탄주라는 술이 있다. 이 폭탄주의 도수는 얼마인가? (단, 양주와 맥주는 각각 : 도수는 40도와 4.5도, 부피는 30 mL, 180 mL이며, 맥주는 약 85% 정도 채워서 먹고(거품 때문), 양주잔은 약 90%로 하여 먹는다고 가정하여 계산하여라.)

해설 폭탄주 용액의 총 부피 = 180 mL × 0.85 + 30 mL × 0.9 = 180 mL
폭탄주 중 에틸알코올 양 = 153 mL × 0.045 + 27 mL × 0.4 = 17.685 mL
따라서, 폭탄주의 vol % = 17.685 / 180 × 100 = 9.8 %
∴ 폭탄주의 도수는 약 10도의 술이다.

축산폐수와 같은 용질이 다량 함유되어 있는 용약에 대하여는 ppm과 mg/L는 동일하게 사용할 수가 없으며 다음과 같이 구별하여 사용하여야 한다.

$$\text{ppm} = \frac{\text{mg/L}}{\text{용액의 밀도}} = \frac{\text{mg/L}}{d_{sol}(\text{kg/L})}$$

1.2 몰농도(molar concentration, M, mole/L)

보통 수중의 용존 물질의 농도를 *M*(mole)**농도**로 표시하며, 이것은 용액 1 L 중에 존재하는 gram 분자량의 수를 말한다. g 분자량은 해당화합물의 분자량에 g을 붙여 나타낸다. 즉 용액 1,000 mL 속에 녹아 있는 용질의 몰수를 **몰농도(molarity, M)**라 한다.

$$\text{몰농도}(M) = \frac{\text{용질의 몰수(mole)}}{\text{용액 1 L}} = \frac{\dfrac{\text{용질의 g수}}{\text{분자량(g/mole)}}}{\text{용액 1 L}}$$

$$\text{mole/L} = \text{mmole/mL}$$

1 M 용액은 1그램 분자량을 물에 녹인 다음 그 부피를 1 L로 만든 용액으로서 *M*농도가 같은 용액은 단위질량당 용존 물질의 분자수가 같게 된다. 예를 들어 HCl(분자량 = 63 g)을 녹여서 1 L의 용액을 만들면 1 M HCl 용액이 된다. pH 계산이나 화학반응 등을 나타낼 때는 이 몰농도를 주로 사용하며 화학 반응식에서 계수는 그 물질의 몰을 의미한다.

예제 6 용액 200 mL 속에 NaOH가 6.00 g 녹아 있는 용액의 몰농도는? (Na : 23)

해설

$$M(\text{mol/L}) = \frac{6\text{ g}}{200\text{ mL}}\left|\frac{1\text{ mol}}{40\text{ g}}\right|\frac{1{,}000\text{ mL}}{1\text{ L}} = 0.75\text{ M}$$

예제 7 NaOH 2.0 L 중 NaOH 150 g의 조건에서 몰농도는? (Na : 23)

해설

$$M(\text{mol/L}) = \frac{150\text{ g}}{2\text{ L}}\left|\frac{1\text{ mol}}{40\text{ g}}\right. = 1.875\text{ M}$$

1.3 노르말농도(normality concentration, N, eq/L)

용액 1 L 속에 녹아있는 용질의 g 당량수를 **노르말농도(normal : N)** 또는 **규정농도(規定濃度)**라 한다.

산과 염기의 반응에서 1몰의 H^+를 내는 일정량의 산은 항상 1몰의 OH^-를 내는 일정량의 염기와 완전히 반응한다.

$$H^+ + OH^- \rightarrow H_2O$$

위의 식에서 1 g 원자량 또는 1 g의 수소이온이 1 g 이온량 또는 17 g의 수산화 이온과 반응하는 것을 일 수 있으며, 이와 같은 수소이온이나 수산화이온을 포함하는 용액을 등가라고 할 수 있다. 즉, 어느 화합물의 1그램 당량이라 함은 1그램 당량의 수소 또는 1그램 당량의 이떤 양성원소와 결합할 수 있는 화합물의 중량을 말한다.

산-염기 반응의 경우 H^+ 이온과 OH^- 이온수로 나눈 값이며, 일반적인 경우에 있어서 한 화합물의 당량은 분자량을 양이온의 전체 산화수(reaction capacity)로 나눈 값과 같다. 또 산화·환원 반응에서는 주고받는 전자수로 분자량을 나눈 값을 말한다.

다음 표는 **알아두면 편리한 가수와 대표물질** 그리고 예시를 나타냈다.

표 1.21 알아두면 편리한 가수와 대표물질

구 분	대표적 물질
가수 1	H^{+}, K^{+}, Cl^{-}, F^{-}, OH^{-}, NaOH, HCl, $Na_2S_2O_3$(티오황산나트륨) 1 mol = 1 eq = $M \cdot W$ (원자량 또는 분자량) g = (기체 0℃, 1기압) 22.4 L
가수 2	Ca^{2+}, Mg^{2+}, Sr^{2+}, SO_4^{2-}, O^{2-}, H_2SO_4, $Ca(OH)_2$ 1 mol = 2 eq = $M \cdot W$ (원자량 또는 분자량) g = (기체 0℃, 1기압) 22.4 L
가수 3	Al^{3+}, Cr^{3+}, PO_4^{3-}, H_3PO_4, $Al(OH)_3$ 1 mol = 3 eq = $M \cdot W$ (원자량 또는 분자량) g = (기체 0℃, 1기압) 22.4 L
가수 5	$KMnO_4$(과망간산칼륨) 분자량(M.W) = 158 1 mol = 5 eq = $M \cdot W$ (원자량 또는 분자량) g = (기체 0℃, 1기압) 22.4 L
가수 6	$K_2Cr_2O_7$, KIO_3 1 mol = 6 eq = $M \cdot W$ (원자량 또는 분자량) g = (기체 0℃, 1기압) 22.4 L
예시 1	NaOH : 1 mol = 1 eq = 40 g = 22.4 L(0℃, 1 atm)
예시 2	H_2SO_4 : 1 mol = 2 eq = 98 g = 22.4 L(0℃, 1 atm)

표 1.22 당량 계산의 예시

당량 계산의 예시	
1) 원자 및 이온의 당량 $= \frac{\text{원자량}}{\text{원자가}}$	
예시	Ca^{2+}의 당량 $= \frac{40}{2} = 20$, Na^{+}의 당량 $= \frac{23}{1} = 23$
2) 분자(화합물)의 당량 $= \frac{\text{분자량}}{\text{양이온의 가수}}$	
예시	$CaCO_3$의 당량 $= \frac{100}{2} = 50$, NaCl의 당량 $= \frac{58.5}{1} = 58.5$
3) 산의 당량	
예시	H_2SO_4의 당량 $= \frac{98}{2} = 49$, HCl의 당량 $= \frac{36.5}{1} = 36.5$
4) 알칼리의 당량	
예시	$Ca(OH)_2$의 당량 $= \frac{74}{2} = 37$, NaOH의 당량 $= \frac{40}{1} = 40$
5) 산화제 및 환원제의 당량 $= \frac{\text{분자량}}{\text{주고받는 전자수}}$	
예시	$KMnO_4$의 당량 $= \frac{158}{5} = 31.6$, $K_2Cr_2O_7$의 당량 $= \frac{294}{6} = 49$ $Na_2S_2O_3$의 당량 $= \frac{158}{1} = 158$, KIO_3의 당량 $= \frac{214}{6} = 35.7$

예제 8 수산화나트륨(NaOH) 40 g을 증류수에 녹여 2.0 L로 하였을 때 노르말농도(N)은 얼마인가? (Na : 23)

해설

NaOH의 당량(1 eq) $= \frac{40\ g}{1} = 40\ g$

$$N\,(eq/L) = \frac{40\ g}{2.0\ L} \times \frac{1\ eq}{40\ g} = 0.5\ N$$

예제 9 0.10 N NaOH 용액 조제에 사용되는 NaOH 시약의 양은 얼마인가? (단, 순도(purity) = 96 %)

해설 0.10 N NaOH 용액 1 L를 만들려면, 필요한 NaOH양은 0.1 g당량이다.
NaOH 1 g당량이 40.0 g이므로 NaOH 0.1 g당량에 해당되는 양은 4.0 g이다.
NaOH 4.0 g을 취하기 위해 필요한 96 % 순도의 시약은 4.0 g / 0.96 = 4.167 g
∴ NaOH시약 4.167 g을 취하여 물 1 L로 묽히면 0.10 N NaOH 용액이다.

예제 10 0.025 N $KMnO_4$ 용액 100 mL를 만들려면 사용되는 $KMnO_4$ 시약의 양은 얼마인가? (K : 39, Mn : 55, O : 16)

해설

$KMnO_4$의 당량(1 eq) $= \frac{158\ g}{5} = 31.6\ g$

$$KMnO_4 = \frac{0.025\ eq}{1\ L} \times 100\ mL \times \frac{1\ L}{1{,}000\ mL} \times \frac{31.6\ g}{1\ eq} = 0.079\ g$$

재미있는 물 이야기

수돗물, 얼마나 많이 이용할까?

우리나라 전체 인구의 96.4%인 50,971천 명이 상수도를 공급받고 있다(2017년 상수도 통계). 상수도 총시설용량은 30,017천 m^3/일이다. 63빌딩의 5,000배 정도의 양에 해당된다. 또 선용 공업용수를 제외한 1일 1인당 급수량(생활용수)은 2016년 12월 기준으로 341 L로 전년에 비해 증가되었다. 1일 1인당 급수량의 최근 10년간 연평균 증감률은 −0.25% p를 보인다.

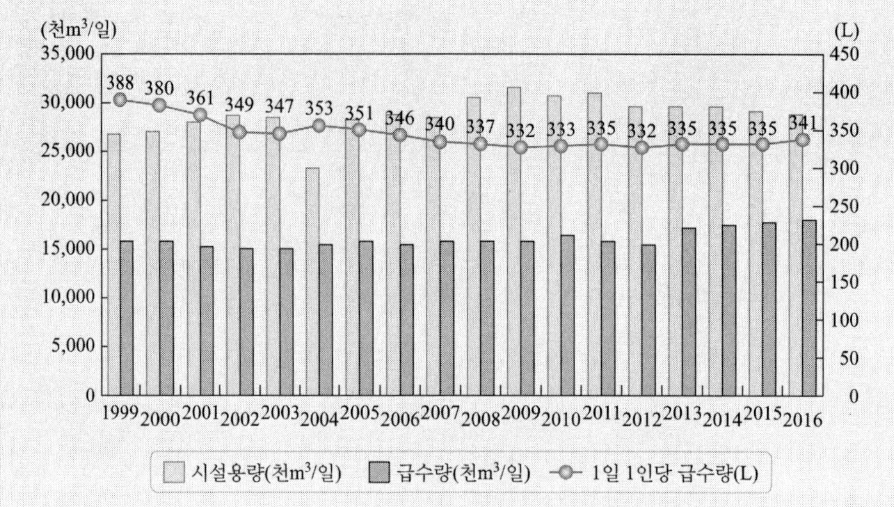

우리나라 1일 1인당 급수량은 2016년에 341 L로 전년의 335 L보다 6 L 가량 증가하였다. 1일 1인당 급수량은 매년 늘어났다 줄어들었다 하며 계속 변하고 있는데 전반적으로 살펴보면 줄어드는 추세이다(1일 1인당 급수량은 전용 공업용수 제외).

출처 : 물과 미래 (K water, 2018)

1.4 요점정리 및 연습문제

1.4.1 용액의 농도 요점정리

■ 질량(중량) 백분율(weight/weight %, wt %)

- 질량 백분율은 용액 전체 질량에 대한 어떤 성분의 질량비이다. 용액 중의 어떤 성분 A의 질량 백분율은 다음과 같이 정의한다. 즉, 용액 100 g 중의 성분 무게(g)를 나타냄.

  예) 1%(w/w) = 1 g/100 g

■ 부피(용량) 백분율(volume/volume %, vol %)

- 용액 전체 부피에 대한 어떤 성분의 부피비를 부피(용량) 백분율이라 한다. 즉, 용액 100 mL 중의 성분용량(mL)을 나타냄.

  예) 1%(v/v) = 1 mL/100 mL

■ w/v %(weight/volume %)

- 용액 100 mL 중에 포함되어 있는 용질의 g 수로 표시한다. 보통 용액의 농도

를 %로만 나타내었을 때는 w/v/%를 말한다. 즉, 용량 100 mL 중의 성분중량(g)을 나타냄.

예) 1%(w/v) = 1 g/100 mL

■ v/w %(volume/weight %)

- 용액 100 g 중에 포함되어 있는 용질의 mL 수로 표시한다. 즉, 용액 100 g 중의 성분용량(mL)을 나타냄.

  예) 1%(v/w) = 1 mL/100 g

■ 몰 분율(mol/mol %)

- 전체 몰수를 100 mol 중 성분몰수 mol로 표시한다.

  예) 1%(mol/mol) = 1 mol/100 mol

■ 천분율(‰, Parts per thousand)

- 천분율은 어떤 물질이 전체 1,000 중 어느 정도 함유되어 있는가를 나타내는 비율이다. 천분율의 단위는 ‰(permil)로 표시하며 해수의 염분 농도를 나타낼 때 주로 사용한다.

■ 백만분율(Parts per million)

- 백만분율은 어떤 물질이 전체 1,000,000 중 어느 정도 함유되어 있는가를 나타내는 것이다. 즉, 일백만분의 1단위의 농도를 말하며, 1 ppm이란 용액 1 kg 중에 용질 1 mg 녹아 있는 상태를 의미한다. 수질에서 오염도를 나타내는 데 가장 빈번하게 사용되는 농도 표시 방법이다.

■ 몰농도(M, mol/L) 정의 및 개요

- 어떤 물질의 6.023×10^{22}개의 원자나 분자의 수를 나타내기 위하여 mole이라는 기호를 사용한다.
- 원자량 또는 분자량에 g 붙인 값을 말하며 용액 1리터 중에 녹아 있는 용질의 그램 분자량수이다.
- 1 mol = M.W g = 22.4 L(0℃, 1 atm)
- 1 g 원자량 = 1 g 분자량 = 1 mol

■ 노르말농도(N, eq/L, 규정농도) 정의 및 개요

- 용액 1리터 중에 녹아있는 용질의 그램 당량수로서 원자량 또는 분자량에 g 붙이고 가수(산화수)로 값을 말한다.
- 1 eq = M.W g/가수
- 1 mol = 가수 eq = M.W g
- 가수(산화수) : 주고받는 전자수를 말함.

1.4.2 연습문제

01 다음 중 단위 환산이 틀린 것은 무엇인가? ㉮

㉮ 1 cm = 0.01 m = 100 mm
㉯ 1 μm = 10^6 pm = 10^6 μμ
㉰ 1 km^2 = 10^6 m^2 = 100 ha
㉱ 1 μm = 10^3 nm = 10^3 mμ

해설 : 1 cm = 10 mm

02 용액의 농도에 관한 설명 중 틀린 것은 무엇인가? ㉮

㉮ 몰랄(morali)농도는 규정농도라고도 하며 용매 1,000 g 중에 녹아 있는 용질의 몰수를 말한다.
㉯ ppm과 mg/L를 엄격하게 구분하면 ppm = (mg/L)/ρsol(액의 밀도)로 나타낸다.
㉰ 노르말농도는 용액 1 L 중에 녹아 있는 용질의 g 당량수를 말한다.
㉱ mole 농도는 용액 1 L 중에 존재하는 용질의 gram 분자량의 수를 말한다.

해설 : 규정농도라 함은 노르말농도(N)를 의미한다. 몰랄농도 = (용질의 몰수/용매 1 kg)

03 2 g의 NaOH를 물에 용해시켜 전량을 250 mL로 하였다면 이 용액의 *N* 농도는? (Na : 23) ㉰

㉮ 0.4
㉯ 0.3
㉰ 0.2
㉱ 0.1

해설 : $N\ (\text{eq/L}) = \dfrac{2\ \text{g}}{250\ \text{mL}} \left| \dfrac{1{,}000\ \text{mL}}{1\ \text{L}} \right| \dfrac{1\ \text{eq}}{40\ \text{g}} = 0.2\ \text{eq/L} = 0.2\ \text{N}$

04 다음 중 "g 당량" 용어 설명으로 알맞은 것은? ㉱

㉮ 용액 1리터에 1 g 분자가 용해된 값이다.
㉯ 분자의 무게를 g으로 나타낸 값이다.
㉰ 용액 1리터에 1 g 용매가 용해된 값이다.
㉱ 분자량을 산화수로 나눈 값이다.

해설 : 1 eq = M·W(원자량 또는 분자량) g / 산화수(가수), 가수 eq = M·W g = 22.4 L

05 순수한 황산은 무색이며, 점도가 높은 액체이다. 어떤 실험에서 42 g의 순수한 황산을 증류수에 용해하여 1 L를 만들었다. 이용액의 몰농도(M)는 얼마인가? ㉰

㉮ 1.534 M
㉯ 0.438 M
㉰ 0.429 M
㉱ 0.227 M

해설 : $M\ (\text{mol/L}) = \dfrac{42\ \text{g}}{1\ \text{L}} \left| \dfrac{1\ \text{mol}}{98\ \text{g}} \right. = 0.429\ \text{mol/L} = 0.429\ \text{M}$

06 어느 폐수 중 유해물질이 2 μg/L 존재한다. 이것을 mg/L로 환산하면 얼마나 되는가? ㉱

㉮ 200 mg/L ㉯ 20 mg/L
㉰ 0.2 mg/L ㉱ 0.002 mg/L

해설 : $X\ (\text{mg/L}) = \dfrac{2\ \mu g}{1\ L} \bigg| \dfrac{1\ g}{10^3\ \mu g} = 0.002\ \text{mg/L}$

07 25%의 NaOH 용액은 몇 노르말농도의(N) 용액인가? (Na : 23) ㉮

㉮ 6.25 N ㉯ 8.56 N
㉰ 10.32 N ㉱ 12.36 N

해설 : $N\ (\text{eq/L}) = \dfrac{250{,}000\ mg}{1\ L} \bigg| \dfrac{1\ g}{1{,}000\ mg} \bigg| \dfrac{1\ eq}{40\ g} = 6.25\ N$

08 질량으로 40%의 HCl을 포함하고 있는 수용액 100 g의 몰농도는?
[단, 밀도는 1.3 g/mL이다(Cl : 35.5).] ㉰

㉮ 28.1 M ㉯ 19.2 M
㉰ 14.3 M ㉱ 12.4 M

해설 : $\text{HCl(mol/L)} = \dfrac{40\ g}{100\ g} \bigg| \dfrac{1.3\ g}{1\ mL} \bigg| \dfrac{1{,}000\ mL}{1\ L} \bigg| \dfrac{1\ mol}{36.5\ g} = 14.25\ M$

09 NaOH 30 g을 물에 넣어 250 mL로 하면 이 물의 몰(mol/L)농도는 얼마인가?
(Na : 23) ㉯

㉮ 4.2 mol/L ㉯ 3.0 mol/L
㉰ 2.0 mol/L ㉱ 1.7 mol/L

해설 : $M\ (\text{mol/L}) = \dfrac{30\ g}{250\ mL} \bigg| \dfrac{1{,}000\ mL}{1\ L} \bigg| \dfrac{1\ mol}{40\ g} = 3.0\ \text{mol/L}$

10 순수한 물의 몰농도(mol/L)는 얼마인가? ㉯

㉮ 100 M ㉯ 55.56 M
㉰ 36 M ㉱ 18 M

해설 : $H_2O\text{(mol/L)} = \dfrac{100\ g}{100\ g} \bigg| \dfrac{1{,}000\ g}{1\ L} \bigg| \dfrac{1\ mol}{18\ g} = 55.56\ \text{mol/L}$

2. 환경화학

2.1 산(acid)과 염기(base)

모든 산은 물에 녹았을 때 예외 없이 네 가지 기본 특성을 나타낸다. 즉, 맛이 시고, 푸른 리트머스종이를 붉게 하고, 염기를 중화하며, 활성을 띤 금속과 반응하여 원소상태의 수소를 내어놓는다. 잘 알려진 산들은 구조상으로 모두 수소를 포함하고 있으며 산의 용액을 전기분해하면 음극에서 원소상태의 수소가 나온다. 염기는 그 수용액이 미끈미끈하며, 맛이 쓰거나 떫으며 붉은 리트머스종이를 푸르게 하고, 산을 중화하는 화합물이라고 정의할 수 있다. 염기는 음이온으로서 수산화이온(OH^-)을 내놓으며 용액에서 내놓는 정도로서 염기의 세기가 정해진다.

많은 화합물이 물에 녹지 않고 산이나 염기에서 녹는다. 산에서 녹는 화합물은 염기성을 띄고 염기에서 녹는 화합물은 산성을 띈다. 대부분의 금속은 염기성 산화물로서 산에 녹거나 염기성 용액을 형성하며, 대부분의 비금속은 산성산화물로서 염기에 녹거나 산성용액을 형성한다. 다음 표는 **산과 염기를 정의**한 내용이다.

표 1.23 산과 염기의 정의

구 분	대표적 물질	
Arrhenius (아레니우스 산·염기 이론)	산	수용액에서 이온화되어 H^+를 내는 물질
	염기	수용액에서 이온화되어 OH^-를 내는 물질
Brönsted-Lowry (브뢴스테드-로리 산·염기 이론)	산	양성자, 즉 H^+를 주는 물질
	염기	양성자를 받는 물질(분자나 이온)
Lewis (루이스 산·염기 이론)	산	비공유 전자쌍을 받는 물질
	염기	비공유 전자쌍을 주는 물질

일반적으로 산-염기반응은 거의 물의 존재 하에 일어나며 물속 $[H^+]$ 농도가 주입된 산의 농도와 항상 같은 농도를 갖지 않는다. 만일 사람의 위 속에 염산(HCl)이 0.1 M 농도로 존재하면 이때 pH는 1이다. 염산이 완전하게 이온화되기 때문이며, 이를 강산이라 칭한다.

그러나 초산(acetic acid : CH_3COOH)의 경우 물속에서 단지 1 %만 해리되어 초산분자의 1 %만이 자유 수소이온으로 존재한다.

HCl	→	H^+ + Cl^-	(강산)
CH_3COOH	⇄	CH_3COO^- + H^+	(약산)

만일 물속에 초산의 농도가 0.1 M이라면 $[H^+]$ 농도는 1×10^{-3} M이 되면 pH는 3이 된다. 따라서 완전하게 이온화되지 않는 산이나 염기를 약산, 약염기라 한다. 자연적으로 발생하는 산·염기의 대부분은 약산 또는 약염기로서 수용액에서 부분적으로만 이온화되기 때문에 pH 범위는 상대적으로 좁다. 산과 염기가 서로 만나면 중화반응이 발생한다. 산의 수용액에 염기의 수용액을 가하면 혼합용액 내에서는 $[H^+] \cdot [OH^-] = 10^{-14}$을 만족할 때까지 H^+ 또는 OH^-가 반응하면서 **중화반응**이 일어난다.

$$HCl + NaOH \rightleftarrows NaCl + H_2O$$

HCl에 NaOH가 부족하게 들어가면 혼합용액에는 HCl이 남아 산성이 될 것이고, 정확히 당량이 들어가면 중성이 되며, 당량을 넘어 NaOH가 더 들어가면 알칼리성이 될 것이다.

2.2 중화

HCl 수용액의 노르말농도를 N_1, 그 수용액의 부피를 V_1이라 하고 NaOH의 노르말농도와 그 수용액의 부피를 각각 N_2, V_2라 하면 다음 중화적정식이 성립된다.

$$N_1 \cdot V_1 = N_2 \cdot V_2$$

따라서 HCl 수용액 또는 NaOH 수용액의 표준농도와 부피를 알고 반응시료의 부피만 알 수 있다면 그 반응 시료의 농도를 구할 수 있다.

$$N_1 = \frac{N_2 \cdot V_2}{V_1}, \qquad N_2 = \frac{N_1 \cdot V_1}{V_2}$$

예제 11 0.1 N의 HCl 용액 40 mL와 중화 반응하는데 필요한 0.25 N NaOH 용액의 부피는 얼마인가?

해설 $0.1\ N \times 40\ mL = 0.25\ N \times V_2$

$\therefore\ V_2 = 16\ mL$

예제 12 0.1 % HCl 용액 100 m^3을 중화 적정처리 하려면 필요한 4 % NaOH 용액의 양은 얼마인가? (단, 두 용액의 비중은 1이다.)

해설 0.1 % = 1,000 ppm = 1,000 mg/L = 1 g/L

4 % = 40,000 ppm = 40,000 mg/L = 40 g/L

$$\frac{1\ \text{g}}{1\ \text{L}} \bigg| \frac{1\ \text{eq}}{36.5\ \text{g}} \times 100\ \text{m}^3 = \frac{40\ \text{g}}{1\ \text{L}} \bigg| \frac{1\ \text{eq}}{40.0\ \text{g}} \times V_2$$

$\therefore\ V_2 = 2.74\ \text{m}^3$

이것을 원리로 하여 산 또는 염기의 농도를 알아내는 방법을 산·염기 적정(acid-base titration)이라 부른다. 중화반응에서는 센 산과 센 염기와의 중화, 약한 산과 센 염기와의 중화, 약한 염기와 센 산의 중화만을 보통 따지게 된다. 다음은 산과 염기의 혼합 후 농도를 나타내는 식이다.

2.2.1 같은 액성의 혼합(산 + 산)

$$\text{혼합 후의 농도 } N = \frac{N_1 \cdot V_1 + N_2 \cdot V_2}{V_1 + V_2}$$

예제 13 H_2SO_4 300 mg/L 용액 200 mL와 HCl 100 mg/L 용액 50 mL를 혼합했을 때 혼합 용액의 pH는 얼마인가?

해설 먼저, 산의 농도를 N 농도로 환산하면,

$$N_1\ (\text{eq/L}) = \frac{300\ \text{mg}}{1\ \text{L}} \bigg| \frac{1\ \text{g}}{1{,}000\ \text{mg}} \bigg| \frac{1\ \text{eq}}{49\ \text{g}} = 6.122 \times 10^{-3}\ \text{N}$$

$$N_2\ (\text{eq/L}) = \frac{100\ \text{mg}}{1\ \text{L}} \bigg| \frac{1\ \text{g}}{1{,}000\ \text{mg}} \bigg| \frac{1\ \text{eq}}{36.5\ \text{g}} = 2.74 \times 10^{-3}\ \text{N}$$

$$N\ (\text{eq/L}) = \frac{(6.122 \times 10^{-3}) \times 200 + (2.74 \times 10^{-3}) \times 50}{200 + 50} = 5.446 \times 10^{-3}\ \text{N}$$

따라서, 용액 중의 H^+ 농도는 5.446×10^{-3} M이다.

$\therefore\ \text{pH} = -\log[H^+] = -\log(5.446 \times 10^{-3}) = 2.26$

예제 14 pH 4인 용액 200 mL와 pH 2인 용액 50 mL를 혼합했을 때 혼합 용액의 pH는 얼마인가?

해설 pH 4의 산의 농도는 10^{-4} N
pH 2의 산의 농도는 10^{-2} N

$$N(\text{eq/L}) = \frac{10^{-4}\times 200 + 10^{-2}\times 50}{200+50} = 2.08\times 10^{-3}\text{ N}$$

따라서, 용액 중의 H^+ 농도는 2.08 × 10^{-3} M이다.

$$\therefore\ pH = -\log[H^+] = -\log(2.08\times 10^{-3}) = 2.68$$

2.2.2 같은 액성의 혼합(염기+염기)

$$\text{혼합 후의 농도 } N = \frac{N_1 \cdot V_1 + N_2 \cdot V_2}{V_1 + V_2}$$

예제 15 NaOH 40 mg/L 용액 100 mL와 $Ca(OH)_2$ 74 mg/L 용액 200 mL를 혼합했을 때 혼합 용액의 pH는 얼마인가?

해설 먼저, 염기의 농도를 N 농도로 환산하면,

$$N_1(\text{eq/L}) = \frac{40\text{ mg}}{1\text{ L}}\left|\frac{1\text{ g}}{1{,}000\text{ mg}}\right|\frac{1\text{ eq}}{40\text{ g}} = 10^{-3}\text{ N}$$

$$N_2(\text{eq/L}) = \frac{74\text{ mg}}{1\text{ L}}\left|\frac{1\text{ g}}{1{,}000\text{ mg}}\right|\frac{1\text{ eq}}{37\text{ g}} = 2\times 10^{-3}\text{ N}$$

$$N(\text{eq/L}) = \frac{10^{-3}\times 100 + (2\times 10^{-3})\times 200}{100+200} = 1.67\times 10^{-3}\text{ N}$$

따라서, 용액 중의 OH^- 농도는 1.67×10^{-3} M이다.

$$pOH = -\log[OH^-] = -\log(1.67\times 10^{-3}) = 2.777$$

$$\therefore\ pH = 14 - pOH = 14 - 2.777 = 11.223$$

예제 16 pH 10인 용액 200 mL와 pH 8인 용액 50 mL를 혼합했을 때 혼합 용액의 pH는 얼마인가?

해설 pH 10이면 pOH는 4이므로 염기의 농도는 10^{-4} N
pH 8이면 pOH는 6이므로 염기의 농도는 10^{-6} N

$$N(\text{eq/L}) = \frac{10^{-4}\times200+10^{-6}\times50}{200+50} = 8.02\times10^{-5}\text{ N}$$

따라서, 용액 중의 OH^- 농도는 8.02×10^{-5} M이다.

$$\text{pOH}=-\log[OH^-]=-\log(8.02\times10^{-5})=4.096$$

$$\therefore\ \text{pH}=14-\text{pOH}=14-4.096=9.904$$

2.2.3 다른 액성의 혼합(산+염기)

$$\text{혼합 후의 농도 } N = \frac{N_1\cdot V_1 - N_2\cdot V_2}{V_1+V_2}$$

예제 17 0.01 N의 HCl 용액 100 mL와 0.02 N NaOH 용액 10 mL를 혼합했을 때 혼합 용액의 pH는 얼마인가?

해설 먼저, 산의 농도를 N 농도로 환산하면,

$$N(\text{eq/L}) = \frac{0.01\times100-0.02\times10}{100+10} = 7.27\times10^{-3}\text{ N}$$

따라서, 용액 중의 남은 H^+ 농도는 7.27×10^{-3} N이다.

$$\therefore\ \text{pH}=-\log[H^+]=-\log(7.27\times10^{-3})=2.14$$

예제 18 H_2SO_4 300 mg/L 용액 100 mL와 NaOH 40 mg/L 용액 200 mL를 혼합했을 때 혼합 용액의 pH는 얼마인가?

해설 먼저, 두 용액의 농도를 N 농도로 환산하면,

$$N_1\,(\mathrm{eq/L}) = \frac{300\ \mathrm{mg}}{1\ \mathrm{L}}\left|\frac{1\ \mathrm{g}}{1{,}000\ \mathrm{mg}}\right|\frac{1\ \mathrm{eq}}{49\ \mathrm{g}} = 6.122\times10^{-3}\ \mathrm{N}$$

$$N_2\,(\mathrm{eq/L}) = \frac{40\ \mathrm{mg}}{1\ \mathrm{L}}\left|\frac{1\ \mathrm{g}}{1{,}000\ \mathrm{mg}}\right|\frac{1\ \mathrm{eq}}{40\ \mathrm{g}} = 10^{-3}\ \mathrm{N}$$

$$N\,(\mathrm{eq/L}) = \frac{(6.122\times10^{-3})\times100 - 10^{-3}\times200}{100+200} = 1.374\times10^{-3}\ \mathrm{N}$$

따라서, 용액 중의 남는 H^+ 농도는 1.374×10^{-3} N이다.

$$\therefore\ pH = -\log[H^+] = -\log(1.374\times10^{-3}) = 2.86$$

예제 19 0.01 N의 HCl 용액 100 mL와 0.02 N NaOH 용액 200 mL를 혼합했을 때 혼합 용액의 pH는 얼마인가?

해설 혼합 용액속 남은 염기의 농도를 N 농도로 환산하면,

$$N\,(\mathrm{eq/L}) = \frac{0.02\times200 - 0.01\times100}{200+100} = 0.01\ \mathrm{N}$$

따라서, 혼합 용액 중의 OH^- 농도는 0.01 N이다.

$$pOH = -\log[OH^-] = -\log(0.01) = 2$$

$$\therefore\ pH = 14 - pOH = 14 - 2 = 12$$

예제 20 pH 3인 용액 100 mL와 pH 9인 용액 200 mL를 혼합했을 때 혼합 용액의 pH는 얼마인가?

해설 pH 3의 산의 농도는 10^{-3} N
pH 9이면 pOH는 5 이때 염기의 농도 10^{-5} N

$$N\,(\mathrm{eq/L}) = \frac{10^{-3}\times100 - 10^{-5}\times200}{100+200} = 3.2666\times10^{-4}\ \mathrm{N}$$

따라서, 용액 중의 남는 H^+ 농도는 3.2666×10^{-4} N이다.

$$\therefore\ pH = -\log[H^+] = -\log(3.2666\times10^{-4}) = 3.486$$

예제 21 pH 3인 용액 100 mL와 pH 12인 용액 200 mL를 혼합했을 때 혼합 용액의 pH는 얼마인가?

해설 pH 3의 산의 농도는 10^{-3} N

pH 12이면 pOH는 2 이때 염기의 농도 10^{-2} N, 혼합액은 염기성이다.

$$N(\text{eq/L}) = \frac{10^{-2}\times200-10^{-3}\times100}{200+100} = 6.33\times10^{-3}\ \text{N}$$

따라서, 혼합 용액 중의 OH^- 농도는 6.33×10^{-3} N이다.

$$\text{pOH} = -\log[OH^-] = -\log(6.33\times10^{-3}) = 2.198$$

$$\therefore\ \text{pH} = 14 - \text{pOH} = 14 - 2.198 = 11.8$$

2.3 산화·환원

2.3.1 산화·환원 반응

수질에서 대단히 중요한 화학 반응 중의 하나는 산화·환원 반응이다. 하나의 화학 물질이 제2의 물질에서 전자를 빼앗길 때 그것은 산화되며 제2의 물질은 이동된 전자를 받아들임으로써 환원된다. 이 때 산화(oxidation)된 물질은 환원제(reducing agent)로서 작용한다. 왜냐하면 제2의 물질을 환원(reduction)시키기 때문이다. 마찬가지로 환원된 물질은 제1의 물질에 산화를 일으킴으로써 산화제(oxidizing agent)로서 작용한다.

- **산화제** : 자신은 환원되면서 다른 물질은 산화시켜 주는 물질이며, 발생기 산소를 내기 쉬운 물질 또는 수소와 화합하기 쉬운 물질이다. 또한 전자를 얻기 쉬운 물질, 전기 음성도가 큰 물질이다.
  → 종류 : HOCl, $KMnO_4$, $K_2Cr_2O_7$, Cl_2 가스, NaOCl, $CaOCl_2$, O_3, O_2
- **환원제** : 자신은 산화되면서 다른 물질은 환원시켜 주는 물질이며, 발생기 수소를 내기 쉬운 물질 또는 산소와 화합하기 쉬운 물질이다. 또한 전자를 잃기 쉬운 물질 및 이온화 경향이 큰 금속의 단체이다.
  → 종류 : Na_2SO_3, $NaHSO_3$, Fe, $FeSO_4$, $Na_2S_2O_3$, SO_2 가스

$$\text{산화제 및 환원제의 당량} = \frac{\text{분자량}}{\text{주고 받은 전자수}}$$

산화와 환원은 언제나 동시에 일어나며 일반적으로 반쪽반응식(half-reaction equations)으로서 분리해 쓴다. 그래서 다음 식과 같이 차아염소산으로서 요오드화물을 요오드로 산화시키는 반응은 두 개의 반쪽 반응으로 분리할 수가 있다.

$$HOCl + H^+ + 2I^- = I_2 + Cl^- + H_2O \qquad (4\text{-}1)$$
$$2I^- = I_2 + 2e \qquad (4\text{-}2)$$
$$HOCl + H^+ + 2e = H_2O + Cl^- \qquad (4\text{-}3)$$

위 식에서 전자는 요오드화물의 산화를, 그리고 후자는 HOCl의 환원을 표시한다. 그 어느 쪽도 스스로 일어나지 않는 이들 반쪽 반응식이 서로 합해지면 완전한 산화·환원 식 (4-3)을 만들게 된다. 바꾸어 말하면, 어떤 두 산화·환원 반쪽 반응은 대수적으로 혼합되어 자유전자를 소거하게 될 때 하나의 완전한 산화·환원식을 만든다.

전자를 잡아당기는 힘이 더 클수록 더 강한 산화제이며, 그 만큼 산화·환원 반응은 더 잘 일어난다. 마찬가지로 전자를 주는 힘이 더 클수록 더 강한 환원제가 된다. 다시 말해 산화·환원 반응은 동시에 화학 양론적으로 일어난다 할 수 있다(표 1.24).

수질에서 산화반응은 수중의 오염물질을 분해·무해화 시키는데 중요한 역할을 담당하고 있는데 예를 들면 유해한 유기물질을 완전 산화시키면 이산화탄소, 질소가스, 물 등과 같은 무해물질로 변화되고 Fe^{2+}, Mn^{2+}와 같은 수용성 금속이온들은 산화되어 불용성의 수산화물로 제거할 수 있는 것이다. 환원반응은 산화와는 달리 제한된 범위에서 이용되는데 유해한 중금속인 Cr^{6+}를 Cr^{3+}로 처리하는 방법 등이 있다.

자연수와 폐수 처리에서의 산화와 환원의 중요성은 다음과 같다.

- 첫째, 질산화과정은, 미생물이 촉매작용을 이용한 대부분의 산화·환원의 반응
- 둘째, 활성 슬러지법, 혐기성 소화법 등은 미생물의 효소에 의한 산화·환원 반응에 기초하고 있다.
- 셋째, 수질분석에서 DO 또는 BOD, COD 등도 산화·환원 반응을 이용

표 1.24 산화·환원 반응

구 분	산 화	환 원
산 소	얻음(산소와 결합하는 현상)	잃음(산화물에서 산소를 잃는 현상)
수 소	잃음(수소화합물에서 수소를 잃는 현상)	얻음(수소와 화합하는 현상)
전 자	잃음(전자를 잃는 현상)	얻음(전자를 받아들이는 현상)
산화수(원자가)	증가(원자가가 증가하는 현상)	감소(원자가가 감소하는 현상)

예) $Fe^{2+} + Ce^{4+} \rightarrow Fe^{3+} + Ce^{3+}$

여기서, Fe는 $2+ \rightarrow 3+$ $\therefore$ 산화

Ce는 $4+ \rightarrow 3+$ $\therefore$ 환원

표 1.25 산화제와 환원제의 예

산화제	산화제의 반응
H_2O_2(산성)	$H_2O_2 + 2H^+ + 2e \rightleftarrows 2H_2O$
$KMnO_4$(염기성)	$MnO_4^- + 4H^+ + 3e \rightleftarrows MnO_2 + 2H_2O$
$KMnO_4$(산성)	$MnO_4^- + 8H^+ + 5e \rightleftarrows Mn^{2+} + 4H_2O$
$K_2Cr_2O_7$(산성)	$Cr_2O_7^{2-} + 14H^+ + 6e \rightleftarrows 2Cr^{3+} + 7H_2O$
HNO_3	$NO_3^- + 4H^+ + 3e \rightleftarrows NO + 2H_2O$
환원제	**환원제의 반응**
H_2O_2(환원성)	$H_2O_2 \rightleftarrows O_2 + 2H^+ + 2e$
H_2SO_3	$H_2SO_3 + H_2O \rightleftarrows SO_4^{2-} + 4H^+ + 2e$
$SnCl_2$	$Sn^{2+} \rightleftarrows Sn^{4+} + 2e$
H_2S	$H_2S \rightleftarrows S + 2H^+ + 2e$
$NaHSnO_2$	$HSnO_2^- + 3OH^- + H_2O \rightleftarrows Sn(OH)_6 + 2e$

2.3.2 산화·환원 전위(Oxidation Reduction Potential : ORP)

어떤 금속과 그 금속의 이온용액 사이의 전위차를 **전극전위**(electrode potential)라고 한다. 예를 들면, 동선이 황산동과 같은 동염의 용액에 담겨지면 동선표면에 반쪽반응식 $Cu^{2+} + 2e \rightleftarrows Cu^0$과 같이 평형이 이루어진다. 전위차는 이 평형성립의 일부로서 일어나며 부호와 크기는 평형의 위치, 동이온의 활동도 및 기타 인자에 의존하고 다른 금속과 그 이온 용액에 대해서도 비슷한 특수 관계가 생긴다.

이러한 전위차의 어떤 것도 그 절대 크기는 측정할 수 없으나, 만약 이러한 두 전극과 그 용액이 완전한 회로 또는 전기화학 전위가 되도록 연결되면 전극사이의 전위차를 측정할 수 있다. 하나의 특수 전극이 표준으로 선정되어 임의의 전위로 지정되는

경우에는 다른 전극의 전위가 표준전극에 준하여 표시될 수 있다.

표준수소전극의 전위는 단위 활동도의 수소이온과 1기압의 수소 가스와의 반쪽반응(half-reaction)의 평형 $2H^+ + 2e \rightleftarrows H_{2(g)}$에 일치하며 일반적으로 표준전위로 간주하고 각 온도에서 전극전위 0으로 지정되어 있다.

반응물질의 활동도에 따른 전극전위의 변동은 Nernst 식으로 주어진다.

$$E = E_0 + \frac{RT}{nF} \log a_M^{n+} \quad (4\text{-}4)$$

금속이온의 활동도 $a_M{}^{n+}$는 대체로 M농도에 근사하므로 편의상 다음과 같이 쓸 수 있다.

$$E = E_0 + \frac{RT}{nF} \times \ln \frac{[\mathrm{OX}]}{[\mathrm{Red}]}$$

※ $\ln = 2.303$

※ $E = E_0 + 2.303 \times \dfrac{8.314 \times (25 + 273)}{96,485\,n} \times \log \dfrac{[\mathrm{OX}](\text{반응물})}{[\mathrm{Red}](\text{생성물})}$

$$\therefore\ E = E_0 + \frac{0.05915}{n} \times \log \frac{[\mathrm{OX}]}{[\mathrm{Red}]}$$

여기서, E_0 : 표준상태 전위(volt)　　n : 반응에 관여하는 전자수

F : 페러데이정수　　R : gas 정수

T : 절대온도　　[Red] : 환원제 몰농도(생성물)

[OX] : 산화제 몰농도(반응물)

일반적으로 산화, 환원 전위 E는 그 용액의 산화력 또는 환원력의 강도를 나타내는 척도로서 기타 화학적 수질지표와는 달리 측정을 신속히 할 수 있는 것도 특징이다. 또 E_0는 표준 수소전극과 백금전극 사이에서 **1기압, 25℃의 표준상태**에서 생기는 전위차이다.

2.3.3 산화조 및 환원조에 적용되는 폐수

- **산화반응** : 시안(CN)화합물 폐수 (알칼리 산화법)
- **환원반응** : **크롬(Cr)계 함유 폐수 (산성 환원 침전법)**

2.3.4 전극전위(갈바니의 전지)

- **양극** : 산화가 일어나고 전자들이 생성된다. (음이온의 이동)
- **음극** : 환원이 일어나고 전자들이 소모된다. (양이온의 이동)

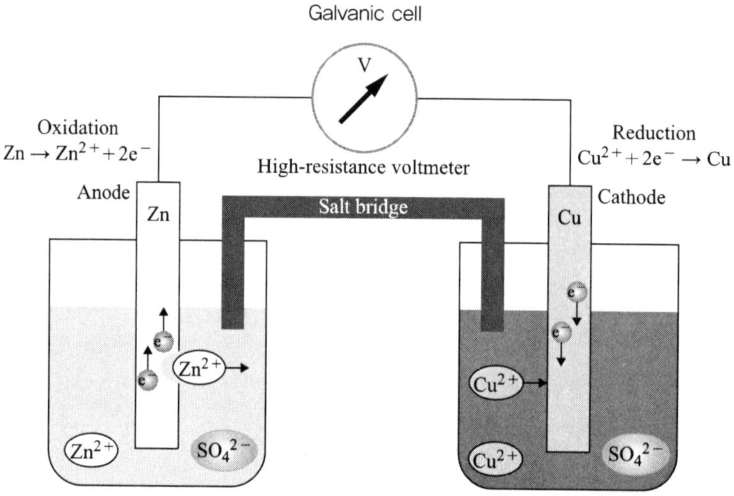

$$\therefore \ E = E_0 + \frac{0.05915}{n} \times \log[Cu^{2+}]$$

2.4 완충용액

완충용액은 한정된 산이나 염기를 가했을 때 pH의 근소한 변화를 일으키는 용액을 말하며 용액에 산이 유입하면 pH가 낮아지고, 염기가 유입하면 pH가 높아져야 정상이나 소량의 산이나 염기를 주입하였을 때 pH의 변화가 아주 적은 용액을 완충용액이라 한다.

- **산 완충용액** : 약산과 그 약산의 강염기의 염
  약산(CH_3COOH) + 강염기($NaOH$) → 염(CH_3COONa) + 물(H_2O)
  ➡ 반응식 해석 : 산과 염기가 반응하여 중화되고 염을 형성하였음.
- **염기 완충용액** : 약염기와 그 약염기의 강산의 염
  약염기(NH_4OH) + 강산(HCl) → 염(NH_4Cl) + 물(H_2O)

$$\therefore\ pH = pK_a + \log\left(\frac{약산의\ 염}{약산}\right)$$

예제 22 CH_3COOH와 CH_3COOK로 pH가 4인 완충액을 만들려면 각각 용액을 어떤 비로 취해야 하는가? (단, $K_{HAC} = 1.8 \times 10^{-5}$)

해설

$$pH = pK_a + \log\frac{염}{약산} \quad \rightarrow \quad 4 = -\log(1.8 \times 10^{-5}) + \log\frac{염}{약산}$$

$$\log\frac{염}{약산} = 4 + \log(1.8 \times 10^{-5}) \quad \rightarrow \quad \frac{염}{약산} = 10^{[4+\log(1.8\times 10^{-5})]}$$

$$\frac{염}{약산} = 0.18 \qquad \therefore\ CH_3COOH : CH_3COOK = 1 : 0.18 = 5.56 : 1$$

2.5 용해도적(K_{sp})

2.5.1 Le chatelier principles(르 샤틀리에의 원리)

Le chatelier principles은 **평형이동의 법칙**으로 평형에 있는 어떤 계에 변화가 가해지면 그 변화를 감소시키려는 방향으로 평형의 위치는 이동한다는 원리로 평형상태에 화학반응 속도에 영향을 주는 인자인 **온도, 압력, 농도** 등의 요소를 가하면 이를 제거하는 방향으로 평형이 이동하다가 다시 재 평형이 형성된다는 원리이다.

- **반응물의 첨가 또는 생성물의 제거 → 정반응으로 진행**
- **반응물의 제거 또는 생성물의 첨가 → 역반웅으로 진행**

$$CaCO_3 \rightleftarrows Ca^{2+} + CO_3^{2-}$$

$$K(전리상수) = \frac{[Ca^{2+}] \cdot [CO_3^{2-}]}{[CaCO_3]}$$

$$\therefore\ K_{sp} = K \times [CaCO_3] = [Ca^{2+}] \cdot [CO_3^{2-}]$$

2.5.2 용해도적(solubility product) 상수

용해도적 상수의 특징을 살펴보면 다음과 같다.

- 고체나 기체가 액체에 용해하는 정도로 용해도적 상수(K_{sp})는 온도가 일정하면 변함없는 상수 값을 가진다.
- 용해도는 폐수처리공학에서 침전성과 밀접한 관계를 가지고 있다.
(이 값이 적을수록 침전제거에 유리하다.)
- 기체의 용해도는 온도의 상승에 따라 감소하고, 대부분의 고체는 온도상승에 따라 증가한다.
- 용해도적 상수가 적음은 물속에 적게 용해되고, 불용성인 침전물로 많이 형성된다.

용해도적 K_{sp}는 실험에 의해 측정되는 수치이다. 어떤 용액속에 $[Cd^{2+}]$와 $[OH^-]$ 농도의 제곱이 **K_{sp} 값보다 적으면 그 용액은 불포화 용액**, **K_{sp} 값보다 크면 그 용액은 과포화 용액**이라고 한다. 과포화 용액에서는 서로 결합하여 $Cd(OH)_2$의 침전물이 형성된다. 이러한 원리를 수처리 공정에 이용하고 있다. 불포화 용액을 과포화 용액으로 바꿔주면 중금속 등을 침전제거 할 수 있다. 즉 과포화로 쉽게 바꿔주려면 K_{sp} 값이 작을수록 유리한 것이다.

$$Cd(OH)_2 \rightleftarrows Cd^{2+} + 2OH^-$$

$$\therefore\ K_{sp} = [Cd^{2+}] \cdot [OH^-]^2$$

2.5.3 용해도적 침전가능 여부

- 이온적(IP) < 용해도적(K_{sp})
→ 불포화 용액(침전 불가능), 앞으로 더 용해될 수 있다.
- 이온적(IP) > 용해도적(K_{sp})
→ 과포화 용액(침전 가능), 더 이상 용해될 수 없다.
- 이온적(IP) = 용해도적(K_{sp})
→ 포화용액, 더 이상 침전도 용해도 일어나지 않는다.

예제 23 Cd^{2+}가 들어있는 폐수에 알칼리를 가하여, pH를 높여 가면 수산화카드뮴의 침전이 생긴다. $Cd^{2+} + 2OH^- \rightleftarrows Cd(OH)_2 \downarrow$, 25℃, pH 11에서 용해도적이 $[Cd^{2+}][OH^-]^2 = 4.0 \times 10^{-14}$인 경우 이론적 카드뮴 이온의 농도는? (단, 카드뮴 원자량은 112.4이다.)

해설 $[Cd^{2+}][OH^-]^2 = 4.0 \times 10^{-14}$

$$[Cd^{2+}] = \frac{4.0\times10^{-14}}{[OH^-]^2} \bigg| \frac{4.0\times10^{-14}}{[10^{-3}]^2} = 4.0\times10^{-8}\ \text{mol/L}$$

$$\therefore\ Cd^{2+}(\text{mg/L}) = \frac{4.0\times10^{-8}\ \text{mol}}{1\ \text{L}} \bigg| \frac{1{,}000\ \text{mg}}{1\ \text{g}} \bigg| \frac{112.4\ \text{g}}{1\ \text{mol}} = 4.496\times10^{-3}\ \text{mg/L}$$

재미있는 물 이야기

멤브레인(Membrane) 필터

물 자원을 일컫는 '블루골드'라고 고유명사는 석유의 '블랙골드'와 비교해서 나온 말이다.

블루골드 관련 산업은 2017년 기준 7,252억 달러 규모로 2022년까지 연평균 4.2% 성장이 예상되는 등 향후 지속적인 성장이 전망된다. 세계적으로 물 부족사태와 도시 산업화로 인한 환경 문제가 부각되면서 새로운 미래 성장동력 분야로 주목받고 있다.

물 산업에 있어 핵심기술 중 하나가 바로 멤브레인(membrane) 필터다.

멤브레인은 '막'이라는 뜻으로 막은 특정한 경계를 이루는 얇은 층을 일컫는다. 멤브레인은 세포와 외부의 경계를 짓고 세포 내 물질을 보호하며 이동을 조절하는 '세포막'과 같은 필요한 성분만 통과시키는 역할을 한다. 수처리에 쓰이는 멤브레인 필터는 여러 가지 고분자물질을 합성해 만든 막 형태의 필터로 막에 미세하고 균일한 구멍이 있어서 오염물질은 거르고 깨끗한 물만을 통과시킨다. 우리가 가정에서 쉽게 볼 수 있는 정수기에 필수적으로 사용된다.

오수·하수·폐수를 정화하거나 바닷물을 담수로 만들 때에도 멤브레인 필터가 필요하다. 멤브레인의 구성성분을 조정하면 황이나 질소 같은 유해 기체까지 걸러낼 수 있기 때문에 바이오·의약·반도체 등 첨단 분야에서도 광범위하게 사용되고 있다.

멤브레인 필터를 활용하면 각종 오·폐수를 정수해 환경문제를 해결할 수 있을 뿐 아니라, 물 재이용으로 수자원 확보도 동시에 가능하다. 전문가들은 향후 멤브레인 핵심기술을 보유한 나라가 수자원 경쟁력에서 우위를 점할 수 있게 될 것으로 전망한다. 그런 의미에서 최근 2015년 세계 물 포럼 개최지인 경상북도가 국내 멤브레인 생산업체들과 기술개발과 해외수출을 위해 협약식을 가진 것은 좋은 본보기가 될 수 있다. 물 맑기로 유명한 '금수강산' 대한민국이 물 산업 강국으로 도약할 날도 머지않았다.

출처 : 한국환경공단, etnews(http://www.greendaily.co.kr)

2.6 요점정리 및 연습문제

2.6.1 환경화학 요점정리

■ 산화·환원

- **산화제** : 자신은 환원되면서 다른 물질은 산화시켜 주는 물질이며, 발생기 산소를 내기 쉬운 물질 또는 수소와 화합하기 쉬운 물질이다. 또한 전자를 얻기 쉬운 물질, 전기 음성도가 큰 물질이다.
  → 종류 : $HOCl$, $KMnO_4$, $K_2Cr_2O_7$, Cl_2 가스, $NaOCl$, $CaOCl_2$, O_3, O_2
- **환원제** : 자신은 산화되면서 다른 물질은 환원시켜 주는 물질이며, 발생기 수소를 내기 쉬운 물질 또는 산소와 화합하기 쉬운 물질이다. 또한 전자를 잃기 쉬운 물질 및 이온화 경향이 큰 금속의 단체이다.
  → 종류 : Na_2SO_3, $NaHSO_3$, Fe, $FeSO_4$, $Na_2S_2O_3$, SO_2 가스

■ 자연수와 폐수 처리에서의 산화와 환원의 중요성

- 질산화 과정은, 미생물이 촉매작용을 이용한 대부분의 산화·환원의 반응
- 활성 슬러지법, 혐기성 소화법 등은 미생물의 효소에 의한 산화·환원 반응에 기초하고 있다.
- 수질분석에서 DO 또는 BOD, COD 등도 산화·환원 반응을 이용

■ 완충용액

- 소량의 산이나 염기를 주입하였을 때 pH의 변화가 아주 적은 용액
- 산 완충용액 : 약산과 그 약산의 강염기의 염
- 염기 완충용액 : 약염기와 그 약염기의 강산의 염

■ 용해도적 상수의 특징

- 고체나 기체가 액체에 용해하는 정도로 용해도적 상수(K_{sp})는 온도가 일정하면 변함없는 상수 값을 가진다.
- 용해도는 폐수처리공학에서 침전성과 밀접한 관계를 가지고 있다.
  (이 값이 적을수록 침전제거에 유리하다.)
- 기체의 용해도는 온도의 상승에 따라 감소하고, 대부분의 고체는 온도상승에 따라 증가한다.
- 용해도적 상수가 적음은 물속에 적게 용해되고, 불용성인 침전물로 많이 형성된다.

2.6.2 연습문제

01 산화, 환원반응에 대한 설명으로 틀린 것은 무엇인가? ㉰

㉮ 이온 원자가나 공유 원자가에 (+)나 (−)부호를 붙인 것을 산화수라 한다.
㉯ 산화는 수소화합물에서 수소를 잃는 현상이며, 환원은 수소와 화합하는 현상을 말한다.
㉰ 산화는 전자를 받아들이는 현상을 말하며, 환원은 전자를 잃는 현상을 말한다.
㉱ 산화는 산화수의 증가를 말하며, 환원은 산화수의 감소를 말한다.

해설 : 산화는 전자를 잃는 현상이고 환원은 전자를 얻는 현상이다.

02 $Ca(OH)_2$ 100 mg/L 용액의 pH는 얼마인가? (단, 완전 해리하는 것으로 하며, $Ca(OH)_2$의 분자량 = 74) ㉯

㉮ 11.23 ㉯ 11.43
㉰ 11.63 ㉱ 11.93

해설 : $Ca(OH)_2(mol/L) = \frac{100\ mg}{1\ L} \Big| \frac{1\ g}{1{,}000\ mg} \Big| \frac{1\ mol}{74\ g} = 1.35 \times 10^{-3}\ M$

	$Ca(OH)_2$	→	Ca^{2+}	+	$2OH^-$
반응 전	1.35×10^{-3} M		0		0
반응량 100%	1.35×10^{-3} M		1.35×10^{-3} M		2.7×10^{-3} M
반응 후(평형상태)	0		1.35×10^{-3} M		2.7×10^{-3} M

따라서, 용액중의 OH^- 농도는 2.7×10^{-3} M이다.
$pOH = -\log[OH^-] = -\log(2.7 \times 10^{-3}) = 2.57$
$\therefore\ pH = 14 - pOH = 14 - 2.57 = 11.43$

03 물 1 L에 NaOH 0.4 g을 녹인 용액의 pH는 얼마인가? (단, NaOH = 40, 완전 해리된다 가정) ㉯

㉮ 13 ㉯ 12
㉰ 11 ㉱ 10

해설 : $NaOH(mol/L) = \frac{0.4\ g}{1\ L} \Big| \frac{1\ mol}{40\ g} = 0.01\ M$,
$pOH = 2,\ \therefore\ pH = 14 - pOH = 14 - 2 = 12$

04 화학반응이 평형에 있을 때 평형의 이동에 영향을 주지 않는 조건은 무엇인가? ㉮

㉮ 촉매 ㉯ 온도
㉰ 압력 ㉱ 농도

해설 : 르 샤틀리에의 법칙에 의하면 평형상태에 영향을 주는 인자는 온도, 압력, 농도 등이다.

05 화학반응에서 의미하는 산화에 대한 설명이 아닌 것은 무엇인가? ㉰

㉮ 산소와 화합하는 현상이다.

㉯ 원자가가 증가하는 현상이다.

㉰ 전자를 받아들이는 현상이다.

㉱ 수소화합물에서 수소를 잃는 현상이다.

해설 : 전자를 받아들이는 것은 환원임.

06 수질오염물질의 침전과 용해현상을 설명하는 용해도곱(K_{sp}, $A^mB^n \rightleftharpoons [A]^m + [B]^n$)의 설명으로 틀린 것은? ㉮

㉮ K_{sp} 값만 비교하더라도 화합물질들의 상대적 용해도를 예측할 수 있다.

㉯ $[A]^m[B]^n > K_{sp}$인 조건은 과포화 상태로 침전물이 생성된다.

㉰ 용해되어 있는 오염물질을 불용성으로 형성 침전시킬 때는 그 물질의 K_{sp} 값이 적을수록 해당오염물질의 침전에 유리하다.

㉱ K_{sp}가 적다는 것은 대부분이 불용성 고형물로 존재한다는 의미이다.

해설 : 용해도적(K_{sp}) 값만 비교해서 화합물질들의 상대적인 용해도를 예측하기 어렵다.

07 완충용약에 관한 다음의 설명 중 올바른 것은 무엇인가? ㉱

㉮ 완충용액은 보통 강염기와 그 염기의 강산의 염이 함유된 용액이다.

㉯ 완충용액의 pH는 중성 부근에서 일정하게 유지된다.

㉰ 완충용액은 보통 약산과 그 약산의 약염기의 염을 함유한 용액이다.

㉱ 완충용액의 작용은 화학평형원리로 충분히 설명된다.

해설 : 완충용액은 산성, 염기성, 중성 모두 존재한다. 완충용액은 약산과 그 약산의 강염기의 염을 함유한 용액이다. 완충용액은 약염기와 그 약염기의 강산의 염을 함유한 용액이다.

08 A + 2B → C + 2D와 같은 화학반응에서 A와 B의 농도를 각각 2배로 하면 반응속도는 몇 배가 되는가? ㉰

㉮ 2 ㉯ 4

㉰ 8 ㉱ 16

해설 : 정반응의 속도 $V = K[A][B]^2$, 농도가 2배 되면 속도 $V' = K[2A][2B]^2 = 8K[A][B]^2$

09 폐수 속에 $[Cl^-]$가 6×10^{-3} mol/L인 용액에서 염화은으로 침전시키고자 할 때 $[Ag^+]$은 얼마(mol/L) 이상을 투입하면 되겠는가? (단, 염화은의 용해도곱은 1.7×10^{-10}이다.) ㉯

㉮ 1.83×10^{-8}　　㉯ 2.83×10^{-8}
㉰ 3.52×10^{-7}　　㉱ 4.52×10^{-7}

해설 : $AgCl \rightleftharpoons Ag^+ + Cl^-$, $K_{sp} = [Ag^+][Cl^-]$, $1.7 \times 10^{-10} = [Ag^+] \times 6 \times 10^{-3}$,
$[Ag^+] = 2.8 \times 10^{-8}$ M

10 물에 있는 수은이온은 황화수은(HgS)의 형태로 침전시키는 것이 효과적이다. 수중의 Hg^{2+} 및 S^{2-}가 다음과 같은 상태로 존재할 경우 HgS의 침전이 생기지 않는 경우는 어느 것인가? (단, HgS의 용해도적은 4×10^{-53}이다.) ㉱

㉮ $[Hg^{2+}] = 10^{-10}$, $[S^{2-}] = 10^{-10}$　　㉯ $[Hg^{2+}] = 10^{-15}$, $[S^{2-}] = 10^{-28}$
㉰ $[Hg^{2+}] = 10^{-20}$, $[S^{2-}] = 10^{-18}$　　㉱ $[Hg^{2+}] = 10^{-28}$, $[S^{2-}] = 10^{-38}$

해설 : $K_{sp} = [Hg^{2+}][S^{2-}]$: 포화 상태, $K_{sp} > [Hg^{2+}][S^{2-}]$: 불포화 상태(침전 불가),
$K_{sp} < [Hg^{2+}][S^{2-}]$: 과포화 상태(침전 가능)

제5절 수질오염의 지표

1. pH(hydrogen ion exponent : 수소이온농도)

수소이온농도는 용액 1 L 속에 존재하는 수소이온의 농도로 용액의 산성도(acidity)나 염기성도(alkalinity)의 정도를 나타내는 척도이다. 순수한 물은 그 자체가 약하게 전리되어 있으며 수소이온 또는 양성자와 수산화 이온으로 해리한다.

$$H_2O \rightleftarrows H^+ + OH^-$$

25℃의 순수한 물은 수소이온(H^+)과 수산화이온(OH^-)이 각각 10^{-7} mol/L의 농도로 해리된다.

$$[H^+] = [OH^-] = 1 \times 10^{-7}$$

물의 이온곱(ion product) 또는 이온화상수(ionization constant)인 K_w를 구해보면,

$$\frac{[H^+] \cdot [OH^-]}{[H_2O]} = K_w$$

여기서 물의 농도 $[H_2O]$는 매우 크므로 $[H^+] \cdot [OH^-] = K_w$라고 할 수 있으며 앞서 말한 바와 같이 순수한 물의 $[H^+]$와 $[OH^-]$의 농도는 같으므로 $[H^+] \cdot [OH^-] = K_w = (1 \times 10^{-7}) \times (1 \times 10^{-7}) = 1 \times 10^{-14}$ mol/L이다. 이때의 물은 중성이 된다.

- $[H^+] > 1 \times 10^{-7}$, $[OH^-] < 1 \times 10^{-7}$일 경우 산성
- $[H^+] < 1 \times 10^{-7}$, $[OH^-] > 1 \times 10^{-7}$일 경우 염기성

두 이온의 농도는 서로 반비례하므로, $[H^+]$가 커지면 $[OH^-]$이 작아지고, $[OH^-]$이 커지면 $[H^+]$이 작아진다.

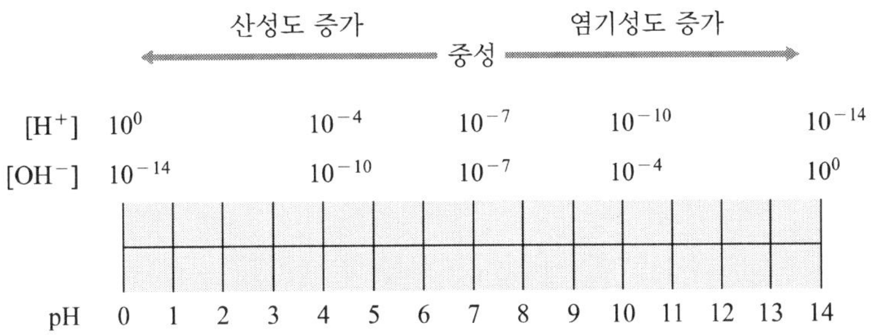

≫ 그림 1.10 수소이온농도와 pH의 관계

$[H^+]\cdot[OH^-]=K_w=1\times10^{-14}$ 여기에 역대수를 취하면 아래 식과 같다.

$$pK_w = pH^+ + pOH^- = 14.0 \ (25℃)$$

수소이온농도는 $[H^+]$이지만, Sörensen(1909)의 표기방법 제안에 따라 pH 척도를 사용하는 것이 보편화 되어 있다.

$$pH = -\log[H^+] = \log\frac{1}{[H^+]}$$

$$pOH = -\log[OH^-] = \log\frac{1}{[OH^-]}$$

일반적으로 **담수는 평균 pH 7, 해수는 평균 pH 8.2 정도**를 나타낸다. 빗물은 대기 중 이산화탄소의 영향 때문에 pH 5.6까지 떨어질 수 있다. **pH의 중요성**은 다음과 같다.

◆ pH는 생물의 성장과 증식에 중요한 영향을 미친다.

▪ 이런 현상은 수생생태계의 미생물에 의한 자정작용에 영향을 미친다. 또한 생물학적 폐수 처리 공정에 중요한 영향인자이다.

◆ pH는 침전, 중화, 산화, 환원 등 여러 가지 화학반응에 영향을 미친다.

▪ 이런 현상은 수생생태계의 화학적 자정작용에 영향을 미친다. 또한 화학적 응집 공정시 응집효율에 절대적인 영향을 미친다.

pH 단위를 평가하는 측면에서 pH 1차이는 10을 밑으로 하는 상용로그이므로 10

배, pH 2는 100배, pH 3은 1,000배의 $[H^+]$농도의 변화가 있는 것이다. 따라서 pH의 급격한 변화는 수생생태계에 커다란 영향을 끼치게 된다.

예제 24

1) pH 6.35의 $[H^+]$ 농도는?
2) $[H^+]=7.3\times10^{-9}$ mol/L일 때의 pH는?
3) 25℃에서 pH 6.35인 용액의 수산화이온농도($[OH^-]$)는 얼마인가?

해설
1) $[H^+]=10^{-6.35}=4.5\times10^{-7}$ mol/L
2) $pH=-\log(7.3\times10^{-9})=-\log\ 10^{-9}-\log\ 7.3=9-0.86=8.14$
3) $pOH=14-6.35=7.65$, $[OH^-]=10^{-7.65}=2.2\times10^{-8}$ mol/L

1.1 자연수의 pH 조절인자

1.1.1 이산화탄소(CO_2)

(1) CO_2와 pH의 상호관계

CO_2 농도의 증가는 수소이온$[H^+]$농도의 증가로 인하여 pH의 감소로 이어지며 그 과정은 다음 식과 같다.

$$CO_2 + H_2O \rightleftarrows H_2CO_3$$
$$H_2CO_3 \rightleftarrows H^+ + HCO_3^-$$
$$HCO_3^- \rightleftarrows H^+ + CO_3^{2-}$$
$$CO_3^{2-} + H_2O \rightleftarrows HCO_3^- + OH^-$$

(2) CO_2가 물에 녹게 되면

$$CO_2 + H_2O \rightleftarrows CO_2 + H_2O \quad (5\text{-}1)$$
$$CO_2 + H_2O \rightleftarrows HCO_3^- + H^+ \quad (5\text{-}2)$$
$$CO_2 + H_2O \rightleftarrows CO_3^{2-} + 2H^+ \quad (5\text{-}3)$$

① 이산화탄소(CO_2)가 물에 녹게 되면 H^+을 생산하지 않기도, 최대로 생산하기도 한다.

■ pH가 낮다. = 물속 H^+이 많다. = H^+ 생산 못한다. → (5-1) 반응
■ pH가 높다. = 물속 H^+이 적다. = H^+ 생산 최대로 한다. → (5-3) 반응

② 대부분은 식 (5-2)의 반응이므로 자연수 중 제일 많이 존재하는 탄산의 형태는 중탄산(HCO_3^-)이다.

■ 물을 끓여서 녹아있는 이산화탄소를 날리면 pH는 높아진다.
■ 물속에 공기를 폭기시켜서 이산화탄소를 날리면 pH는 높아진다.

(3) 자연수의 pH 결정(CO_2와 CO_3^{2-}의 비율로서 결정)

■ **pH < 5 미만** : 주로 CO_2 형태로 존재
■ **pH 5 ~ 9** : 주로 HCO_3^- 형태로 존재
■ **pH > 9 초과** : 주로 CO_3^{2-} 형태로 존재

1.1.2 유기물

(1) 유기물이 수계에 유입될 때 물속에 산소가 존재하면 호기성 분해를, 산소가 존재하지 않으면 혐기성 분해를 일으킨다.

(2) 호기성 분해와 혐기성 분해는 공통으로 산성유발 물질인 CO_2를 생산하므로 물속의 pH를 낮춘다.

1.1.3 조류(Algae)

조류는 광합성 작용을 하는 녹색식물의 총칭이다. 광합성에 의해 수중 산성유발 물질인 CO_2를 소비하므로 수중 내 조류가 대량 번식을 하면 pH가 증가하고, 수표면의 용존산소 과포화를 유발하기도 한다.

$$CO_2 + H_2O \rightarrow CH_2O + O_2$$

■ 20℃ 용존산소 포화농도 : 9.17 ppm
■ 10℃ 용존산소 포화농도 : 11.0 ppm

1.2 요점정리 및 연습문제

1.2.1 수질오염의 지표(pH) 요점정리

■ pH의 중요성

- pH는 생물의 성장과 증식에 중요한 영향을 미친다.
  - 이런 현상은 수생생태계의 미생물에 의한 자정작용에 영향을 미친다. 또한 생물학적 폐수 처리 공정에 중요한 영향인자이다.
- pH는 침전, 중화, 산화, 환원 등 여러 가지 화학 반응에 영향을 미친다.
  - 이런 현상은 수생생태계의 화학적 자정작용에 영향을 미친다. 또한 화학적 응집 공정 시 응집효율에 절대적인 영향을 미친다.

■ CO_2와 pH의 상호관계

- CO_2 농도의 증가는 수소이온$[H^+]$농도의 증가로 인하여 pH의 감소로 이어지며 그 과정은 다음 식과 같다.

$$CO_2 + H_2O \rightleftarrows H_2CO_3$$
$$H_2CO_3 \rightleftarrows H^+ + HCO_3^-$$
$$HCO_3^- \rightleftarrows H^+ + CO_3^{2-}$$
$$CO_3^{2-} + H_2O \rightleftarrows HCO_3^- + OH^-$$

■ 자연수의 pH 결정(CO_2와 CO_3^{2-}의 비율로서 결정)

pH < 5 미만 : 주로 CO_2 형태로 존재

pH 5 ~ 9 : 주로 HCO_3^- 형태로 존재

pH > 9 초과 : 주로 CO_3^{2-} 형태로 존재

재미있는 물 이야기

일본의 빗물 세차법

세차를 할 때는 제법 많은 양의 물이 든다. 한 번에 150 L의 수돗물을 사용해야 하고, 왁스를 사용해 차를 번쩍번쩍하게 만든다. 150 L의 물은 1인 1일 최저 필요량 2 L의 75배에 이른다. 그래서 일본인 나가시마 히데다케는 세차할 때 빗물을 사용할 수 있는 기막힌 발명품을 고안했다. '빗물이용 아이디어 콘테스트'에서 '노력상'을 받은 아이디어다. 그런데, 빗물로 세차하는 방법은 한 가지가 아니다. 역시 일본인인 호타 가오루는 다음과 같은 빗물 세차법을 고안했다. 차고의 지붕에서 빗물을 모으고, 지붕 기둥 하부에 설치한 빗물 탱크를 사용하는 것이다.

출처 : 환경부(http://www.ilovewater.or.kr)

1.2.2 연습문제

01 pH 7에서 pH 4로 바뀌면 수소이온 농도는 어떻게 변화되는가? ㉮

㉮ 1,000배 증가한다. ㉯ 1,000배 감소한다.
㉰ 3배 증가한다. ㉱ 3배 감소한다.

해설 : pH 7 → $[H^+] = 10^{-7}$ M, pH 4 → $[H^+] = 10^{-4}$ M,
그러므로 pH 4/pH 7 = $(10^{-4}/10^{-7} = 1{,}000)$

02 $[H^+]$의 농도가 0.05 M인 처리수의 pH는 얼마인가? ㉮

㉮ 1.30 ㉯ 1.52
㉰ 2.22 ㉱ 2.52

해설 : $pH = -\log[H^+] = 1.30$

03 수소이온 농도가 7.3×10^{-9} mol/L일 때 pH는 얼마인가? ㉯

㉮ 9.14 ㉯ 8.14
㉰ 7.14 ㉱ 6.14

해설 : $pH = -\log[H^+] = -\log(7.3 \times 10^{-9}) = 8.14$

04 수중에 H^+ 이온의 농도가 2.0×10^{-5} mol/L가 있을 때 OH^- 이온의 농도는 얼마인가? ㉱

㉮ 4.0×10^{-3} mol/L ㉯ 2.0×10^{-9} mol/L
㉰ 7.0×10^{-2} mol/L ㉱ 5.0×10^{-10} mol/L

해설 : $K_w = 10^{-14} = [H^+][OH^-] = (2.0 \times 10^{-5})[OH^-]$, $\therefore [OH^-] = 5.0 \times 10^{-10}$ mol/L

05 0.02 N의 초산이 4% 해리되어 있다면 이 수용액의 pH는 얼마인가? ㉱

㉮ 3.9 ㉯ 3.7
㉯ 3.4 ㉱ 3.1

해설 : 초산이 해리되면 H^+을 생성한다. 생성된 $H^+ = 0.02\ N \times 0.04 = 8 \times 10^{-4}$ N,
$\therefore pH = -\log[H^+] = 3.097$

06 $PbSO_4$가 25℃ 수용액에서 용해도가 0.05 g/L라면 용해도적은 얼마인가? (단, $PbSO_4$: 303) ㉮

㉮ 약 2.7×10^{-8} ㉯ 약 2.3×10^{-8}
㉰ 약 1.8×10^{-8} ㉱ 약 1.6×10^{-8}

해설 : $PbSO_4 \rightleftharpoons Pb^{2+} + SO_4^{2-}$,

$$\text{용해도 } PbSO_4(mol/L) = \frac{0.5\ g}{1\ L} \bigg| \frac{1\ mol}{303\ g} = 1.65 \times 10^{-4}\ M$$

$K_{sp} = [Pb^{2+}][SO_4^{2-}]$로부터 $\therefore K_{sp} = (1.65 \times 10^{-4})(1.65 \times 10^{-4}) = 2.7 \times 10^{-8}$

07 25℃에서 pH = 6.35인 용액에서 [OH^-] 이온 농도는 얼마인가? ㉱

㉮ 약 4.5×10^{-7} mol/L ㉯ 약 4.5×10^{-8} mol/L

㉰ 약 2.2×10^{-7} mol/L ㉱ 약 2.2×10^{-8} mol/L

해설 : $[H^+][OH^-]=10^{-14}$, $10^{-6.35}\times[OH^-]=10^{-14}$, $\therefore$ $[OH^-]=2.2\times10^{-8}$ M

08 수질이 [CO_2]>[CO_3^{2-}]이라면, 이때의 pH는 어떠한가? ㉯

㉮ 7보다 크다. ㉯ 7보다 작다.

㉰ 중성이다. ㉱ pH와 무관하다.

해설 : [CO_2]>[CO_3^{2-}]일 때는 주로 CO_2 형태로 존재하며 pH는 산성이다.

09 물의 이온화적(K_w)에 관한 설명 중 알맞지 않은 것은 무엇인가? ㉯

㉮ 물은 매우 약한 전해질이다.

㉯ 산성일수록 온도에 의한 pH 변화가 커진다.

㉰ 수온이 높아지면 전리도가 증가하여 K_w이 커진다.

㉱ 0℃일 때 $K_w=0.114\times10^{-14}$이다.

해설 : 염기성일수록 온도에 의한 pH변화가 커진다.

10 0.001% NaOH 수용액의 pH는 얼마인가? ㉰

㉮ 12.4 ㉯ 11.4

㉰ 10.4 ㉱ 9.4

해설 : $\text{NaOH(eq/L)} = \dfrac{0.001}{100}\left|\dfrac{1\text{ eq}}{40\text{ g}}\right|\dfrac{1\text{ g}}{1\text{ mL}}\left|\dfrac{1{,}000\text{ mL}}{1\text{ L}}\right. = 2.5\times10^{-4}\text{ N}$

$pOH=-\log[OH^-]=3.6$

$\therefore$ $pH=14-pOH=14-3.6=10.4$

2. DO(Dissolved Oxygen : 용존산소)

자연 상태의 물 또는 폐수에서의 **용존산소(Dissolved Oxygen, DO)**는 수체에서의 물리적, 화학적 및 생화학적 활동도와 관련 있다. 용존산소(DO)는 수중에 용해되어 있는 유리산소(O_2)를 말한다. 따라서 수중의 DO량을 아는 것은 수중의 생물학적 반응을 추정하는데 매우 중요하며, 하천이나 호수의 생태계를 건강하게 유지하는데 중요한 요소로 수질의 좋고 나쁨을 판단하는 중요한 지표 중의 하나이다.

유출된 폐수의 유기물은 유기탄소를 포함하지만, 이 외에도 질소와 황 같은 다른 원소를 포함하고 있다. 유기질소의 완전 산화는 질산염을 만들고, 황은 황산염으로 산화된다. 충분한 산소농도가 부족할 때는 혐기성 미생물이 유기물을 분해시킨다. 유기물과 함께 황과 질소의 혐기성 호흡은 황화수소(H_2S)와 암모니아(NH_3)를 형성한다. 자연계에서 낮은 DO농도는 보통 혐기성 호흡과 연관 있으며 수생생물에 독성을 주는 물질을 생성한다.

2.1 수중의 용존산소 변화 요인

용존산소(DO)는 공기 중의 산소기체에 의하여 공급되고 용해량은 수온, 기압, 용해염류와 수면상태, 생물들의 작용 등에 따라 좌우된다. 용존산소(DO)는 물의 오염정도에 따라 차이가 현저하다. 물속에서 산소를 소비하는 물질은 주로 유기물질이고, 그 외에 황화물, 아황산이온, 세1철 이온 등 환원싱 물질과 미생물의 호흡직용에 의해시 소비된다. 일반적으로 청정한 수역에서 용존산소(DO)는 온도에 따라 포화량에 가깝서나 과포화 된다. 하천에 있어서 양호한 수역의 용존신소(DO)는 7.5 mg/L 이상이 된다. **생물학적 처리시 폭기조 용존 산소량의 이상적 농도인 2 ppm 이상이면 악취가 없으며, 물고기 생존 허용 한도는 5 ppm 이상 이고, 20℃, 1기압에서 용존산소 포화 농도는 9.17 ppm, 10℃, 1기압에서 용존산소 포화 농도는 11.0 ppm이다.**

2.1.1 수온이 높을수록 용존산소의 농도는 감소

(1) 산소의 용해도와 온도의 관계를 살펴보면 온도가 높은 경우보다 온도가 낮은 경우에 용존산소의 용해율이 증가한다.

(2) 따라서 다른 조건이 동일하다고 가정할 때 차가운 물이 따뜻한 물보다 더 많은 산소를 함유할 수 있다. 자연 상태에서 오후보다 아침에, 여름보다 겨울에 용존산소의 농도가 더 높을 수 있다.

(3) 실제로 수중생태계에서 용존산소 결핍으로 인한 문제들은 수온이 높아 산소용해도가 낮은 여름철에 주로 발생한다.

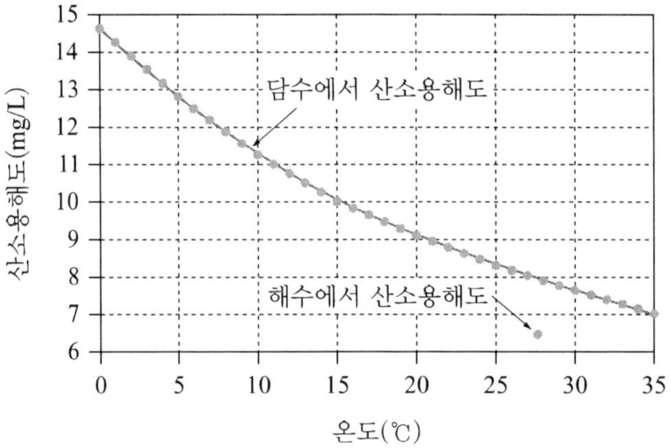

» 그림 1.11 담수와 해수에서의 산소용해도와 온도와의 관계

2.1.2 기압이 높을수록 용존산소의 농도는 증가

(1) 기체의 용해도에 관한 헨리의 법칙(Henry's Law)에 의하면 일정한 온도에서 액체 용매에 대한 기체의 용해도는 부분 압력에 비례한다고 설명하고 있다. 따라서, 산소의 용해도는 헨리의 법칙의 적용을 받아 일정한 온도에서 대기의 압력에 직접 비례한다.

(2) 다른 조건이 동일한 경우 고도가 낮은 지역이 고도가 높은 지역보다 용존산소의 농도가 높다.

2.1.3 염분의 농도가 높을수록 용존산소의 농도는 낮음

(1) 산소는 물의 염분 농도(salinity)가 낮을수록 용해도가 증가한다. 따라서 같은 온도에서 해수보다 담수의 용존산소량이 높다.

(2) 일반적으로 담수에 비해 해수는 용존산소량이 20% 정도 적다. 염분을 불순물로 표현 한다면 불순물의 농도가 높을수록 산소 용해율은 감소한다고 이해할 수 있다.

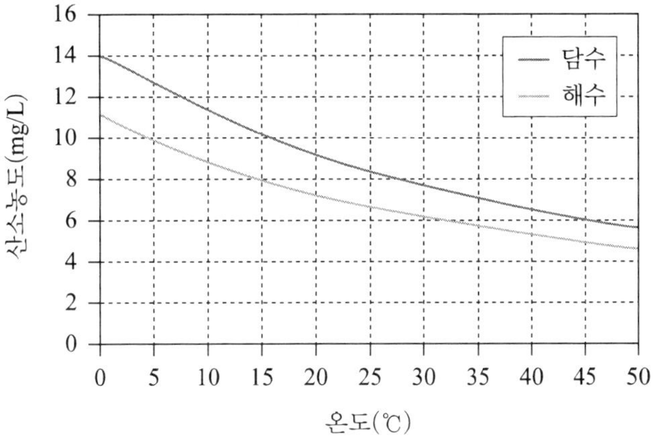

》그림 1.12 담수와 해수에서의 산소용존 농도와 온도와의 관계

2.1.4 난류일 때 용존산소 농도가 증가

(1) 잔잔한 수면에는 얇은 수막이 형성되어 산소의 전달을 막는다. 그러나 난류(turbulent flow)가 형성되어 수막이 깨어지면 산소와 물이 접촉하는 횟수가 증가한다.

(2) 따라서, 난류가 형성되면 층류(laminar flow)에 비해 많은 양의 산소가 물에 녹아들어 갈 수 있다. 이런 이유 때문에 빠르게 움직이는 물이 느리게 이동하거나 정체되어 있는 물보다 산소전달률, 즉 재포기율이 높아져 용존산소 농도가 높다.

2.1.5 광합성 생물이 용존산소의 농도를 증가시킴

(1) 수생식물, 조류, 남조류 등은 광합성을 하는 생물들이다. 광합성 과정에서 산소가 생성되기 때문에 수중에 광합성을 하는 생물들이 존재하는 경우, 이들이 산소 공급자로 작용하여 용존산소 농도가 증가한다.

(2) 특히, 호수에서 높은 농도의 조류가 존재할 경우 표수층에서 DO의 과포화 현상이 일어난다.

$$6CO_2 + 6H_2O \rightarrow C_6H_{12}O_6 + 6O_2$$

(3) 따라서 광합성 생물들이 주로 분포하는 표수층의 용존산소 농도가 증가한다. 때로는 표수층에서 DO의 과포화 현상이 나타나기도 한다.

2.1.6 수생생물의 호기성 호흡은 용존산소의 농도를 감소시킴

(1) 생물들의 호기성 호흡과정에서 산소가 소모된다.

$$C_6H_{12}O_6 + 6O_2 \rightarrow 6CO_2 + 6H_2O$$

(2) 물속에 존재하는 유기물이 호기성 미생물에 의해 분해되는 과정에서 DO가 감소하게 된다. 따라서 물속의 유기물량이 많아지면 DO의 감소량이 증가한다.

(3) 호기성 미생물에 의한 **무기화합물의 산화과정**에서도 용존산소 농도가 감소할 수 있다. 예로 혐기성 상태에서는 환원작용이 발생하여 호기성일 때 불용성이었던 철이온 등을 용출하게 된다.

산화
$$Fe^{2+} + \frac{1}{4}O_2 + \frac{1}{2}H_2O \rightarrow Fe^{3+} + OH^-$$
$$Fe^{3+} + OH^- \rightarrow Fe(OH)_3$$

산화
$$2NH_3 + 3O_2 \rightarrow 2NO_2^- + 2H^+ + 2H_2O$$
$$2NO_2^- + O_2 \rightarrow 2NO_3^-$$

환원 : $Fe \rightarrow Fe^{2+}$, $NO_3^- \rightarrow NO_2$, $SO_4^{2-} \rightarrow S^{2-}$(혐기성상태)

2.2 수질에서 DO의 중요성

물속에서 DO농도를 파악하는 일은 해당 수체의 수질이 좋고 나쁨을 판단하는 가장 중요한 지표중의 하나이다. 물속에 DO가 존재할 경우 호기성 미생물에 의하여 DO가 소모되어서 수생생물에게 무해한 최종생성물이 형성되는데 비해, 물속에 DO가 없는 혐기성 상태일 경우에는 황산염(SO_4^{2-})이나 질산염(NO_3^-) 등과 같이 특정한 무기염의 환원을 통해 미생물이 산소를 취하게 된다. 이에 따라 최종적으로 발생하는 산물은 H_2S, CH_4, CO_2, N_2 등으로 생물에 유해한 물질이 생성되어 문제를 일으키게 된다. 또한 혐기성일 경우 호기성인 모든 생물체가 사멸하게 된다. 따라서 **수중의 용존산소는 그 생물학적 변화가 호기성 미생물에 의해 일어나는지 또는 혐기성 미생물에 의해서 일어나는지를 판단하는 중요한 인자**가 된다.

2.3 DO 자료의 활용

액상폐기물에 있어서 용존산소의 유무는 호기성 또는 혐기성 미생물의 점종을 결정하는 중요한 인자가 된다. 호기성 미생물은 유기 및 무기물질을 산화시키는데 유리산소를 이용하여 무해한 최종산물을 생산하며, 혐기성 미생물은 황산염과 같은 특정한 무기염의 환원과정을 통하여 이러한 산화를 일으키는데, 그 최종산물은 때로는 매우 해로울 때가 있다. 두 가지 형태의 미생물은 자연계에 공존하며, 일반적으로 용존산소 존재 하에 호기성 미생물이 우점종이다. 따라서 용존산소는 오탁물질이 유입되는 자연수와 가정 및 산업폐수를 정화시키고자 하는 호기성 처리에 있어서 호기성 상태를 지속시키는데 대단히 중요한 것이다.

용존산소의 측정은 기타 여러 가지 목적을 위해서도 이용되며, 환경공학 기술자가 사용하는 가장 중요한 단위실험 중의 하나이다. 용존산소의 측정은 BOD 실험의 기초로서의 역할을 한다. 따라서 하수와 산업폐수의 오염정도를 평가하는데 사용되는 가장 중요한 기준이 된다. 생물학적 산화속도는 어떤 시스템 내에서 일정한 시간 간격에 대하여 용존산소를 측정한 자료로부터 구할 수 있다. 모든 호기성 처리과정은 용존산소의 농도에 의존하고, 이 실험은 적당한 양의 공기가 공급되고 있는지를 확인하여 호기성 상태를 유지시키고 또한 과잉공급을 방지하기 위해 포기속도를 조절하는 수단으로 이용되며 산소는 특히 급배수계통과 증기보일러의 배수계통에서 철 및 강철제품의 부식에 매우 중요한 인자이다.

2.4 요점정리 및 연습문제

2.4.1 수질오염의 지표(DO) 요점정리

- DO의 정의
  - 수중에 녹아있는 산소량을 말하며 단위는 mg/L를 사용한다.
- DO의 특성
  - 용존산소는 그 생물학적 변화가 호기성 미생물에 의해 일어나는지 또는 혐기성 미생물에 의해서 일어나는지를 판단하는 중요한 인자가 된다.
- 수중의 DO의 변화 요인
  - 하천의 유속이 빠를수록 증가한다.
  - 염류 농도가 높을수록 감소한다.
  - 수온이 낮을수록 기압이 높을수록 증가한다.
  - 수중에 오탁성 유기물이 많을수록 감소한다.
  - 수중에 조류가 있는 경우는 용존산소량이 증가한다.
  - 수중에 무기화합물(아황산염, 아질산염, 제1철염 등)이 있는 경우엔 감소한다.
- 용존산소량이 2 ppm 이상이면 악취가 없다.
- 20℃, 1기압 청정수의 포화산소농도는 9.17 mg/L이다. (10℃는 11.0 mg/L)
- 물고기의 생존허용한도는 5 mg/L 이상이 되어야 한다.

재미있는 물 이야기

물처럼 흐르는 금속? 수은은 고체일까? 아님 액체일까?

수은은 좀 독특한 물질이다. 물질의 끓는점을 살펴보면 수은은 상온에서 고체 상태로 있어야 한다. 그런데 수은 온도계 같은 것을 보면 우리가 보게 되는 수은은 액체이다. 수은은 금, 알루미늄, 납처럼 금속류에 속하는데 금속류는 대부분 상온에서 고체 상태로 존재한다.

할머니의 은반지를 깨물어 보면 잇자국이 난다는 것을 혹시 아시나요? 어떤 금속들은 좀 말랑말랑하다. 수은의 경우는 지나치게 유연해서 마치 액체 같이 보인다. 흐르는 젤리의 모습처럼…

출처 : 환경부(http://www.ilovewater.or.kr)

2.4.2 연습문제

01 다음 중 대기에서 공기가 물에 용해될 때 용존산소(DO)가 가장 잘 포화될 수 있는 조건은 무엇인가? ㉯

㉮ 수온과 염소농도가 높고 압력이 낮을 경우
㉯ 수온과 염소농도가 낮고 압력이 높을 경우
㉰ 수온과 염소농도 및 압력이 모두 높을 경우
㉱ 수온과 염소농도 및 압력이 모두 낮을 경우

해설 : 용존산소(DO)는 수온과 염소농도가 낮고 압력이 높을 경우 잘 포화된다.

02 수중의 용존산소에 대한 설명 중 잘못 된 것은 무엇인가? ㉮

㉮ 같은 수온 하에서는 담수보다 해수의 용존 산소량이 높다.
㉯ 용존 염류의 농도가 높을수록 용존산소량은 감소한다.
㉰ 현존 용존산소 농도가 낮을수록 산소전달률은 높아진다.
㉱ 수온이 높을수록 용존산소량은 감소한다.

해설 : 같은 수온 하에서 담수보다 해수의 용존산소량이 낮다.

03 다음 설명을 보고 기준에서 틀린 것은 무엇인가? ㉱

㉮ 20℃, 1 atm DO 포화도 9.17 ppm
㉯ 물고기의 생존허용농도는 DO 5 ppm 이상
㉰ 악취 발생한계농도는 DO 10 ppm 이상
㉱ 악취 발생한계농도는 DO 2 ppm 이상

해설 : 악취 발생 한계농도는 DO 2 ppm 이하인 경우이다.

04 산소가 물에 용해할 때의 산소전달속도에 관한 기술 중 틀린 것은 무엇인가? ㉱

㉮ 수온이 하강하면 산소의 용해도는 증가한다.
㉯ 일정한 수량에 대하여 공기에 접하는 표면적을 크게 하면 증가한다.
㉰ 산소의 용해도는 기체의 분압에 비례한다.
㉱ 물과 공기의 접촉표면에 흩트림이 일어나지 않을 때, 정지된 상태에서 가장 크다.

해설 : 물과 공기의 접촉표면에 흩뜨림이 일어나지 않을 때, 정지된 상태에서 가장 적다.

05 일반적으로 물속의 용존산소 농도가 증가하게 되는 경우는 무엇인가? ㉰

㉮ 수온이 높고 수압이 작은 경우　㉯ 수온이 낮고 수압이 높은 경우
㉰ 수온이 낮고 수압이 작은 경우　㉱ 수온이 높고 수압이 높은 경우

해설 : 용존산소의 포화농도 증가요인으로 수온이 낮고, 주입압력이 높고, 수면의 표면적이 클 경우, 즉 수압이 낮을 때(수심이 낮은 경우)이다.

06 수중의 용존산소에 관한 설명 중 틀린 것은 무엇인가? ㉮

㉮ 용존산소는 공기 중의 산소가 공급원이므로 과포화 되는 일이 없다.
㉯ 용존산소량은 수온에 반비례한다.
㉰ 20℃ 1기압에서 맑은 물의 포화 용존산소량은 약 9 mg/L이다.
㉱ 유기성 폐수가 유입되면 미생물의 작용으로 용존산소량은 감소한다.

해설 : 용존산소는 과포화 될 수 있다.

07 용존산소 포화농도에 관련되는 요소와 가장 거리가 먼 것은 무엇인가? ㉱

㉮ 수온　　㉯ 대기압
㉰ 염분　　㉱ pH

해설 : pH는 용존산소의 포화 농도와는 관련이 없다.

08 수온이 10℃인 순수물의 포화 용존산소량은 대략 얼마 정도인가? ㉰

㉮ 15 ppm　　㉯ 13 ppm
㉰ 11 ppm　　㉱ 9 ppm

해설 : 0℃ DO : 14.62 mg/L, 10℃ DO : 11.33 mg/L, 20℃ DO : 9.17 mg/L이다.

09 대기에 노출된 0℃의 순수한 물중 산소의 농도(mg/L)는? (단, 대기압 760 mmHg, 0℃에서의 흡수계수 K_S = 49.3 mL/L, 0℃에서의 물의 증기압 4.58 mmHg 대기 중 산소부피 21% 기준) ㉯

㉮ 15.7　　㉯ 14.7
㉰ 13.7　　㉱ 12.7

해설 : $$\text{산소농도(mg/L)} = \frac{21}{100}\times\frac{49.3\text{ mL}}{1\text{ L}}\times\frac{32\text{ mg}}{22.4\text{ mL}}\times\frac{(760-4.58)\text{ mmHg}}{760\text{ mmHg}} = 14.70\text{ mg/L}$$

10 다음 아래 항목 가운데 물속의 용존산소 소비와 관계없는 것은 어느 것인가? ㉮

㉮ 황산염, 제2망간염　　㉯ 아질산염, 제1철염
㉰ 환원성 물질　　㉱ 유기물

해설 : 황산염, 제2망간염은 산화가 된 상태이다.

3. BOD(Biochemical Oxygen Demand : 생물학적 산소요구량)

생물학적 산소요구량(Biochemical Oxygen Demand : BOD)은 폐수나 물의 유기물량을 표기하기 위하여 가장 많이 사용되는 지표로서, 수계 내 유기물이 많으면 오염된 수질이라 판단할 수 있는 지표가 된다. 유기물을 직접 정량 하는 건 한계가 있기 때문에 어떠한 유기물이 미생물에 의해서 호기성 상태에서 분해·안정화 시키는데 요구되는 산소의 양을 나타낸다.

BOD는 하천수에 포함된 유기물의 양을 간접적으로 나타내는 지표로서 가정 및 산업폐수의 오염강도를 측정하는데 널리 이용되며 이들 폐수가 가정 및 호기성 상태인 자연수역에 방출될 때 요구되는 산소로서 표시된다. 즉, 수중에 종속영양 호기성 미생물에 의하여 분해 가능한 유기물이 존재하면 미생물들이 유기물을 이용하여 증식하는 과정에서 산소가 소모된다. 따라서 **BOD가 높다는 것은 수중에 생물학적으로 분해 가능한 유기물의 양이 많다는 것을 의미**한다.

실제 물속에는 유기물질의 종류가 대단히 많아 그 농도를 각각 측정하는 것은 거의 불가능하다. 따라서 호기성 미생물에 의해 산소가 소모된다는 점에 착안하여 많은 종류의 유기물질을 각각 분석하지 않더라도 호기성 미생물에 의해 사라지는 산소량만 측정하여 간접적으로 유기물의 양을 측정하는 방법이다. 이때 미생물은 유기물을 분해 섭취하여 세포를 합성하게 되며 없어진 유기물 질량만큼 산소가 소모되는 것이다.

BOD는 시료를 채취하여 용존산소를 측정하고 20℃에서 5일간 배양한 후 용존산소 양을 다시 측정하여 5일 동안의 용존산소 감소 양으로 BOD값을 산출하며 이를 BOD_5라 하고 통상적으로 BOD라 칭한다. 일반적으로 유기물질의 생물학적 산화작용은 완만히 일어나며 20℃에서 5일간에는 대략 70～80% 정도가 분해되고, 12～14일 정도 배양하는 경우 약 90% 정도 분해되며 20일간에는 약 95～98%의 분해가 이루어진다. 따라서 BOD_5에 의하여 측정되어지는 유기물은 생물학적으로 분해 가능한 총 유기물의 일부분에 해당된다. BOD_5는 최종산소요구량(BOD_u)의 보통 60～70% 정도이며, 배수 1.5를 K라는 개수로 아래와 같이 표현하기도 한다.

$$BOD_u \fallingdotseq 1.5 \times BOD_5$$

3.1 BOD 감소 반응식

BOD 반응을 살펴보면 용해성 유기물질인 미생물의 산화 분해 반응은 1차 반응식형 곡선을 나타낸다. 즉, 미생물이 분해한 양은 어떤 시간에 존재하는 분해가능 유기물질량에 비례하여 존재함을 말하는 것으로 반응속도를 의미하게 된다.

BOD 농도를 L이라고 하면 단위 시간당 BOD 농도의 변화는 다음과 같이 표현된다. 이는 먹이 또는 유기물질의 농도가 감소됨에 따라 반응속도가 점점 줄어든다는 것을 의미한다.

$$-\frac{dL}{dt} \propto L \text{ 또는 } -\frac{dL}{dt} = kL, \quad \frac{dL}{L} = -kdt$$

위의 식은 유기오염물질이 분해되는 속도를 나타낸다. 산소는 산화되는 유기물질의 양에 정비례하여 유기물질을 안정화하는데 이용되기 때문에 L을 유기오염물질 또는 유기물질 분해에 이용된 산소로 해석할 수 있다.

위 식을 적분하면 다음과 같다.

$$\int_{L_0}^{L_t} \frac{1}{L} dL = -k\int_0^t dt \quad \rightarrow \quad \ln[L]_{L_0}^{L_t} = -k[t]_0^t$$

$$\ln L - \ln L_0 = -kt \quad \rightarrow \quad \ln\frac{L_t}{L_0} = -kt$$

$$L_t = L_0 e^{-kt} = L_0 10^{-k_1 t}$$

여기서, L_t : t일 후 남아있는 BOD

L_0 : 최초의 전제 BOD = 최종 BOD(BOD_u : Ultimate BOD)

k_1 : $0.4343k$

t : 분해시간(days), $\frac{u(\text{유속})}{x(\text{거리})}$

위의 식은 임의의 시간 t를 경과한 후 잔존하는 오염물질의 양과 L의 비가 10^{-kt}에 해당된다는 의미이다.

3.1.1 BOD 잔존량(remaining BOD) : 일정한 시간 후에 남아있는 BOD량

$$L_t = L_0 10^{-k_1 t} \qquad k_1 = 0.4343k$$

3.1.2 소비된 BOD량 : 총 BOD에서 남아있는 BOD 값을 제외한 값

$$E = L_0 - L_t = L_0 - L_0 e^{-kt} \quad \rightarrow \quad L_0(1 - e^{-kt})$$

$$Y = L_0(1 - 10^{-k_1 t})$$

BOD 반응이 거의 1차 반응식에 가깝기 때문에 잔류 유기물질의 양을 시간에 대하여 그래프로 나타내면 방사성 원소의 붕괴와 비슷한 포물선을 만든다. 마찬가지로, 산화된 유기물질의 양 대 시간을 그래프로 나타내면, 첫 번째의 것과 반대모양이 포물선이 얻어진다. 이와 같은 변화를 보여주는 곡선은 다음 그림 1.13과 같다.

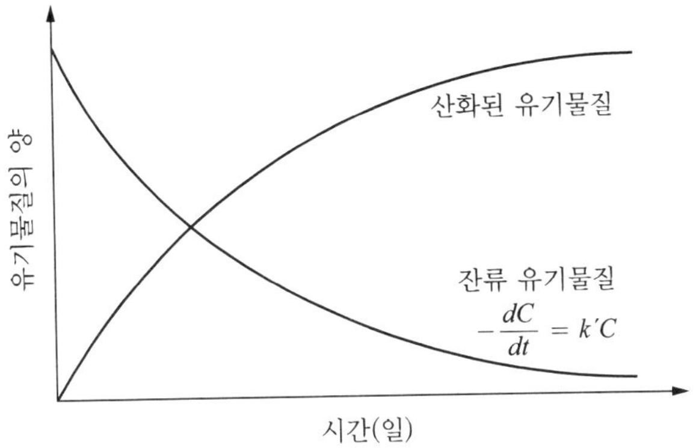

» 그림 1.13 호기성 상태에서 유기물의 생물학적 산화

3.2 BOD 곡선의 이해

일반적으로 유기물질의 생물학적 산화작용은 처음 7~8일 동안에는 산화된 유기물질 변화 곡선과 비슷한 곡선을 나타내며 이것은 탄소화합물을 분해시키는 과정으로 1단계 산소소비곡선이라 한다. 이는 탄소계 BOD(carbonaceous BOD, CBOD)라고 하며 산소소모가 거의 이루어진 단계에서부터 2단계 질소계 유기물 산화과정인 질산화(nitrification)가 이루어지는 것으로 이를 질소계 BOD(nitrogenous BOD, NBOD)라 한다.

3.2.1 1단계 BOD(carbonaceous BOD, CBOD)

- 탄수화물(carbofydrate) + O_2 → CO_2 + H_2O
- 단백질(protein) + O_2 → CO_2 + H_2O + NH_3

화학반응식의 개수

$$C_xH_yO_zN_q + \left(x + \frac{y}{4} - \frac{z}{2} - \frac{3}{4}q\right)O_2 \rightarrow xCO_2 + \left(\frac{y}{2} - \frac{3}{2}q\right)H_2O + qNH_3$$

3.2.2 2단계 BOD(nitrogenous BOD, NBOD)

$C_2H_5O_2N$(글리신)이라는 유기질소 화합물을 예로 들면, 수중에 유입한 글리신은 호기성 미생물에 의해 산화된다.

$$C_2H_5O_2N + \frac{3}{2}O_2 \rightarrow 2CO_2 + H_2O + NH_3$$

- $NH_3 + \frac{3}{2}O_2 \rightarrow H^+ + NO_2^- + H_2O$(Nitrosomonas) ← **질산화 1단계**
- $NO_2^- + \frac{1}{2}O_2 \rightarrow NO_3^-$(Nitrobacter) ← **질산화 2단계**
- $NH_3 + 2O_2 \rightarrow H^+ + NO_3^- + H_2O$ ← **질산화 최종반응식**

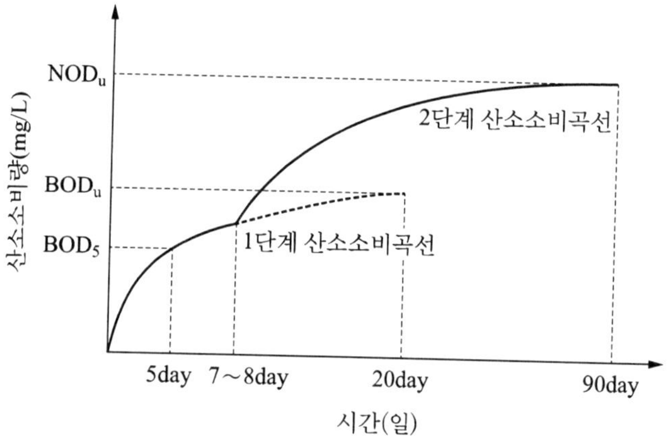

그림 1.14 유기물에 의한 BOD 단계별 반응곡선

3.3 NOD(Nitrogenous Oxygen Demand)

NOD(Nitrogenous Oxygen Demand, 질소화합물의 생물학적 산소요구량)는 수중에 존재하는 질소화합물이 호기성 질산화 박테리아에 의해 산화될 때 소비되는 산소량을 말한다.

NBOD(NOD) 농도가 높으면 수계 내 질소화합물의 농도가 높다는 걸 나타내며 NBOD(NOD) 농도가 낮으면 수계 내 질소화합물의 농도가 낮다는 걸 나타낸다.

질소화합물은 주로 단백질에 포함되어 있으며, 단백질은 가정오수 및 배설물에 많이 존재한다. 즉, 수계 내에 질소화합물이 많이 검출되었을 경우에는 배설물이 유입되었음을 의미한다. 질소화합물을 산화시키는 질산화박테리아는 증식속도 및 분해속도가 아주 느리며, 질산화가 일어나기 시작하는 시간은 약 7~8일 정도로 완전 산화될 때까지는 약 90일 정도가 소요된다.

질소화합물의 질산화과정을 살펴보면 아래와 같으며 수중에 산소가 없는 혐기성 상태일 경우에는 탈질산화(탈질소화)가 일어나게 된다. 탈질산화 반응은 준 혐기성 반응이며, 반드시 유기탄소(CH_3OH)를 에너지원으로 사용한다. 처리장에서 탈질산화 반응이 일어나면 **sludge rising 현상**이 발생하여 슬러지가 들뜨는 현상을 볼 수 있다.

3.3.1 호기성 상태에서 분해과정

$$\text{단백질} \xrightarrow[\text{분해}]{\text{가수}} \text{아미노산} \rightarrow NH_3\text{-}N \xrightarrow{O_2\ \text{소비}} NO_2^-\text{-}N \rightarrow NO_3^-\text{-}N$$

3.3.2 탈질산화(Denitrification) 과정

- $NO_3^- \rightarrow NO_2^- \rightarrow N_2$(또는 NH_3) ↑
- **이용되는 미생물** : Pseudomonas, Micrococcus, Achromobacter, Bacillus

2단계 BOD인 NOD(NBOD)는 질산화 미생물에 의해 산화되는 과정으로 Nitrosomonas에 의해 NO_2^--N로 변화되고 다시 Nitrobacter에 의해 NO_3^--N으로 변화되는데 질산화과정에서 볼 때 NH_3-N에서 NO_2^--N로 되는 것보다 NO_2^--N에서 NO_3^--N으로 되기가 쉽다. **이는 NH_3-N에서 NO_2^--N으로 변화되기 위해서는 ($\frac{3}{2}$)개의 산소분자를 필요로 하나 NO_2^--N에서 NO_3^--N으로 되는 과정에서는 ($\frac{1}{2}$)개의 산소분자만 필요**하기 때문이다.

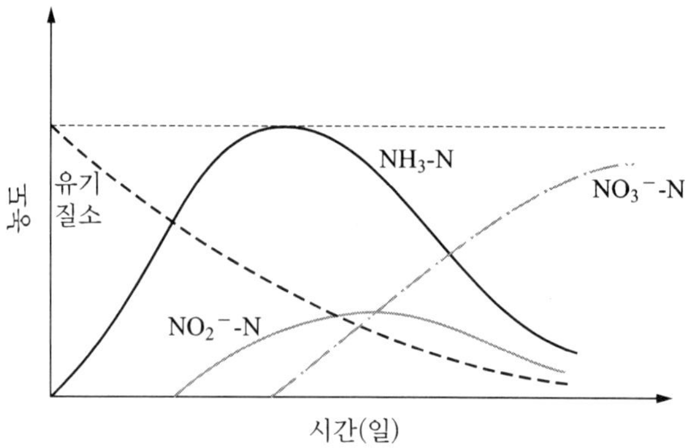

≫ 그림 1.15 호기성 분해시 시간에 따른 질소농도 변화

질소화합물은 그 유해성은 작으나 수질오염의 지표로 이용되는 이유가 있는데 그 이유는 다음과 같다.

- 오염물 유입 지점을 알 수 있다.
- 오염이 시작된 시점을 알 수 있다.
- 오염물 유입 후 경과 시간을 알 수 있다.
- 앞으로 오염물의 진행 상태를 알 수 있다.

여기서 잠깐

수중 질소의 순환

호기성이 유지되는 하천의 질소의 형태는 상류로부터 하류로 유기성질소, NH_3-N → NO_2^--N → NO_3^--N 순으로 출현한다. 즉 수중에 질산성 질소(NO_3^-)만 발견된다는 것은 오래 전에 일시적으로 오염되었음을 뜻하고, 암모니아성질소, 유기질소만 검출되면 최근에 일시적으로 오염되었음을 뜻한다. 여러 가지 질소가 다 검출된다면 이는 오래전부터 계속적으로 오염되고 있음을 뜻하고, 어떤 한 가지 형태면 검출된다면 일시적 오염을 의미한다. 이처럼 질소의 형태를 관찰하여 오염시기를 판별하는 지표로 사용한다. 또한 질소는 분뇨, 하수의 오염지표이기도 하다.

3.4 BOD 자료의 활용

BOD 자료는 수질분야에서 광범위하게 활용되고 있다. 이것은 안정화에 요구되는 산소로 하수와 산업폐수의 강도를 측정하는데 응용되는 주된 실험인 것이다. 또한 이

것은 유입수체에 있어서 산화속도 또는 BOD 감소속도를 측정하는데 사용할 수 있는 생물학적으로 산화 가능한 유기물질의 양의 척도를 제공하는데 응용되는 유일한 실험이다. 그러므로 BOD는 요구되는 용존산소의 수준을 유지하기 위해서 유기물부하(organic loading)를 제한해야만 하는 수역에서 하천오염제어에 사용되는 주요 기준이다. BOD 측정값은 하천의 자정능력을 측정하는 연구에 이용되며, 수역으로 방출되는 수질을 검사할 때 검사 수단의 하나가 된다.

폐수의 BOD에 관련되는 정보는 처리시설의 설계에 중요한 고려 대상이 된다. 또한 처리방법을 선택하는데 중요한 인자가 되며 특히 살수여상과 활성슬러지시설의 규모를 결정하는데 이용된다. 처리시설이 가동되고 난 뒤에는 여러 단위공정의 효율을 평가하는데 이 실험이 사용된다.

재미있는 물 이야기

스트레스와 물

현대인의 일상은 스트레스와의 전쟁이라고 해도 과언이 아니다. 모든 스트레스가 나쁜 것은 아니지만, 신체의 조화를 무너지게 만드는 부정적인 스트레스를 경험하면 두통·만성피로·어깨 결림·요통 등의 증상을 동반하게 된다. 사람마다 차이가 있지만 스트레스가 길어지면 신체·정신·감정·행동적 변화가 발생해 공황장애를 겪거나 우울증에 빠지고 각종 질병이 발생할 수 있다고 한다.

스트레스 해소에 좋은 음식으로는 견과류·생선·홍차·우유·비타민C 등이 있는 것으로 알려졌다. 하지만 전문가들은 사실 가장 좋은 것이 바로 '물'이라고 말한다. 물은 뇌를 포함한 우리 몸의 모든 장기가 최적의 상태를 유지하기 위한 가장 근본적인 성분이기 때문이다.

인체에 물이 부족해 탈수나 갈증 상태가 되면 몸이 스트레스에 예민하게 반응한다. 스트레스에 노출된 고위험군의 사람에게 2주간 물을 마시게 하고 공포영화를 볼 때 나오는 스트레스 호르몬 수치를 조시했더니 2주 전 분비됐던 100의 스트레스 호르몬이 61 수준으로 적게 분비됐다고 한다.

이처럼 물만 제대로 마셔도 상당한 스트레스 발생을 예방할 수 있다고 하니 물의 소중함을 다시금 깨달을 수 있다. 실험 참가자 중 가장 스트레스가 높았던 콜센터 직원은 평소 자주 욱하고 스트레스를 잘 받았는데, 물을 자주 마시면서부터 차분해지고 기분이 한결 나아졌다고 말했다.

실제로 스트레스를 받는 상황에서는 탈수가 쉽게 발생하고, 이로 인해 다시 스트레스가 커진다. 보통 스트레스를 받으면 심장 박동수, 호흡수가 증가하고 두통, 피로, 어지러움 등의 현상이 나타나는데 이는 바로 수분 손실 때문이다. 특히 스트레스 상태에서는 자신이 수분 부족인지 조차 인지하기 힘들게 되는 경우가 대부분이라고 한다.

출처 : etnews(http://www.greendaily.co.kr)

3.5 요점정리 및 연습문제

3.5.1 수질오염의 지표(BOD) 요점정리

■ BOD의 정의

- 수중에 존재하는 유기물(탄수화물)을 호기성 상태 하에서 호기성 미생물에 의해 20℃에서 5일간 산화시킬 때 소비되는 산소량을 말하며 단위는 mg/L를 사용한다.
  - 일반적으로 20℃에서 5일간의 산소소비량을 측정하는 방법이 사용됨.
  - 유기물의 함량을 간접적으로 나타내는 지표.
  - 일반적으로 BOD는 5일 BOD 또는 BOD_5를 의미함.

■ BOD의 특성

- BOD 농도가 높으면 유기물에 의한 오염도가 높다.
- BOD 10 mg/L 이상시 악취가 발생한다.
- BOD_u는 수중에 존재하는 탄수화물을 미생물이 분해시키는데 총 소비되는 산소량을 말하며 분해시간은 약 20일(20℃) 정도임($BOD_u = BOD_{20}$ = 최종 BOD).
- BOD 시험은 하천수 및 가정오수에 주로 이용한다.

■ 1단계 BOD 곡선

- 탄수화물에 의한 산소소비곡선이며 CBOD 또는 BOD로 표시함.

■ 2단계 BOD 곡선

- 질소화합물에 의한 산소소비곡선이며 NBOD 또는 NOD로 표시함.

■ NOD의 정의 및 특성

- 수중에 존재하는 질소화합물이 호기성 질산화 박테리아에 의해 산화될 때 소비되는 산소량을 말한다.
- 질소화합물은 단백질에 포함되어 있으며, 단백질은 가정오수 및 특히 배설물에 많이 존재하므로 수계에서 질소화합물이 많이 검출되었을 경우는 배설물이 유입되었음을 의미함.

■ 질소화합물은 유해성은 작지만 수질오염의 지표로 이용되는 이유

- 오염물 유입지점을 알 수 있으며, 오염이 시작된 시점을 알 수 있다.
- 오염물 유입 후 경과시간을 알 수 있으며, 앞으로 오염물의 진행 상태를 알 수 있는 이점 때문에 지표로 이용이 된다.

3.5.2 연습문제

01 최종 BOD(Ultimate BOD)의 설명으로 알맞은 것은 무엇인가? ㉮

㉮ 탄소계 BOD이다. ㉯ 질소계 BOD이다.

㉰ 질소계 BOD+탄소계 BOD이다. ㉱ 5일 BOD이다.

해설 : 최종 BOD는 탄소계 BOD이다.

02 다음 BOD에 대한 설명으로 적당하지 못한 것은 무엇인가? ㉮

㉮ 질소화합물의 산화를 보통 1단계 BOD라 하며, 보통 8일내에 완전 질산화가 이루어진다.

㉯ 유기물이 완전히 분해 또는 안정화되는데 사용된 산소의 양을 측정한 것을 보통 최종 BOD라 한다.

㉰ 최종 CBOD의 측정은 보통 20일 정도 걸리나 CBOD 실험은 보통 5일 CBOD로 한다.

㉱ 호기성 미생물에 의해 유기물이 산화 분해 될 때 소비되는 산소량이다.

해설 : 질소화합물의 분해는 2단계 BOD라 한다.

03 다음 CBOD에 대한 설명 중 틀린 것은 무엇인가? ㉰

㉮ CBOD는 탄수화물에 대한 산소소비량을 말한다.

㉯ CBOD의 완전산화는 약 20일로 본다.

㉰ CBOD에는 질소화합물 산화시 소비되는 산소량을 포함한다.

㉱ CBOD는 20℃에서 5일간 산화시킬 때 소비되는 산소량을 기준으로 한다.

해설 : CBOD란 탄수화물에 의한 소비산소량을 말하며 질소화합물에 의한 산소소비량을 포함하지 않는다.

04 BOD_5에 관한 기술이다. 맞게 기술된 것은 무엇인가? ㉱

㉮ BOD_5는 혐기성 미생물에 의해 수중에 존재한 유기물을 분해시키는 것이므로, 밀폐된 BOD병에서 배양하는 것이다.

㉯ BOD_5는 수질 오염의 지표로서 수중에 존재하는 유기물의 전량을 의미한다.

㉰ BOD_5가 0이라 하면 수중에 유기물이 전혀 없는 깨끗한 수질을 의미한다.

㉱ BOD_5는 수중에 존재한 많은 유기물 중에서도 생물에 의해 분해되기 쉬운 것의 일부분을 간접적으로 나타낸 것이다.

해설 : 수중에 탄수화물은 없고 질소화합물만 존재할 경우 BOD_5는 0이 될 수 있지만 오염물은 존재한다. BOD_5는 수중에 존재하는 유기물의 일부를 간접적으로 나타내는 지표로 이용된다.

05 최종 BOD(BOD_u)는 무엇을 의미하는가? ㉰

㉮ 폐수 중의 유기물 측정시 유기탄소 뿐만 아니라, 유기질소분의 산화작용에 소요된 산소요구량의 총합

㉯ 폐수 중의 유기물 측정시 20℃에서 5일간 배양했을 때의 산소요구량

㉰ 폐수 중의 유기물 측정시 20℃에서 20일간 배양했을 때의 산소요구량

㉱ 폐수의 성질에 관계하지 않고 폐수중의 유기물질의 완전한 분해를 위해 필요한 산소요구량

해설 : BOD_u란 20℃에서 20일간 산화시킬 때 소비되는 산소량을 말한다.

06 다음 BOD에 대한 설명 중 틀린 것은 무엇인가? ㉮

㉮ BOD＝CBOD＋NBOD로 표현할 수 있다.

㉯ BOD 농도가 높으면 유기성 오염물에 대한 오염도가 높다는 것을 의미한다.

㉰ BOD 농도가 10 mg/L 이상시 악취가 발생된다.

㉱ BOD는 20℃에서 5일간 소비된 산소량을 말한다.

해설 : BOD = CBOD로 지칭되며, NBOD = NOD임.

07 다음 BOD에 대한 설명 중 틀린 것은 무엇인가? ㉰

㉮ 1단계 BOD는 최종 20일 정도이나 2단계 BOD는 약 90일 정도이다.

㉯ BOD는 1단계와 2단계로 나누어지는데 1단계 BOD는 CBOD로 표시하며 2단계 BOD는 NBOD로 표시한다.

㉰ 2단계 분해는 약 5일 정도 지난 시점부터 분해가 시작된다.

㉱ BOD는 20℃에서 5일간 산화시킬 때 소비되는 산소량을 말한다.

해설 : 질소화합물의 분해(2단계분해)는 약 7~8일 지난 시점부터 분해되기 시작된다.

08 아래 그림에서 탈질소화(Denitrification) 과정만으로 올바르게 짝지어진 것은 무엇인가? ㉯

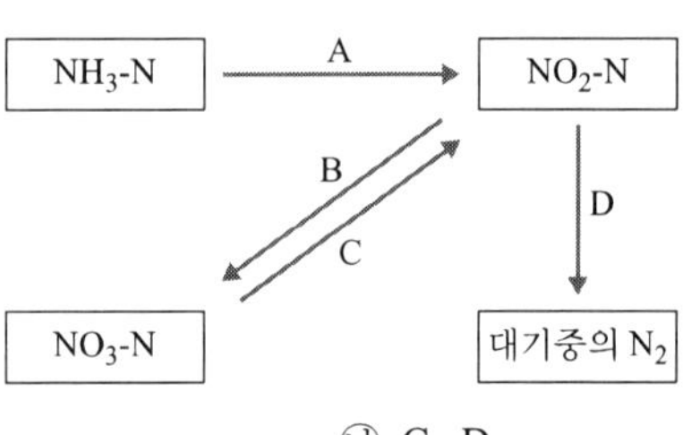

㉮ A, B　　㉯ C, D

㉰ C, A　　㉱ B, D

해설 : 질소가 환원되는 것이 탈질산화이다.

09 아래 그림은 호기성 상태 하에서 폐수에 존재하는 질소형태 변화를 나타냈다. 암모니아성 질소는 무엇인가? ㉮

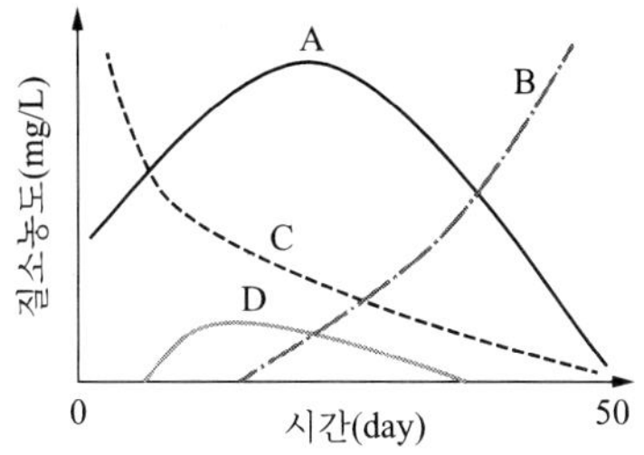

㉮ D ㉯ C

㉰ B ㉱ A

해설 : A. 암모니아성 질소, B. 질산성 질소, C. 유기질소, D. 아질산성 질소이다.

10 아래 그림에서 NOD에 해당하는 것은 무엇인가? ㉮

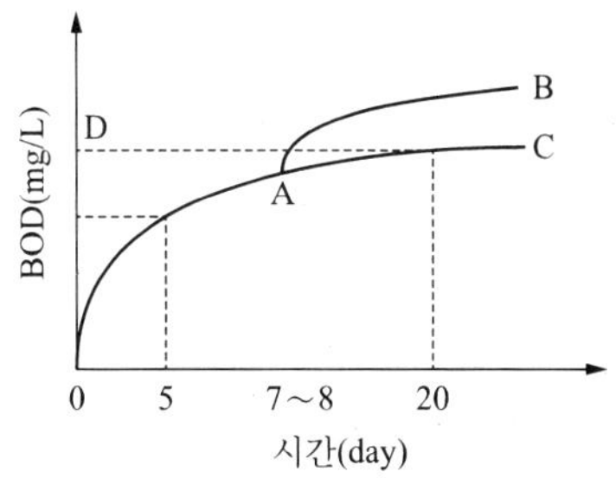

㉮ AB ㉯ AC

㉰ 0A ㉱ DC

해설 : NOD는 질소화합물을 산화시키는데 요구되는 산소량, 즉 2단계 BOD를 나타낸다.

4. COD(Chemical Oxygen Demand : 화학적 산소요구량)

화학적 산소요구량(Chemical Oxygen Demand : COD)은 수중의 유기물 함유도를 측정하기 위한 간접적 지표로서 수중에 존재하는 유기물을 산화제를 이용하여 산화시킬 때 요구되는 산소량을 mg/L로 표시해서 말하며, 산화제로는 중크롬산칼륨($K_2Cr_2O_7$)이나 과망간산칼륨($KMnO_4$)을 사용한다. 산화 정도는 피산화물의 농도, pH, 온도, 반응시간, 산화제의 종류 및 농도에 따라 다르다.

4.1 BOD와 COD

유기물을 CO_2와 H_2O로 완전산화 시키는 데는 BOD와는 달리 생물학적으로 산화될 수 있는 유기물과 생물학적 분해가 불가능한 물질을 모두 강력한 산화제에 의해 강제적으로 산화 가능하므로 COD 값이 BOD 값보다 일반적으로 높게 나타난다. **COD 값에 비해 BOD 값이 큰 경우는 BOD실험 중에 질산화가 5일 이내로 발생하였거나 혹은 COD 분석 시에 방해물질 존재하는 경우**이다.

또한 어떤 대상폐수를 분석시 **COD 값에 비해 BOD값이 매우 적게 나타날 경우는 대상 폐수가 생물학적으로 분해 불가능한 유기물질로 이루어져 있거나 BOD 실험 시에 미생물의 유기물질 섭취활동에 장애를 일으키는 독성물질이 포함되어 있는 상태**라고 할 수 있다.

BOD와 COD는 다음과 같은 관계가 있다.

$$\text{COD} = \text{BDCOD} + \text{NBDCOD}$$
$$\text{BDCOD} = \text{BOD}_u = k \times \text{BOD}_5$$

여기서, BDCOD : 생물학적 분해 가능한 COD(Biodegradable COD)
NBDCOD : 생물학적 분해 불가능한 COD(Non-biodegradable COD)

유기물질을 산화시키기 위하여 $KMnO_4$ 용액이 오랫동안 사용되어 왔으며, 이 방법은 시약의 농도, 화합물의 형태 등에 따라 산화능력의 차이가 크다. 과망간산칼륨을 이용한 COD 분석법은 일본, 영국에서 사용되고 있으며, 우리나라의 수질오염공정시험기준법상에는 산화제로 주로 0.025 N $KMnO_4$ 용액이 사용된다. 그러나 불안정성, 산화의 불안정, 반응조건 그리고 변색점에 의한 영향이 크다는 결점을 가지고 있다. 실험이 간단하고 신속하므로 동일 성질의 하수에 대하여 유기물 농도의 변화를 알고자 할 때 편리하게 이용되고 있으며, 몇몇 아미노산, 케톤, 포화성 카르복실산 등의 유기물들은 잘 산화되지 않으므로 상수와 오염이 심하지 않은 지표수 등의 분석에 적용되고 있다.

COD 분석을 위한 또 하나의 산화제는 $K_2Cr_2O_7$ 용액으로 여러 종류의 유기물질을 CO_2와 H_2O로 완전 산화시킬 수 있어 광범위한 시료수에 대해 산화성과 적용성 그리고 재현성이 우수해 연구논문과 보고시 등에서 널리 사용되고 있으며 미국의 Standard method에서 산화제로 $K_2Cr_2O_7$ 용액을 사용하고 있다.

다음은 산화제에 따른 COD의 산화율을 나타냈다.

표 1.26 산화제에 따른 COD 산화율

산화제	분석 시간	산화율
$KMnO_4$	30분~1시간	약 60%
$K_2Cr_2O_7$	2~3시간	약 80~90%

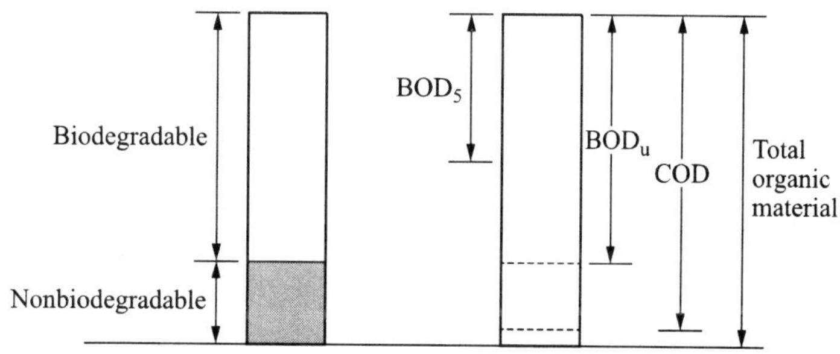

그림 1.16 BOD와 COD의 상관관계

4.2 COD 분석의 한계점 및 장점

4.2.1 COD 분석의 한계점

COD 분석의 한계점 중의 하나는 그것이 생물학적으로 산화 가능한 유기물질과 생물학적 산화가 불가능한 유기물질을 구별할 수가 없다는 것이다. 또한 COD 분석은 생물학적 활성물질이 자연에서 존재하는 상태 아래서 안정화되는 속도에 대해서는 어떠한 증거도 제시하지 못한다.

4.2.2 COD 분석의 장점

(1) 분석시간이 짧다.

BOD 분석에 5일이 걸리는데 비해 약 2시간 내에 측정이 가능하기 때문에 빠른 수질결과를 확인하기 위해서 BOD 대신 COD값을 측정하기도 한다. 빠른 시간 안에 실험 결과를 얻을 수 있어서 분석 오류를 그날 바로 잡을 수 있다는 장점을 가지고 있다.

(2) 생물 독성물질의 영향을 받지 않는다.

BOD 분석은 미생물에 의하여 이루어지기 때문에 시료 중에 미생물의 증식을 억제하는 독성물질이 존재하면 유기물의 양을 측정할 수 없지만 COD 분석은 독성물질이 함유된 시료도 측정이 가능하다.

(3) 많은 종류의 유기물량을 측정할 수 있다.

미생물이 분해 가능한 유기물뿐만 아니라 난분해성 유기물들도 측정되기 때문에 COD 분석은 BOD 분석보다 많은 유기물량을 측정할 수 있다.

물속 유기물질량을 나타내기 위하여 하천의 경우는 BOD를 부영양화가 주요 쟁점인 호소(湖沼)에서는 생체량(biomass)인 조류(algae)를 유기물질량으로 포함시키기 위하여 COD를 보통 측정하게 된다.

4.3 SOD(Sediment Oxygen Demand : 저질 산소요구량)

수중 침전물 즉, 저질층 표면에 존재하는 유기물질이 호기성 미생물에 의해 분해되면서 저질층 표면 위 수중에 존재하는 산소소비량을 말한다. 퇴적층이 유기물 층 일수록 SOD는 커지나 모래와 같은 무기물 퇴적층은 SOD 수치가 작아진다.

단위는 g $O_2/m^2 \cdot day$와 g $O_2/m^2 \cdot hr$ 등을 사용한다.

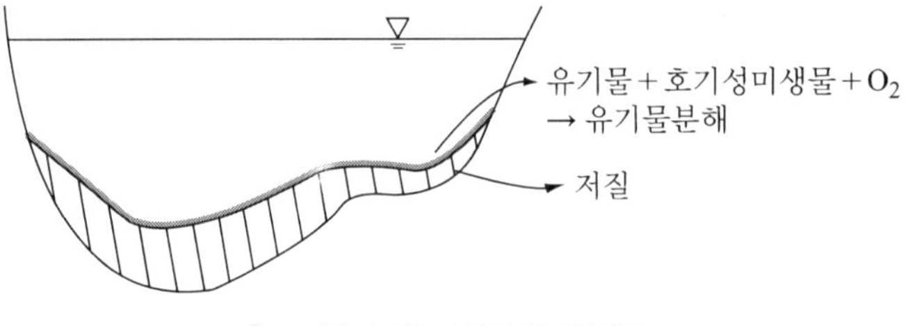

그림 1.17 SOD의 요약도

예제 25 가로 20 cm, 세로 20 cm, 높이 15 cm인 직육면체 용기 속에 수체에서 채취한 저질을 5 cm 두께로 깔고 상부에는 물을 채워 외부로 부터의 산소공급이 차단된 상태에서 DO 농도를 측정한 결과는 다음 표와 같다. 물속의 유기물 분해로 인한 산소 소모를 무시할 때 저질산소요구량(SOD, $g/m^2 \cdot day$)은 얼마인가?

시간(min)	0	30	60
DO(mg/L)	8.0	7.0	6.0

해설 채워진 물의 양 : $20\ cm \times 20\ cm \times 10\ cm = 4{,}000\ cm^3 = 4\ L$

1시간(60분) 동안 소비된 산소량 : $2\ mg/L \cdot hr$

닿아있는 면적 : $20\ cm \times 20\ cm = 400\ cm^2$

$$\therefore\ SOD(g/m^2 \cdot day) = \frac{2\ mg}{1\ L \cdot hr}\left|\frac{4\ L}{}\right|\frac{1\ L}{400\ cm^2}\left|\frac{1\ g}{10^3\ mg}\right|\frac{24\ hr}{1\ day}\left|\frac{10^4\ cm^2}{1\ m^2}\right. = 4.8\ g/m^2 \cdot day$$

재미있는 물 이야기

바닷물을 식수로?

바닷물을 식수로 만드는 해수담수화 시장이 확대되고 있다. UN은 2011년 미래보고서에서 2025년 세계 인구 절반 이상이 물이 부족할 것이라고 발표했다. 보고서는 석유생산량이 기하급수적으로 증가하다가 특정시점을 정점으로 급격히 줄어드는 현상인 '피크오일'과 유사한 '피크워터' 개념을 소개하며 2025년에는 재생가능 수자원량이 급격히 줄어들어 물 부족 사태를 맞이할 것이라고 예측했다. 그래서 '해수담수화' 산업이 대안으로 떠오르고 있다.

지구표면 약 71%가 물이다. 하지만 그 중 담수는 약 2.5% 정도며 그나마 담수의 대부분은 남·북극해의 빙하와 눈의 형태, 또한 개발이 불가능한 깊은 지하의 대수층이다. 즉 강·호수·지하수 등 인류가 사용할 수 있는 담수의 양은 전체 담수의 1%이자 지구상 물의 0.01%인 20만 km^3에 지나지 않는다. 더구나 인구 증가 및 산업발달로 물 사용량 증가와 오염지역 확대로 지소득 국가에서는 벌써부터 심각하게 국민의 생명을 위협하는 상황이다.

우리나라는 인구대비 상대적으로 담수 보유 비율이 낮은 나라에 속한다. 다만 전국적인 수자원시설 확보 등으로 그나마 안전한 물을 마실 수 있는 나라다. 수자원 확보 비율을 보면 세계에서 하위권에 있는 것을 대부분 사람들은 알지 못한다. 이런 나라에서 삼면이 바다인 점을 활용해 해수담수화 사업과 기술력 확보에 힘써야 되는 것은 어쩌면 후대를 위한 과제인지도 모른다.

다행히 국내 기업이 해수담수화 설비 공급 세계 1위를 당당히 누리고 있지만, 상대적으로 에너지 소비가 많은 증발법 채택 비중이 높다. 최근 주목받고 있는 가장 중요한 역삼투막은 미국, 일본 기업이 선점하고 있는데 우리나라도 해수담수화 경쟁력 강화를 위해 수처리용 핵심 소재 개발에 심혈을 기울여야 하는 시점이다.

출처 : ctnews(http://www.greendaily.co.kr)

4.4 요점정리 및 연습문제

4.4.1 수질오염의 지표(COD) 요점정리

■ COD의 정의
- 수중에 존재하는 유기물을 산화제를 이용하여 산화시킬 때 요구되는 산소량을 말하며 단위는 mg/L를 사용한다.

■ COD 실험 시 사용되는 산화제의 종류
- $KMnO_4$(과망간산칼륨) 1 M = 5 N
- $K_2Cr_2O_7$(중크롬산칼륨) 1 M = 6 N

■ COD 실험을 하는 이유
- 실험시간이 2시간 정도로 BOD 실험시간보다 매우 짧아 결과를 빨리 알 수 있어 실험에 따른 착오를 그날로 바로 잡을 수 있는 조치를 취할 수 있다.
- 수중에 유해성 또는 독성 물질 존재 시에도 실험이 가능하다.
- 수중에 산소가 없어도 실험이 가능하다.

■ COD의 특성
- COD 농도가 높으면 유기물에 의한 오염도가 높고, 낮으면 유기물에 의한 오염도가 낮다.
- 직접적인 산소소비가 없으며 간접적으로 산소소비량을 측정하는 방법이다.
- COD는 생물학적으로 분해 가능한 유기물을 산화시키고, 생물학적으로 분해 불가능한 물질 중 일부를 산화시킬 수 있다.
- COD 실험은 주로 공장폐수 및 호소, 해수 실험에 이용된다.

4.4.2 연습문제

01 호수나 저수지 등 정체된 수역의 오염도(유기물량)를 BOD값보다 COD값으로 나타내는 이유는 무엇인가? ㉱

㉮ 유기물이나 염류가 많아 이러한 저해요인을 피하기 위하여
㉯ 수질의 변동이 비교적 적기 때문에 그 차이를 나타내기 위하여
㉰ 흐르는 물이 아니기 때문에 용존산소가 적어 BOD를 측정하기 곤란하기 때문에
㉱ 조류의 양을 고려할 수 있기 때문에

해설 : 호소(湖沼)에서는 생체량(biomass)인 조류(algae)를 유기물질량으로 포함시키기 위하여 COD를 보통 측정하게 된다.

02 다음 COD 실험을 하는 이유가 아닌 것은 무엇인가? ㉱

㉮ 실험시간이 BOD 실험 시간보다 짧아 결과를 빨리 알 수 있다.
㉯ 수중에 유해성 물질 존재 시에도 실험이 가능하다.
㉰ 수중에 산소가 없어도 실험이 가능하다.
㉱ 산화제를 이용한 유기물 분해가 100% 가능하다.

해설 : COD 실험은 산화제를 이용하여 유기물 분해를 약 80~90% 정도 할 수 있다.

03 SOD(Sediment oxygen demand)에 대한 설명 중 옳은 것은 무엇인가? ㉰

㉮ 용존산소 농도를 이용하여 계산될 수 있으며, 단위는 $mg/m^3 \cdot hr$이 일반적이다.
㉯ 하상계수가 크고 계절변화가 심한 우리나라에서 적용하기가 쉽다.
㉰ 환경요인은 수온, 저수층의 용존산소 및 유속, 저서 생물의 특성, 간극수와 저질 내 유기물질 특성 등이다.
㉱ 유속이 느리고 수심이 낮은 하천에서 용존산소 소모율이 작아지는 특성이 있다.

해설 : 유속이 느리고 수심이 낮은 하천은 침전물이 많이 퇴석이 되므로 용존산소 소모율이 커지는 특성이 있다. 하상계수가 크고 계절 변화가 심한 우리나라에는 적용하기 어렵다. 단위는 $g/m^2 \cdot day$를 사용한다.

04 다음 COD에 대한 설명 중 틀린 것은 무엇인가? ㉱

㉮ 독성물질이 있을 때도 측정이 가능하다.
㉯ 산화제를 촉매로 사용하여 산화할 때 감소하는 산소의 양을 측정한다.
㉰ BOD보다 짧은 시간 내에 측정이 가능하다.
㉱ COD에는 생물이 분해하지 못하는 유기물도 포함되므로 단점이 되고 있다.

해설 : COD는 생물이 분해하지 못하는 유기물도 포함하므로 장점이다.

05 하천수 중에서 유기물의 호기성 산화 분해에 관여하지 않는 것은 무엇인가? ㉮

㉮ 염소이온 ㉯ 용존산소 ㉰ 수온 ㉱ pH

해설 : 유기물 호기성 산화 분해에 염소이온은 관계가 없다.

06 다음 설명 중 틀린 것은 무엇인가? ㉮

㉮ SOD는 저질산소요구량으로, 보통 사용하는 단위는 ppm이다.

㉯ BOD는 유기물질량을 간접적으로 나타내는 지표이다.

㉰ COD는 유기물질량을 간접적으로 나타내는 지표이다.

㉱ 용존산소량의 포화농도는 수온이 낮을수록 높아진다.

해설 : SOD란 저질층 표면적당 산소소비량을 말하며 단위는 $(g/m^2 \cdot day)$이다.

07 SOD(sediment oxygen demand)의 수치가 가장 낮은 것은 무엇인가? ㉰

㉮ 섬유소질 슬러지 ㉯ 하구뻘

㉰ 모래하상 ㉱ 도시하수 유입구

해설 : 모래 하상이 SOD 수치가 가장 낮다고 볼 수 있다.

08 과망간산칼륨법을 이용한 COD 분석 실험시 황산은을 넣는 이유는 적정시 무엇의 방해를 막기 위한 것인가? ㉯

㉮ 나트륨 ㉯ 염소

㉰ 질소 ㉱ 수은

해설 : COD 분석 실험시 황산은을 넣는 이유는 적정시 염소이온의 방해를 막기 위해서이다.

09 다음 COD에 대한 설명 중 틀린 것은 무엇인가? ㉰

㉮ COD 농도가 높으면 유기물에 의한 오염도가 높은 것을 의미한다.

㉯ 직접적인 산소 소비가 없다.

㉰ 생물학적으로 분해 가능한 유기물은 산화 시키지만 생물학적으로 분해 불가능한 유기물은 산화시키지 못한다.

㉱ COD 실험은 주로 공장폐수 및 호소, 해수 실험에 주로 이용된다.

해설 : COD 실험은 생물학적으로 분해 가능한 유기물과 분해 불가능한 난분해성 유기물 일부도 산화시킨다.

10 다음 중 수질오염지표에 대한 설명 중 틀린 것은 무엇인가? ㉮

㉮ COD : 수중에 존재하는 유기물을 산화시키며 직접 소비되는 산소량을 말한다.

㉯ SOD : 저질산소요구량으로 저질층 표면에 존재하는 유기물이 산화되면서 소비되는 산소량을 말한다.

㉰ BOD_u : 수중에 존재하는 탄수화물을 약 20일간 산화시킬 때 소비되는 산소량을 말한다.

㉱ DO : 수중에 녹아있는 산소량을 말한다.

해설 : COD는 유기물이 산화될 때 산화제가 소비된다. 산화제 소비량으로부터 산소량으로 환산한 값을 COD라 한다. COD 실험 시 사용되는 산화제($KMnO_4$, $K_2Cr_2O_7$)

5. TOC와 TOD & ThOD

5.1 TOC(Total Organic Carbon : 총 유기탄소)

TOC(Total Organic Carbon : **총 유기탄소**)는 일반적으로 DOC(Dissolved Organic Carbon : 용존성 유기탄소)와 POC(Particulate Organic Carbon : 입자성 유기탄소) 합을 말한다. 휘발성 유기탄소(POC)는 하천, 호소에 거의 존재하지 않거나 미미하다.

미국 등에서는 Particulate Organic Carbon을 PtOC로 사용하고 Purgeable (volatile) Organic Carbon을 POC로 사용하고 있으며 우리나라에서는 Particulate Organic Carbon을 POC로, Purgeable (volatile) Organic Carbon을 VOC(휘발성 유기탄소) 약자로 사용된다.

총 유기탄소는 수중의 유기물을 함유한 시료를 고온에서 유기물 중 탄소(Carbon)를 CO_2로 산화시켜 그 발생량을 적외선 분석기로 측정한다. 즉, 수중에서 유기적으로 결합된 탄소의 합을 말한다. 특히 BOD와 COD의 민감성이나 타물질의 방해 작용을 제거시킬 목적으로 최근에 널리 사용하고 있지만 실제값 보다 약간 낮게 측정되는 경향이 있다.

- **고온연소관(950℃) : 유기탄소와 무기탄소 모두 측정**
- **저온연소관(150℃) : 무기탄소만 측정**

5.1.1 TOC(총 유기탄소) 측정이 중요한 이유

(1) 하천, 호소의 유기성 오염 증가원인을 파악하는데 있어 전통적인 측정방법인 BOD, COD 측정만으로는 오염원인 분석이 어렵다는 사실이 20세기말이 되면서 보편화 되었다. 따라서 하천, 호소의 오염을 BOD, COD만으로 평가하는 것에서 한 단계 더 나아가 고분자 유기성 오염물의 현황을 파악하기 위하여 총 유기탄소(TOC = POC + DOC)로 평가된 수치로써 하천, 호소 오염 저감 대책을 수립하는 정책이 수립되고 있다.

(2) 선진국 독일, 스위스, 미국 등에서는 이미 TOC로 관리하고 있으며 뒤늦게 이웃나라 일본도 TOC를 도입하여 20개의 유입지천과 호수를 비교, 호수 내에서 TOC 농도가 더 높은 것으로 나타났다. 호수 내에서 생성된 유기물중 POC(입자성유기탄소)농도는 전년도에 비해 변화가 없었으나 DOC(용존유기탄소)농도가 전년도에 비해 크게 증가해 결론적으로 COD측정치가 높게 나타나는 결과를 초래하여 오염원을 밝히는데 유용하게 이용되고 있다.

(3) 우리나라는 여름에 강우가 집중되기 때문에 국내하천과 하천형 호소(팔당호)에서 유기물을 평가할 경우 내부생성 유기물보다 외부오염원(점오염원+비점오염원)의 유기물 영향이 클 것으로 예측되고 있으나 수량이 급격히 줄어드는 갈수기(봄, 가을, 겨울)에는 내부 생성유기물(조류, 수초, 어류, 퇴적물 등)의 영향이 클 것으로 판단된다. 반면 국내의 대형 소양호, 충주호, 대청호, 안동호 등은 체류기간이 대체로 긴 정체성 수역이기 때문에 연중 내부생성 유기물의 영향이 클 것으로 평가되고 있다.

(4) 현행 오염관리를 위해 측정되고 있는 COD측정과 아울러 용해성 유기물도 함께 측정돼야 내부생성 유기물 평가가 가능하며 이를 위해서는 총유기탄소(TOC)도 함께 측정되어야 한다.

5.2 TOD(Total Oxygen Demand : 총 산소요구량)

TOD(Total Oxygen Demand : 총 산소요구량)는 어떤 유기 화합물이 900℃, 백금(Pt) 촉매 하에 완전히 산화할 때 소비되는 산소량으로 분석 시간이 짧아 3분 이내에 총 산소요구량이 측정된다.

5.3 ThOD(Theoretical Oxygen Demand : 이론적 산소요구량)

ThOD(Theoretical Oxygen Demand : 이론적 산소요구량)는 어떤 유기 화합물이 완전히 산화되는데 필요한 양론적 산소량으로 유기물의 화학식만 알게 되면 화학 반응식을 통해서 산출할 수 있으므로, 먼저 정성·정량 분석을 통해서 분자식을 찾아내야 한다.

5.4 산소요구량의 상호관계

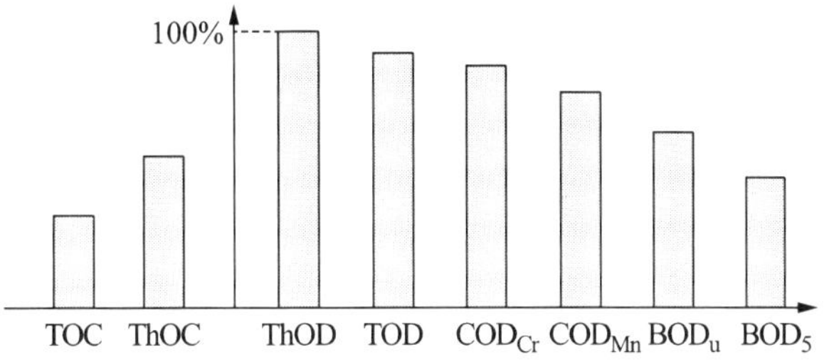

그림 1.18 산소요구량과 유기탄소량의 크기 비교

- **ThOD(이론적 산소요구량)** : 유기물이 화학양론식상으로 완전산화 되었을 때 요구되는 산소요구량
- **TOD(총 산소요구량)** : 900℃, 백금(Pt) 촉매 중에 완전산화에 가깝게 연소시킬 때 요구되는 산소량
- **COD(화학적 산소요구량)** : 산화제를 이용하여 유기물을 산화시킬 때 요구되는 산화제량을 산소량으로 환산한 산소요구량
- **BOD(생물학적 산소요구량)** : 미생물을 이용하여 유기물을 산화시켰을 때 요구되는 산소량
- **ThOC(이론적 유기탄소량)** : 유기물이 가지고 있는 탄소량
- **TOC(총 유기탄소량)** : 실제 산화된 탄소량, 즉 CO_2가 되는 탄소량

5.4.1 유기물질의 오염농도지표 사이의 상호관계

(1) 농도 백분율로 살펴본 유기물질의 오염농도지표 사이의 상호관계는 나음과 같다.

(2) ThOD > TOD > COD_{Cr} > COD_{Mn} > BOD_u > ThOC > BOD_5 > TOC 순이나 BOD_5와 TOC는 시료의 종류에 따라 바뀔 수 있다.

예제 26 Formaldehyde(CH_2O)의 COD/TOC 비는 얼마인가?

해설 $CH_2O + O_2 \rightarrow CO_2 + H_2O$

30 g : 32 g

여기서 COD = 32, TOC = 12 ∴ COD/TOC = 32/12 = 2.67

예제 27 글루코스($C_6H_{12}O_6$) 1 mg/L의 ThOD 값은 얼마인가?

해설 $C_6H_{12}O_6 + 6O_2 \rightarrow 6CO_2 + 6H_2O$

180 g : 192 g

1 mg/L : x mg/L

$\therefore\ x = 1.0671$ mg/L

예제 28 에탄올(C_2H_5OH) 100 mg/L의 이론적인 COD는 얼마인가?

해설 $C_2H_5OH + 3O_2 \rightarrow 2CO_2 + 3H_2O$

46 g : 96 g

100 mg/L : x mg/L

$\therefore\ x = 209$ mg/L

예제 29 글리신($CH_2(NH_2)COOH$)의 이론적 COD/TOC의 비는? (단, 글리신 최종분해물은 CO_2, HNO_3, H_2O이다.)

해설 위의 글리신($CH_2(NH_2)COOH$)을 산화 반응식으로 다시 정리하면

$$C_2H_5O_2N + \frac{7}{2}O_2 \rightarrow 2CO_2 + 2H_2O + HNO_3$$

여기서 $COD = \frac{7}{2} \times 32 = 112$, $TOC = 12 \times 2 = 24$

$\therefore\ COD/TOC = 112/24 = 4.67$

5.5 요점정리 및 연습문제

5.5.1 수질오염의 지표(TOC, TOD, ThOD) 요점정리

■ TOC(Total Organic Carbon) : 총유기탄소

- 어떤 유기화합물 내의 총탄소량으로 수중의 유기물을 함유한 시료를 고온에서 유기물 중 탄소를 CO_2로 산화시켜 그 발생량을 분석 장치로 측정한다. 즉, 수중에서 유기적으로 결합된 탄소의 합을 말한다.
- 특히 BOD와 COD의 민감성이나 타물질의 유해 작용을 제거시킬 목적으로 최근에 널리 사용되고 있다.
- 실제 값 보다 약간 낮게 측정되는 경향이 있다.

■ TOD(Total Oxygen Demand) : 총산소요구량

- 어떤 유기화합물이 900℃, 백금 촉매 하에서 연소될 때 산소량으로 3분 이내에 총산소요구량이 측정된다.

■ ThOD(Theoretical Oxygen Demand) : 이론적 산소요구량

- 어떤 유기화합물이 완전히 산화되는데 필요한 산소량으로 수중에 유기물을 함유한 시료를 백금(Pt) 등의 촉매 하에 900℃로 완전히 산화할 경우 소비되는 산소량으로 측정한다.
- ThOD는 유기물의 화학식만 알게 되면 화학 반응식을 통해 산출할 수 있으므로, 먼저 정성·정량분석을 통해서 분자식을 찾아내야 한다.

재미있는 물 이야기

바다에 잠기는 남태평양 낙원 '투발루'

지구온난화로 인하여 세계 곳곳이 물 재앙을 맞고 있다. 다음 그림은 남태평양의 작은 섬나라 투발루를 하늘에서 내려다본 모습이다.

섬 옆면이 바다에서 잠겨 있어 파도가 바로 집 앞까지 들이친다. 투발루는 9개의 섬으로 이루어진 나라이다. 지구 온난화로 해수면이 상승하자 아름다운 산호섬의 나라 투발루는 이 지구상에서 사라질 위기에 처해 있다.

출처 : 환경부(http://www.ilovewater.or.kr)

5.5.2 연습문제

01 박테리아의 경험식은 $C_5H_7O_2N$이다. 0.5 kg의 박테리아를 완전히 산화시키려면 몇 kg의 산소가 필요한가? (단, 박테리아는 최종적으로 CO_2, H_2O, NH_3로 분해됨) ㉮

㉮ 0.71 kg　　㉯ 0.94 kg
㉰ 1.18 kg　　㉱ 1.24 kg

해설 : $C_5H_7O_2N + 5O_2 \rightarrow 5CO_2 + 2H_2O + NH_3$
180 g : 192 g
0.5 kg : x kg　　∴ x = 0.708 kg

02 다음은 유기물의 농도를 나타내는 지표들이다. 이 지표사이의 일반적인 상호관계를 옳게 나타낸 것은? ㉰

㉮ COD > BOD > TOC > ThOD　　㉯ COD > ThOD > BOD_u > SCOD
㉰ ThOD > TOD > COD > BOD_u　　㉱ TOC > ThOD > BOD_u > BOD

해설 : ThOD > TOD > COD_{Cr} > COD_{Mn} > BOD_u > ThOC > BOD_5 > TOC 순

03 글루코스($C_6H_{12}O_6$)를 100 mg/L 함유하고 있는 시료용액의 총유기탄소의 이론치는 얼마인가? ㉰

㉮ 20 mg/L　　㉯ 30 mg/L
㉰ 40 mg/L　　㉱ 50 mg/L

해설 : $TOC(mg/L) = \frac{100\ mg}{L} \times \frac{6 \times 12\ g}{180\ g} = 40\ mg/L$

04 CH_3COOH 0.02 M 용액의 이론적 COD(mg/L)는 얼마인가? ㉯

㉮ 578　　㉯ 1,280
㉰ 1,870　　㉱ 2,146

해설 : $CH_3COOH + 2O_2 \rightarrow 2CO_2 + 2H_2O$
1 mol : 64 g

$COD(mg/L) = \frac{0.02\ mol}{L} \times \frac{2 \times 32\ g}{1\ mol} \times \frac{1{,}000\ mg}{1\ g} = 1{,}280\ mg/L$

05 포도당($C_6H_{12}O_6$) 200 mg이 탄산가스와 물로 산화되는데 이론적 산소요구량은 얼마인가? ㉰

㉮ 160 mg　　㉯ 189 mg
㉰ 213 mg　　㉱ 245 mg

해설 : $C_6H_{12}O_6 + 6O_2 \rightarrow 6CO_2 + 6H_2O$
180 g : 192 g
200 mg : x mg　　∴ x = 213.33 mg

06 다음 C_2H_6 5 g이 완전 산화하는데 필요한 이론적 산소량은 얼마인가? ㉱

㉮ 약 12.7 g　　㉯ 약 14.7 g

㉰ 약 16.7 g　　㉱ 약 18.7 g

해설 : $C_2H_6 + (7/2)O_2 \rightarrow 2CO_2 + 3H_2O$

30 : 3.5 × 32

$$ThOD(mg/L) = \frac{5\ g}{} \left| \frac{3.5\times32\ g}{30\ g} \right. = 18.67\ g$$

07 메탄올(CH_3OH)의 이론적인 COD/TOC의 비는 얼마인가? ㉰

㉮ 2　　㉯ 3

㉰ 4　　㉱ 5

해설 : $CH_3OH + (3/2)O_2 \rightarrow CO_2 + H_2O$

12 : 1.5 × 32

$$COD/TOC = \frac{1.5\times32}{12} = 4$$

08 자당(sucrose, $C_{12}H_{22}O_{11}$)이 완전히 산화될 때 이론적인 ThOD/ThOC 비는 얼마인가? ㉮

㉮ 2.67　　㉯ 4.48

㉰ 8.67　　㉱ 12.24

해설 : $C_{12}H_{22}O_{11} + 12O_2 \rightarrow 12CO_2 + 11H_2O$

12 × 12 : 12 × 32

$$ThOD/ThOC = \frac{12\times32}{12\times12} = 2.67$$

09 페놀(C_6H_5OH) 500 mg/L의 이론적 COD(mg/L)는 얼마인가? ㉯

㉮ 594　　㉯ 1,191

㉰ 1,592　　㉱ 2,838

해설 : $C_6H_5OH + 7O_2 \rightarrow 6CO_2 + 3H_2O$

94 : 7 × 32

$$COD(mg/L) = \frac{500\ mg}{L} \left| \frac{7\times32}{94} \right. = 1,191.49\ mg/L$$

10 다음의 유기물 1 mol이 완전 산화될 때 이론적인 산소요구량(ThOD)이 가장 큰 것은 무엇인가? ㉮

㉮ C_6H_6　　㉯ $C_6H_{12}O_6$

㉰ C_2H_5OH　　㉱ CH_3COOH

해설 : ㉮ $C_6H_6 + 15/2\ O_2 \rightarrow 6CO_2 + 3H_2O$, ㉯ $C_6H_{12}O_6 + 6O_2 \rightarrow 6CO_2 + 6H_2O$

㉰ $C_2H_5OH + 3O_2 \rightarrow 2CO_2 + 3H_2O$, ㉱ $CH_3COOH + 2O_2 \rightarrow 2CO_2 + 2H_2O$

6. SS(Suspended Solids : 부유물질)

6.1 SS와 GF/C

물속의 잔류물 입자는 크기에 따라 부유상태(suspended), 콜로이드상태(colloid), 용존상태(dissolved) 세 가지로 존재한다. 입자가 커서 침강하거나 여과에 의해 제거할 수 있는 물질을 부유(suspension)해 있다고 말한다. 이러한 물질 가운데 침강하는 물질을 침강성 물질, 그리고 여과에 의해 제거할 수 있는 물질을 부유물질로 간주한다.

부유물질(suspended solids)은 직경이 0.1 μm 이상의 입자를 말하며, 콜로이드입자는 0.1～0.001 μm, 용존물질(dissolved solids)은 0.001 μm 이하의 입자를 말한다. SS에 해당하는 물질은 0.1 μm 이상의 입자인 부유물질로 해당 시료를 공극이 0.1 μm인 유리섬유여과지(GF/C)에 걸러 105℃에서 건조한 후에 남아 있는 잔류물을 말하며 총부유성고형물(total suspendes solids : TSS)이라 한다. TSS는 불용성 물질과 용해성 물질로 분류되고 부유물질은 불용성 물질 중 여과지를 통과하는 미소 입자 물질을 제외한 것에 해당한다. 여과지를 통과한 물질에는 콜로이드와 용존 물질이 포함된다. 용존 물질은 유기물질과 무기물질 그리고 이온으로 구성된다.

부유물질 중의 유기물은 550℃ 정도에서 태울 때 휘발하기 때문에 휘발성 부유물질(volatile suspended solids : VSS)이라고 부르며 휘발되지 않고 남는 부분을 강열잔류 부유물질(fixed suspended solids : FSS)이라고 부른다. 증발잔류물(TS)과 강열잔류물(FS)은 시료를 여지로 거르지 않고 그대로 증발시키거나 휘발시킨 결과치이다.

증발잔류물과 부유물질과의 차이를 용존고형물(total dissolved solids : TDS)이라고 하는 용존고형물은 다시 휘발성 용존고형물(volatile dissolved solids : VDS)과 잔류용존고형물(fixed dissolved solids : FDS)로 나눈다. 이와 같은 관계를 나타내면 다음과 같다.

TS	=	VS	+	FS
‖		‖		‖
TSS	=	VSS	+	FSS
+		+		+
TDS	=	VDS	+	FDS

결국 휘발되는 성분은 유기물, 재로 남는 성분은 무기물이라고 볼 수 있으며, 무기물은 생물분해가 안 되지만 유기물은 생분해성 유기물과 난분해성 유기물로 또 나누

어져 아래와 같다.

VS	=	VDS	+	VSS
‖		‖		‖
BDVS	=	BDVDS	+	BDVSS
+		+		+
NBDVS	=	NBDVDS	+	NBDVSS

여기서, 총고형물(total solids : TS)

휘발성 고형물(volatile solids : VS)

강열잔류 고형물(fixed solids : FS)

총부유성 고형물(total suspendes solids : TSS)

총용존성 고형물(total dissolved solids : TDS)

휘발성 부유물(volatile suspended solids : VSS)

강열잔류 부유물(fixed suspended solids : FSS)

휘발성 용존고형물(volatile dissolved solids : VDS)

강열잔류 용존고형물(fixed dissolved solids : FDS)

- **SS, DS의 기준** : GF/C 유리섬유여지를 통과하면 DS, 걸러지면 SS
- **VS, FS의 기준** : 550℃로 회화 시켰을 때 휘발되면 VS, 재로 남으면 FS

입자의 크기와 분리 공정 관계를 살펴보면 약 1 μm 이상의 입자는 여과에 의해서 분리가 가능하고 GF/C 여과지에 효과적으로 걸러지는 입자의 크기는 1.2 μm 이상이다. 따라서 분석상의 의미로 볼 때 부유물질은 1 μm 이상인 물질이라고 말할 수 있다.

6.2 BOD, COD & SS의 관계

휘발성 부유물(VSS)은 물질 그 자체 양이라 할 수 있고, ICOD는 VSS를 산화시키는데 필요하게 되는 산소량이다. COD와 SS의 관계는 다음과 같다.

COD와 SS의 관계

$$C_5H_7O_2N\ (VSS) + 5O_2\ (ICOD) \rightarrow 5CO_2 + 2H_2O + NH_3$$

$$BOD = SBOD + IBOD \qquad COD = SCOD + ICOD$$

$$NBDVSS = VSS \times \frac{NBDICOD}{ICOD}$$

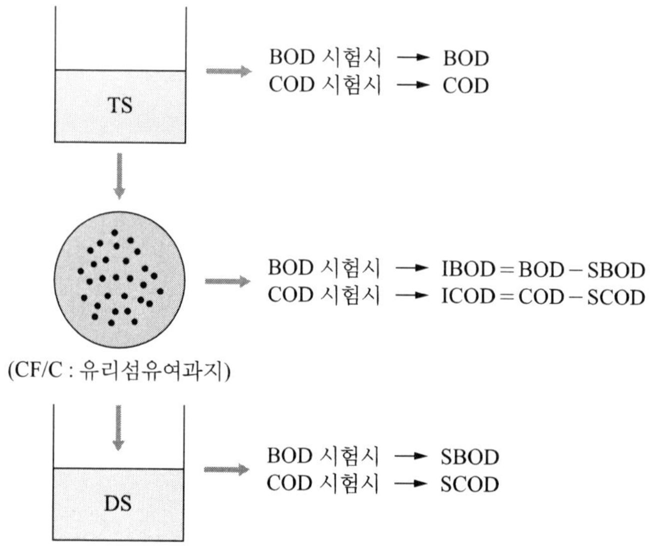

》 그림 1.19 BOD, COD & SS의 관계

6.3 SS의 특성 및 의의

물속의 총고형물이 500 mg/L 이하일 경우 식수로 가능하며 가정하수에는 총고형물의 측정이 굳이 필요치 않다. SS의 측정은 오염된 물의 측정에 가장 중요하게 취급되며 가정하수의 강도와 하수처리장치의 효율을 구하는데 이용되고 있다. **침강성 고형물량의 측정은 하·폐수 처리장의 1차 침전지의 필요성 유·무를 결정하는데 중요한 기초 자료**가 되기도 한다.

하천 및 호수에서의 부유물질은 탁도를 유발하는 원인 물질로서 수계에서 빛의 투과율을 감소시켜 수중의 전달률을 방해하여 식물성플랑크톤의 광합성 작용인 탄소동화작용을 방해하며, 어류의 아가미에 부착되어 호흡을 방해해 폐사시키기도 한다. 또한 부유물질중의 유기성 성분은 물속에 체류하면서 분해되어 DO를 소모시키는 작용을 하며 무기질소와 무기인 등의 무기성 성분 등은 부영양화 현상을 일으키는 요인이 되기도 한다.

6.4 Colloid(콜로이드)

물속의 잔류물 중 **Colloid(콜로이드)성 입자**는 그 크기가 1～100 nm(0.001～0.1 μm) 정도이며, 유리섬유여과지(GF/C)를 통과하는 크기로 용존 고형물에 포함된다.

주로 미생물의 먹이로 이용되며 Colloid 존재량이 많을수록 미생물의 증식률은 높아진다.

콜로이드는 Zeta potential, Van der Waals force, 중력에 의해서 안정 상태 즉, **평형상태를 유지하면서 Brown 운동**을 한다. 콜로이드는 그 크기가 매우 작고 비중이 물과 거의 같기 때문에 매우 안정하게 현탁 되어 있다.

- **Zeta potential (인력 : 상호간 당기는 힘)**
- **Van der Waals force (척력 : 상호간 밀어내는 힘)**

콜로이드의 안정도는 입자 상호간에 상호입자의 접근을 막게 되는 Zeta potential의 양에 의해서 결정된다. 다음은 콜로이드 안정도를 나타내는 함수이다.

$$\zeta = \frac{4\pi\delta q}{D} \quad \text{또는} \quad \zeta = \frac{4\pi AB}{D}$$

여기서, ζ : 제타전위(Zeta potential)

D : 분산매(액체)의 유전상수(dielectric constant)

A : 입자와 요액부 사이의 전하량의 차

B : 전하량의 차가 유효한 입자를 둘러싼 층의 두께

δ : 전하가 미치는 입자 주위 층의 두께

q : 입자 면적당 전하

콜로이드를 제거하는 원리는 응집제를 가하여 제타전위(Zeta potential)를 감소시켜 상대적으로 인력(Van der Waals force)을 강하게 하여 입자간 상호충돌을 일으키도록 함으로서 응결 침전 제거 시는 것이다. 콜로이드 입자는 대게 음이온으로 대전되어 있다. 이는 수중에 막대 전극을 가해보면 대부분 입자들이 (+)극으로 몰려드는 것으로 증명할 수 있다.

콜로이드는 친수성 콜로이드와 소수성 콜로이드로 나뉠 수 있다. 각각의 특징은 다음과 같고 비교는 표 1.27에 나타내었다.

친수성 콜로이드(hydrophillic colloid)

① 콜로이드가 물 분자와 결합(수화)되어 있어 잘 엉키지 않음

② 주된 친수성 콜로이드 입자 : 우유, 물풀, 비눗물, 젤라틴, 녹말, 단백질 등

소수성 콜로이드(hydrophobic colloid)

① 소량의 전해질에 의해서도 쉽게 엉김이 일어남

② 주된 소수성 콜로이드 입자 : 먹물, 흙탕물, 금속 산화물(황화비소(Ⅲ), 산화철(Ⅱ)), 금속 수산화물(수산화철(Ⅲ), 황, 금) 등

표 1.27 친수성 콜로이드와 소수성 콜로이드 비교

항 목	친수성 콜로이드	소수성 콜로이드
물 질	단백질, 비누, 합성세제, 물풀, 우유 등	진흙(점토), 먹물, 황, 은
표면장력	용매(분산매)보다 약함	분산매와 비슷함
점 도	크다	분산매와 비슷함
Tyndall 효과	약하거나 거의 없음(전무함)	현저함
재 생	쉽게 됨	동결 후 재구성이 용이하지 않음
전해질에 대한 반응	반응이 불활발하며, 전해질이 많이 요구됨	소량의 전해질에서도 쉽게 응집됨
물리적 상태	에멀전 상태	현탁질(suspended solid) 상태

콜로이드의 주된 성질은 다음과 같다.

응집(Aggregation)

소량의 전해질로 콜로이드 입자의 전하를 중화시켜 콜로이드 입자들이 달라붙어 커지는 현상

흡착(Adsorption)

① 어떤 물질의 표면에 다른 물질이 달라붙어 그 물질의 농도가 다른 부분보다 증가되는 현상

② 콜로이드는 비표면적이 매우 크다. 콜로이드 입자 표면에 다른 분자가 달라붙어 입자 표면에 분자의 농도가 증가한다. 표면적이 크기 때문에 흡착된 양은 콜로이드 입자표면적과 비례관계이다.

염석(Salting out)

① 다량의 전해질로 입자 주위의 물 분자를 빼앗아 엉기게(응집)되는 현상

② 친수성 콜로이드에 많은 양의 전해질을 가해야 전기적으로 중화되어 엉겨서 가라앉는 현상

투석(Dialysis)

① 반투막의 성질을 이용하여 콜로이드 입자와 진용액의 용질을 분리하여 제거하는 방법

② 즉 콜로이드 입자는 반투막을 통과하지 못하는 현상

틴들(Tyndall) 효과

광선을 통과시키면 입자가 빛을 산란하여 빛의 진로를 볼 수 있는 현상

브라운 운동(Brownian motion)

① 콜로이드 입자는 분산매 분자들과 충돌하여 불규칙하게 움직이는 현상
② 입자들의 상호 불규칙한 충돌 및 외부 힘에 의해 불규칙한 직선운동을 하는 것을 말한다.

재미있는 물 이야기

각종 폐수의 자정작용 능력

기름 30 mL	된장찌개 200 mL	마요네즈 10 mL	튀김기름 500 mL
⬇	⬇	⬇	⬇
욕조 300 L 3통분	욕조 300 L 5통분	욕조 300 L 8통분	욕조 300 L 330통분

출처 : 환경부(http://www.ilovewater.or.kr)

6.5 요점정리 및 연습문제

6.5.1 수질오염의 지표(SS) 요점정리

■ SS(Suspended Solids)

- 현탁 부유물질로서 여과에 의해 분리되는 유기 또는 무기물의 고형물 입자로서 그 크기는 0.1 μm 보다 큰 입자로 GF/C(유리섬유거름종이)에 걸러짐
- 부유물질은 탁도를 유발하는 원인 물질로서 수계에서 어류의 호흡, 일광 투과, 조류의 동화작용 등을 방해함.

■ COD와 SS의 관계

- VSS는 물질 그 자체량이고, ICOD는 VSS를 산화시키는데 필요하게 되는 산소량이다.

$$C_5H_7O_2N\,(VSS) + 5O_2\,(ICOD) \rightarrow 5CO_2 + 2H_2O + NH_3$$

- BOD = SBOD + IBOD
- COD = SCOD + ICOD

$$NBDVSS = VSS \times \frac{NBDICOD}{ICOD}$$

- TS(Total solid) : 총고형물
- SS(Suspended solid) : 부유고형물
- DS(Dissolved solid) : 용존고형물
- VS(Volatile solids) : 휘발성고형물
- FS(Fixed solids) : 잔류고형물
- SBOD(Soluble BOD) : 용해성BOD
- IBOD(Insoluble BOD) : 불용성BOD
- SCOD(Soluble COD) : 용해성COD
- ICOD(Insoluble COD) : 불용성COD
- BD(Biodegradable) : 생물학적 분해 가능
- NBD(Nonbiodegradable) : 생물학적 분해 불가능

■ 콜로이드(Colloid)의 특성

- 크기는 0.001 ~ 0.1 μm 정도이며 GF/C(유리섬유거름종이)를 통과하는 크기로 용존고형물에 포함된다.
- 미생물의 먹이로 이용되며 콜로이드 존재량이 많을수록 미생물의 증식률은 높아진다.
- 콜로이드 입자는 평형을 유지하면서 Brown 운동을 한다.

6.5.2 연습문제

01 Colloid입자가 대전되어 있음을 증명할 수 있는 설명으로 옳은 것은 무엇인가? ㉰

㉮ 틴들현상이 일어난다.

㉯ 중력, 인력, 척력으로부터 평형을 유지한다.

㉰ 직류전류를 통하여 어느 한 극으로 이동한다.

㉱ 서로의 충돌로 브라운 운동을 한다.

해설 : 콜로이드는 대부분 음이온으로 대전 되어있다. 수중에 직류전류를 통하며 +극으로 대부분 이동되는 것을 확인할 수 있다.

02 다음 설명 중 올바르지 않는 것은 무엇인가? ㉮

㉮ SCOD는 SS를 축출하여 실제 시험하여 산출한다.

㉯ TS는 시료를 여과하지 않은 상태에서 105 ~ 110℃로 수분을 증발시킨 후 잔류량을 말한다.

㉰ SS와 DS의 분류는 유리섬유여지를 이용하여 구분한다.

㉱ FS와 VS의 분류는 회화시킴으로 구분한다.

해설 : SCOD는 DS를 COD시험하여 얻은 COD값을 말한다.

03 다음 설명 중 올바르지 않는 것은 무엇인가? ㉰

㉮ 총 용존성 고형물은 휘발성 용존 고형물과 강열 잔류 용존물의 합과 같다.

㉯ 총 고형물은 휘발성 고형물과 강열잔류 고형물 합과 같다.

㉰ 휘발성 고형물은 총 부유성 고형물과 강열잔류 용존물의 합과 같다.

㉱ 총잔류고형물은 잔류성 용존고형물과 잔류성 부유고형물의 합과 같다.

해설 : VS = VDS + VSS이다.

04 다음 상호관계식 중 잘못된 것은 무엇인가? ㉯

㉮ COD = BOD_u + NBDCOD

㉯ SS = BDVSS + NBDFSS

㉰ BOD = SBOD + IBOD

㉱ NBDVSS / VSS = NBDICOD / ICOD

해설 : SS = BDSS + NBDSS 또는 SS = VSS + FSS이다.

05 입자(粒子)에 관한 다음 설명 중 틀린 것은 어느 것인가 무엇인가? ㉮

㉮ 콜로이드 상태의 입자는 입경이 0.01 ~ 0.1 μm 범위의 입자를 말한다.

㉯ 부유고형물(SS)은 침전 가능한 입자와 침전 불가능한 입자로 구분된다.

㉰ 침전이 가능한 입자는 5 μm 이상을 말하며 통상 도시 폐수의 경우 50 ~ 60% 이상 제거된다.

㉱ 콜로이드 상태의 입자는 여과에 의해서 제거되지도 않고 침전도 되지 않는다.

해설 : Colloid 크기는 일반적으로 0.001~0.1 μm이다.

06 어떤 공장의 폐수를 실험한 결과가 다음과 같이 분석되었다. ICOD, FSS를 구하면 얼마인가? ㉯

TCOD = 635 mg/L, SCOD = 345 mg/L, BOD = 325 mg/L, SBOD = 152 mg/L, TSS = 252 mg/L, VSS = 190 mg/L, K = 1.6

㉮ 120 mg/L, 50 mg/L　　㉯ 290 mg/L, 62 mg/L

㉰ 120 mg/L, 72 mg/L　　㉱ 290 mg/L, 83 mg/L

해설 : ▸ TCOD = ICOD + SCOD, 635 mg/L = ICOD + 345 mg/L, ∴ ICOD = 290 mg/L

▸ TSS = VSS + FSS, 252 mg/L = 190 mg/L + FSS, ∴ FSS = 62 mg/L

07 다음은 고형물에 대한 설명이다 이 설명 중 맞는 것은 무엇인가? ㉱

㉮ SS는 0.1 μ 이하 이고 유기 또는 무기물의 고형물 입자이다.

㉯ TS를 105 ~ 110℃로 강열 후 휘발되는 부분이 VS이다.

㉰ TDS = FDS + VSS이다.

㉱ DS는 여과지를 통과한 여액을 건조시킨 후 잔류물이다.

해설 : TDS = FDS + VDS, SS는 0.1 μm 이상의 고형물 입자이다. VS는 550℃에서 회화시켰을 때 휘발되는 고형물을 말한다.

08 콜로이드의 안전성에 대해 바르게 설명한 것은 무엇인가? ㉰

㉮ 전하의 중화에 의한 응집은 같은 전하를 가진 콜로이드가 혼합될 때 일어난다.

㉯ 응집제를 가해주는 것은 콜로이드의 반발력을 증가시키기 위함이다.

㉰ 콜로이드 입자표면이 대전되어 있음은 콜로이드입자 안정에 큰 역할을 한다.

㉱ 콜로이드 입자가 안전상태를 유지하는 것은 용액부의 전위에 비해 입자 표면 전위의 절대값이 작기 때문이다.

해설 : 콜로이드 안정성은 zeta potential의 양에 따라 결정된다.

09 다음 중 콜로이드의 안전성에 대한 설명과 가장 거리가 먼 것은 무엇인가? ㉮

㉮ Zeta 전위는 콜로이드 입자의 전하와 전하의 효력이 미치는 분산매의 양을 측정한다.

㉯ 일반적으로 Zeta 전위의 크기에 따라 결정된다.

㉰ Zeta 전위가 0에 가까워질수록 응결이 쉽게 일어난다.

㉱ Zeta 전위(ζ)는 $[(4\pi AB)/D]$로 나타낸다. (A : 입자와 용액부 사이의 전하량의 차, B : 전하량의 차가 유효한 입자를 둘러싼 층의 두께, D : 매질의 유전상수)

해설 : Zeta 전위는 콜로이드 입자표면이 전하와 용액 속에서 입자표면으로부터 전하효과가 미치는 거리의 척도가 된다.

10 증발잔류물(TS)이 1,000 mg/L, 총 용해물(TDS)이 200 mg/L인 경우 총부유물질(TSS)의 농도는 얼마인가? ㉱

㉮ 50 mg/L　　㉯ 200 mg/L

㉰ 600 mg/L　　㉱ 800 mg/L

해설 : TS = TDS + TSS, 1,000 mg/L = 200 mg/L + TSS, ∴ TSS = 800 mg/L

7. 경도(Hardness)

7.1 경도의 개요 및 분류

경도란 물의 세기 정도를 나타내는 용어로서 물속에 용존하고 있는 Ca^{2+}, Mg^{2+}, Fe^{2+}, Sr^{2+}, Mn^{2+} 등 **2가 양이온 금속의 함유량을 같은 당량의 $CaCO_3$(석회석)의 상당량으로 환산하여 표시한 것**으로 칼슘경도와 마그네슘경도가 주를 이룬다.

경도를 계산하는 식은 다음과 같다.

$$\text{경도(as } CaCO_3 \text{ mg/L)} = M^{2+}\text{의 농도(mg/L)} \times \frac{50}{(M^{2+}\text{당량})}$$

물은 그 경도에 따라 연수, 정수, 경수 및 높은 경수로 구분할 수 있다. 연수는 경도가 0~75 mg/L, 정수는 76~150 mg/L, 경수는 150~300 mg/L이며 300 mg/L 이상이면 높은 경수로 구분한다. 우리나라 수도 기준은 300 mg/L 이하로 정하고 있으나 음용수에 적합한 경도는 100 mg/L 이하가 좋고 보통 가장 맛있는 물은 경도가 50 mg/L 정도이다. 또 다른 경도의 형태로 금속이온을 중심으로 하는 구분과 이들 금속이온과 결합하는 음이온들에 의한 구분이 있다.

이러한 경도는 **일시경도**(temporary hardness)와 **영구경도**(permanent hard-ness)로 구별되고, 양자의 합을 **총경도**(Total hardness)라 한다.

만약 Ca^{2+}과 Mg^{2+} 등이 알칼리도를 이루는 탄산염(CO_3^{2-}), 중탄산염(HCO_3^-), 수산화물(OH^-) 등과 결합한 형태(예, $Ca(OH)_2$, $MgCO_3$ 등)로 있을 때는 이를 **탄산경도**(carbonate hardness)라 하며, 끓임에 의해서 침전이 형성되어 연수화(softening)되기 때문에 **일시경도**라고도 한다.

$$Ca^{2+} + 2HCO_3^- \xrightarrow{\text{heat}} CaCO_3\downarrow + CO_2 + H_2O$$

반면 Ca^{2+}과 Mg^{2+} 등이 비탄산이온인 황산염(SO_4^{2-}), 염소(Cl^-), 질산염(NO_3^-), 규산염(SiO_3^-)과 화합물(예, $CaSO_4$ 등)을 이루고 있을 때 나타나는 경도를 **비탄산경도**(non-carbonate hardness)라 하며, 이들은 끓임에 의해서 제거되지 않으므로 **영구경도**(permanent hardness)라고도 한다.

표 1.28 경도를 유발하는 주요 양이온과 이와 결합하는 음이온

경도를 일으키는 양 이온	Ca^{2+}	Mg^{2+}	Sr^{2+}	Fe^{2+}	Mn^{2+}
음이온	HCO_3^-	SO_4^{2-}	Cl^-	NO_3^-	SiO_3^{2-}

표 1.29 경도에 따른 물의 분류

mg/L as $CaCO_3$	경도(degree of hardness)
0～75	단물(soft, 연수)
75～150	약한 센물(moderately hard, 약한 경수)
150～300	센물(hard, 경수)
300 이상	대단히 센물(very hard, 고경수)

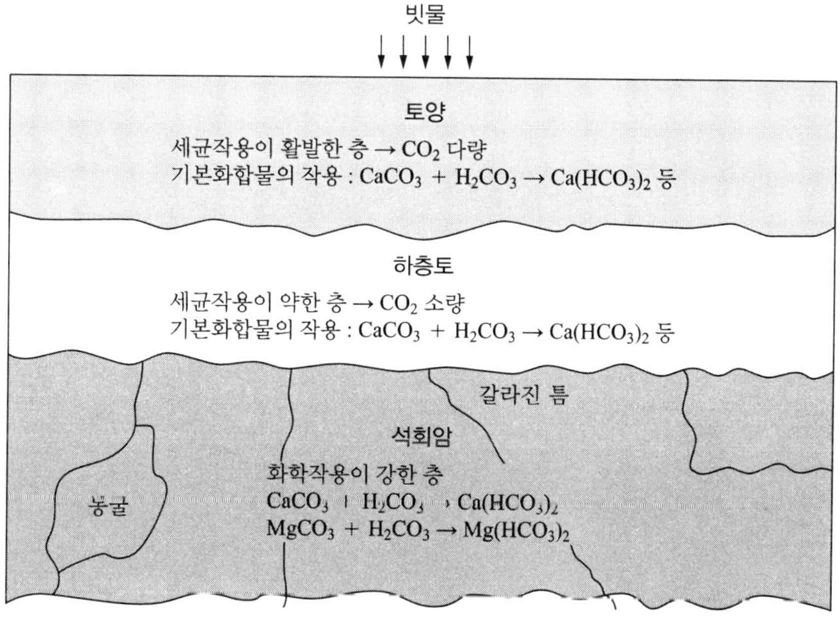

≫ 그림 1.20 이산화탄소와 경도를 유발하는 물질 용액의 근원

7.1.1 칼슘 및 마그네슘 경도

자연수에서 일어나는 경도의 대부분은 칼슘과 마그네슘에 의한 것이다. 따라서 물의 칼슘과 마그네슘 정도를 아는 것은 중요하다.

예를 들면, 석회-소오다회 연수화법에서 석회의 요구량을 계산하기 위해서는 마그네슘경도나 Mg^{2+} 양을 알아 둘 필요가 있는 것이다. 칼슘과 마그네슘경도는 완전한 화학적 분석으로부터 계산할 수도 있다. 이와 같은 자료는 항상 이용할 수 있는 것이 아니며, 칼슘과 마그네슘경도를 분리측정 할 수 있는 어떤 분석방법이 시행되기도 한

다. 만약 칼슘경도가 측정된다면 마그네슘경도는 다음과 같이 총경도에서 칼슘경도를 제거함으로써 얻어낼 수 있다.

총경도 - 칼슘경도 = 마그네슘경도

자연수에서 있어서 경도의 대부분은 두 이온에 기인한 것이기 때문에 이 방법은 신뢰성 있는 결과를 얻을 수 있다. 칼슘경도를 측정하기 위한 방법은 스트론튬경도를 포함하고 있다.

7.1.2 탄산염 및 비탄산염 경도

수중의 중탄산염과 탄산염 알칼리도를 합한 값에 화학적으로 대응하는 총경도는 탄산염경도로 간주한다. 알칼리도와 경도는 모두 $CaCO_3$로 표시되기 때문에, 탄산경도는 다음과 같이 나타낼 수 있다.

- 총경도 > 알칼리도이면
  일시경도(탄산경도, mg/L) = 알칼리도(mg/L)
- 총경도 < 알칼리도이면
  일시경도(탄산경도, mg/L) = 총경도(mg/L)

중탄산이온과 탄산이온이 결합된 탄산경도의 이온들이 보일러에서 또는 석회를 사용하는 연수화 과정 중에서 온도가 상승할 때 경도 부분을 침전시키는 경향이 있기 때문에 특별히 유의해야 한다.

탄산경도 이외의 경도를 비탄산경도(non-carbonate hardness)라고 부르며 다음과 같이 계산할 수 있다.

비탄산경도(영구경도) = 총경도 - 탄산경도(일시경도)

알칼리도는 물론 모든 형태의 경도가 $CaCO_3$로서 표시되고 있으므로 위 식들에 대한 계산은 직접 할 수 있다. 이런 것은 왜 알칼리도의 경도가 보통 $CaCO_3$로서 표시되고 있는지 그 이유에 대한 좋은 예이다.

7.1.3 가경도

Na^+을 많이 함유하고 있는 해수, 염수 및 기타 물은 공통이온효과(common ioneffect) 때문에 비누의 정상기능을 방해한다. 나트륨은 경도를 일으키는 양이온이 아니지만, 나트륨이 높은 농도로 존재할 때 나트륨 이온이 나타내는 작용을 **가경도**(pseudo hardness)라고 한다.

7.2 경도의 특성과 의의

물의 경도는 약산성(pH 5.6)의 빗물이 주로 토양과 암석층을 통과할 때 많은 물질을 용해시키면서 얻어지며, 빗물 자체로는 그 많은 양의 고형물을 용해시킬 만한 능력이 없다. 경도를 유발하는 용해능력은 흙에서 이루어지는 박테리아의 작용으로 인한 CO_2 탓으로 CO_2가 용해되고 탄산과 평형상태를 이루게 된다. 여기서 생긴 낮은 pH의 토양수는 염기성 물질인 석회암 등을 용해시키고 석회암 속의 탄산염, 황산염, 규산염 등을 포함시키게 된다.

따라서 센물은 주로 표토층이 두텁고 석회암층이 존재하는 곳에서 발생하기 쉽고 단물은 표토층이 얇고 석회암층이 없거나 드문 지역에서 발생한다. 또한 **지표수보다 지하수의 경도가 높다.**

물이 센물이 되면 물의 이용에 다음과 같은 영향이 있다.

- **센물은 세탁효과를 저하시킨다. 센물 속의 이온들이 비누와 먼저 결합반응하여 세척효과를 떨어뜨리며, 비누의 거품을 만드는데 다량의 비누가 소비된다.**
- **공업용수 특히 산업용 보일러, 온수관 등의 설비에 물때(scale)를 만들어 각종 장치의 장애를 일으키며 열효율을 떨어뜨린다. (물때는 보일러 용수에 스케일 유발, 세탁 용수로 불량, 복통, 설사 등을 유발한다.)**
- **위생적인 면에서 경도가 높은 물을 마실 때는 설사, 복통을 유발하게 된다. (먹는 물 기준 300 mg/L as $CaCO_3$를 넘지 아니해야 한다)**
- **필름 현상시 선명도가 낮아지며 양조용으로 사용 시 술 맛이 좋아진다고 한다.**

그러나 경도를 주로 구성하는 Ca^{2+}, Mg^{2+}은 인체에 필수적으로 필요한 미네랄로서 물 또는 음식으로부터 충분히 공급받아야 하며 물속에서는 Ca^{2+}보다 Mg^{2+} 양이 비교적 작게 존재하는 것이 일반적이다. 그 밖에 인체에 필요한 주요 미네랄은 Na^{+}, K^{+} 등이 있는데 **일본의 오카다 카키**는 인체의 건강에 중요한 이 네 가지 미네랄의 균형 비율을 다음과 같이 정한 바 있다.

$$\frac{Na^{+}\text{의 mg당량}}{K^{+}\text{의 mg당량}} = 0.1 \sim 0.5, \quad \frac{Mg^{2+}\text{의 mg당량}}{Ca^{2+}\text{의 mg당량}} = 0.1 \sim 0.5$$

경도의 이용은 다음과 같다.

- 가정 용수 및 공업 용수, 사용수의 적용 판정에 이용된다.
- 가장 경제적인 물의 연수화법 형식을 결정하는데 이용된다.
  (물의 연수화 공정 : 자비법, 석회-소오다회법, 이온교환법, 지올라이트법)
- 물의 연수화법을 조절하는데 이용된다.

예제 30

수질 분석 결과 다음과 같은 결과를 얻었다. 이 수질의 총경도는 얼마인가?

양이온	농도(mg/L)	음이온	농도(mg/L)
Na^{+}	10	Cl^{-}	30
Ca^{2+}	20	SO_4^{2-}	15
Mg^{2+}	24	NO_3^{-}	5
Sr^{2+}	2.2		

해설 Ca^{2+} : 20 mg/L × 50/20 = 50 mg/L as $CaCO_3$

Mg^{2+} : 24 mg/L × 50/12 = 100 mg/L as $CaCO_3$

Sr^{2+} : 2.2 mg/L × 50/43.8 = 2.5 mg/L as $CaCO_3$

∴ 총경도 = 50 + 100 + 2.5 = 152.5 mg/L as $CaCO_3$

재미있는 물 이야기

녹조현상은 물의 경고장

물은 왜 매년 카멜레온처럼 녹색으로 변하는 걸까? 날씨가 따뜻한 계절이 다가오면 미디어에선 어느 지역, 무슨 강, 하천이나 댐에서 녹조현상이 발생해 물고기가 떼죽음을 당했다는 보도를 하곤 한다. 우리는 매년 물의 녹색 경고장을 받고 있다. 바닷물이 붉게 변하는 적조현상이 있다면 담수에는 녹색으로 변하는 녹조현상이 있다. 날씨가 더워지면서 자연적으로 발생하는 현상이라고 생각하는 사람들도 많다. 하지만 녹조현상은 엄연히 수질환경오염현상이며 이로 인하여 매년 사회·경제·환경적 문제를 일으키고 있다.

녹조현상이 발생하면 유독성 물질과 물속의 산소 유입을 방해해서 악취와 더불어 물고기 및 수중식물이 죽게 된다. 오염지역에 따라 다르지만 전국의 녹조현상을 다 제거하기 위해서는 천문학적인 비용이 들어간다. 이러한 녹조현상의 대부분은 질소와 인 성분이 들어간 공장폐수, 도시하수가 강이나 댐으로 흘러들어가 영양염류의 부하량이 증가하면 맑고 깨끗한 물도 녹조현상이 발생하는 것이다.

사람이 아프면 색깔로 자기 몸에 경고장을 보내는데 반드시 치료를 해줘야 한다는 것은 일반적인 상식이다. 물도 마찬가지로 수질오염 같은 큰 병을 예방하기 위해서는 사전에 녹조현상의 주요 요인인 질소나 인 정도는 미리 정화해 주어야만 물의 색깔이 투명하게 유지될 수 있다. 맑고 깨끗한 수질확보를 위해서라도 물의 녹색 경고장을 무시해서는 안 된다. 자연생태계뿐만 아니라 우리의 먹는 물 문제에도 직결되기 때문이다.

출처 : etnews(http://www.greendaily.co.kr)

7.3 요점정리 및 연습문제

7.3.1 수질오염의 지표(경도) 요점정리

■ 경도(Hardness)의 정의 및 개요

- 물의 세기 정도를 나타내는 용어로서 물속에 용존하고 있는 Ca^{2+}, Mg^{2+}, Sr^{2+}, Fe^{2+}, Mn^{2+} 등의 2가 이상의 양이온을 $CaCO_3$(석회석)의 상당량으로 환산한 값을 말한다.
- 일반적으로 자연수에서 나타나는 경도는 칼슘과 마그네슘에 의해 대부분 나타난다.

■ 경도(Hardness)의 이용

- 가정용수 및 공업용수, 사용수의 적용 판정에 이용된다.
- 가장 경제적인 물의 연수화법, 형식을 결정하는데 이용된다.
- 물의 연수화법을 조절하는데 이용된다.

■ 탄산(일시)경도

- 경도 유발물질과 알칼리도 유발물질이 결합되어 있는 것을 말하며, 가열하면 침전 제거되는 경도로서 유발물질은 수산화물(OH^-), 중탄산염(HCO_3^-), 탄산염(CO_3^{2-}) 등이 있다.

■ 비탄산(영구)경도

- 경도 유발물질과 산도 유빌물질이 결합되어 있는 것을 말하며, 가열해도 제거되지 않는 경도로서 유발물질은 Cl^-, NO_3^-, SO_4^{2-} 등이 있다.

■ 경수의 영향

- 양조용으로 사용 시 술 맛이 좋아진다고 함.
- 먹는 물로 사용 시 위장 장애로 배탈이 일어날 수 있다.
- 세탁수로 사용 시 비누작용을 억제시킨다.
- 필름 현상 시 선명도가 낮아진다.
- 공업용수 특히 산업용 보일러용수로 사용 시 관석(scale) 형성으로 에너지 손실을 발생하므로 좋지 않다.

7.3.2 연습문제

01 다음 중 경도에 관련된 기술 내용 중 옳지 않는 것은 무엇인가? ㉮

㉮ 영구경도는 끓여서 제거 가능한 경도며, 일시경도는 Ca 및 Mg의 염산염, 황산염 등이다.

㉯ 경도에는 영구경도인 비탄산경도와 일시경도인 탄산경도가 있다.

㉰ 경도의 양은 탄산칼슘으로 환산하여 나타낸다.

㉱ Ca^{2+}와 Mg^{2+} 외에도 Fe^{2+}, Mn^{2+}, Sr^{2+} 등도 관련된다.

해설 : 끓여서 제거가 가능하기에 일시경도이다. Ca 및 Mg의 염산염, 황산염 등은 영구경도이다.

02 경수가 주는 영향으로 알맞지 않은 것은 무엇인가? ㉮

㉮ 온천수는 경수가 일반적이기 때문에 온천욕 을 하면 비누작용이 잘 일어나 피부가 미끈거리는 좋은 현상이 일어난다.

㉯ 경도값이 150～300 mg/L as $CaCO_3$를 경수라 한다.

㉰ 보일러 용수로 경수를 사용시 관내에 돌이 생긴다. 이를 관석(scale)이라 한다.

㉱ 경수는 양조용으로 많이 이용되기 때문에 과음을 하였을 경우 배탈이 일어나는 경우가 생긴다.

해설 : 경수는 비누작용이 잘 일어나지 않기 때문에 비누가 피부에 남아있어 미끈거리는 현상이 나타난다.

03 경도에 대한 설명으로 알맞지 않은 것은 무엇인가? ㉯

㉮ 경도가 75～150 mg/L 정도이면 비교적 약한 센물이다.

㉯ Ca^{2+}과 Mg^{2+}이 알칼리도와 결합되어 있으면 영구경도를 유발시킨다.

㉰ 경도를 유발시키는 것은 Ca^{2+}, Mg^{2+}, Fe^{2+}, Mn^{2+} 등이다.

㉱ 경도의 농도는 이온의 종류에 관계없이 $CaCO_3$로 환산된 값이다.

해설 : 알칼리도와 경도가 결합하면 일시경도(탄산경도)가 된다.

04 수질분석 결과가 다음과 같다. 이 시료의 총경도(as $CaCO_3$)의 값은 무엇인가? ㉮

Ca^{2+} = 420 mg/L, Mg^{2+} = 58.4 mg/L, Na^+ = 40.6 mg/L, SO_4^{2-} = 576 mg/L (단, 원자량은 Ca : 40, Mg : 24, Na : 23, S : 32이다.)

㉮ 1,293 mg/L ㉯ 1,343 mg/L ㉰ 1,462 mg/L ㉱ 1,512 mg/L

해설 : $경도(mg/L) = \left(\frac{420\ mg}{L}\left|\frac{2\ meq}{40\ mg}\right. + \frac{58.4\ mg}{L}\left|\frac{2\ meq}{24\ mg}\right.\right) \times \frac{100\ mg}{2\ meq} = 1{,}293.3\ mg/L$

05 칼슘(Ca) 등과 결합하여 영구경도를 조성하는 것은 무엇인가? ㉱

㉮ HCO_3^- ㉯ CO_3^{2-} ㉰ OH^- ㉱ SO_4^{2-}

해설 : 영구경도는 경도와 산도 유발물질이 결합해서 생성된다.

06 총경도가 200 mg/L이며 알칼리도가 120 mg/L인 경우 예측되는 비탄산경도 값으로 타당한 것은 무엇인가? ㉮

㉮ 60 mg/L ㉯ 90 mg/L

㉰ 120 mg/L ㉱ 200 mg/L

해설 : 비탄산경도는 (경도 − 알칼리도) 이하이므로 비탄산경도 = (200 − 120) mg/L 이하 = 80 mg/L 이하이다.

07 다음 중 경도(물의 세기)에 관한 설명 중 틀린 것은 무엇인가? ㉯

㉮ 경도는 물의 세기를 말하며, 2가 이상 양이온 금속의 함량을 탄산칼슘의 농도로 환산한 값이다.

㉯ 비탄산경도는 물을 끓일 때 제거되어진다.

㉰ 일반적으로 칼슘이온과 마그네슘이온이 경도의 주원인이 된다.

㉱ 경도에는 영구경도와 일시경도가 있다.

해설 : 탄산(일시)경도는 가열하면 제거될 수 있고, 비탄산(영구)경도는 열을 가해도 제거되지 않는다.

08 Ca^{2+}이온이 60 mg/L, Mg^{2+}이온 36 mg/L, Na^{+}이온이 46 mg/L이다. 총경도는 몇 mg/L(as $CaCO_3$)인가? ㉰

㉮ 100 ㉯ 200 ㉰ 300 ㉱ 400

해설 : $\text{경도(mg/L)} = \left(\frac{60\text{ mg}}{\text{L}}\left|\frac{2\text{ meq}}{40\text{ mg}}\right. + \frac{36\text{ mg}}{\text{L}}\left|\frac{2\text{ meq}}{24\text{ mg}}\right.\right) \times \frac{100\text{ mg}}{2\text{ meq}} = 300\text{ mg/L as } CaCO_3$

09 다음 설명 중 옳게 설명하지 않는 것은 무엇인가? ㉯

㉮ 탄산경도는 물을 끓일 때 제거 되어 진다.

㉯ 경도 값은 탄산마그네슘으로 환산하여 나타낸다.

㉰ 칼슘이온과 마그네슘 이온이 경도 유발의 주요 물질이다.

㉱ 경도값이 높다고 해서 무조건 나쁜 것은 아니나.

해설 : 경도, 알칼리도, 산도는 탄산칼슘($CaCO_3$)으로 환산된 값으로 나타낸다.

10 경도가 $CaCO_3$로서 500 mg/L이고 Ca^{2+}가 100 mg/L, Na^{+}이 46 mg/L, Cl^{-}이 1.3 mg/L인 물에서의 Mg^{2+}의 농도는 얼마인가?(단, 원자량은 Ca : 40, Mg : 24, Na : 23, Cl : 35.5이다.) ㉯

㉮ 30 mg/L ㉯ 60 mg/L

㉰ 120 mg/L ㉱ 240 mg/L

해설 : $500\text{(mg/L)} = \left(\frac{100\text{ mg}}{\text{L}}\left|\frac{2\text{ meq}}{40\text{ mg}}\right. + \frac{X\text{ mg}}{\text{L}}\left|\frac{2\text{ meq}}{24\text{ mg}}\right.\right) \times \frac{100\text{ mg}}{2\text{ meq}}$

$\therefore\ X = 60\text{ mg/L}$

8. 알칼리도(Alkalinity)

8.1 알칼리도의 개요

물의 **알칼리도**(alkalinity)는 산을 중화시킬 수 있는 능력의 척도로서 수소이온을 중화하기 위해 반응할 수 있는 물속의 이온량으로 정의된다. 즉 수중에 수산화물(OH^-), 탄산염(CO_3^{2-}), 중탄산염(HCO_3^-)의 형태로 함유되어 있는 알칼리성을 이에 대응하는 $CaCO_3$ 농도로 환산하여 나타낸 것으로 **물속에서 산을 중화시키는 능력의 척도**이다.

물속의 알칼리도에 기여하는 물질을 높은 pH 순으로 열거하면 **수산화물**(OH^-) > **탄산염**(CO_3^{2-}) > **중탄산염**(HCO_3^-) 순이며 주로 약한 산의 염이나 센 염기로 구성되어 있어 산을 첨가할 때 pH가 감소하는 것을 억제하는 완충작용을 하게 된다.

알칼리도 유발물질의 측정은 적정법으로 하며, 지시약으로는 **페놀프탈레인**(Phenol-phthalein)**과 메틸오렌지**(Methyl orange)**지시약**이 사용된다. 알칼리도는 0.02 N 황산으로 적정하여 측정하는 탄산칼슘 등가량(equivalent)으로 다음과 같이 환산하여 계산한다.

$$\text{알칼리도(as } CaCO_3 \text{ mg/L)} = \frac{A \times N \times 50 \times 10^3}{\text{시료량(mL)}}$$

여기서, A : 적정량(소비된 산의 부피)(mL)
N : 산의 N 농도

초기 pH가 8.3이 넘는 시료에 대하여는 두 단계로 적정을 시도한다. **첫 번째 단계**는 **pH가 8.3**으로 될 때까지 적정하며, 이때 **페놀프탈레인 지시약이 분홍색에서 무색으로** 변한다. **두 번째 단계**는 **pH가 4.5**로 될 때까지 적정하는데 **메틸오렌지 종말점**에 해당한다.

만일 해당시료가 8.3 이하일 때는 pH 4.5까지 한 번의 적정을 하며, pH 7 이하인 산성용액에서도 알칼리도를 가진다는 점을 유의해야 한다.

아래 그림 1.21에서 변곡점인 pH 8.3은 CO_3^{2-}이 HCO_3^-로 전환되는 당량점에 해당하고 두 번째 변곡점인 pH 4.5는 HCO_3^-이 탄산(H_2CO_3)으로 전환되는 당량점에 해당한다. 알칼리도를 추정하기 위해 산을 가할 때 수산화물은 pH가 10으로 감소되는 동안 완전히 중화되며 탄산이온은 pH가 8.3이 될 때 탄산수소이온으로 전환되며 이 변곡점까지 측정한 알칼리도를 페놀프탈레인 알칼리도(Phenolphthalein Alkalinity)라고 한다.

탄산염 및 수산화물을 포함한 시료를 pH 8.3 이하로 계속 적정해 가면 탄산수소이온이 주입된 산과 반응하여 탄산으로 전환되며(pH 4.5 부근), 이때까지 주입된 산을 $CaCO_3$로 환산한 것을 총알칼리도(Total Alkalinity)라고 한다.

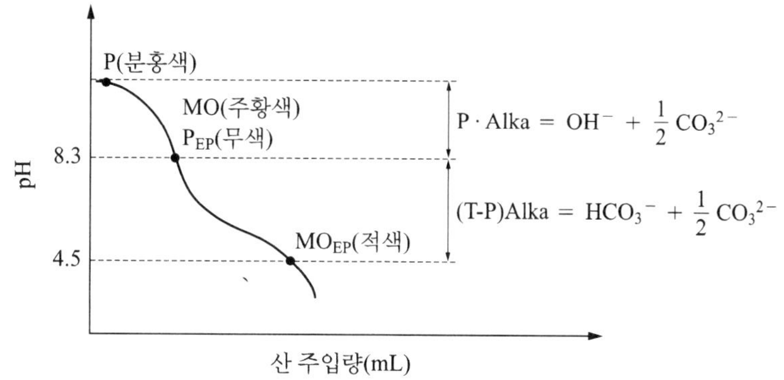

≫ 그림 1.21 pH와 알칼리도와의 관계

8.1.1 P-알칼리도(Phenolphthalein Alkalinity)

(1) pH가 12 정도 높은 시료를 산(HCl, H_2SO_4)으로 적정할 때 pH가 점점 감소하게 된다. 이때 페놀프탈레인 지시약을 사용하면, 최초의 분홍색으로부터 pH가 8.3이 되었을 때 무색이 된다.

(2) 이때까지 소요된 산의 양을 탄산칼슘($CaCO_3$)의 양으로 환산한 값을 P-알칼리도라 한다.

8.1.2 M-알칼리도(Methyl orange Alkalinity)

(1) 메틸오렌지 지시약을 넣고 산을 주입하면 주황색이 pH 4.5에서 분홍색이 있는 주홍색으로 변하게 된다.

(2) 이때 최초의 pH에서 pH 4.5인 주홍색 지점까지 주입한 산의 양을 탄산칼슘($CaCO_3$)의 양으로 환산한 값을 M-알칼리도라 한다.

표 1.30 여러 가지 알칼리도가 공존하는 시료의 적정 결과

산 주입결과	OH^-	CO_3^{2-}	HCO_3^-	pH
$P=0$	0	0	T	8.3 이하
$P<\frac{1}{2}T$	0	$2P$	$T-2P$	8.3 이상 11 이하
$P=\frac{1}{2}T$	0	T 또는 $2P$	0	9.5 이상
$P>\frac{1}{2}T$	$2P-T$	$2T-2P$	0	10 이상
$P=T$	T	0	0	매우 높다.

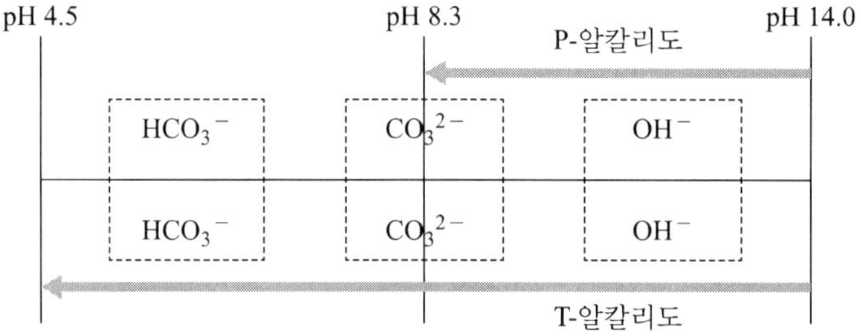

그림 1.22 pH 구간별 알칼리도 형태의 분포

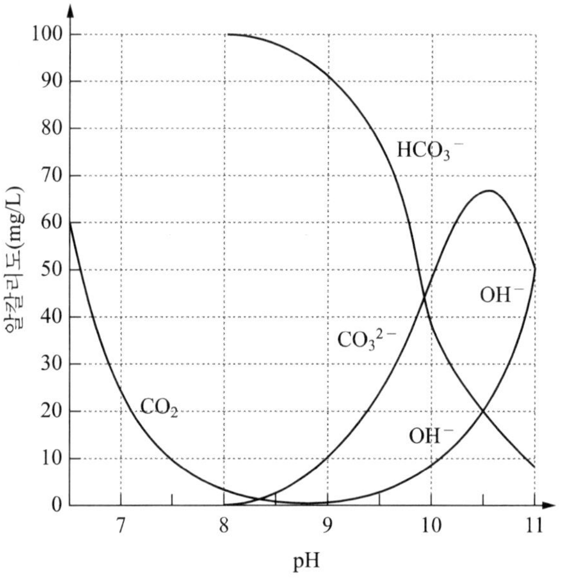

그림 1.23 pH 값에 따른 탄산가스와 세 가지 형태의 알칼리도 사이의 관계 (25℃에서 총알칼리도 100 mg/L를 가진 물에서의 그래프)

8.2 용액속의 알칼리도 존재 상태

8.2.1 OH^-만 존재하는 경우의 알칼리도

pH가 매우 높으며, 산을 주입시키는 경우 사실상 페놀프탈레인 종말점만 찾을 수 있고 이때 OH^-는 페놀프탈레인 알칼리도가 된다.

$$OH^- \text{ 알칼리도(as } CaCO_3 \text{ mg/L)} = \frac{P \times N \times 50 \times 10^3}{V[\text{시료량(mL)}]}$$

8.2.2 탄산염(CO_3^{2-})만 존재하는 경우의 알칼리도

pH 9.5 이상이며, 페놀프탈레인 종말점이 총알칼리로 종말점의 반이 되며, 탄산이온은 총알칼리도와 같다.

$$CO_3^{2-} \text{ 알칼리도(as } CaCO_3 \text{ mg/L)} = \frac{T \times N \times 50 \times 10^3}{V[\text{시료량(mL)}]}$$

8.2.3 OH^-과 탄산염(CO_3^{2-})이 공존하는 경우의 알칼리도

pH가 보통 10 이상이고 페놀프탈레인 알칼리도가 총알칼리도의 절반보다 높으며, 총알칼리도와 페놀프탈레인 알칼리도 차이의 두 배가 CO_3^{2-}이고 나머지는 OH^-이다.

$$OH^- \text{ 알갈리도(as } CaCO_3 \text{ mg/L)} = \frac{(2P - T) \times N \times 50 \times 10^3}{V[\text{시료량(mL)}]}$$

$$CO_3^{2-} \text{ 알칼리도(as } CaCO_3 \text{ mg/L)} = \frac{2(T - P) \times N \times 50 \times 10^3}{V[\text{시료량(mL)}]}$$

8.2.4 중탄산염(HCO_3^-)과 탄산염(CO_3^{2-})이 공존하는 경우의 알칼리도

pH가 보통 8.3에서 11 사이이며, 페놀프탈레인 알칼리도의 두 배가 CO_3^{2-}이고 나머지는 HCO_3^-이다.

$$CO_3^{2-} \text{ 알칼리도(as } CaCO_3 \text{ mg/L)} = \frac{2P \times N \times 50 \times 10^3}{V[\text{시료량(mL)}]}$$

$$HCO_3^- \text{ 알칼리도(as } CaCO_3 \text{ mg/L)} = \frac{(T - 2P) \times N \times 50 \times 10^3}{V[\text{시료량(mL)}]}$$

8.2.5 중탄산염(HCO_3^-)만 존재하는 경우의 알칼리도

pH가 보통 8.3 이하이며, 총알칼리도는 HCO_3^-이다.

$$HCO_3^- \text{ 알칼리도(as } CaCO_3 \text{ mg/L)} = \frac{A \times N \times 50 \times 10^3}{V[\text{시료량(mL)}]}$$

8.3 자연수의 알칼리도와 pH

일반적으로 많은 양의 알칼리도를 함유한 물은 쓴맛을 내며, 수중에서 다른 양이온들과 반응하여 침전물을 형성하게 되며, 그 결과 관과 다른 부속시설의 파손을 가져올 경우도 있다. 이러한 알칼리도를 생성하는 과정은 CO_2와 미생물의 분해에 의해 이루어지며 자연수 중에서 CO_2와 알칼리도의 3가지 형태는 평형상태를 유지하게 되고 이러한 반응은 다음과 같다.

$$CO_2 + H_2O \rightleftarrows H_2CO_3 \rightleftarrows HCO_3^- + H^+$$

$$M(HCO_3)_2 \rightleftarrows M^{2+} + 2HCO_3^-$$

$$HCO_3^- \rightleftarrows CO_3^{2-} + H^+$$

$$CO_3^{2-} + H_2O \rightleftarrows HCO_3^- + OH^-$$

위의 식에서 M은 금속원자를 나타내며, 탄산가스와 알칼리도의 세 가지 형태는 모두 평형상태를 이루고 있다. 자연수의 알칼리도는 주로 지질층(석회암 등의 광물)을 통과함으로써 이루어지는데 그 외에 공장폐수 등의 오염에 기인한 것도 있다.

자연수중의 알칼리도는 주로 중탄산염의 형태로 존재하며 탄산염이나 수산화물 형태는 적다. 이것은 수중의 CO_2가 탄산염과 수산화물을 다음과 같이 중탄산염으로 변화시키기 때문이다.

$$CO_2 + CaCO_3 + H_2O \rightarrow Ca(HCO_3)_2$$

$$2CO_2 + Ca(OH)_2 \rightarrow Ca(HCO_3)_2$$

따라서 중탄산염은 수중의 OH^-를 거의 내놓지 않으므로 pH가 증가되지 않으며, 특히 용해된 CO_2가 많을수록 그러한 현상이 뚜렷해진다. 그러나 중탄산염을 많이 포함한 물을 가열하면 CO_2가 뛰쳐나와 대기 중으로 방출되므로 중탄산염은 탄산염으로 되어 물속에 OH^-을 내어 알칼리성을 띄게 된다.

8.4 알칼리도 자료의 이용

알칼리도에 관련되는 자료는 수질분야에 많이 이용되고 있다. 알칼리도는 공중 보건상 그 영향은 크지 않으나 고농도일 경우에는 물에서 불쾌한 맛을 나타낼 수 있다. 깨끗한 자연수에서는 토양을 통과하면서 CO_2와 염기성 물질이 반응하여 상당량의 탄산수소염이 형성되고 이것이 물의 알칼리도를 일으키는 주된 물질이 된다. **알칼리도 자료의 수질분야 이용**을 살펴보면, **응집제를 투여하여 적정 pH를 유지하고 응집 효과를 촉진시키는 분야, 물의 연수화 과정에서 석회 및 소오다회의 주입량 계산 분야, 부식제어, 용·폐수와 슬러지의 완충용량 계산 분야 및 생물학적 처리방법에 있어서 예비조작 분야에 많이 이용**되고 있다.

즉, 화학적 응집분야에서 알칼리도는 응집이 유효할 수 있는 pH범위 이내로 물을 완충하는 작용을 하며 알칼리도는 효과적이고 완전한 응집이 일어나도록 하기 위해서 응집제에서 유리되는 산에 의해 파괴되는 알칼리도를 초과하는 분량 이상으로 있어야 한다. 또한 물의 연수화 과정에 있어서 알칼리도는 석회 및 소오다회의 소요량을 계산하는데 고려되지 않으면 안 되는 주요 항목이며, 부식제어 분야에 있어서 알칼리도를 모르면 LSI(Langelier saturation index, 포화지수)를 계산할 수 없게 된다. **알칼리도 측정**은 **폐수와 슬러지의 완충용량을 계산하는 수단으로 이용되며, 용·폐수 및 산업폐수의 처리에 있어서도 알칼리도는 pH 조절에 중요**하다.

예제 31 pH가 10.0인 물 100 mL를 메틸오렌지를 넣고 지시약으로 하고, 0.04 N H_2SO_4로 적정하였더니 8.5 mL가 소요되었다. 이 때 이 물의 알칼리도는 몇 mg $CaCO_3$/L 인가?

해설 알칼리도(mg/L) = (8.5 mL × 0.04 N × 50 × 10^3 mg)/100 mL

= 170 mg/L as $CaCO_3$

보충설명

LSI(Langelier Saturation Index)

LSI(랑게리아 포화지수) 또는 SI 포화지수는 물의 부식을 판단하는 지수이다. 물이 $CaCO_3$를 용해시키지도 않고 침전시키지도 않을 때 그 물은 안정하다. 즉, 물의 pH가 평형점 이상으로 증가하면 $CaCO_3$ 침전으로 결석(scale)이 형성되고, 평형점 이하로 내려가면 $CaCO_3$를 용해시켜 부식성이 있게 된다.

* SI = pH − pHs로부터 SI 값이 ＋이면 결석(관석)현상이 나타나며,
SI 값이 −이면 부식성을 나타낸다.

부식

pH : pH가 낮으면 부식속도 증가, pH가 높으면 부식속도 감소
용존산소 : 부식반응속도 증가시킴
잔류염소 : 금속의 부식을 증대시킴
구리 : 갈바니 전지가 만들어진 배관에 구멍 야기

경도와 알칼리도의 관계

1. 총경도 ≤ M-알칼리도일 경우
탄산경도(일시경도) = 총경도
비탄산경도(영구경도) = 0

2. 총경도 ≥ M-알칼리도일 경우
탄산경도(일시경도) = 알칼리도
비탄산경도(영구경도)
→ (총경도 − 알칼리도) ≥ 산도인 경우, 비탄산경도(영구경도) = 산도
→ (총경도 − 알칼리도) ≤ 산도인 경우, 비탄산경도(영구경도) = (총경도 − 알칼리도)

8.5 요점정리 및 연습문제

8.5.1 수질오염의 지표(알칼리도) 요점정리

■ 알칼리도(Alkalinity)의 정의 및 개요

- 수계에 산이 유입될 때 이를 중화시킬 수 있는 능력의 척도로 표시되며 알칼리도 유발물질은 OH^-(수산기), CO_3^{2-}(탄산염), HCO_3^-(중탄산염)이며, 산이 유입될 경우 중화시킬 수 있는 물질이다.
- 알칼리도 유발물질의 측정은 적정법으로 하며, 지시약으로는 페놀프탈레인과 메틸오렌지 지시약이 사용된다.
- 알칼리도 유발물질이 존재하는 pH 범위로는 4.5～14까지이다.

■ 알칼리도 자료의 이용

- 산업폐수 처리 시 적정 pH 조건 유지
- 물의 연수화 과정에서 석회, 소오다회 주입량 계산
- 응집과정에서 응집제 주입시 적정 pH 유지 및 응집효과
- 부식제어 변수인 Langelier 포화지수 계산 시 이용
- 생물학적 폐수 처리를 위한 적정 pH

■ P-알칼리도

- pH가 12 정도 높은 시료를 산(HCl, H_2SO_4)으로 적정할 때 pH가 점점 감소하게 된다.
- 이때 페놀프탈레인 지시약을 사용하면, 최초의 분홍색으로부터 pH가 8.3이 되었을 때 무색이 된다.
- 이때까지 소모된 산의 양을 탄산칼슘($CaCO_3$)의 양으로 환산한 값을 의미한다.

■ M-알칼리도

- 메틸오렌지 지시약을 넣고 산을 주입하면 주황색이 pH 4.5에서 분홍색이 있는 주홍색으로 변하게 된다.
- 이때 최초의 pH에서 pH 4.5인 주홍색 지점까지 주입한 산의 양을 탄산칼슘($CaCO_3$)의 양으로 환산한 값을 의미한다.

■ Langelier Index : 부식의 판단여부와 이온상태와 침전상태의 기준

- $LI > 0$: 과포화 상태 → 침전
- $LI < 0$: 불포화 상태 → 부식(용존)

8.5.2 연습문제

01 다음 중 알칼리도에 대한 설명 중 틀린 것은 무엇인가? ㉰

㉮ 자연수중의 알칼리도 원인물질은 HCO_3^-, CO_3^{2-}, OH^-이다.

㉯ 총알칼리도를 측정할 때 사용하는 지시약은 메틸 오렌지이다.

㉰ 총알칼리도는 처음 pH에서 pH 5.3까지 소요된 산의 양을 $CaCO_3$로 환산한 양을 말한다.

㉱ 자연수의 알칼리도는 석회암등의 지질에 의해 변할 수 있다.

해설 : 총알칼리도는 처음 pH에서 pH 4.5까지 소요된 산의 양을 $CaCO_3$로 환산한 양을 말한다.

02 중탄산염이 많이 포함된 물을 가열하였을 경우 pH 변화는 어떻게 되는가? ㉮

㉮ 올라간다. ㉯ 내려간다.

㉰ 변화없다. ㉱ 내려가다 다시 올라간다.

해설 : 중탄산염이 포함된 물을 가열하면 OH^- 발생으로 pH는 높아진다.

03 알칼리도 자료를 이용할 수 있는 경우와 거리가 먼 것은 무엇인가? ㉮

㉮ 폐수의 용해도적 및 산, 염기 평형농도 계산

㉯ 부식 제어에 관련되는 중요한 변수인 Langelier 포화지수 계산

㉰ 응집제 투입시 적정 pH유지 및 응집효과 촉진

㉱ 물의 연수화를 위한 석회 및 소다회의 소요량 계산

해설 : 알칼리도의 자료 이용은 폐수의 용해도적 및 산, 염기 평형농도 계산과 거리가 멀다. 산업폐수 처리시 적정 pH 조건 유지.

04 알칼리도에 관한 설명 중 알맞지 않은 것은 무엇인가? ㉯

㉮ M-알칼리도는 최초의 pH에서 pH 4.5까지 소요된 산의 양을 $CaCO_3$ ppm으로 환산한 값이다.

㉯ 총알칼리도는 M-알칼리도와 P-알칼리도를 합친 값이다.

㉰ 총경도 ≤ M-알칼리도일 때 탄산경도 = 총경도이다.

㉱ 알칼리도, 산도는 pH 4.5 ~ pH 8.3 사이에서 공존한다.

해설 : 총알칼리도 = M(T)-알칼리도이다.

05 알칼리도 유발물질 중 CO_3^{2-}와 HCO_3^-가 존재하는 조건으로 알맞은 것은 무엇인가? (단, P는 페놀프탈레인 알칼리도, M은 총알칼리도임) ㉱

㉮ $P>1/2M$　　㉯ $P=0$

㉰ $P=1/2M$　　㉱ $P<1/2M$

해설 :

산 주입결과	OH^-	CO_3^{2-}	HCO_3^-	pH
$P=T$	0	0	T	8.3 이하
$P<1/2T$	0	$2P$	$T-2P$	8.3 이상 11 이하
$P=1/2T$	0	T or $2P$	0	9.5 이상
$P>1/2T$	$2P-T$	$2T-2P$	0	10 이상
$P=T$	T	0	0	매우 높다.

06 물속에 녹아 있는 이온의 양은 그 물의 액성(pH)를 결정한다. 다음 중 물의 액성이 pH>7에 해당하는 항목은 무엇인가? ㉰

㉮ NO_3, Cl, H^+　　㉯ CO_3, CO_3^{2-}

㉰ HCO_3^-, OH^-　　㉱ Na^+, K^+

해설 : pH가 높을수록 알칼리도 유발물질이 많다.

07 pH 8인 물에서 가장 많이 존재하는 알칼리도 유발 물질은 무엇인가? ㉱

㉮ CO_2　　㉯ CO_3^{2-}

㉰ OH^-　　㉱ HCO_3^-

해설 : pH<5 : CO_2, 5<pH<9 : HCO_3^-, pH>9 : CO_3^{2-}

08 다음 알칼리도 적정결과를 나타낸 것이다. 괄호에 알맞은 것은 무엇인가? ㉰

㉮ $P=T$　　㉯ $P=1/2T$

㉰ $P<1/2T$　　㉱ $P>1/2T$

해설 :

산 주입결과	OH^-	CO_3^{2-}	HCO_3^-	pH
$P=T$	0	0	T	8.3 이하
$P<1/2T$	0	$2P$	$T-2P$	8.3 이상 11 이하
$P=1/2T$	0	T or $2P$	0	9.5 이상
$P>1/2T$	$2P-T$	$2T-2P$	0	10 이상
$P=T$	T	0	0	매우 높다.

09 다음 설명에서 잘못된 것은 무엇인가? ㊁

㉮ 총경도 ≥ 알칼리도인 경우 탄산경도는 알칼리도와 같다.

㉯ 페놀프탈레인 알칼리도가 총알칼리도의 반보다 작을 경우 존재하는 알칼리도 유발 물질은 수산기와 탄산염이다.

㉰ 총경도 < 알칼리도인 경우 탄산경도는 총경도와 같다.

㉱ 페놀프탈레인 알칼리도가 0인 경우 총 알칼리도는 중탄산염 알칼리도와 같다.

해설 : $P<1/2T$ 존재할 수 있는 알칼리도 유발물질은 중탄산염(HCO_3^-)과 탄산염(CO_3^{2-})이다.

10 pH 9.2인 시료 100 mL를 pH 8.3 및 pH 4.5로 중화시키는데 0.1 N-HCl 용액이 각각 10 mL, 30 mL가 소모되었다. 이 시료의 페놀프탈레인 알칼리도와 총알칼리도는 각각 몇 mg/L인가? ㉮

㉮ P-알칼리도 : 500 mg/L as $CaCO_3$, T-알칼리도 : 1,500 mg/L as $CaCO_3$

㉯ P-알칼리도 : 1,500 mg/L as $CaCO_3$, T-알칼리도 : 500 mg/L as $CaCO_3$

㉰ P-알칼리도 : 5,000 mg/L as $CaCO_3$, T-알칼리도 : 15,000 mg/L as $CaCO_3$

㉱ P-알칼리도 : 15,000 mg/L as $CaCO_3$, T-알칼리도 : 5,000 mg/L as $CaCO_3$

해설 : P-알칼리도 $= \dfrac{A \times N \times 50{,}000}{V} = \dfrac{10 \times 0.1 \times 50{,}000}{100} = 500$ mg/L as $CaCO_3$

T-알칼리도 $= \dfrac{A \times N \times 50{,}000}{V} = \dfrac{30 \times 0.1 \times 50{,}000}{100} = 1{,}500$ mg/L as $CaCO_3$

9. 산도(Acidity)

9.1 산도의 개요

산도는 수중의 탄산과 황산, 염산, 질산 및 유기산 등과 같은 산을 중화시킬 수 있는 능력의 척도로 알칼리도와 상대적인 개념이며, 산을 중화시키는데 필요로 하는 알칼리분을 이에 대응하는 $CaCO_3$로 환산한 값이다. 산도는 M-산도와 P-산도가 있고 P-산도는 T-산도와 같다.

산도 유발 대표적인 유발물질은 황산염(SO_4^{2-}), 규산염(SiO_3^{2-}), 염소(Cl^-), 질산염(NO_3^-) 등이며, 산도 유발물질이 존재하는 pH 범위는 0~8.3까지이며 산도 유발물질과 알칼리도 유발물질이 공존하는 pH 범위는 4.5~8.3이다.

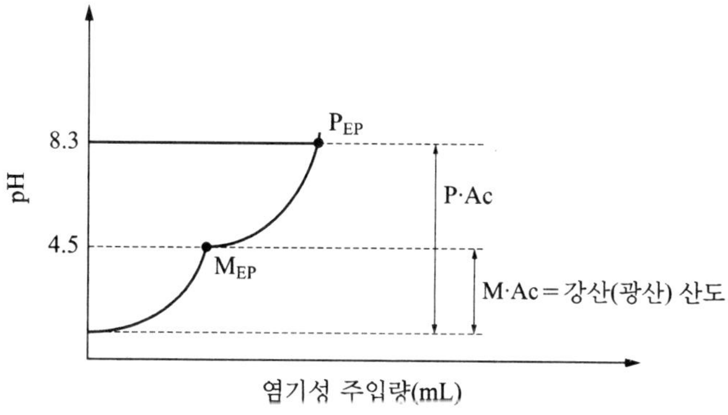

≫ 그림 1.24 pH와 산도와의 관계

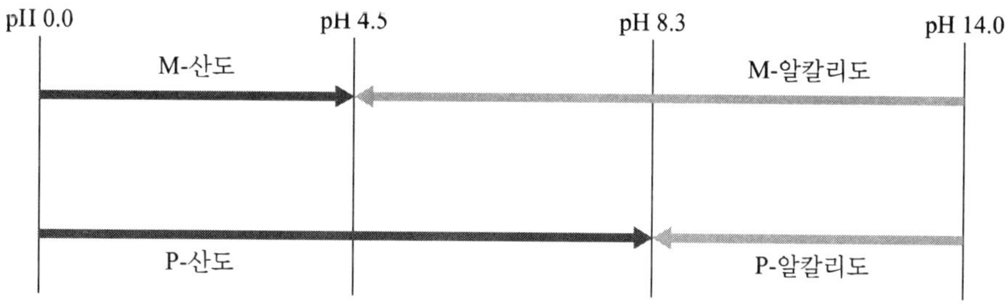

≫ 그림 1.25 pH 구간별 산도와 알칼리도의 분포

- **P-산도 = T-산도** → pH 8.3 이하에서 존재하는 산도
- **M-산도** → pH 4.5 이하에서 존재하는 산도

9.2 탄산가스와 무기산도

산도는 위생학적 측면에서 별로 문제가 되지 않는다. 왜냐하면 CO_2의 농도가 과잉으로 함유된 자연수 및 음료수를 마셔도 아무런 해가 없는 것으로 확인되었다.

무기산도를 함유한 물은 보통 맛이 없고 불쾌하지만 인간의 건강상에는 무해한 것으로 나타났다. 일반적으로 산성수는 부식성과 부식 유발물질이 문제이며, 이를 제거하는 데는 많은 경비가 소요된다. 대부분의 물에 있어서 부식인자는 이산화탄소이나, 산업폐수에 있어서는 무기산도가 그 인자가 된다. 탄산가스나 무기산도는 석회나 석회소오다회 방법에 의한 물의 연수화 과정에서 제거되어야 한다. 생물학적 방법에 의해 폐수를 처리하는 과정에서는 pH가 6～9.5의 범위 내로 유지되어야 하는 것이 보통이다. 이 기준은 폐수처리의 처리효율을 높이기 위한 예비 조작으로 화학약품을 이용하는데 이를 화학약품의 양을 결정하는 기준은 일반적으로 산도 값을 근거로 한다.

CO_2의 측정은 상수처리 분야에서 특히 중요하다. 새로운 수원의 개발에 있어서 상수원은 처리방식과 필요시설에서 고려되어야 하는 중요한 요인인 것이다. 상수원이 지하수인 경우 이산화탄소에 의한 부식 특성을 제거하기 위한 처리가 필요하다. 따라서 이산화탄소를 제거하는 방법으로 폭기법 또는 석회나 수산화나트륨을 사용하는 중화법을 이용할 것인지를 선택하는 기준에서 산도는 매우 중요한 인자가 된다. 장치의 크기, 화학약품의 요구량, 저장공간 및 처리비 등 모두가 이산화탄소의 함량에 의해 결정된다.

무기산도를 함유하는 대개의 산업폐수는 강이나 하수도에 배출되거나 또는 어떤 종류의 처리이든 처리대상이 되기 이전에 중화하지 않으면 안 된다. 그리고 화학약품의 양, 약품 주입기의 크기, 저장장소의 규모 및 비용 등은 산도에 관한 실험실적 자료로부터 결정되는 것이다.

예제 32 시료 50 mL에 0.02 N NaOH로 측정한 결과 13.5 mL가 소요되었다. 이 때 pH가 8.3이 되었다면 이 시료의 총산도는 몇 mg $CaCO_3$/L인가?

해설 총산도(mg/L) = (13.5 mL × 0.02 N × 50 × 10^3 mg)/50 mL

= 270 mg/L as $CaCO_3$

9.3 요점정리 및 연습문제

9.3.1 수질오염의 지표(산도) 요점정리

■ 산도(Acidity)의 정의 및 개요

- 수중에 알칼리의 유입 시 이를 중화시킬 수 있는 능력의 척도로 알칼리도와 상대적인 개념이며, M-산도와 P-산도가 있고 P-산도는 T-산도이다.
- 산도 유발물질은 SO_4^{2-}, SiO_3^{2-}, Cl^-, NO_3^- 등이며, 염기성 물질이 유입될 경우 중화시킬 수 있는 물질이다.
- 산도 유발물질이 존재하는 pH 범위는 0～8.3까지이며 산도 유발물질과 알칼리도 유발물질이 공존하는 pH 범위는 4.5～8.3이다.

■ pH와 산도와의 관계 그래프

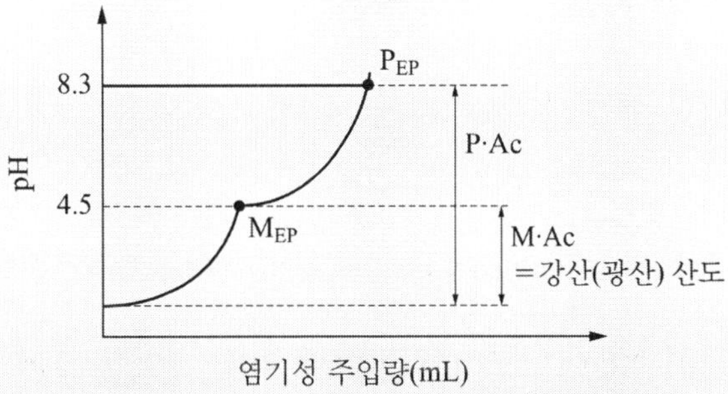

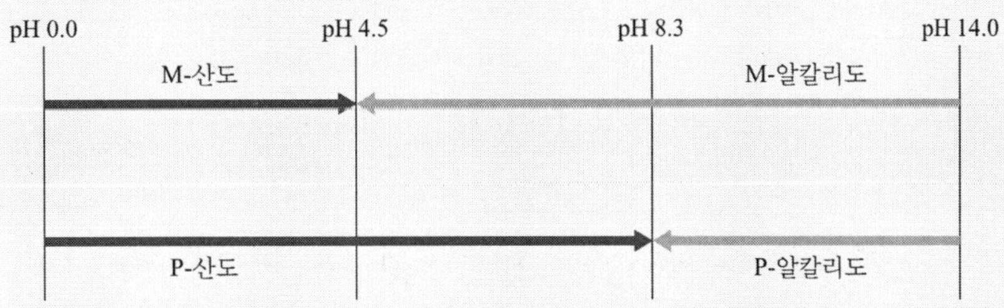

9.3.2 연습문제

01 다음 중 가경도(pseudo hardness) 유발 물질로 가장 대표적인 것은 무엇인가? ㉯

㉮ 칼륨　㉯ 나트륨　㉰ 철　㉱ 염소

해설 : 가(유사)경도 유발 물질 중 가장 대표적인 알칼리도 물질은 나트륨이다.

02 다음 중 산도 유발물질이 아닌 것은 무엇인가? ㉱

㉮ SO_4^{2-}　㉯ Cl^-

㉰ NO_3^-　㉱ HCO_3^-

해설 : 산도 유발물질은 SO_4^{2-}, SiO_3^{2-}, NO_3^-, Cl^- 등이다.

03 다음 중 산도 유발물질과 알칼리도 유발물질이 공존하는 pH 범위는 얼마인가? ㉰

㉮ pH 4.5 이하　㉯ pH 8.3 이상

㉰ pH 4.5～8.3　㉱ pH 0～8.3

해설 : 산도 유발물질이 존재하는 pH 범위는 0~8.3까지이며 산도 유발물질과 알칼리도 유발물질이 공존하는 pH 범위는 4.5~8.3이다.

04 다음 중 유사경도와 관련된 물질은 무엇인가? ㉯

㉮ Cl^-　㉯ Na^+

㉰ NO_3^-　㉱ H^+

해설 : 유사경도는 가경도로 유발 물질은 나트륨이다.

05 시료 100 mL에 0.01 N-NaOH로 측정한 결과 10.0 mL에서 pH가 8.3이 되었다면 총산도는 몇 mg as $CaCO_3$/L인가? ㉮

㉮ 50　㉯ 100

㉰ 500　㉱ 1,000

해설 : 총산도 $= \dfrac{A \times N \times 50{,}000}{V} = \dfrac{10 \times 0.01 \times 50{,}000}{100} = 50$ mg/L as $CaCO_3$

06 총경도가 200 mg/L이며, 산도가 50 mg/L인 경우 예측되는 탄산경도 값이 아닌 것은 무엇인가? ㉱

㉮ 50 mg/L as $CaCO_3$　㉯ 150 mg/L as $CaCO_3$

㉰ 200 mg/L as $CaCO_3$　㉱ 250 mg/L as $CaCO_3$

해설 : 총경도≤알칼리도인 경우, 탄산경도=총경도이며, 비탄산경도=0
총경도≥알칼리도인 경우, 탄산경도=알칼리도
(총경도－알칼리도)≥산도인 경우, 비탄산경도=산도
(총경도－알칼리도)<산도인 경우, 비탄산경도=(총경도－알칼리도)이 문제에서 알칼리도 값이 없으므로 예측되는 탄산경도는 200 mg/L 이하는 모두 가능한 값이 된다.

07 총경도가 200 mg/L이며 알칼리도가 120 mg/L인 경우 예측되는 비탄산경도 값으로 타당한 것은? ㉣

㉮ 200 mg/L　　㉯ 120 mg/L

㉰ 90 mg/L　　㉱ 60 mg/L

해설 : 비탄산경도는 (경도 − 알칼리도) 이하이므로 비탄산경도 = (200 − 120) mg/L 이하 = 80 mg/L 이하이다.

08 다음 설명에서 올바르지 않은 것은 무엇인가? ㉰

㉮ P-알칼리도는 최초의 pH에서 pH 8.3까지 소요된 산의 양을 mg/L as $CaCO_3$로 환산한 값이다.

㉯ 알칼리도, 산도 유발물질은 pH 4.5 ~ 8.3 사이에서 공존한다.

㉰ 총경도 ≤ M-알칼리도일 때, 탄산경도 = M-알칼리도이다.

㉱ M-알칼리도는 최초의 pH에서 pH 4.5까지 소요된 산의 양을 $CaCO_3$의 ppm으로 환산 한 값이다.

해설 : 총경도≤M−알칼리도인 경우 탄산경도 = 총경도이다.

09 다음 설명에서 올바르지 않은 것은 무엇인가? ㉯

㉮ 총알칼리도를 메틸오렌지 알칼리도라 할 수 있다.

㉯ 총알칼리도란 pH 4.3까지 적정시킬 때 소요되는 산의 양을 $CaCO_3$로 환산한 값을 말한다.

㉰ 알칼리도 유발물질로는 수산화물, 탄산염, 중탄산염 등이 있다.

㉱ 알칼리도는 어떤 수계에 산이 유입될 때 이를 중화시킬 수 있는 능력의 척도로 표시된다.

해설 : 총알칼리도란 pH 4.5까지 적정시킬 때 소요되는 산의 양을 $CaCO_3$로 환산한 값을 말한다.

10 알칼리도에 관한 설명 중 알맞지 않은 것은 무엇인가? ㉣

㉮ 알칼리도, 산도는 pH 4.5 ~ pH 8.3 사이에서 공존한다.

㉯ M-알칼리도는 최초의 pH에서 pH 4.5까지 소요된 산의 양을 $CaCO_3$ ppm으로 환산 한 값이다.

㉰ 총경도 ≤ M-알칼리도일 때 탄산경도 = 총경도이다.

㉱ 총알칼리도는 M-알칼리도와 P-알칼리도를 합친 값이다.

해설 : 총알칼리도 = M(T)−알칼리도이다.

10. 대장균군(E-Coliform group)

대장균은 보통 사람이나 동물 등의 온혈동물의 장기에 서식하는 미생물인데, 이들이 수중에서 검출되었다 함은 전염성 병원균을 지닌 동물들의 배설물이 대장균과 같이 배출될 수 있음을 짐작할 수 있다. 특히, 콜레라, 이질, 장티푸스, 간염 등의 전염병을 일으키는 병원균 등이 장내에서 대장균과 더불어 배출되어, 이 물을 상수원으로 이용 시에는 전염병의 감염가능성을 예상할 수 있는 잠재적 오염현상(potential contamination)이라고 볼 수 있다.

대장균군은 그람 음성의 무아포성 간균으로써 35℃에서 48시간 이내에 Lactose를 발효시키는 막대기형 상의 호기성 및 임의성 세균들이다. 이중에서 *Escherichia Coli* (*E. Coli*)는 분변성 대장균(fecal coli)으로서 분변으로 배출되는 대장균군의 약 90%를 차지하여 주관심의 대상이다.

수인성 전염병을 일으키는 각종 미생물을 평가 분석하는 대신에 보통 대장균군을 조사하여 그 오염가능성을 평가하는 이유는 다음과 같다.

- 대장균은 동물의 배설물 중에 대체로 쉽게 발견되며 검출이 용이하다.
- 대장균은 병원균보다 실험방법이 쉽고 저항력이 강하며 생존능력이 크다. 단, Virus 병원균보다는 소독에 대한 저항력이 약해 문제점이 되고 있다.
- 대장균이 검출되지 않으면 병원균에 오염되었다 할지라도 이미 사멸되었음을 의미한다. 즉, 대장균이 검출되지 않으면 병원성 균도 존재하지 않음을 의미한다.

※ 소독에 대한 저항은 바이러스 > 대장균 > 병원균 순이다. 그러므로 소독해서 대장균이 사멸하였다면 병원균도 모두 사멸했다고 추정할 수 있다. 그러나 병원균은 염소처리에 대하여 대장균보다 강한 내성을 보이기 때문에 대장균이 검출되지 않더라도 병원균은 존재할 수 있어 염소 소독은 예외이다.

대장균의 수를 나타내기 위하여 최확수(Most Probable Number, MPN)라는 방법이 사용되며, 이는 검수 100 mL 내에 들어있는 세균의 수를 말한다. 음료수 수질기준에는 검수 50 cc 중에서 검출되지 아니할 것으로 규정되어 있다. 먹는물 또는 식료품에 대장균이 검출되는 경우 보건상 또는 위생상 지표로 이용이 된다. 즉, 병원성 균에 존재가능성을 의미한다. 또한 수계에서 대장균군이 많이 검출되었을 경우는 분변성 오염물이 유입되었음을 의미하며 수계에 대장균군의 검출은 분변성 오염의 지표로 이용이 된다. 대장균군과 마찬가지로 병원성 미생물에 의하여 오염될 잠재력을 평가하는 또 다른 실험방법은 일반세균에 관한 실험이다. 보통 일반세균은 하천 배지에서 무리를 형성할 수 있는 생균을 말하며 음용수 수질기준에는 검수 1 cc 중 100을 넘지 아니할 것으로 규정되어 있다.

대장균군의 수 산정식 중 Tomas 근사식은 아래와 같으며, 지수가 100인 경우 최소 검수량 0.01 mL에서도 대장균군이 검출되었음을 의미하며 지수가 클수록 오염도가 높고 지수가 작을수록 오염도는 낮다.

$$\mathrm{MPN} = \frac{\text{양성수} \times 100}{\sqrt{\text{음성시료(mL)} \times \text{전시료(mL)}}}$$

보충설명

수인성 전염병

1. 수인성 전염병의 특징

- 먹는 물 사용지역과 전염병 발생지역이 같음
- 전 연령층에 대해 환자는 폭발적으로 증가
- 2차적 감염환자는 적음
- 사망률(치사율)은 낮음

2. 수인성 전염병의 종류

- 장티푸스(병원체 : 살모넬라, Salmonella Typhi)
- 콜레라(병원체 : 비브리오, Vibrio Cholerae)
- 이질(병원체 : 시겔라, Shigella)
- 파라티푸스(병원체 : 살모넬라, Salmonella enterica)
- 유행성 간염

10.1 요점정리 및 연습문제

10.1.1 수질오염의 지표(대장균군) 요점정리

■ 대장균군(E-Coliform group)의 정의 및 개요

- 대장균은 인축의 장 내에서 서식하는 균으로 그램 음성, 무아포성 간균으로 유당(젖당)을 분해하여 산과 가스를 발생하는 호기성균 또는 혐기성균을 말하며, 어떤 수계에 대장균이 검출되면 인축 배설물에 의한 오염이 이루어졌다는 것을 뜻하고 또한 수인성 전염병원균의 존재 가능성을 시사한다.
- 대장균군은 병을 직접 유발시키는 균은 아니다.
- 일반적으로 음용수의 수질 기준은 검수 50 mL에 대하여 검출되지 않아야 한다.

■ 대장균군(E-Coliform group)을 검출하는 이유

- 대장균은 동물의 배설물 중에 대체로 쉽게 발견되며 검출이 용이하다.
- 대장균은 병원균보다 실험방법이 쉽고 저항력이 강하며 생존능력이 크다. 단, Virus 병원균보다는 소독에 대한 저항력이 약해 문제점이 되고 있다.
- 대장균이 검출되지 않으면 병원균에 오염되었다 할지라도 이미 사멸되었음을 의미한다. 즉, 대장균이 검출되지 않으면 병원성균도 존재하지 않음을 의미한다.

■ 대장균군 실험법 중 최적확수법(MPN : Most Probable Number)의 정성시험 순서

- 추정시험
- 확정시험
- 완전시험 3단계로 이루어짐

■ 분원성 대장균군 실험법 중 최적확수법의 정성시험 순서

- 추정시험
- 확정시험 2단계로 이루어지며 배양온도는 44.5℃임

■ 수인성 전염병의 특징

- 먹는 물 사용지역과 전염병 발생지역이 같다.
- 전 연령층에 대해 환자는 폭발적으로 증가한다.
- 2차적 감염환자는 적다.
- 사망률(치사율)은 낮다.

10.1.2 연습문제

01 대장균군이 오염의 지표세균으로서 널리 이용되는 이유와 거리가 가장 먼 것은 무엇인가? ㉰

㉮ 소독에 대한 저항력은 병원균보다 강하다.
㉯ 검출이 용이하고 검사법이 간단하다.
㉰ 물의 유기물 오염도에 비례하여 증식한다.
㉱ 병원균에 비해 물속에서 오래 생존한다.

해설 : 대장균군 : 물의 유기물 오염도에 비례하여 증식하지는 않는다.

02 대장균군에 대한 설명 중 틀린 것은 무엇인가? ㉮

㉮ 호기성균만 있다.
㉯ 젖당을 분해한다.
㉰ 무아포성이다.
㉱ 그램음성균이다.

해설 : 대장균은 그람음성 무아포성 간균, 젖당(유당)을 분해하여 산과 가스를 형성하는 호기성, 혐기성균이다.

03 대장균의 지수가 100인 것에 대한 설명 중 가장 알맞은 것은 무엇인가? ㉰

㉮ 최대검수량 0.01 mL에서 대장균군이 검출되었음을 의미한다.
㉯ 최대검수량 100 mL에서 대장균군이 검출되었음을 의미한다.
㉰ 최소검수량 0.01 mL에서 대장균군이 검출되었음을 의미한다.
㉱ 최소검수량 100 mL에서 대장균군이 검출되었음을 의미한다.

해설 : 대장균군의 지수란 대장균군을 검출한 최소검수량의 역수를 말하므로, 지수가 100의 최소검수량은 1/100 mL, 즉 0.01 mL에서 대장균군이 검출되었음을 의미한다.

04 대장균이 음료수에서 검출될 경우 오염수로 판정된다. 그 이유로 가장 알맞은 것은 무엇인가? ㉯

㉮ 대장균은 번식 때에 독소를 분비하여 인체에 해를 끼치기 때문이다.
㉯ 인축의 배설물에 의한 오염이 이루어졌음을 뜻하고 따라서 병원성 세균의 존재 추정이 가능하기 때문이다.
㉰ 병원균 자체가 검출이 용이한 병균이기 때문이다.
㉱ 대장균은 반드시 저항력이 강한 병균과 공존하기 때문이다.

해설 : 대장균이 음료수에 검출된 경우 분변성 오염이 되었다는 것을 의미하며, 따라서 병원성 세균이 존재가능성을 추정할 수 있다.

05 대장균군(coliform group)이 수질오염 지표로 이용되는 이유가 아닌 것은 무엇인가?

㉮ 검사법이 용이하고 저항력이 강하다. ㉰

㉯ 수중에 대장균군이 많으면 병원성 미생물이 존재할 가능성이 있다.

㉰ 대장균군을 많이 섭취하면 즉시 발병하기 때문이다.

㉱ 대장균군이 많으면 분뇨를 포함한 하수가 유입되었음을 추측할 수 있다.

해설 : 대장균군 자체는 병원성 균이 아니므로 섭취했다고 해서 즉시 발병되는 것은 아니다.

06 대장균군에 대한 설명 중 틀린 것은 무엇인가? ㉱

㉮ 대장균군의 지수가 클수록 오염도가 높다.

㉯ 분원성 대장균군은 온혈동물의 분에서 발견되는 대장균의 90% 이상을 차지한다.

㉰ 일반적으로 병원성 균보다 저항력이 강하며 검출방법이 쉽다.

㉱ 분원성 대장균군의 정량실험은 추정실험, 완전실험 2단계로 이루어진다.

해설 : 대장균군은 시험법은 대장균군 시험법과 분원성 대장균군 시험법 두 가지가 있다. 대장균군 시험법에서 정성시험은 추정, 확정, 완전시험으로 3단계로 이루어져 있으며, 분원성 대장균군 시험법에서 정성시험은 추정, 확정시험으로 2단계로 이루어져 있다.

07 대장균군에 대한 설명 중 맞는 것은? ㉱

㉮ 그램음성 포아성 간균이다.

㉯ 대장균군의 지수란 대장균군을 검출한 최대검수량의 역수이다.

㉰ 대장균군의 존재는 반드시 병원성 균이 존재함을 의미한다.

㉱ 대장균군의 지수가 100인 경우 검출된 검수량 0.01 mL에서도 대장균군이 검출되었음을 의미한다.

해설 : 대장균군의 존재로 반드시 병원성 균에 존재로는 볼 수 없고, 존재가능성이 높다고는 할 수 있다.

08 대장균군 시험결과 시험관 5개에 대한 양성관수는 5, 5, 3, 1, 1이었다면 최적 확수를 구하기 위한 양성관수 선택으로 알맞은 것은? (단, 시험에 사용된 검수는 10 mL, 1 mL, 0.1 mL, 0.01 mL, 0.001 mL임) ㉰

㉮ 5, 1, 1 ㉯ 5, 3, 1

㉰ 5, 3, 2 ㉱ 5, 5, 1

해설 : 최적확수시험에서 양성관수선택은 3set 선택하되 내림순서가 양호한 것을 선택한다. 그러나 예외로 마지막이 1, 1로 끝날 경우 올림을 하여 5, 5, 3, 2, 0보며 선택은 5, 3, 2이다.

09 대장균에 관한 설명 중 잘못된 것은 무엇인가? ㉯

㉮ 병원균에 비해 물속에서 오래 생존한다.

㉯ Virus보다 소독에 대한 저항력이 강하다.

㉰ 병원균보다 저항력이 강하다.

㉱ 대장균이 검출되지 않으면 설령 병원균에 의한 오염이 있었다 해도 이미 사멸되었음을 의미한다.

해설 : 대장균군은 Virus보다 저항력이 약하다.

10 대장균군에 대한 설명으로 잘못된 것은 무엇인가? ㉮

㉮ MPN(Most probable number)란 1 mL당 존재하는 대장균군의 수를 말한다.

㉯ 대장균군의 지수란 대장균군을 검출한 최소검수량의 역수를 말한다.

㉰ 대장균군에 대한 정의는 그램음성 무아포성 간균으로 유당을 분해하여 산과 가스를 발생하는 호기성균 또는 혐기성균을 말한다.

㉱ 대장균이 검출되지 않으며 병원성 균도 존재하지 않음을 의미한다.

해설 : MPN은 100 mL당 존재하는 대장균군의 수를 말한다.

제6절 수질환경 미생물

1. 수질오염과 미생물의 특성

박테리아, 균류, 조류 등과 같은 미생물들은 물과 토양에서 발견되는 여러 가지 화학반응의 촉매 역할을 한다. 즉, 박테리아는 유기물이 관련되어있는 산화·환원 반응에 매개체로 작용한다.

1.1 미생물과 용존산소(DO)의 관계

미생물을 용존산소와 관련시키면 크게 호기성(Aerobic) 미생물과 혐기성(Anaerobic) 미생물로 분류할 수 있다. 공기 중의 산소나 수중의 용존산소를 이용하여 호흡하는 미생물을 호기성 미생물이라 하며 용존산소가 없는 상태에서 화합물을 분해하여 그 속에 결합되어 있는 산소를 이용하는 미생물을 혐기성 미생물이라 한다.

산소 요구도에 따르면 대체로 다음과 같이 3개 미생물 군으로 분류할 수 있다.

① Aerobic microbic(호기성 미생물)
용존산소(DO)를 전자수용체로 사용(조건 : 용존산소량이 풍부한 경우)

② Anaerobic microbic(혐기성 미생물)
질산염(NO_3^-)이나 황산염(SO_4^{2-})을 전자수용체로 사용하며, 용존산소는 독성물질로 작용(조건 : 용존산소량이 없는 경우)

③ Facultative microbic(임의성 미생물)
산소가 존재할 경우에는 이것을 이용하며, 산소가 없는 경우에는 질산염(NO_3^-)이나 황산염(SO_4^{2-})을 전자수용체로 사용(조건 : 용존산소량이 부족한 경우)

호기성, 혐기성, 임의성 미생물은 각각 호기성, 혐기성, 임의성 환경에서 성장하는 미생물이라고 할 수 있다. 즉, 혐기성 미생물을 호기성 환경 하에서 성장시킬 수 없으며, 마찬가지로 호기성 미생물은 혐기성 환경에서 성장할 수 없다. 그러나 임의성 미생물은 호기성이나 혐기성 환경에서 성장할 수 있다.

1.2 미생물과 먹이(영양원)의 관계

미생물의 먹이가 되는 물질은 유기물과 무기물로 분류될 수 있다. 유기물을 주로 섭취해서 성장하는 미생물을 Heterotrophic microbic(종속영양 미생물)이라 하고, 무기물을 주로 섭취하는 미생물을 Autotrophic microbic(독립영양 미생물) 이라고 한다.

① Heterotrophic microbic(**종속영양 미생물**)

자신의 생체를 만드는데 필요한 탄소와 에너지를 이미 합성된 유기물질을 통해서 얻는다. (예 : Rhodopseudomonas, 박테리아, 균류, 유황 환원세균 등)

② Autotrophic microbic(**독립영양 미생물**)

가장 간단한 무기물질을 이용하여 생존에 필요한 단백질, 효소, 기타물질을 합성한다. (예 : 조류, 질산화 미생물, 황산화 미생물, 철산화 세균 등)

이처럼 미생물은 탄소와 에너지 공급원에 의해 크게 두 분류로 나뉜다. 에너지원에 따른 두 분류의 에너지원과 탄소원을 다음 표 1.31과 표 1.32에 나타내었다.

표 1.31 **자가(독립)영양 미생물**

명 칭	에너지원	주 탄소원
광합성 자가(독립)영양 미생물	빛	CO_2
화학합성 자가(독립)영양 미생물	무기물의 산화·환원 반응	CO_2

광합성 자가(독립)영양 미생물은 탄소원으로 CO_2를 에너지원으로 태양 빛을 이용하여 간단한 무기물질로부터 복잡한 영양물질을 만들어 낸다. 광합성 독립영양 미생물로는 녹조류를 예로 들 수 있다. 조류는 광합성을 하는 식물로서 광합성(탄소동화작용)을 식으로 표현하면 아래와 같다.

$$6CO_2 + 6H_2O \rightarrow C_6H_{12}O_6 + 6O_2$$

화학합성 독립영양 미생물은 탄소원으로 CO_2를 이용하고 무기 화합물의 산화로부터 발생되는 에너지를 사용한다. 환경공학에서 많이 언급되는 대표적인 독립영양 미생물은 질산화 박테리아를 들 수 있다. 다음은 대표적인 독립영양 미생물의 표현식이다.

$$2NH_3 + 3O_2 \rightarrow 2HNO_2 + 2H_2O + \text{energy}$$ (질산화미생물 : *Nitrosomonas*)

$$2NO_2^- + O_2 \rightarrow 2NO_3^- + \text{energy}$$ (질산화미생물 : *Nitrobacter*)

$$2S + 3O_2 + 2H_2O \rightarrow 2H_2SO_4 + \text{energy}$$

표 1.32 타가(종속)영양 미생물

명 칭	에너지원	주 탄소원
광합성 타가(종속)영양 미생물	빛	유기탄소
화학합성 타가(종속)영양 미생물	유기물의 산화·환원 반응	유기탄소

종속영양미생물은 에너지원으로 유기 탄소화합물을 이용한다. 즉, 에너지·생산영양물질로서 독립영양미생물이 만든 당, 단백질, 지방과 같은 유기탄소 물질을 이용하며 종속영양미생물은 외부의 유기질원을 요구하는 유기체이다.

1.3 미생물과 온도와의 관계

미생물과 온도와는 매우 밀접한 관계가 있다. 대체적으로 약 5~35℃에서 온도가 10℃ 증가함에 따라 미생물의 성장속도(반응속도)는 약 2배로 증가된다. 이 온도 범위 내에서 잘 성장하는 미생물을 친온성(중온성) 미생물(Mesophilic microbes)이라고 하며, 만약 온도가 35℃ 이상이라면 효소가 분해되어 버린다. 따라서 35℃ 이상의 환경에서는 친온성 미생물이 성장할 수 없다. 반면 65℃나 70℃까지 잘 성장하는 미생물을 친열성(고온성) 미생물(Thermophilic microbes)이라고 하며, 0℃ 부근에서 잘 성장하는 미생물을 친냉성(저온성) 미생물(Psychrophilic microbes)이라고 한다. 이러한 구분을 그림으로 표시하면 그림 1.26과 같다.

표 1.33 온도별 미생물의 종류

온도별 미생물의 종류	온 도
친열성(고온성) 미생물(Thermophilic microbes)	50~75℃
친온성(중온성) 미생물(Mesophilic microbes)	15~45℃
친냉성(저온성) 미생물(Psychrophilic microbes)	0~15℃

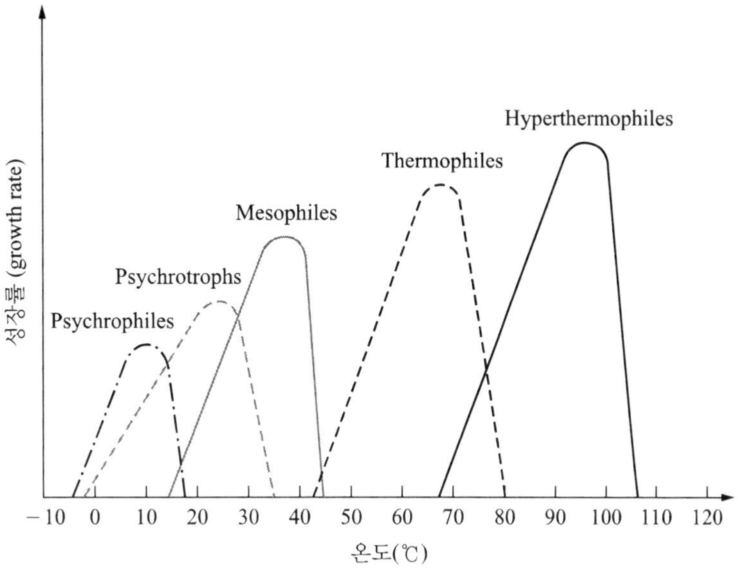

그림 1.26 미생물과 온도와의 관계

1.4 미생물과 수소이온농도(pH)와의 관계

수소이온농도(pH)는 온도와 함께 효소의 활성에 중요한 영향을 미치는 요인이다. 수소이온농도가 미생물의 증식에 적절한 범위를 벗어나면 효소의 입체구조에 변성(denaturation)이 발생한다. 효소가 변성되면 기질(substrate)과 결합하는 활성부위의 기능이 상실되어 효소로서의 기능을 상실한다. 미생물들의 종에 따라 효소의 특성이 다르므로 미생물들의 생존이 가능한 pH 범위는 서로 다르다. 미생물들을 생존 가능한 pH 범위에 의하여 다음과 같이 나눌 수 있다.

① **호산싱 미생물**(acidophile)

호산성 미생물은 pH 5.5 미만에서도 증식이 가능하다.

② **호중성 미생물**(neutrophile)

호중성 미생물이 증식 가능한 pH 범위는 5.5～8.0 정도이다. 대부분의 세균과 원생동물은 호중성이다.

③ **호염기성 미생물**(alkalophile)

호염기성 미생물은 pH 8.0 이 넘는 조건에서도 증식이 가능하다. pH 10 이상에서 증식이 가능한 극호염기성 미생물(cxtreme alkalophile)도 존재한다.

보충설명

효모(Yeast)

- 비사상성 곰팡이
- 넓은 범위의 온도 및 pH에 적응하기 때문에 자연수계에서 높은 농도로 발견됨.
- 포자를 만들지 않는 효모는 불완전균류에 속함.
- 비사상성으로 무성생식의 하나인 출아에 의해서 번식하는 곰팡이로 넓은 범위의 온도 및 pH에 적응 가능한 미생물임.

2. 종류별 미생물의 특징

2.1 박테리아(세균)

박테리아는 가장 간단한 식물로서 엽록소가 없을 경우 동물로 분류되며, 엽록소가 존재할 경우 식물로 분류하고 있다. 박테리아는 엽록소가 없지만 먹이섭취 등으로 보면 식물과 거의 유사하여 식물로 분류한다. 일반적으로 0.8~5 μm이고 무게는 10^{-12} g 정도로 아주 작은 단세포생물로서 겨우 무성생식을 행하며 세포분열에 의해서 증식하고 핵은 원시 핵으로 핵막이 없는 게 특징이다.

박테리아는 엽록소가 없어 탄소동화작용은 못하지만 가장 간단한 식물계로서 수중에 용해된 용존 유기물을 섭취해 생존하며 그 세포는 아래 그림 1.27과 같다.

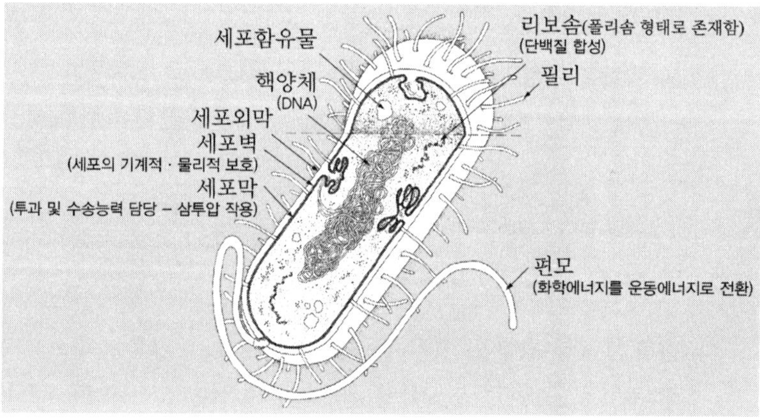

》 그림 1.27 박테리아(세균)의 구조

박테리아의 모양은 나선모양(나선균), 공모양(구균), 막대모양(간균) 등이 있으며 일반적으로 박테리아의 내부는 여러 가지 유기물로 구성되어 있다.

◆ **박테리아의 경험적 분자식**

- **호기성 박테리아 경험적 분자식** : $C_5H_7O_2N$
- **혐기성 박테리아 경험적 분자식** : $C_5H_9O_3N$

박테리아의 구성은 **약 80%가 물이고, 20%가 고형물**인데, 고형물중의 90%는 유기물로서 C(53%), H(6%), O(29%), N(12%)으로 구성되어 있으며 나머지 10%는 무기물로서 P로 구성되어 있다. 따라서 미생물을 이용해서 생물학적으로 폐수처리를 하고자 할 때는 박테리아가 잘 자라도록 각각의 구성 성분을 폐수 내에 충분히 유지하여야 하며 부족 시에는 영양소를 주입하여야 한다. 폐수처리 시 미생물이 잘 자라도록 하는 적정 영양원 비는 BOD : N : P의 **성분비가** 100 : 5 : 1이다.

박테리아는 pH 및 기타 환경조건에 매우 민감하다. 낮은 pH에서 견딜 수 있는 것도 있지만 최적값은 보통 6.5~7.5 정도이며, 최대 및 최저값은 각각 4.0과 9.5이다.

2.1.1 철·망간 박테리아

Ferrobacillus, Gallionella, Crenotrix, Sphaerotilus(Sphaerothrix), Leptotrix 등과 같은 **철 산화 박테리아**는 독립영양 미생물로서 철 화합물을 이용하여 동화작용에 필요한 에너지를 얻는다. 그 과정은 아래와 같다.

$$4Fe^{2+} + 4H^{+} + O_2 \rightarrow 4Fe^{3+} + 2H_2O + energy$$

탄소를 얻는데 있어서도 유기물질 대신에 CO_2를 이용하기 때문에 유기물질이 없는 환경에서도 생존이 가능하다.

2.1.2 박테리아에 의한 황의 변화

황산염(SO_4^{2-})**의 환원 박테리아**(Desulfovibrio)는 종속영양미생물로서 그 과정은 아래와 같다.

$$SO_4^{2-} + 2CH_2O + 2H^{+} \rightarrow H_2S + 2CO_2 + 2H_2O$$

호기성 무색 **산화 황 박테리아**(Thiobacillus, Beggiatoa, Chlorobium, Thiooxidans)는 H_2S를 산화시켜 동화작용에 필요한 에너지를 얻으며 그 과정은 아래와 같다.

$$2H_2S + O_2 \rightarrow 2S + 2H_2O\text{(Beggiatoa)}$$
$$2S + 2H_2O + 3O_2 \rightarrow 4H^+ + 2SO_4^{2-}$$

2.2 균류(Fungi, 곰팡이류)

균류(Fungi)는 광합성을 하지 않는 유기체로서 사상체 구조를 하고 있다. 자신의 에너지를 얻기 위하여 균사를 다른 유기체에 뻗어 기생생활을 하는 종속영양미생물로 이들은 에너지를 유기물질에 의존하고 전분, 섬유소, 고급 알코올 같은 탄수화물과 지방은 물론 단백질과 기타 질소계 물질을 분해하며 **경험적 분자식은** $C_{10}H_{17}O_6N$이다. 균류의 크기는 일반적으로 폭 5～10 μm이고 구성물질의 75～80%가 물로 이루어져 있다.

균류는 순수 호기성으로 유리 또는 용존산소가 존재하여야만 생장하며, 최적온도는 20～30℃이고 최적 pH는 3.0～4.0 정도로 낮은 상태에서 잘 성장한다. 또한 유기산과 암모니아(NH_3)를 생성해 pH를 변화시킨다.

균류는 박테리아보다 큰 호기성이며, 강한 산성용액과 중금속의 농도가 높은 용액에서 생존력이 박테리아보다 강한 특성을 가지고 있고 **폐수 처리 시 생장조건이 맞질 않아 박테리아 대신 균류가 많이 발생하게 되면 최종 또는 2차 침전에서 슬러지 팽화(Sludge bulking)현상을 유발**하여 고액분리가 안되어 정상적 유출수보다 부유물질 농도가 높아진다. 이는 균류가 많이 발생하면서 가늘고 긴 균사가 엉켜서 마치 실오라기처럼 눈으로도 볼 수 있는 것들이 수면상에 떠오르기 때문이다.

적정 영양원 비는 BOD : N : P의 **성분비가** 100 : 2 : 1이다.

2.3 조류(Algae)

조류(Algae)는 보통 엽록소(chlorophyll)를 갖는 다세포의 광합성 식물이며 CO_2, NH_3 및 PO_4^{3-}을 이용하여 새로운 세포와 산소를 생산한다. 많은 남조류는 질소를 고정할 수 있으며 **조류에 의한 주·야간 활동 반응**은 다음과 같다.

◆ 주간 → 광합성 작용(탄소 동화작용)

CO_2 + H_2O + 빛 energy
→ CH_2O(세포물질) + O_2(CO_2 소비로 pH 높아짐)
$6CO_2$ + $12H_2O$ + 빛 energy → $C_6H_{12}O_6$ + H_2O + O_2

◆ 야간 → 호흡 작용

O_2(호흡) → CO_2 생성(CO_2 생성으로 pH 낮아짐)

조류는 박테리아가 유기물질을 분해시켜 생기는 최종산물로부터 스스로 산소를 생산하여 호기성계를 유지시킨다. 유기물질이 없으면 조류의 성장은 물속의 광물성분에 의존한다. 그래서 경도가 높은 물에서는 중탄산염(HCO_3^-)으로부터 CO_2를 사용하므로 경도는 감소되고 pH는 증가하게 된다. 조류는 DO 균형에 미치는 영향과 또는 심각한 냄새와 맛의 문제를 일으키는 성질 때문에도 물에서 매우 중요하다. 냄새와 맛의 문제는 호수에서 대형조류의 증식을 방지하는 조치를 해야 해결이 된다.

조류의 **경험적인 분자식은** $C_5H_8O_2N$이다.

2.3.1 청녹조류(blue green algae)

청녹조류(blue green algae)는 섬유상이나 군락상의 단세포로 편모가 없다. 이들은 수적으로 대량 성장하여 수체의 표면을 거의 덮을 정도로 늘어나는 수가 있다. 이 종류가 급증식 하는 것은 **수화현상(water blooms)**으로 알려지고 있다. 청녹조류에 의해 물에서 생기는 냄새는 보통 풀냄새이나 대량 생장된 것이 계절적으로 분해하기 시작할 때는 돼지우리 냄새로 바뀔 수가 있다. 청녹조류는 표면수의 온도가 높은 더운 늦여름에는 특히 많다.

보충설명

청녹조류(Cyanophyceae)
- 일명 남조류라 하며, 대체로 단세포 식물로서 수표면에 대량으로 이동하면서 성장하는 것을 물꽃(water bloom)이라 함.
- 미량 원소만 있어도 잘 성장하며, 정체수역에 N, P가 유입되면 부영양화를 발생시킴.
- 용존산소의 부족으로 어류의 폐사, pH의 하강, 적조현상, 악취발생 등을 발생시키며, 남조류는 광합성에서 항상 "Chlorophyll-a"라고 하는 특수한 엽록소가 필요함.

2.3.2 녹조류(green algae)

녹조류(green algae)는 단세포와 다세포가 있으며 비운동성이 있는가 하면 유영편모(swimming flagella)와 가느다란 운동기관을 갖춘 것도 있다. 이들과 관련한 냄새는 물고기냄새 또는 수초냄새이다. 청녹조류와 마찬가지로 녹조류는 여름철에 가장 풍부하다.

2.3.3 규조류(diatome)

규조류(diatome)는 보통 단세포이며 드물게 군락을 이루고 있는 수도 있다. 이들은 규조토로 찬 세포벽을 가지며 때로는 운동성이다. 초기 지질시대에 호수에 번성했던 규조류의 축적된 잔해가 가끔 거대한 규조토 퇴적층을 형성한다. 규조류에 의해 배출되는 경우 정유는 가끔 물에 방향취, 때로는 물고기 냄새를 첨가하고 있다. 규조류는 봄과 가을에 순간적인 급성장을 보이는데, 이것은 **호수의 역전**(turn-over)과 관계가 있다.

> **보충설명**
>
> **규조류**
>
> - 황조류 엽록소 a, c와 크산토필의 색소를 가지고 있고 세포벽이 형태상 독특한 단세포 조류이며, 찬물 속에서 잘 자라 북극지방에서나 겨울철에 번성하는 것을 발견할 수 있는 조류
> - 수중에서 서식하는 다음의 조류 중 세포벽이 sillica로 구성되어 있는 조류
> - 봄과 가을에 순간적 급성장을 보여 호수의 성층현상과 관련 있는 것으로 판단되는 조류로 보통 단세포이며 드물게 군락을 이루고 있는 경우가 있다. 초기 지질시대에 호수에 번성하여 축전된 잔해가 가끔 거대한 퇴적층을 형성하기도 함.
>
> **남조류**
>
> - 섬유상이나 군락상의 단세포로 구성되면 수적으로 대량 성장하여 수체표면을 거의 덮을 정도로 늘어나는 수가 있으며, 물에서 생기는 냄새는 보통 풀냄새이나 대량으로 성장된 것이 분해하기 시작할 때는 가축분뇨와 같은 냄새로 바뀔 수 있는 수온이 높은 늦여름에 특히 많이 발생되는 조류
> - 세포벽의 형태가 박테리아와 유사하며, 섬유상이나 군락상의 단세포로 편모가 없으며, 엽록소가 엽록체 내부에 있지 않고 세포 전체에 퍼져 있는 원핵생물

2.4 원생동물(Protozoa)

원생동물(Protozoa)은 동물성 미생물 중에서 가장 하등동물이며 수질의 평가와 수질개선 등에 큰 역할을 한다. 수질오탁 정도에 따라 나타나는 원생동물의 종류가 많이 알려져 있어 좋은 지표생물이기도 하며 어떤 원생동물은 병원성으로 동물이나 사람에게 질병을 주는 것이 있다. 원생동물의 **경험적인 분자식은** $C_7H_{14}O_3N$이며 원생동물은 위족류, 편모충류, 섬모충류의 주요 3가지 군은 다음과 같다.

2.4.1 위족류(Sarcodina)

원형질의 모양이 불규칙하며 껍질을 쓰고 있는 것이 많으며 1개 또는 여러 개의 핵을 갖는다. 보통은 개체로 생활하지만 군체를 이루는 경우도 있다. 위족(Pseudopod, 허족)을 만들어 Ameba상 운동을 하며 움직이며 어떤 것은 포낭(cyst)을 형성한다. 대표적으로 **아메바**와 같은 위족류가 여기에 속한다.

2.4.2 편모충류(Flagellata)

편모충류는 몸에 1~수 개의 편모(채찍과 같은 꼬리)를 부속기관으로 가지고 있으며 이것을 움직여 활발히 운동한다. 동물성 편모충류는 색소체를 갖지 아니하며, 타가영양성이다. 식물성 편모충류는 색소체를 가지며 자가영양성이며, 이것은 녹조류의 일종이라고 볼 수 있다.

2.4.3 섬모충류(Ciliates)

섬모충류는 전체 또는 일부에 여러 개의 섬모(여러 개의 가는 머리카락과 같은 털)를 부속기관으로 가지고 있으며 이것으로 움직이거나 물을 빨아들여 먹이를 잡는다. 일반적으로 섬모충류는 고형물을 먹이로 취하며 오탁수 중에 많이 나타난다.

2.5 후생동물(Metazoa)

후생동물(Metazoa)은 일명 고등동물이라고 하며 다세포 동물이다. 크기는 수 mm 이하로서 담수에서 볼 수 있는 것은 해면동물, 윤충류(Rotifer), 선형동물, 환형동물, 연체동물, 절지동물 등이다. 이들은 세균류, 미세조류, 원생동물을 먹이로 한다. 윤충류(Rotifer)는 몸통을 자유로이 움직일 수 있으며 위에 있는 두 입으로 먹이를 취한다. 갑각류는 거미처럼 생겼으며, 박테리아 및 원생동물로 구성된 슬러지를 먹고 생존한다. 특히 하천에서 **윤충류(Rotifer)**가 발견되면 청정한 것으로 간주할 수도 있고, 폐수 처리 시 유출수에서 출현되면 폐수가 잘 처리된 폐수인 것으로 간주한다.

◆ **수질 오염도 미생물의 관계**

- **수질 오염도가 높을 경우 → 미생물의 종류는 적고 개체 수는 많다.**
- **수질 오염도가 낮을 경우 → 미생물의 종류는 많고 개체 수는 적다.**

3. 미생물의 증식(성장) 단계

3.1 미생물의 증식(성장) 곡선

미생물이 먹이로 물속에 있는 유기물과 무기물을 섭취하여 세포를 생장시키는 증식을 한다. 미생물은 세포질의 증가와 유기체가 일정한 크기로 분열하면서 세포수가 증가하여 일정한 수를 유지하다가 지체되기도 한다. 이때를 거쳐 세포가 활발히 증식하는 대수기, 세포수가 적은 시기인 정지기(최대 증식기 포함)와 세포수가 감소하는 사멸기로 이루어진다.

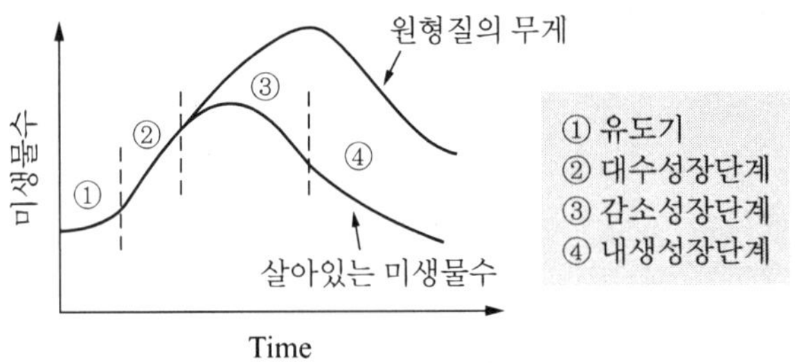

그림 1.28 미생물의 증식(성장) 곡선

◆ 성장 단계별 응집성

▪ 대수성장단계 → F/M비가 크고 증식률이 높으며 분산 성장을 하므로 침전성 및 응집성이 떨어짐 ▪ 감소성장단계 → F/M비가 작고 세포외 중합체가 형성되어 응집성이 좋은 플럭 형성 및 침전성이 좋음 ▪ 내생성장단계 → F/M비가 작고 세포외 중합체가 형성되어 응집성이 좋은 플럭 형성 및 침전성이 좋음

3.1.1 유도기(Lag phase)

미생물이 유입된 오염물(영양성분)과 새로운 환경에 적응하는 단계로 미생물수는 크게 변화되지 않는 단계로서 유기물을 미생물이 분해하여 흡수하는데 필요한 효소나 중간대사물이 생성되어 축적되는 단계이다. 유도기를 **지체기** 또는 **적응기**라고도 한다.

3.1.2 대수성장단계(Log growth phase)

미생물이 유기물을 빠르게 분해하며, 미생물수도 급증하는 단계로 성장과 증식이 가장 왕성한 단계이다. 미생물은 최적의 조건에서 20～30분에 한 번씩 증식할 수 있어 대수성장단계에서 미생물들의 증식률은 매우 높다. 분해된 유기물은 미생물에 흡수되어 일부는 에너지원으로 일부는 미생물의 체 구성 성분으로 이용된다.

하나의 미생물은 성장하여 둘로 나누어지는 이분열법(binary fission)에 의하여 증식한다. 1개의 미생물이 한번 분열하면 2^1(2)개가 되고, 2번 분열하면 2^2(4)개가, 3번 분열하면 2^3(8)개가 되므로 일정 시간 후의 미생물의 수는 2^n(n은 분열 횟수)으로 표현된다. 그래서 이 단계를 **대수증식기, 대수기** 등으로 부르기도 한다.

3.1.3 감소성장단계(Declining growth phase)

미생물이 증식하면서 영양분이 감소하고, 유독물질이 축적되어 증식률이 감소하는 단계이자, 증식률이 감소하기 시작하는 지점부터 증식률과 사멸률이 비슷해지는 지점까지의 단계를 감소성장단계라 한다. 미생물의 증식곡선에서 미생물의 증식률과 사멸률이 비슷한 이 단계를 **정체기**(stationary phase) 또는 **정지기**라 부르며, 미생물 증식곡선의 정점에 해당되는 구간이다.

3.1.4 내생성장단계(Endogenous growth phase)

미생물의 성장에 필요한 영양분의 부족과 독성물질의 축적으로 인하여 미생물의 증식률보다 사망률이 높아지기 시작하는 단계로 미생물수가 급격히 줄어들고 외부로부터 영양분을 공급 받을 수 없으므로 자신의 원형질을 분해시켜 에너지를 얻는 자산화(autooxidation) 과정이다. 이 단계를 **내호흡단계 또는 사멸기**라 부른다.

3.2 미생물의 성장과 유기물과의 관계 곡선

미생물은 먹이 즉 영양분이 유입되면서 적응기를 거쳐 변곡점까지 대수 성장단계로 Log 성장 상태를 나타내다가 변곡점을 거쳐 그 이후로는 감소성장단계를 거쳐 내생성장단계를 나타내며 미생물의 성장과 유기물과의 관계 곡선은 다음 그림과 같다.

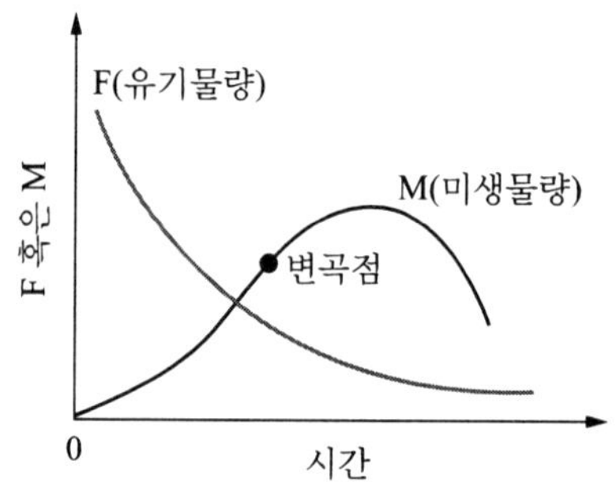

≫ 그림 1.29 미생물의 성장과 유기물과의 관계

4. 수중의 물질순환과 미생물

생물은 자연환경에 널리 분포되어 있는데 이들은 C, O, H, N, S, P이 주요 구성원소이고, 자연계에서 순환되며 순환 과정 중 미생물의 역할은 대단히 크다.

4.1 탄소순환(Carbon Cycle)

탄소순환은 CO_2를 유기탄소화합물로 합성하는 광합성작용(photosynthesis)과 합성된 유기물을 분해하여 CO_2를 방출하는 호기성 분해인 호흡작용(respiration)으로 이루어진다.

4.2 질소순환(Nitrogen Cycle)

질소순환은 대기 속에 함유된 N_2를 수용성 물질인 NH_3로 Rhizobium(뿌리혹박테리아), Azobacter, Blue Green Algae(남조류) 등의 미생물에 의해서 전환되며, NH_3는 다시 Nitrosomonas의 아질산산화균인 미생물에 의해 NO_2^-(아질산염)으로 변화된 후 다시 Nitrobacter의 질산산화균인 미생물에 의해서 NO_3^-(질산염)으로 산화되었다가 다시 탈질산화균인 Pseudomonas의 미생물로 인해 N_2가스로 환원되고 물속에서 탈기되어 대기 속으로 되돌아간다.

$$N_2 + 8H \rightarrow 2NH_3 + H_2 \text{ (질소고정)}$$

4.2.1 질산화(Nitrification)

질산화란 암모니아가 아질산염(nitrite)과 질산염(nitrate)으로 전환되는 과정을 말한다. 일부 호기성 미생물들에 의하여 일어나는 과정으로 이 과정에서 용존산소가 소모된다.

$$2NH_3 + 3O_2 \rightarrow 2NO_2^- + H^+ + 2H_2O \text{ (질산화미생물 : } \textit{Nitrosomonas}\text{)}$$
$$2NO_2^- + O_2 \rightarrow 2NO_3^- \text{ (질산화미생물 : } \textit{Nitrobacter}\text{)}$$

4.2.2 탈질화(Denitrification)

탈질화란 무기질소화합물에 존재하던 질소가 분리되어 질소기체가 되는 과정으로 탈질화는 무산소(anoxic) 조건에서 Pseudomonas, Bacillus, Achromobacter, Micrococcus와 같은 통성혐기성의 탈질화 미생물에 의해 일어난다.

$$NO_3^- \rightarrow NO_2^- \rightarrow NO \rightarrow N_2O \rightarrow N_2$$

4.3 요점정리 및 연습문제

4.3.1 수질환경 미생물 요점정리

■ 용존산소(DO) 유무에 따른 분류

명 칭	조 건
호기성 미생물	용존산소량이 풍부한 경우
임의성 미생물	용존산소량이 부족한 경우
혐기성 미생물	용존산소량이 없을 경우

■ 온도에 따른 분류

온도별 미생물의 종류	온 도
친열성(고온성) 미생물(Thermophilic microbes)	50～75℃
친온성(중온성) 미생물(Mesophilic microbes)	10～40℃
친냉성(저온성) 미생물(Psychrophilic microbes)	0～10℃

■ 에너지원에 따른 분류

- 자가(독립)영양 미생물

명 칭	에너지원	탄소원
광합성 타가(종속)영양 미생물	빛	유기탄소
화학합성 타가(종속)영양 미생물	유기물의 산화·환원 반응	유기탄소

- 타가(종속)영양 미생물

명 칭	에너지원	탄소원
광합성 자가(독립)영양 미생물	빛	CO_2
화학합성 자가(독립)영양 미생물	무기물의 산화·환원 반응	CO_2

■ 박테리아(Bacteria, 세균)

- 박테리아는 가장 간단한 식물임, 엽록소가 없지만 먹이섭취 등으로 보면 식물과 거의 유사하여 식물로 분류됨, 세포분열로 증식하며 크기는 대략 0.8～5 μm 정도임, 용존물질을 섭취·분해함.
- 모양은 나선모양(나선균), 공모양(구균), 막대모양(간균) 등이 있음. 박테리아는 물 80%, 고형물 20%로 구성되어 있으며 고형물 중 90%는 유기물로, 나머지 10%는 무기물로 구성되어 있음.

■ 균류(Fungi, 곰팡이류)
- 균류가 수중에 존재하는 경우 일반적으로 수질이 나쁠 경우에 존재하나 혐기성 미생물이 아니라 호기성 미생물에 해당됨. 균류는 사상균으로 지칭되며 분산 성장함으로써 잘 침강되지 않는데 이런 현상을 sludge bulking 현상이라 함.
- pH 3～4 정도인 낮은 상태에서 잘 성장하며 영양분이 불균형할 경우 잘 성장됨. 일반적으로 폭이 5～10 μm 정도임.

■ 조류(Algae, 플랑크톤)
- 수중의 영양상태 판정은 조류의 수를 이용하며 조류의 수가 많을 경우를 부영양상태, 적을 경우를 빈영양상태라 함. 주간엔 광합성작용(탄소동화작용)이 일어나며 야간엔 호흡작용만 일어남.
- N, P 등이 높으면 조류의 수는 급증한다. 조류가 많은 원수를 먹는 물로 이용시 맛과 냄새가 유발됨.

■ 원생동물(Protozoa)
- 종류에는 위족류, 편모충류, 섬모충류, 흡관충류 등이 있고 대개 호기성이며 크기는 100 μm 정도임.
- 용존성 유기물 및 박테리아를 섭취하며 먹이사슬의 중간단계에 해당됨. 증식은 주로 세포분열로 함.

■ 후생동물(Metazoa)
- 종류에는 윤충(rotifer), 갑각류(crustaceans) 등이 있고 깨끗한 물에 서식하며 고등동물의 존재로 오염되지 않았거나 오염되었던 수계가 원래 상태로 회복되었음을 의미함.
- 원생동물, 슬러지 등을 섭취하며 미생물의 먹이사슬 중 최종단계에 해당됨.

4.3.2 연습문제

01 다음 미생물 중 박테리아에 관한 특징과 가장 거리가 먼 것은 무엇인가? ㉰

㉮ 용해된 유기물을 섭취하며 주로 세포분열로 번식한다.

㉯ 환경인자(pH, 온도)에 대하여 민감하며 열보다 낮은 온도에서 저항성이 높다.

㉰ 원시적 엽록소를 이용하여 부분적인 탄소동화작용을 한다.

㉱ 수분 80%, 고형물 20% 정도로 세포가 구성되며 고형물 중 유기물이 90%를 차지한다.

해설 : 박테리아는 탄소 동화작용을 하지 않는다.

02 다음은 박테리아에 대한 설명이다. 틀린 것은 무엇인가? ㉮

㉮ 크기로는 0.8~5 μ 정도이며 다세포 생물로 막대모양(간균), 공 모양(구균), 나선모양(나선균) 등이 있다.

㉯ 가장 간단한 식물로서 용존 유기물을 섭취 한다.

㉰ 혐기성 Bacteria의 경험적 분자식은 $C_5H_9O_3N$이다.

㉱ 엽록소가 없지만 먹이섭취방법이 식물과 유사하여 식물로 칭한다.

해설 : 호기성 Bacteria 경험적 분자식 : $C_5H_7O_2N$, 혐기성 Bacteria 경험적 분자식 : $C_5H_9O_3N$, Bacteria는 엽록소는 없지만 단세포 생물이다.

03 다음 균류(Fungi)의 특징 중 틀린 것은 무엇인가? ㉰

㉮ 균류는 낮은 pH 3~5에서도 잘 성장하며, 탄소동화 작용을 하지 않는다.

㉯ 균류(Fungi)는 일반적으로 사상균에 해당되며 발생시 침전이 잘되지 않아 처리수 SS가 높아진다.

㉰ 균류는 대부분 용존산소가 부족한 상태에서 잘 성장하므로 임의성과 혐기성 미생물이 대부분이다.

㉱ 균류(Fungi)는 영양염류 중 특히 질소 부족시 잘 성장되며, 경험적 분자식은 $C_{10}H_{17}O_6N$이다.

해설 : Fungi(균류)는 용존산소가 부족된 상태에서도 잘 성장하지만 호기성미생물에 해당된다.

04 박테리아의 경험적인 화학적 분자식은 $C_5H_7O_2N$이다. 10 g의 박테리아가 산화될 때 소모되는 산소량은 얼마인가? (단, 이 때 질소는 암모니아로 무기화 된다.) ㉰

㉮ 1.42 g　　㉯ 2.84 g

㉰ 14.2 g　　㉱ 28.4 g

해설 : $C_5H_7O_2N + 5O_2 \rightarrow 5CO_2 + 2H_2O + NH_3$

$$\therefore \text{산소량(g)} = \frac{10\text{ g}}{} \left| \frac{5\times32}{113} \right. = 14.16\text{ g}$$

05 섬유상이나 군락상의 단세포로 구성되면 수적으로 대량 성장하여 수체표면을 거의 덮을 정도로 늘어나는 수가 있으며 물에서 생기는 냄새는 보통 풀냄새이나 대량으로 성장된 것이 분해하기 시작할 때는 가축분뇨와 같은 냄새로 바뀔 수 있다. 수온이 높은 늦여름에 특히 많이 발생되는 조류로 가장 적절한 것은 무엇인가? ㉮

㉮ 남조류　　㉯ 적조류
㉰ 규조류　　㉱ 녹조류

해설 : 세포벽의 형태가 박테리아와 유사하며, 섬유상이나 군락상의 단세포로 편모가 없으며, 엽록소가 엽록체 내부에 있지 않고 세포 전체에 퍼져있는 원핵생물은 남조류이다.

06 다음 도면은 미생물의 성장과 유기물과의 관계 곡선이다(F : 먹이인 유기물량, M : 미생물량). 변곡점까지의 미생물 성장을 어떤 상태라 하는가? ㉰

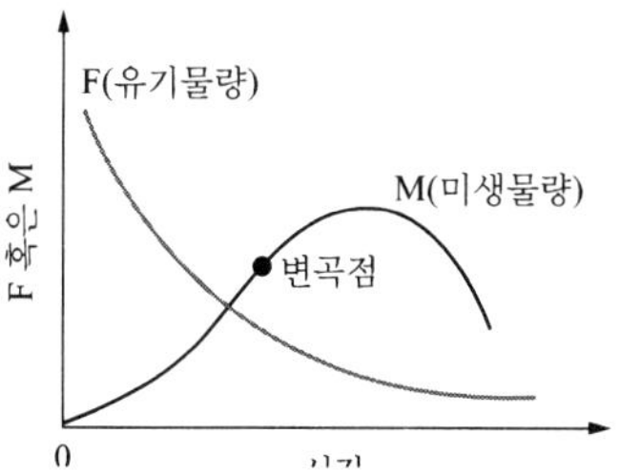

㉮ Floc 형성 상태　　㉯ 감소 성장 상태
㉰ Log 성장 상태　　㉱ 내생 성장 상태

해설 : 먹이가 유입되면서 미생물은 적응기를 거쳐 변곡점까지 대수 성장단계로 log 성장 상태를 나타낸다. 변곡점을 거쳐 그 이후로는 감소성장을 거쳐 내생성장단계를 나타낸다.

07 미생물의 발육 과정을 순서대로 나열한 것은 무엇인가? ㉱

㉮ 대수증식기 → 정지기 → 유도기 → 대수사멸기
㉯ 정지기 → 유도기 → 대수증식기 → 대수사멸기
㉰ 대수사멸기 → 대수증식기 → 유도기 → 정지기
㉱ 유도기 → 대수증식기 → 정지기 → 대수사멸기

해설 : 미생물의 성장단계는 유도기 → 대수성장단계 → 감소성장단계 → 내생성장단계로 이루어진다.

08 오염된 저수지 주변의 각종 유기물이 분해된다면 이 분해는 주로 어떠한 미생물에 의해 일어나는가? ㉰

㉮ 원생동물　　㉯ 혐기성 박테리아
㉰ 호기성 박테리아　　㉱ 조류

해설 : 유기물의 분해는 호기성 박테리아에 의해 이루어진다.

09 자연계에서 질소의 순환에 관한 설명으로 잘못된 것은 무엇인가? ㉰

㉮ 질산화 박테리아는 화학합성을 하는 독립영양미생물이다.

㉯ 질산화과정에서 암모니아성 질소에서 아질산성 질소로 전환되는 것보다 아질산성 질소에서 질산성 질소로 전환 되는 것이 적은 양의 에너지가 소비된다.

㉰ 암모니아성질소는 호기성 조건하에서 탈질균의 활동에 의해 질소로 변환된다.

㉱ 공기 중 질소를 고정하는 미생물은 박테리아와 곰팡이로 나누어진다.

해설 : 탈질균은 공기가 없는 혐기성상태에서 NO_3^-가 N_2로 변환된다고 볼 수 있다.

10 다음 중 질소순환에 대한 설명 중 틀린 것은 무엇인가? ㉮

㉮ 종속영양미생물은 유기질소를 이화하게 되며 이때 무기질소인 질산성 질소 형태로 변형되어 방출된다.

㉯ 질소를 고정하는 미생물은 공생적 질소고정 작용을 하는 뿌리혹박테리아(Rhizobium)가 있다.

㉰ 질산화미생물은 화학합성을 하는 독립영양미생물이다.

㉱ 무기질소는 유기질소 형태로 결합된 후 단백질이나 핵산을 거쳐서 노폐물이나 죽은 생물체의 원형질 형태로 되돌아온다.

해설 : 탈질은 종속영양미생물에 의해 질소가스로 변환된다.

제7절 하천수의 수질관리

하천수질은 유역의 지질 및 토양의 성질, 유량 및 오수량 등에 크게 영향을 받고 있다. 특히 산업폐수, 축산폐수 및 농약의 과도한 사용으로 인한 오염된 관개용수, 지하수 및 강우 시 시가지의 오염물질 등의 유입으로 인해 하천의 자정 능력이 크게 떨어진다.

이러한 상태의 하천은 유량과 밀접한 관계가 있으며, 특히 하천유량이 갈수 또는 저수 상태일 때 오염이 가장 심각한 상태가 된다. 그 이유는 오염된 하천수를 희석해 줄 수 있는 자연 상태의 맑은 하천수가 부족하기 때문이다. 한편 대규모 취수로 인한 유량감소와 높은 수위를 유지하기 위해 설치된 수중보 등이 하천오염을 가중시키는 요인이 된다.

하천에 오염물질이 유입될 경우 하류로 흘러가면서 자정작용이 일어난다. 따라서 하천에서는 오염된 지역으로부터 흘러간 거리와 시간에 따라 자정작용의 정도가 다르게 나타난다. 또한 하천의 형태에 따라 자정작용의 결과가 다르게 나타날 수 있다. 하천의 경사가 급하고 유속이 빠르면 물의 교란이 잘 일어나 용존산소의 재폭기량이 증가함으로서 자정작용이 빠르게 일어난다. 반대로 유속이 느린 하천은 재폭기량이 적어 자정작용이 느리게 일어난다.

자정작용을 이해함으로서 수생태계에 대한 이해의 폭과 관리 방법에 대한 지식의 폭이 넓어질 것이다. 또한 자정작용이 수처리 공정에서 응용되기 때문에 자정작용에 대한 수처리 공정에 관한 이해의 폭을 넓혀야 한다.

생태계의 구성요소를 생물적 요소와 비생물적 요소로 구분할 수 있고, 비생물적 구성요소를 물리적인 요소와 화학적인 요소로 구분할 수 있다. 생태계의 자정작용은 이런 요소들의 상호작용에 의하여 발생한다고 볼 수 있다. 그럼 **자정작용**에 대해 알아보자.

1. 하천의 자정작용(Self-purification)

가성하수, 공상폐수 등으로 오염된 하천이 인위적이거나 자연적인 여러 현상(물리,

화학, 생물학적 작용)을 통하여 오염물질의 농도가 저하되어 본래대로의 깨끗한 물이 유지되는 현상을 **자정작용(Self-purification)**이라고 한다. 그러나 유입된 오염물질이 대상하천이 가지고 있는 고유의 자정능력 이상으로 투여되었을 경우에는 이를 다 소화시키지 못한 채 오염현상을 노출하게 된다. 자정작용 현상은 하천 생태계가 갖는 순환성(cycle)과 다양성(diversity)으로 환경오염에 의한 피해를 흡수 완화하여 안정성(stability)을 획득하려는 반응기작으로서 자연이 갖는 훌륭한 자기 조정능력으로 평가된다.

1.1 자정작용의 분류

하천의 자정작용을 구분한다면 물리, 화학, 생물학적으로 구분할 수 있으며, 일반적으로 지표수는 항상 이 작용의 영향을 받고 있다. 이러한 **자정작용의 주요 영향인자**로서는 **pH, 햇빛, 수온, 용존산소(DO), 수심, 유속 및 속도구배 등**이 있으며 겨울보다는 여름에 자정작용이 크다. 그 이유는 **자정작용 중 가장 큰 영향**을 미치는 생물학적 자정작용의 주요 매개체가 되는 **미생물의 활동이 활발하기 때문**이다.

1.1.1 물리적 자정작용

물리적 자정작용은 **희석, 확산, 혼합, 침전, 여과, 폭기 및 살균** 등으로 수중의 오염물질 농도가 감소하거나 폭기에 의해 공기 중의 산소가 용해되어 유기물질의 분해를 촉진시킨다. 표백과 살균은 각각 태양광선과 자외선에 의해 이루어진다.

물리적 자정작용은 우리가 얻고자 하는 물에서 오염물질 농도의 감소를 가져오나 오염물질 자체의 본질적인 감소를 가져오지 못하는 경우가 많다.

희석(dilution)은 어떤 물질이 가해져 특정 물질의 농도가 낮아지는 현상이다. 오염도가 높은 하천수가 오염도가 낮은 물과 섞이면 희석 작용에 의하여 오염물질의 농도가 낮아진다. 특히 오염도가 낮고 유량이 풍부한 하천이나 호수의 물과 섞이는 경우 희석 효과가 커진다. 희석이 경우 오염물질이 본질적으로 감소하는 것은 아니나 오염물질의 농도가 감소함으로서 오염물질이 생태계에 미치는 영향이 감소된다.

하천에 지천으로부터 유량과 오염물질이 유입될 때, 만남 직후 완전혼합을 가정한다면 혼합 후의 농도는 다음 식을 이용하여 구할 수 있다.

(1) 오염부하량(오염총량) = 농도 × 부피(또는 유량)

(2) 두 지점에서의 합류시(혼합지점은 완전혼합으로 가정)

$$C_{mix} = \frac{(Q_1 \cdot C_1 + Q_2 \cdot C_2)}{Q_1 + Q_2}$$

여기서, Q : 유량, C : 오염물질 농도

(3) 세 지점에서의 합류시(혼합지점은 완전혼합으로 가정)

$$C_{mix} = \frac{(Q_1 \cdot C_1 + Q_2 \cdot C_2 + Q_3 \cdot C_3)}{Q_1 + Q_2 + Q_3}$$

여기서, Q : 유량, C : 오염물질 농도

확산(diffusion)은 오염물질의 Brown 운동에 의해 일어나는 분자확산(molecular diffusion)과 난류에 의한 와류현상으로 발생하는 난류확산(turbulent diffusion)이 있다. 그러나 하천에서 분자확산은 난류확산에 비하면 거의 무시해도 좋을 정도이며 보통 확산을 말하면 난류확산을 언급하게 된다.

침전(sedimentation) 작용은 특정 물질이 중력에 의하여 가라앉는 것이다. 하천에 부유상태로 존재하던 불용성 오염물질이 하천바닥에 가라앉으면 상층수의 오염물질 농도는 낮아진다. 고체와 액체가 분리되어 깨끗한 액체가 얻어지는 과정인 것이다. 이는 하천보다 흐름이 적은 호수나 연안의 만지역 등에서 크게 발생한다. 그러나 침전은 또 다른 문제를 초래할 수 있다. 하천의 바닥에 가라앉은 침전물들이 호기성 미생물들에 의하여 분해되어지면 용존산소의 감소를 초래할 수 있고, 혐기성 미생물들에 의하여 분해되어지면 악취를 유발할 수 있다. 또한 침전물이 재부유(resuspension) 되어지면 수질이 다시 악화될 수 있다. 따라서 침전작용은 하천의 사성삭용을 일으키면서 동시에 수질을 악화시키는 요인이 되기도 한다.

여과(filtration) 작용은 오염물질이 하천 바닥의 모래층이나 자갈층을 통과하면서 제거되는 과정이다. 여과 과정에서 오염물질들이 여과층을 형성하는 물질들에 흡착되어 제거된다.

1.1.2 화학적 자정작용

화학적 자정작용은 **산화, 환원, 응집** 등에 의하여 이루어진다. 어떤 물질이 전자를 잃는 것을 **산화**(oxidation), 전자를 얻는 것을 **환원**(reduction)이라 한다. 산화와 환원은 전자가 이동하는 산화·환원반응을 통하여 이루어지며 이런 과정을 통하여 물질의 변화가 이루어진다. 산화·환원 과정에서 유독한 물질이 독성이 약하거나 독성이 없는 물질로 변할 수도 있다. 크롬이 그런 예 중의 하나이다. 유독한 6가 크롬(Cr^{6+})이 환원되어 독성이 약한 3가 크롬(Cr^{3+})이 되기도 한다. 산화·환원 반응은 용해되어 있는 철이나 망간을 수산화물로 전환시켜 침전시키기도 한다.

응집(coagulation)은 분산되어 있는 미립자가 집합되는 작용이다. 응집에 의해 형성된 플록들은 중력에 의하여 침전되고, 침전작용의 결과 맑은 상층수를 얻을 수 있다. 강에 분산되어 있던 콜로이드성의 진흙 입자들이 바닷물을 만나면 가라앉아 강의 하류에 삼각주를 형성하는 것도 이런 원리이다. 바닷물의 염들이 진흙 입자들을 응집시켜 침전되게 하는 것이다.

1.1.3 생물학적 자정작용

생물학적 자정작용은 자정작용 중 가장 큰 비중을 차지하는 작용으로 박테리아나 미생물들이 유기물질을 분해하여 안정된 무기물이나 가스로 변형시키는 **분해작용**과 플랑크톤과 미생물이 가스나 질소를 흡수해서 산소를 방출하는 **광합성작용**으로 구분할 수 있다. 이러한 작용에 영향을 미치는 인자로서는 **온도, pH, DO, 햇빛** 등이 있다.

분해작용은 호기성 분해단계와 혐기성 분해단계로 나눌 수 있다. 미생물의 호기성 분해 시 오염물질은 CO_2, H_2O, NO_2^-, NO_3^-, SO_2, SO_4^{2-} 및 PO_4^{3-} 등과 같은 안정된 무기물질로 변하게 된다. 혐기성 분해 시 오염물질은 CH_4, H_2, H_2S, CO_2, R-SH(메르캅탄) 등으로 분해된다. 호기성 분해는 그 과정이 유해하지만은 않지만 혐기성 분해는 중간 화합물이 휘발성이므로 유해하며 호기성 분해에 비해 장시간이 요구된다.

용존산소량이 풍부하면 호기성 생물들에 의한 자정작용이 활발하게 일어난다. 따라서 적절한 수질을 유지하기 위해서는 하천의 용존산소량을 적절하게 관리하는 것이 필요하다. **하천의 용존산소량에 영향을 미치는 자연적인 요인**들은 **수온, 광합성 생물의 양, 유속, 난류 형성 정도** 등이다. 인위적인 요인으로는 유기물의 유입이 가장 큰 영향 요인이다. 수온이 높은 경우에도 생물학적 자정작용이 활발하게 일어난다. 수온이 높아지면 미생물들의 성장과 증식이 활발해져 자정작용이 활발해진다. 사계절의 계절적 특성을 가지고 있는 우리나라의 경우 수온이 낮아지는 계절에는 생물학적 자정 능력이 저하되는 특성을 지니고 있다.

1.2 하천의 자정단계(Whipple의 4지대)

Kolkwitz와 Marson은 유기물과 용존산소의 변화에 따른 생물상의 변화를 기초로 하여 하천의 수질 등급을 구분하였다. 강부수성 수역(polysaprobic zone), α-중부수성 수역(α-mesosaprobic zone), β-중부수성 수역(β-mesosaprobic zone), 빈부수성 수역(oligosaprobic zone) 등으로 구분하였다.

표 1.34 Kolkwitz와 Marson이 제안한 하천수질 등급

항목 \ 구분	강부수성 수역	α – 중부수성 수역	β – 중부수성 수역	빈부수성 수역
표현 색	빨간색	노란색	초록색	파란색
오염 정도	부패 수역	오염 심함	상당히 오염됨	오염되지 않음
DO	없음, 매우 낮음	약간 있음	꽤 있음	많음
BOD	매우 높음	높음	약간 높음	낮음
H_2S 냄새	냄새 남	강하지 않음	없음	없음

강부수성 수역은 유기물에 의한 오염으로 용존산소의 농도가 매우 낮거나 존재하지 않아 심하게 부패가 진행되는 수역이다. 따라서 강부수성 수역은 고등한 생물이 서식할 수 없고, 황화수소(H_2S)의 냄새가 심한 지역이다. α-중부수성 수역은 BOD가 높고 DO가 낮은 오염이 심한 수역이고, β-중부수성 수역은 상당히 오염되어 있으나 α-중부수성 수역에 비하여 DO 농도가 높은 수역이다. 반면 빈부수성 수역은 유기물 분해가 완료된 청정한 수역이다.

한편 Whipple은 유기물이 유입된 하천의 구역별 특성을 기초로 하천의 자정단계를 다음과 같이 구분하였다. **하천의 오염 Cycle**은 보통 **분해지대**(zone of degradation), **활발한 분해지대**(zone of active decomposition), **회복지대**(zone of recovery) **그리고 정수지대**(zonc of clcar water)**로 나누이지는 4단계로 구분**하였다.

표 1.35 Whipple이 제안한 하천의 자정단계

지표 \ 자정단계			분해지대	활발한 분해지대	회복지대	정수지대
물리 화학적 요인	BOD		감소	감소	낮은 단계	매우 낮음
	DO		감소	가장 낮음	증가	높음
	탁도		높음	가장 높음	감소	낮음
	질소화합물		유기·무기 질소화합물	NH_3	NO_2^- NO_3^-	낮음
	발생가스		CO_2	CO_2, H_2S, CH_4	CO_2	CO_2
생물적 요인	세균	호기성	증가	감소	증가	적음
		혐기성	매우 적음	증가	감소	매우 적음
		전체 세균수	증가	많음	감소	적음
	진균, 원생동물		증가	매우 적음	증가	적음
	조류, 수생식물		감소	매우 적음	증가	오염 전 수준
	어류 동물		오염에 강한 어종	매우 적거나 없음	오염에 강한 어종	다양한 어종

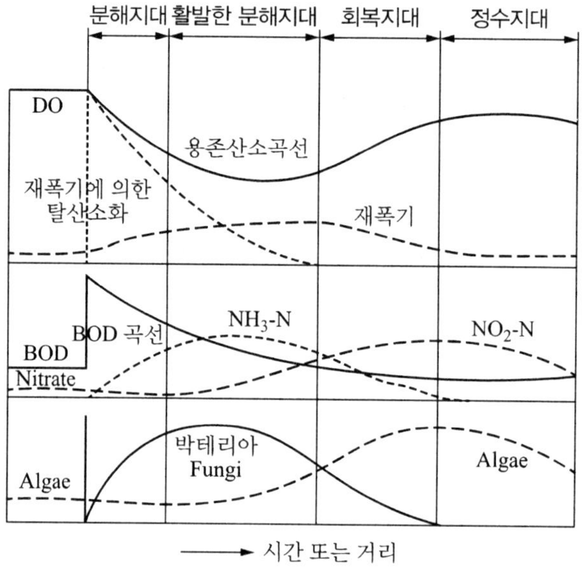

≫ 그림 1.30 하천 자정단계의 각 단계별 특징

하천에 오염물질이 유입되면 오염물질이 흘러가면서 상태의 변화를 가져 올 수 있다. 따라서 오염물질이 유입된 지점으로부터 거리와 시간이 지남에 따라 오염물질이 변화하고 그에 따라 수질지표와 생물상이 변화하는 것을 관찰할 수 있다.

하천의 자정단계를 이해함으로서 하천에 유기물이 유입되는 경우 하천생태계에 어떤 변화들이 발생하는지 이해할 수 있다. 또한 **하천의 특정지점에서 오염물질 배출원까지의 거리나 오염물질이 배출된 시간을 대략적으로 추정**하여 볼 수 있다. Whipple의 하천 자정단계의 각 단계별 특징들을 살펴보면 다음과 같다.

1.2.1 분해지대(zone of degradation)

분해지대에서는 오염된 물의 화학적 및 물리적 질이 저하된다. 따라서 오염에 의한 고등생물은 오염에 강한 미생물에 의해 교체된다. 유기물이 하천에 유입되어 호기성 세균에 의해 분해되기 시작하면서 수생생태계의 변화가 이루어지기 시작하는 구간이며 희석이 잘되는 큰 하천보다 희석이 덜 되는 작은 하천에서 주로 나타난다. 수질오염 관리항목의 특성과 생물상의 특징은 다음과 같다.

(1) 유기물 유입에 의해 증가되었던 BOD가 감소한다.

호기성 박테리아의 분해 작용에 의하여 유기물의 양이 계속 감소한다. 따라서 물이 흘러가는 거리 또는 시간이 증가 할수록 BOD값은 감소한다.

(2) DO가 감소하며 호기성 호흡의 산물로서 CO_2가 발생한다.

오염물질 분해에 따라 DO량은 감소하여 용존산소 포화농도의 45 %에 근접하며 호기성 박테리아의 유기물 분해 시 호흡의 산물로 CO_2량은 증가하며 슬러지의 발생 및 최적이 시작된다.

(3) 탁도가 높아지고 오염도에 강한 미생물의 수가 증가한다.

유기물의 유입과 박테리아의 증가에 따른 수계 내 탁도가 증가하고 유기물과 용존산소가 존재하므로 종속영양 호기성 미생물의 수가 증가한다. 일반적으로 오염도가 증가하면 생물다양성이 감소하는데 분해가 심해짐에 따라 수중식물, 고등생물 대신에 오염에 강한 균류(Fungi)가 주로 번식을 하며 탁도가 높아 광합성을 하는 조류는 감소한다. 균류는 DO 농도가 낮은 0.5 ppm의 상태에서도 잘 번식을 한다.

1.2.2 활발한 분해지대(zone of active decomposition)

활발한 분해지대는 유기물의 분해가 가속화되면서 용존산소가 거의 없거나 혐기적인 상태에 도달하게 된다. 물리적으로 이 지대는 회색 내지 흑색으로 나타나고, 화장실에서 나는 냄새나 H_2S(황화수소)에 의한 달걀 썩은 냄새가 나는 부패지대(septic zone)이다. 수질오염 관리항목의 특성과 생물상의 특징은 다음과 같다.

(1) 호기성 미생물은 사라지고 혐기성 미생물이 번식한다.

호기성 미생물은 용존산소가 거의 없어 사라지고 혐기성 미생물이 번식을 하여 개체수가 증가한다. 이 단계에서는 균류(Fungi) 조차 사멸하게 된다.

(2) 많은 기체와 악취가 발생하며 물의 색이 회색이나 검은색으로 변한다.

혐기성 소화 과정에서 CO_2, NH_3, CH_4, H_2S가 생성되어 기포가 많이 발생하고 달걀 썩은 냄새 등 악취가 발생하며, 표면에 스컴이 형성되고, 흑색 및 점성질의 슬러지가 하상에 침전된다. 또한 탁도가 가장 높은 단계이고, 반면 DO는 가장 낮은 단계에 해당된다.

(3) 질소화합물은 암모니아의 형태가 많이 검출된다.

유기질소화합물이 분해되어 암모니아와 같은 무기질소화합물의 형태를 지니고 있다. 중성 pH에서는 암모니아(NH_3)가 암모늄이온(NH_4^+-N)의 형태로 존재하며 수중에서는 암모니아성 질소가 검출되기 시작하며 점차 그 농도가 증가하는 단계에 해당된다.

1.2.3 회복지대(zone of recovery)

회복지대는 유기물의 거의 다 소모되어 용존산소의 양이 회복되는 단계이다. 이 지대에서는 분해지대에서 일어나는 현상과는 반대되는 현상이 나타나는 구간으로 수질이 회복되는 단계이다. 보통 장거리에 걸쳐서 일어나며 물의 색깔은 점차 원래대로 회복되며 생물의 종류가 많이 변화된다. 물리적으로 회복지대에서는 물이 점차 깨끗해지며, 점성질의 슬러지 침전물이 구슬모양으로 변하고 기체방울의 발생이 중단되는 단계에 해당된다.

(1) BOD가 낮고 DO가 증가하기 시작한다.

분해지대와 활발한 분해지대를 거치면서 대부분의 유기물이 미생물들에 의해 소모되어 유기물의 농도가 낮아짐으로서 종속영양 호기성 미생물에 의한 용존산소의 감소량이 대기로부터 확산되어 들어오는 산소의 양보다 적다. 따라서 용존산소량이 증가하기 시작한다.

(2) 혐기성균이 호기성균으로 대체되며 균류(Fungi)도 조금씩 발생한다.

용존산소량이 증가하기 시작하여 혐기성 균이 호기성균으로 점차 대체되며 광합성을 하는 조류가 많이 번식을 한다. 고등동물이 나타나기 시작하며 물고기 등이 서식할 수 있는 단계에 해당된다.

(3) 가스 발생량이 감소하고 질소화합물은 NO_2^-나 NO_3^- 형태가 증가한다.

물이 점차 깨끗해지면서 혐기성 상태에서 호기성 상태로 전환되면서 용존산소는 거의 포화상태로 회복되며 혐기성 소화 시 발생되던 기체들은 발생하지 않는다. 암모니아가 질산화 과정을 거치면서 아질산성 질소(NO_2^--N)와 질산성 질소(NO_3^--N)로 전환되어 검출되는 단계이다.

1.2.4 정수지대(zone of clear water)

정수지대는 마치 오염되지 않은 자연수처럼 보이며, 보기에도 깨끗할 뿐만 아니라 용존산소량도 많아서 자연적으로 오염된 물속에서 살 수 있는 식물이나 동물이 번식한다. 즉 오염되기 전의 상태로 수질이 회복된 청정지역이라 할 수 있으며 질산성질소(NO_3^--N)만 검출된다.

정수지대에 있는 수계를 먹는 물로 이용 시 다른 지대를 거치는 동안 대장균과 병원균의 거의 사멸하지만 일부 남아 있을 수 있으므로 후활(부활)현상을 방지하기 위해서 반드시 소독하여야 한다.

(1) DO 농도는 높고 BOD 농도는 매우 낮다.

용존산소의 농도는 오염되기 전의 높은 상태를 유지하고 있으며 유기물 농도가 낮아 BOD는 오염되기 전과 같이 낮은 수준을 유지한다.

(2) 대장균과 세균들의 개체수가 감소하고 다양한 종류의 동·식물이 존재한다.

유기물 농도가 낮아 대장균이나 세균 등은 포식되거나 점차 사멸된다. 또한 호기성 미생물이 번식함으로서 깨끗한 물에서 서식하는 다양한 고등 생물과 물고기가 출현하는 단계이다.

1.3 자정작용 인자

수계 내 자정작용 능력을 높이기 위해서는 다음과 같은 인자들의 조건이 필요하다.

1.3.1 자정작용 능력 높이기 위한 인자 조건

- DO 농도가 높을수록
- 중성 pH일 때
- 수온이 높을수록
- 유속이 빠를수록
- 수심이 얕을수록
- 일광이 강할수록 자정작용 능력은 커진다.

자정상수(f)는 동일한 수온 하에서 클수록 자정능력이 커지며 아래와 같은 특성을 가진다.

1.3.2 자정상수(f)

$$f = \frac{k_2}{k_1}$$

여기서, k_1 : 탈산소 계수, k_2 : 재폭기 계수

- 수온이 높을수록 f는 작아지며 자정능력은 커진다.
- 유속이 빠를수록 f는 커지며 자정능력은 커진다.
- 수심이 얕을수록 f는 커지며 자정능력은 커진다.
- 난류가 클수록 f는 커지며 자정능력은 커진다.
- 구배가 클수록 f는 커지며 자정능력은 커진다.
- 수온이 상승되면 k_1, k_2 모두 증가한다. 하지만 k_1 증가율이 k_2 보다 커지므로 자정상수(f)는 온도가 상승되면 감소를 한다.

1.4 유기물 유입된 하천의 유하거리에 따른 자정작용의 변화

유기물이 유입된 하천의 유하거리에 따른 자정작용의 변화 양상을 그래프로 나타내면 다음과 같다.

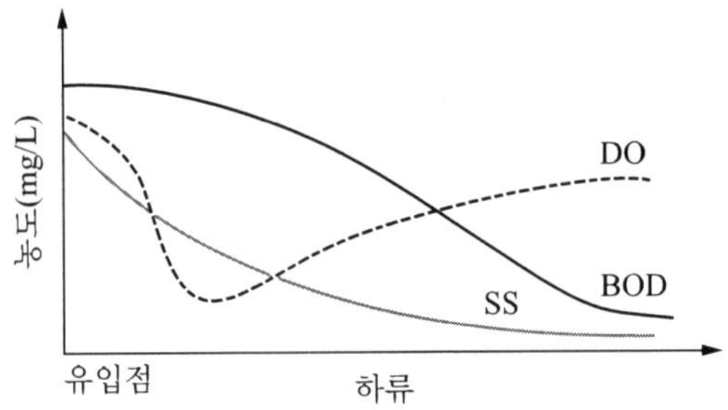

》 그림 1.31 BOD, DO, SS의 변화 양상

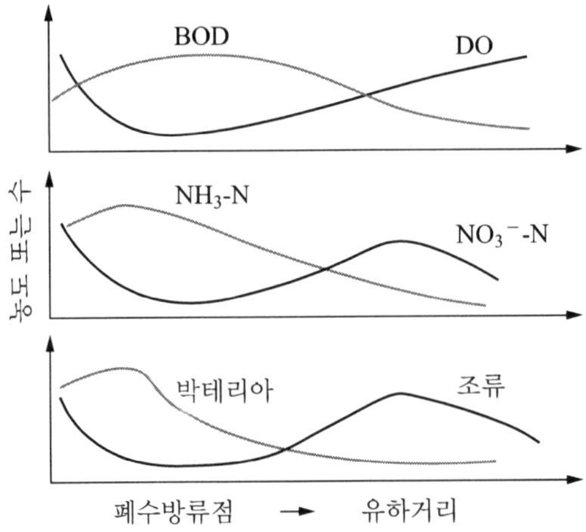

》 그림 1.32 유기물, DO, 미생물의 변화 양상

1.5 요점정리 및 연습문제

1.5.1 하천수의 수질관리 요점정리

■ 자정작용
- 수계 오염물이 유입되면 물리적, 화학적, 생물학적 작용으로 원상태로 되돌아가는 작용을 말함

■ 자정작용의 분류
- 물리적 자정작용 : 희석, 확산, 혼합, 침전, 여과
- 화학적 자정작용 : 흡착, 산화·환원, 중화, 응집
- 생물학적 자정작용 : 호기성 미생물이 유기물을 섭취 분해하는 작용

■ 자정작용 인자
- DO 농도가 높을수록, 중성 pH, 수온이 높을수록, 유속이 빠를수록, 수심이 얕을수록, 일광이 강할수록 자정작용 능력은 높아진다.

■ Whipple 4지대 구분 및 특징
- **분해지대** : 미생물수가 증가하며 오염도에 강한 미생물로 교체, 유기물 분해로 CO_2 증가 및 용존산소량이 감소됨, 녹색식물은 사라지고 균류가 번식됨, 아미노산이 존재함.
- **활발한 분해지대(부패지대)** : 용존산소량이 거의 없으며, 혐기성 미생물이 번식됨, 균류가 사라지고 CO_2 농도가 증가하며, 악취(H_2S, 인돌 등)가 발생됨, 암모니아성 질소가 증가됨.
- **회복지대** : 용존산소량이 증가되고, 기체 생성이 중지됨, 아질산염과 질산염 농도가 증가함, 조류가 많이 번식되고, 고등동물이 나타나며 물고기 등이 서식할 수 있음.
- **정수지대** : 오염되지 않은 상태로 보이며, 질산성 질소만 검출된다. 정수지대에 있는 수계를 먹는 물로 이용 시 후활(부활)현상을 방지하기 위해서 반드시 소독하여야 함.

■ 하천수질모델 종류
- Streeter-phelps model, (DO Sag-I, Ⅲ), SNSIM, (QUAL-Ⅰ, Ⅱ), WQRRS, WASP4 등

1.5.2 연습문제

01 다음 중 자정상수와 자정능력에 대한 설명 중 올바른 것은 무엇인가? ㉰

㉮ 난류가 클수록 자정상수는 커지며 자정능력은 작아진다.
㉯ 구배가 클수록 자정상수는 작아지며 자정능력은 작아진다.
㉰ 수온이 높을수록 자정상수는 작아지며 자정능력은 커진다.
㉱ 유속이 빠를수록 자정상수는 작아지며 자정능력은 작아진다.

해설 : 수온이 높을수록, 유속이 빠를수록, 수심이 낮을수록, 바닥 구배가 클수록 자정능력이 좋아진다. 자정상수 $f = K_2$(재폭기 계수)/K_1(탈산소 계수) 자정상수가 클수록 자정능력은 좋아진다.

02 다음은 하천의 자정작용에 대한 설명이다 올바르지 않는 것은 무엇인가? ㉮

㉮ 자정작용 중 가장 큰 비중을 차지하는 물리적 자정작용으로는 희석, 확산, 혼합, 응집, 침전, 여과 등이 있다.
㉯ 일반적으로 겨울보다는 여름에 자정작용이 크다.
㉰ 화학적 자정작용인 산화과정을 순수한 공기 중에서 흡수된 산소에 의해 유기물을 수중의 용존산소보다 안정된 유기물이나 가스로 용해시킨다.
㉱ 생물학적 자정작용은 미생물에 의한 유기물분해 작용과 광합성작용으로 구분할 수 있다.

해설 : 자정작용 중 가장 큰 비중을 차지하는 것은 생물학적 자정작용이다.

03 Whipple의 하천의 생태변화에 따른 4지대 구분 중 분해지대에 관한 설명으로 옳지 않는 것은 무엇인가? ㉰

㉮ 희석이 덜 되는 작은 하천에서 더 뚜렷이 나타난다.
㉯ 여름철 온도에서 용존산소 포화도는 45% 정도에 해당한다.
㉰ 아질산염이나 질산염의 농도가 증가한다.
㉱ 오염에 잘 견디는 곰팡이류가 심하게 번식한다.

해설 : 회복지대는 아질산염이나 질산염의 농도가 증가한다.

04 수중으로의 산소 전달에 관한 설명 중 틀린 것은 무엇인가? ㉯

㉮ (포화농도 – 현재농도)의 값이 클수록 증대 한다.
㉯ 계면의 난류도가 작을수록 증대한다.
㉰ 물의 농도가 낮을수록 증대한다.
㉱ 기포가 작을수록 증대한다.

해설 : 계면의 난류도가 클수록 증대한다.

05 일반적인 하천에 유기물질이 배출 되었을 때 하천의 수질을 나타낸 그림이다. 가장 적절한 것은 무엇인가? ㉰

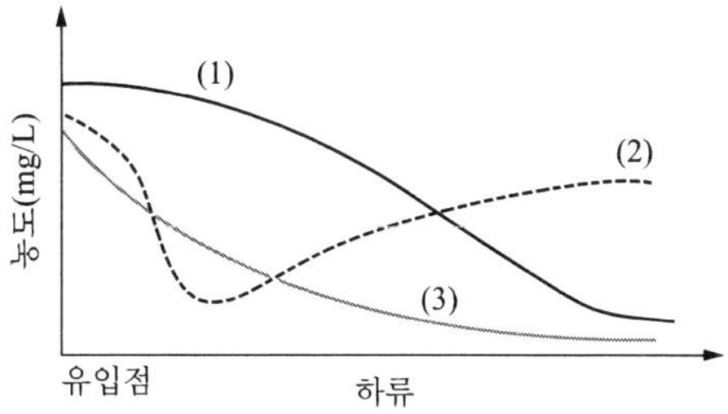

	(1)	(2)	(3)		(1)	(2)	(3)
㉮	DO,	BOD,	SS	㉯	BOD,	SS,	DO
㉰	BOD,	DO,	SS	㉱	SS,	DO,	BOD

해설 : (1) BOD, (2) DO, (3) SS을 나타낸다.

06 하천의 자정능력은 겨울철보다 여름철이 더 크다. 그 주된 원인으로 가장 알맞은 것은 무엇인가? ㉱

㉮ 여름의 강한 햇빛으로 살균효과 작용이 크기 때문이다.

㉯ 여름철의 수온증가로 용존산소 전달량이 많기 때문이다.

㉰ 여름은 장마의 수량이 급증되므로 희석 효과로 인한 자정능력이 좋아지기 때문이다.

㉱ 여름의 높은 온도는 미생물의 성장과 활동력을 증가시키기 때문이다.

해설 : 미생물 활동에 가장 영향이 큰 것은 온도(수온)이다. 온도가 높을수록 활동력이 커지므로 자정능력은 겨울보다 여름이 훨씬 좋다.

07 유기성 폐수가 하천에 유입된 후 유하하면서 자정작용이 진행되어 가는 여러 상태를 그림으로 표시하였다. 다음 (1)~(6)까지 내용으로 올바르게 짝지어진 것은 무엇인가? ㉱

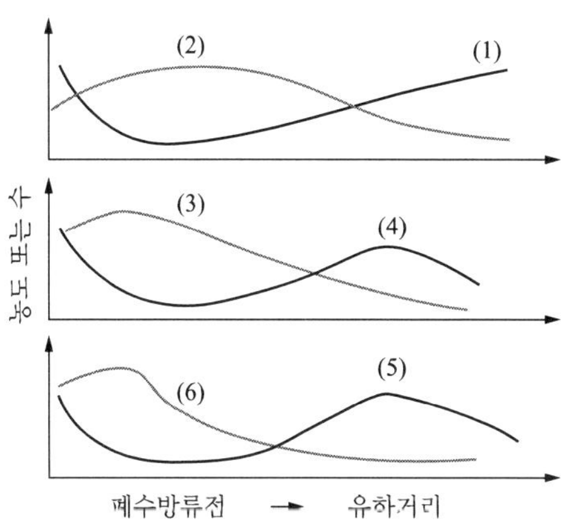

	(1)	(2)	(3)	(4)	(5)	(6)
㉮	DO,	BOD,	NO_3-N,	NH_3-N,	박테리아,	조류
㉯	BOD,	DO,	NH_3-N,	NO_3-N,	박테리아,	조류
㉰	BOD,	DO,	NO_3-N,	NH_3-N,	조류,	박테리아
㉱	DO,	BOD,	NH_3-N,	NO_3-N,	조류,	박테리아

해설 : (1) DO 수하곡선, (2) BOD, (3) 암모니아성 질소, (4) 질산성 질소, (5) 조류, (6) 박테리아이다.

08 하천의 재폭기 계수와 관련되는 항목만을 나열한 것은 무엇인가? ㉱

㉮ 유기물 부하, 수심, 부유물질 농도
㉯ 수온, 영양염 농도, 부유물질 농도
㉰ pH, 유속, 유기물 부하
㉱ 유속, 수심, 수온

해설 : 재폭기 계수와 관련된 항목은 수온, 유속, 수심, 난류, 구배 등이다.

09 다음 중 하천에서 세균수가 증가하고 용존 산소량은 감소하며, 탄산가스량이 많아지는 지대는 어느 것인가? ㉯

㉮ 정수지
㉯ 분해지대
㉰ 회복지대
㉱ 부패지대

해설 : 세균수가 증가하고 용존 산소량이 감소하며 탄산가스량이 많아지는 지대는 분해지대이다.

10 하수 공장폐수 등 오염된 물은 방치하여 두면 일반적으로 점차 침전 분해하여 자연히 안정화된 자연수로 환원되는데, 이 현상을 무엇이라고 하는가? ㉮

㉮ 자정작용
㉯ 부영양화 현상
㉰ 재생작용
㉱ 적조현상

해설 : 이러한 현상을 자정작용 현상이라고 한다.

제8절 호소수의 수질관리

호소(湖沼)는 육지의 파인 곳에 존재하는 물로 담수 또는 염수로 이루어져 있다. 호소는 체류시간이 길고 혼합에 제한을 받으며, 정체되어 있어서 오염현상에 대하여 하천과 다른 특성을 나타낸다. 호소의 물리적인 현상으로는 유속, 수온의 연직분포 변화, 그리고 기타의 수질변수 등이 있다. 특히 호소 수온의 연직분포는 서로 다른 층을 형성하게 하며, 하천으로부터 각종 유기물질의 유입은 호수의 영양상태에 매우 큰 영향을 미치게 된다.

호소는 정체되어 있는 물의 특성상 용존산소의 부족현상, 인과 질소의 유입에 의한 부영양화 문제, 침전물의 유입에 의한 오염 등의 문제에 하천수보다 더 민감하여 호소의 생태계와 수질은 **수질관리 측면**에서 매우 중요한 관심의 대상이다.

호소수의 특징은 다음과 같다.

- 체류하는 동안에 현탁물질이 침강해서 하천수보다 수질은 청정하다.
- 여름과 겨울에 각각 온도의 성층현상이 일어난다.
- 물의 흐름은 밀도가 비슷한 곳으로 이동한다. (밀도류)
- 상층부는 밀도가 낮은 물이고 하층부는 밀도가 높은 물로 분포되어 있다. (여름철 상층부의 수온은 25℃, 밀도는 0.997 g/cm^{3}이고, 하층부는 15℃, 0.999 g/cm^3 정도이다.)
- 생물의 증식, 사멸, 영양염류의 재이용에 따른 생물간 물질순환과 축적이 이루어진다.
- 조류(Algae)는 호소의 체류시간, 물흐름 상태, 햇빛량 등에 따라 증식량이 달라진다.
- 호소 표층에 클로로필이 10 μg/L 이상이면 부영양화 현상을 일으킨다.
- 질소 0.2~0.3 mg/L 이상과 인 0.01~0.02 mg/L 이상이면 부영양 상태이다.

본 절에서는 호소의 수질에 큰 영향을 미치는 용존산소상태, 성층현상 및 부영양화 등에 대해 알아보자.

1. 호소의 성층현상(Stratification)

호소는 계절적인 변화에 따라 기온이 변하고 기온의 영향을 받아 수온이 변한다. 이 온도 차이에 의해 수직으로 수층이 형성되며 심층에서는 공기가 차단되어 재폭기의 영향이 거의 없는 상태로 각 층마다 DO의 변화가 상이한 형태가 된다. 온도변화로 인해 발생되는 물의 밀도 차에 의해 수심에 따라 물이 여러 개의 층으로 구분되는 현상을 **호소의 성층화** 또는 **성층현상**(Stratification)이라 한다. 성층이 형성되는 경우 수표면이 포함되는 제일 위층을 **표층**(epilimnion, **순환대** - 조류가 번식하고 따라서 용존산소의 과포화가 일어날 수 있으며, 부영양화가 발생하는 지역), 제일 아래층을 **심수층**(hypolimnion, **정체대** - 혐기성 미생물의 증식으로 유기물이 분해되어 수질이 크게 악화되는 지역), 표층과 심수층 사이의 층을 **수온약층**(thermocline, **변천대** - 수심에 따른 온도 구배가 명확한 지역)이라 하며 이 수온약층은 수심에 따라 온도의 변화가 매우 심한 구간이다.

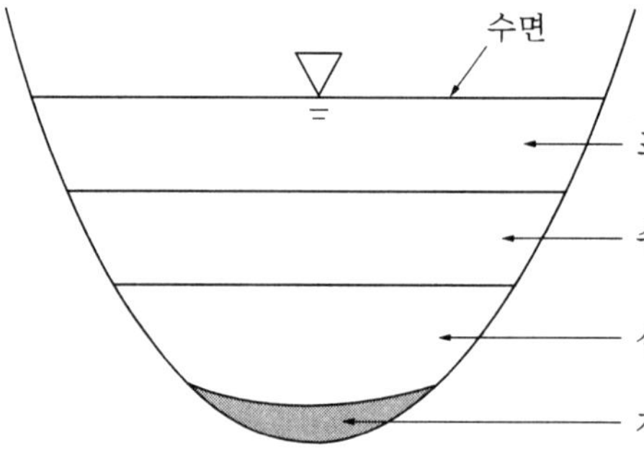

》 그림 1.33 호소의 수질 특성

호소의 성층현상은 연중 계절에 따라 **온도, 밀도 및 바람**에 의해서 각각 특징 있는 양상을 띤다.

① **겨울**에 기온의 하강에 의하여 수표면의 온도는 0℃에 가깝게 되고, 호소의 바닥 부근의 수온은 최대 밀도인 4℃ 정도에 이르게 된다. 중간층에는 0℃에서 4℃ 사이의 물들이 존재한다. 따라서 호소의 바닥부터 수표면까지 수직적으로 물의 밀도 차이가 나타난다. 이때 아래층으로 갈수록 높은 밀도의 물들이 존재하기 때문에 물이 혼합되지 않는 안정된 상태를 유지하게 된다. 이런 현상을 **겨울의 성층현상**(Stratification)이라 한다.

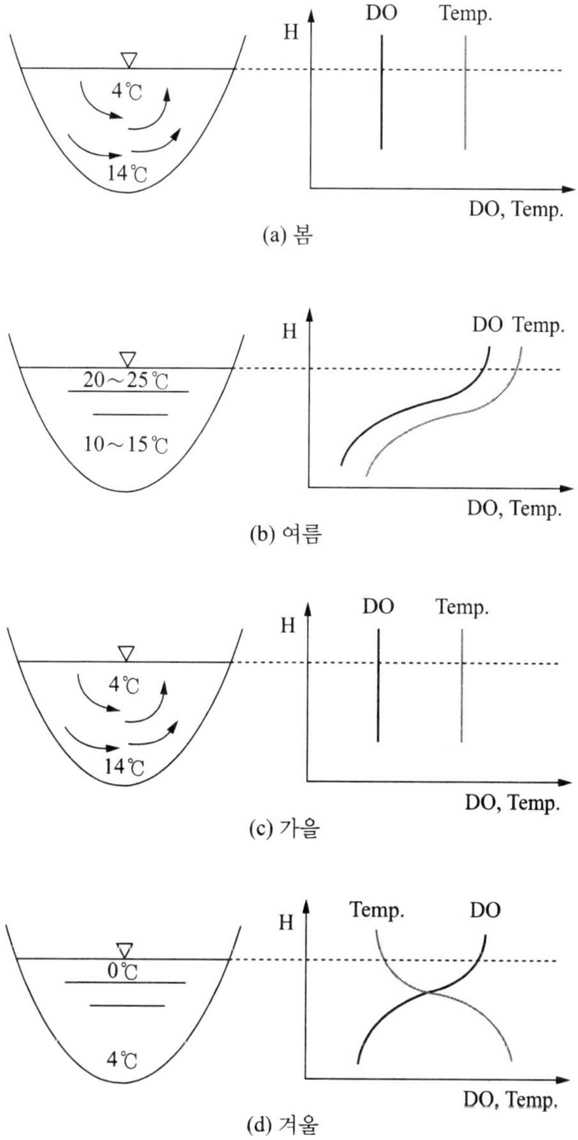

≫ 그림 1.34 **호소의 계절별 성층·전도현상**

② **여름**이 되면 기온의 상승에 의하여 수표면의 수온이 더욱 상승하게 되나 호소 바닥 부근의 물은 여전히 낮은 수온을 유지한다. 따라서 수직 방향으로 수온 차이가 발생하며 물이 혼합되지 않는 안정된 상태를 유지하게 된다. 이런 현상의 **여름의 성층현상**(Stratification)이라 한다.

③ **봄**이 되면 얼음이 녹으면서 기온의 상승에 의하여 수표면 부터 물의 수온이 상승하기 시작한다. 수표면의 온도가 상승하여 4℃ 정도에 이르면 물의 수직적인

수온 분포가 일정하게 된다. 이때 물의 수직적인 밀도 차이가 없어지면서 수표면 부근의 물은 밑으로, 또 밑층의 물은 상층으로 이동하는 물의 혼합이 발생하는데 이를 **전도현상(Turnover)**이라 한다. 약간의 바람만 불어도 수직방향의 혼합이 있게 되고 수질은 악화된다.

④ **가을**이 되면 기온의 하강에 의하여 수표면의 수온이 다시 하강하기 시작한다. 수온이 하강하여 수직적인 온도의 차이가 없어지면 봄과 같이 **전도현상(Turnover)**이 일어나 다시 물의 혼합이 이루어진다.

수온이 4℃ 이하로 내려가지 않는 지역에서는 여름철에만 성층현상이 발달한다. 성층현상의 형성 여부는 수심에 따른 온도의 분포를 측정하면 알 수 있다. 수층이 형성되면 각 수층 간에 다음과 같은 특성들이 나타난다.

(1) 온도

표층과 심수층은 깊이에 따른 온도의 차이가 크지 않으나 수온약층은 온도 차이가 많이 나타난다. 표층의 온도는 겨울에 낮고 여름에 높은 계절적인 차이를 나타내지만 심수층의 온도는 계절적인 영향을 적게 받아 약 4~5℃ 정도의 수온을 나타낸다.

(2) 용존산소(DO)

표층은 대기로부터 확산되어지고 조류들의 광합성 작용에 의해 생성된 산소들에 의하여 용존산소의 농도가 높다. 그러나 심수층은 표층으로 부터의 산소 전달이 수온약층에 의하여 차단되어 용존산소의 농도가 매우 낮거나 혐기적인 상태가 된다.

(3) 영양염류

상층부로부터 양분들이 침전되고 조류와 같은 생물체의 사체들이 침전되는 심수층은 다른 수층보다 영양염류를 많이 함유할 수 있다. 또한 수층이 형성되어 심수층이 혐기성이 되면 과잉섭취하고 있던 인을 혐기적인 조건에서 방출하는 Acinetobacter와 같은 세균들에 의하여 인의 농도가 증할 수 있다.

호수의 수질관리 관점에서 성층현상을 염려하는 것은 성층현상이 형성될 경우 물질들의 순환이 이루어지지 않으면서 심수층에 많은 양분들이 축적되는 것이다. 양분들이 자정작용에 의하여 빠르게 소모되지 않고 지속적으로 축적된 상황에서 봄과 가을에 전도현상이 발생하면, 물의 수직적인 혼합이 발생하여 심수층에 존재하는 물질들이 호소 전체에 퍼지게 된다. 물이 혼합되면 심수층에 축적되었던 물질들이 부유되어 탁도가 증가하고 이취미가 발생하는 등의 수질 악화현상이 발생한다. 또한 심수층의 영양염류가 확산되어 호소의 부영양화를 초래한다. 이처럼 호소에 성층현상이 발생하면 호소가 부영양화 될 가능성이 높아지는 것이다.

※ 호소의 계절별 우점 조류

- 봄 : 규조류, 녹조류
- 여름 : 남조류
- 가을 : 규조류
- 겨울 : 규조류

※ 호소의 수화현상(Water Bloom)

- 호소의 정체수역에서 식물성 플랑크톤이 대량 번식되는 현상으로 원인이 되는 조류종은 남조류이다.
  → 상수원수중 존재시 이취미 유발(남조류 : Microcystis, Anabaena 등)

※ 남조류의 독성물질 → Microcystin 생산

※ 호소나 해양에서 호흡량과 광합성량에 따른 수심분류

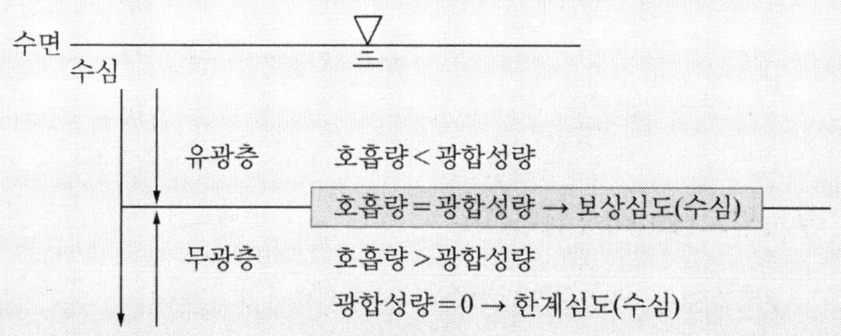

- 유광층이란?
  → 표면에서 1% 조도가 되는 깊이까지의 층

2. 호소의 부영양화(Eutrophication)

2.1 부영양화의 일반적인 특성

부영양화(Eutrophication)란 영양물질의 증가에 의하여 수중 광합성 생물이 증가함으로서 생태계가 교란되고 수질이 악화되는 현상을 말한다. 영양물질이란 주로 인(phosphorus)과 질소(nitrogen)를 의미하며, 광합성 생물이란 수생식물, 조류(algae), 남조류(blue green algae, cyanobacteria)를 의미한다. 인과 질소와 같은 영양염류 농도가 증가하여 수중생물의 생존량 및 1차 생산능력이 증대하는 것을 의미하기도 한다.

인 또는 질소의 농도가 낮으면 인이나 질소가 광합성 생물의 성장 제한요인으로 작용할 수 있다. 그런 상태에서 인 또는 질소가 증가하면 식물, 조류, 남조류 등의 증식이 활발해 진다. 그리고 이런 생물들이 과다하게 증식하면 수중 생태계의 정상적인 기능이 교란되며 수질이 악화되는 것이다.

호소를 부영양화 정도에 따라 **빈영양호**(oligotrophic lake), **중영양호**(mesotrophic lake), **부영양호**(eutrophic lake)로 구분할 수 있다.

2.1.1 빈영양호(oligotrophic lake)

빈영양호는 영양물질의 농도가 낮고 1차 생물생산성(primary productivity)이 낮은 호소이다. 따라서 조류, 남조류, 식물 등의 생성량이 적어 탁도가 낮으며 청정하다. 일반적으로 생성 초기의 호소나 산간지방과 같은 고지에 위치하고 있는 호소들로 수심이 깊다. 수질이 좋아 용존산소 농도가 높으며 많은 종의 어류가 존재하고 호소는 청정하여 식물 이외의 동물의 생산도 낮은 특성을 가지고 있다.

2.1.2 부영양호(eutrophic lake)

부영양호는 영양물질이 많이 유입되어 1차 생산성이 높은 호소이다. 따라서 조류, 남조류, 식물 등이 과다하게 증식하여 탁도가 높으며 물의 색이 녹색 또는 갈색으로 흐리고, 먹이연쇄를 통하여 각종 동물군의 생산도 크다. 박테리아의 분해 활동도 높아 생태계 전체를 통하여 물질대사의 속도가 빠르다. 일반적으로 비옥한 평야나 분지지역에 많이 존재하며 수심이 낮다. 수질이 좋지 않아 호소의 아래 부분은 산소 농도가 낮은 편이며, 어류의 종이 많지 않다. 부영양호는 빈영양호에 상대되는 용어로 사용되고 있다.

부영양호의 영양상태 기준은 질소농도 : 0.2～0.4 ppm 이상, 인 농도 : 0.01～0.02 ppm 이상, 조류수 : 5,000～50,000/mL 이상일 때이다.

2.1.3 중영양호(mesotrophic lake)

부영양호와 빈영양호의 중간 정도를 중영양호라 한다.

표 1.36 빈영양호와 부영양호의 특성

특 성	빈영양호	부영양호
영양물질	낮음	높음
식물, 조류, 남조류 양	적음	많음
어류의 종	많음	적음
심층의 용존산소	존재함	적거나 없음
수 심	깊음	낮음

2.2 부영양화의 영향인자

부영양화를 촉진시키는 주요 인자들은 화학적 인자뿐만 아니라 호소의 수질특성, 기상변화에 따른 성층화 등의 수리학적 특성, 토지이용, 식생 및 피복상태, 도시화와 산업화 등의 유역특성을 포함하는 물리·생물학적 요소가 부영양화 과정에 크게 영향을 미친다.

2.2.1 물리학적 인자

부영양화에 미치는 물리적 주요영향인자는 온도 및 일조량, 체류시간, 수표면 형태, 물질순환 등이 있다. 온도 및 햇빛은 대부분의 빈영양호 호소가 기온이 낮고 표고가 높은 지역에 산재해 있는 것으로 미루어 보아 추측할 수 있다. 탁도 및 색도가 높은 물이나 조류번식이 왕성한 저수지의 경우에는 부유물질과 조류에 의해 빛의 투과율이 감소되어 광합성 작용을 감소시키기도 한다.

저수지의 형태나 수리학적 체류기간이 호소나 저수지의 부영양화에 영향을 미치는 것으로 조사되었다. 하폭이 좁고 수심이 깊지 않은 강에서는 수초의 번성이나 부영양화가 발생할 가능성이 있다. 그리고 수리학적 체류기간이 길어질수록 부영양화가 발생할 가능성이 크다.

2.2.2 화학적 인자

부영양화의 화학적 인자들로서는 탄소, 수소, 황, 칼슘, 마그네슘, 질소, 인 등이 있으나 질소와 인은 수초나 수중생물의 성장을 좌우하는 제한적인 요인이 된다. 질소는 단백질과 핵산을 형성하는 중요한 성분으로 주된 유입원은 농경지에서 사용하는 비료, 호소나 저수지의 침전물, 조류에 의한 질소합성 등이 있으며, 호소 내에서 유입된 유기물을 질소박테리아에 의해 분해함으로써 생성된다.

인은 생물의 에너지 대사에 관련이 있는 성분으로 지역의 광물로부터 유입되어 생태계에서 재순환 된다. 유입원은 농경지, 합성세제, 분뇨 등이 있다. 질소는 조류에 의해 대기 중으로부터 합성이 가능하므로 **부영양화의 주된 인자는 인이라고 추측**하기도 한다.

2.2.3 생물학적 인자

부영양화의 생물학적 인자로서는 엽록소를 가진 생물의 광합성 작용이 주된 요인이다. 이 작용은 수중의 생물들이 무기질 영양소를 유기질로 변화시켜 수중에 과다한 영양염류가 존재하게 되므로 수중의 영양염류 농도에 영향을 미치게 된다. 그 결과 식물성 및 동물성 플랑크톤 수를 증가시키게 되며, 수초의 번성과 수화현상(water bloom)을 초래하게 된다. 그러므로 부영양화 진행은 수중생물 영양분을 합성해 내는 정도에 따라 영향을 받는 것으로 나타났으며 수중에 서식하는 생물의 농도와 종류에 따라 좌우된다고 할 수 있다. 특히 물고기는 부영양화의 진행여부에 따라 환경조건에 내성이 강한 물고기로 교체되는 것으로 조사되었다.

2.2.4 영양물질의 한계농도

부영양화를 발생시키는 한계 영양물질과 농도에 관한 연구는 계속 되어왔다. 부영양화에 큰 영향을 미치는 질소와 인은 상대적인 비율 조정이 매우 중요하다. 일반적으로 식물성 플랑크톤이나 수초생체는 N : P의 비율이 1 : 16으로 일정하게 유지되어야만이 이들이 성장할 수 있으며, 만일 N : P의 비율이 1 : 16 이상이면, 인의 조류 성장에 불충분하게 되어 조류성장은 인에 의해 제한되고, N과 P의 비가 1 : 16 이하이면 질소가 제한 요소가 된다.

부영양화에 영향을 미치는 요인은 위와 같으며 부영양화의 원인은 다음과 같다.

◆ 부영양화의 원인

- 처리되지 않은 가정하수의 유입
- 세탁수 등의 합성세제의 유입
- 화장실수의 유입
- 처리되지 않은 공장폐수 및 축산폐수의 유입
- 농지에서 사용되는 질소비료 및 인산질 비료 등의 유입
- 산림지대의 썩은 나뭇잎, 나뭇가지 등의 유입
- 야생동물 배설물 및 사체 등의 유입

2.3 부영양화가 미치는 영향

부영양화로 인해 미치는 영향을 살펴보면 아래와 같다.

(1) 심수층의 용존산소(DO)량 감소

조류나 남조류의 과다 증식으로 인하여 조류가 호소 표면에 대규모로 형성되면 빛이 호소내로 투과하는 것을 막아 다른 수중식물의 광합성이 저해되며 대기 중의 산소가 수중으로 용해되지 못해 수중의 용존산소량을 감소시킬 수 있다. 또한 호소 표면에 형성된 조류가 죽어 심수층으로 가라앉으면 미생물에 의한 분해작용으로 심수층의 용존산소가 결핍되며 결국에는 저층에 혐기성 상태가 유발된다. 용존산소의 부족과 혐기성화는 이동 능력이 약한 수생 저서생물의 생존을 위협한다.

(2) 조류의 다량 발생으로 인한 투명도 감소 및 COD 증가

조류나 남조류의 과다 증식은 물의 투명도가 감소하며 투명도가 감소하면 빛의 투과성을 감소시켜 광합성 생물이 생존을 위협할 수 있고 COD가 증가하게 된다. 또한 이끼가 끼게 되어 수영 등 친수용수로서 사용 가치 하락으로 인하여 위락, 경관, 관광 측면에서 물질적·경제적 손실을 가져 올 수 있다.

(3) 물의 착색

녹조류가 과다하게 증식한 경우 녹색의 광합성 색소인 엽록소 때문에 물의 색이 녹색을 띠게 된다. 남조류는 엽록소뿐만 아니라 광합성 보조색소로 파란색의 phycocyanin을 함유하고 있다. phycocyanin과 엽록소가 어우러지면 청록색을 나타낸다. 따라서 남조류가 과다 증식할 경우 물의 색이 청록색을 띠게 된다.

(4) pH의 상승과 변화

(5) 질소, 인, 탄소와 같은 영양염류의 농도 증가

(6) 독소 생성

남조류는 간에 해를 주는 간독과 신경을 마비시키는 신경독 등의 치명적인 독소를 생성한다.

(7) 상수도에 미치는 영향

① 부영양화된 상수원수는 보통 비린내, 흙냄새, 곰팡이 냄새, 풀 냄새를 유발시켜

음용수의 질을 저하시켜 불쾌한 맛과 냄새를 발생시킨다. 최근 국내 호소를 상수원수로 이용하는 수도꼭지에서 자주 발생하고 있다.

② 부영양화가 발생된 호소를 수원으로 이용할 경우에는 대규모로 발생된 조류에 의해서 여과지 스크린이 막혀서 용수 처리 시 용수처리 비용을 많이 들게 한다.

③ 부영양화된 호소에서 취수한 상수원수는 현탁오염물질이나 미량의 부식물질이 많으며 이를 제거하기 위한 응집제로 보통 Fe^{3+}, Al^{3+} 등을 사용한다. 그러나 킬레이트 작용을 하는 조류의 대사산물 또는 분해산물이 응집작용을 방해하고 부영양화 호소의 pH가 8～9 이상이 될 경우 상수 처리과정의 응집 작용을 방해할 수 있다.

(8) 농수산물 피해

부영양화가 진행된 수원을 농업용수로 사용하는 경우에는 육모기간 중에 발아와 발근에 지장을 주어 도복, 부패 등을 일으키며 생육 중 질소성분의 과잉으로 각종 성장에 지장을 초래하기도 한다. 또한 부영양화가 계속되면 수중의 혐기성화에 의해 어패류가 폐사하게 되고 이는 어획량의 감소로 이어지게 된다.

2.4 부영양화 방지대책

부영양화에 대한 대책은 부영양화가 발생하기 전의 예방대책과 부영양화가 진행된 후의 사후대책으로 구분할 수 있다. 부영양화가 발생하기 전의 예방대책은 다음과 같은 방법들이 있다.

먼저 영양원의 유입 제한을 들 수 있다. 비료의 과잉 사용, 가두리 양식장에서 사료의 과다 사용 등을 억제하여 양양염류의 발생량을 감소시켜야 한다. 또한 세제류 사용 감소 및 가정하수를 고도처리(3차 처리, Advanced treatment)하여 질소, 인을 최대한 제거하여야 한다.

호소의 영양염류 농도가 높은 경우에 호소의 물보다 영양염류의 농도가 낮은 물을 호소에 유입시켜 영양염류의 농도를 희석할 수 있으며, 수초나 조류들이 죽은 후 분해되는 과정에서 영양염류의 농도가 증가하여 부영양화를 일으킬 수 있으므로 잠재적인 부영양화의 원인 물질인 수초나 조류를 사전에 제거함으로서 호소 내 영양염류의 양을 줄일 수 있다. 이 밖에도 퇴적토 준설 및 수변구역 조성을 통하여 부영양화를 사전에 방지할 수 있다.

다음으로 부영양화가 진행된 후의 사후 방지대책으로는 다음과 같은 방법들이 있다.

부영양화가 진행된 호소에 **황산구리($CuSO_4$)를 살포(약 0.6~1.2 ppm 정도 주입)**함으로서 조류를 효과적으로 제거할 수 있는 이는 규모가 크지 않는 호소에 적합한 방법으로 비용이 적게 들고 효과적인 방법이다. 이 밖에도 조류 흡착 제거를 위해 활성탄을 뿌리는 방법과 생물학적 제어를 이용하여 녹조 및 적조현상을 일으키는 생물의 수를 조절하는 방법 등이 있다.

2.5 부영양화 평가방법

호소에서 부영양화의 발생여부와 진행정도를 평가하는 것은 호소의 수질관리를 위해 매우 중요하다. 부영양화의 정확한 평가를 위해서는 다양한 수질 항목의 측정 자료를 수집하는 것이 중요한 요소이나 수집된 수질자료의 분석 및 해석 또한 매우 중요한 요소라 할 수 있다. 부영양화를 평가하는 방법은 정성적 평가방법과 정량적 평가방법으로 크게 구분할 수 있다.

2.5.1 정성적 평가방법

부영양화 현상이 진행 중인 호소는 영양염류 농도의 증가에 의하여 남조류나 조류의 수가 증가하고, 이러한 식물성 플랑크톤들에 의해 물의 색깔이 녹색 내지 황색으로의 변화, 투명도의 저하, 저수층의 혐기성화 등의 특성이 나타난다. 이에 비하여 빈영양호는 영양염류의 농도가 낮으며 물색은 청색이고 투명도가 높은 특징을 보인다.

정성적 평가는 이처럼 부영양호와 빈영양호의 특징에 대한 기초 지식을 토대로 다수의 전문가가 부영양화의 발생여부 및 진행정도를 평가한 결과를 종합적으로 평가하는 방법이다. 부영양화의 정성적인 평가방법은 부영양화에 수반되어 나타나는 변화와 특성을 모두 포함하고 있어 이론상으로는 정확한 평가라고 할 수 있지만, 평가에 있어 연구자의 주관이 개입되기 쉬우며 부영양화의 진행정도에 대한 정확한 양적 판단이 어려운 단점을 가지고 있다.

2.5.2 정량적 평가방법

정성적인 평가방법의 단점을 보완하여 부영양화에 대한 판단을 객관화하기 위해서 정량적인 평가방법이 도입되었다. 부영양화의 정량적 평가방법은 단일 항목에 의한 평가방법과 복수 항목에 의한 평가방법으로 구분할 수 있다.

(1) 단일 항목에 의한 평가방법

단일 항목에 의한 평가방법이라 함은 수체의 물리·화학적, 생물학적 특성을 잘 나타내는 수질 항목 중 부영양화 현상과 밀접한 관계를 가지고 있는 대표적인 항목 한 개를 선택하여 이 항목을 중심으로 부영양화를 평가하는 방법이다. 이와 같은 단일 항목에 의한 부영양화 평가방법은 하나의 수질 항목만을 측정하여 부영양화를 평가하므로 매우 간단하다는 장점은 있으나 수체가 갖고 있는 고유한 특성을 고려할 수 없다는 단점이 있다. 단일 항목에 의한 부영양화의 평가방법으로 자주 사용되고 있는 대표적인 수질 항목으로는 투명도, 영양염류 농도, 용존산소 농도, 클로로필-a 농도, 지표생물, 1차 생산력 등이 있으며 각 항목에 의한 부영양화 평가방법은 다음과 같다.

① **투명도**

투명도란 물의 맑은 정도를 의미하며 투명도는 빛을 투과시키는 정도에 의하여 결정된다. 호소에서 물의 투명도를 측정하는 일반적은 방법은 흰색과 검은색이 교대로 칠해진 직경 20 cm의 원판을 물에 담근 후 원판이 보이지 않게 되는 깊이를 측정하는 방법이다. 이 때 원판이 보이지 않는 깊이를 SD(Secchi Depth)라 한다. 물에 입사되는 빛은 부유물질과 색도 유발물질 및 물 자체의 흡수에 의하여 감소한다. 부영양화 현상이 발생하여 식물성 플랑크톤의 농도가 증가하면 투명도가 감소한다. 따라서 투명도를 측정함으로서 부영양화 현상의 발생여부 및 진행정도를 파악할 수 있는 것이다. 빈영양호는 식물성 플랑크톤이 적기 때문에 빛이 깊은 곳까지 도달하여 투명도가 높다. 반면에 부영양호에서는 식물성 플랑크톤의 양이 많아 입사광이 감소함으로서 투명도가 떨어진다. 그러나 식물성 플랑크톤 이외의 부유물질도 투명도에 영향을 미치므로 식물성 플랑크톤 이외의 부유물질이 많이 존재할 경우 정확도가 감소할 수 있다. 투명도(SD)와 호소의 부영양화의 관계는 표 1.37과 같으며 각 영양단계의 판정기준은 연구자와 연구기관에 따라 조금씩 차이가 있다.

표 1.37 투명도(SD)에 의한 부영양화 평가기준(OECD) (단위 : m)

구 분	극빈영양	빈영양	중영양	부영양	과영양
연평균 투명도	≥12.0	≥6.0	6.0~3.0	3.0~1.5	<1.5
최소투명도	≥6.0	≥3.0	3.0~1.5	1.5~0.7	<0.7

표 1.38 호소의 영양단계와 투명도(SD)에 의한 평가기준 (단위 : m)

구 분	빈영양	중영양	부영양
EPA	>3.7	2.0~3.7	<2.0
Carlson	>4.0	2.0~4.0	<2.0
Rast	>4.6	2.7~4.6	<2.7
Forsberg	>4.0	2.5~4.0	<2.5

② 영양염류 농도

부영양화는 물에 영양염류가 비정상적으로 증가하여 발생하는 현상이므로 수체 내의 영양염류의 농도는 부영양화의 발생여부 및 진행 정도를 평가하는 좋은 기준이 된다. 수중 광합성 생물들의 증식에는 C, H, O, N, P 등을 함유한 다양한 종류의 영양염류가 필요하며 이들 중 C, H, O를 함유한 영양염류는 수체 내에 그 양이 제한되어 있다. 식물성플랑크톤의 성장은 영양염류들 중 N, P를 함유한 영양염류의 농도에 의하여 결정되며, 특히 인(P)을 함유한 영양염류의 농도가 부영양화 발생과 밀접한 관계가 있는 것으로 알려져 있다. 따라서 호소에서는 인을 중심으로 부영양화를 평가하는 경우가 많다.

표 1.39 호소의 영양단계와 총인(T-P)의 관계 (단위 : mg/m^3)

구 분	빈영양	중영양	부영양	과영양
EPA	≤10	10~20	>20~25	-
Carlson	≤12	12~24	>24	-
Rast	≤10	10~20	>20	-
Forsberg	≤15	15~25	25~100	≥100
OECD ≤ 4.0	≤10	10~35	35~100	≥100

③ 클로리필-a 농도

부영양화 현상이 발생하면 식물성 플랑크톤의 양이 급격히 증가한다. 모든 식물성 플랑크톤들은 광합성 색소인 클로로필-a(chlorophyll-a, 엽록소 a)를 함유하고 있으므로 식물성 플랑크톤의 농도와 높은 상관관계를 갖는 클로로필-a의 농도를 측정함으로써 부영양화의 발생여부 및 진행 정도를 평가하는 것이다. 그러나 식물성 플랑크톤의 클로로필-a 함유량은 환경조건과 식물성 플랑크톤의 종류에 따라서 달라지며, 때로는 죽은 조류 중에 포함되어 있는 것도 측정될 수 있어서 클로로필-a의 농도에 측정 오차가 발생할 수 있다는 단점이 있다. 클로로필-a와 호소의 부영양화의 관계는 다음 표 1.40과 같다.

표 1.40 클로로필-a의 농도와 부영양화의 관계 (단위 : mg/m^3)

구 분	빈영양	중영양	부영양	과영양
EPA	<4.0	4.0~10.0	>10	-
Forsberg	<3.0	3.0~7.0	7.0~40.0	>40.0
Rast & Lee ≤ 2.0	2.1~2.9	3.0~6.9	7.0~9.9	≥10.0

(2) 복수 항목에 의한 평가방법

단일 항목에 의한 부영양화 평가방법은 부영양화를 평가할 수 있는 항목 중 한 항목을 측정함으로써 간단하게 부영양화 정도를 평가할 수 있다. 그러나 이와 같은 단일 항목에 의한 평가방법은 평가에 사용된 수질 항목에 따라 평가 결과가 다르게 나타나는 경우 또는 부영양화의 인과관계를 파악하여 수질 대책을 수립하려는 경우에는 사용이 불가능하다. 복수항목에 의한 부영양화 평가방법은 이와 같은 문제점을 보완하는 방법으로서, 부영양화 현상과 밀접한 관계를 갖는 여러 개의 수질 항목을 동시에 측정하여 평가하는 방법이다. 호소의 정확한 부영양화 상태를 판정하기 위해서는 부영양화와 연관이 있는 다양한 요인들을 측정하는 것이 바람직하다. 일반적으로 복수 항목에 의한 부영양화 평가에 주로 이용되는 항목은 투명도, 총인, 클로로필-a, 총질소, 용존산소 등이 있다. 그러나 이와 같은 복수 항목에 의한 부영양화 평가방법은 많은 시간과 인력이 소요되고 번잡하다는 단점이 있다.

표 1.41 복수 항목에 의한 부영양화 평가기준(EPA)

구 분	빈영양	중영양	부영양
총인(mg/m^3)	<10.0	$10.0\sim20.0$	$>20.0\sim25.0$
클로로필-a(mg/m^3)	<4.0	$4.0\sim10.0$	>10.0
투명도(m)	>3.7	$2.0\sim3.7$	<2.0
심수층의 포화산소농도(포화 %)	>80.0	$10.0\sim80.0$	<10.0

표 1.42 복수 항목에 의한 부영양화 평가기준(OECD)

구 분	극빈영양	빈영양	중영양	부영양	과영양
연평균 인(mg/m^3)	≤4.0	≤10.0	$10\sim35$	$35\sim100$	≥100
연평균 클로로필-a(mg/m^3)	≤1.0	≤2.5	$2.5\sim8.0$	$8.0\sim25$	≥25
최대 클로로필-a(mg/m^3)	≤2.5	≤8.0	$8.0\sim25$	$25\sim75$	≥75
연평균 투명도	≥12.0	≥6.0	$6.0\sim3.0$	$3.0\sim1.5$	$1.5\sim0.7$
최소 투명도	≥6.0	≥3.0	$3.0\sim1.5$	$1.5\sim0.7$	≤0.7

(3) 부영양화 지수에 의한 평가

부영양화 지수(Trophic State Index, TSI)라 함은 부영양화의 발생여부 및 진행 정도를 0에서부터 100 사이의 단일의 연속적인 수치로 표시하는 부영양화 평가방법이다. 단일 항목에 의한 부영양화 평가방법은 측정이 간단하고, 복수 항목에 의한 부영양화 평가방법은 수체의 여러 특성을 종합적으로 고려할 수 있다는 것이 장점이라고 했다. 그러나 단일 항목에 의한 부영양화 평가방법은 서로 다른 수질 항목 간에 부영양화 평가 결과가 모순될 경우 부영양화의 정확한 평가가 어렵고, 복수 항목에 의한 부영양화 평가방법은 많은 수질의 항목을 측정하기 때문에 번잡하다는 단점이 있다.

부영양화 지수(Trophic State Index, TSI)는 단일 항목에 의한 평가방법과 복수 항목에 의한 평가방법이 가지고 있는 단점들을 지양하고 장점들만을 취한 부영양화 평가방법으로, 부영양화 지수에 의한 평가방법은 측정이 간단하면서 수체의 특성을 종합적으로 고려할 수 있다.

부영양화 지수에 의하여 **물의 영양 상태를 3단계**로 구분할 수 있다. 부영양화 지수가 **50보다 클 경우를 부영양 상태**(eutrophy), **40~50일 경우를 중영양 상태**(meso-trophy), **40보다 작은 경우를 빈영양 상태**(oligotrophy)로 구분한다. 부영양화 지수는 지수가 10 단위 증가하면 투명도는 반으로 감소하고, 총인은 2배로 증가하며, 조류의 생물량은 2.8배 증가하는 특성을 반영하고 있다.

① 부영양화 지수에 의한 평가방법의 장점

㈀ 측정이 간단하고 물의 특성을 종합적으로 고려할 수 있게 해준다.

㈁ 해당 수체의 부영양화 발생 정도 및 수질 항목간의 상관관계를 쉽게 이해할 수 있게 해준다.

㈂ 단일 항목에 의한 평가방법, 복수 항목에 의한 평가방법은 호수의 부영양화 정도를 단순히 빈영양호, 중영양호, 부영양호 등으로 크게 구분할 수밖에 없으나 부영양화 지수에 의한 평가방법은 부영양화의 진행 정도를 연속적인 수치로 표현함으로써 부영양화 정도를 훨씬 더 구체적으로 파악할 수 있게 해준다.

보충설명

부영양화의 평가자료

1. AGP(Algal Growth Potential)
   - 녹조류 등 특정조류 온도 20도, 조도 4,000 Lux에서 배양하여 증식한 조류에서 건조중량을 나타낸 것을 의미
   - 부영양화 예측, 부영양화 제어, 부영양화 현상 등 파악
2. TSI(Trophic State Index, 부영양화도 지수)
   - Calson 지수로 투명도, 클로로필-a, T-P를 통하여 부영양화를 판단함.
3. 인부하 모델
   - Vollenweider model
   - 호소의 수리특성을 상수로 하여 호소의 부영양화도와 인부하량의 관계를 경험적으로 구하는 모델이며, 경험적인 해석 모델임.

2.6 요점정리 및 연습문제

2.6.1 호소의 수질관리 요점정리

■ 호소의 성층현상
- 봄·가을 : 혼합현상(밀도류)
- 여름·겨울 : 성층현상(여름이 수심에 따라 수온차가 크므로 성층현상이 뚜렷이 발생됨)
- 수심에 따라 DO와 수온변화의 기울기(구배)는 같음.

■ 부영양화(Eutrophication)
- 호소수에 유기성 오염물 및 영양염류의 과다유입으로 자정 능력한계를 넘어서면 생태계 변화로 수중식물의 성장 미생물 급증, 용존산소 고갈, 어패류 폐사 등으로 결국 쓸모없는 물로 변화되며 점차 늪지대로 변화하여 결국 땅으로 변화되는데, 이 과정을 부영양화 과정이라 함.

■ 부영양화상태 기준
- 질소 농도 : 0.2～0.4 ppm, 인 농도 : 0.01～0.02 ppm
- 조류수 : 5,000～50,000/mL

■ 부영양화의 원인
- 가정오수의 유입, 세탁수의 유입, 화장실수의 유입
- 공장폐수 및 축산폐수의 유입, 농업용수 비료(N, P) 등의 유입
- 나뭇잎, 나뭇가지 등의 유입, 야생동물 배설물 및 사체 등의 유입

■ 부영양시 발생되는 예측현상
- 투명도 감소 및 COD 증가, 용존산소량 감소(일시적으로 표수층은 과포화 될 수 있으며, 심수층은 부족할 수 있음), 수중식물 및 수초 성장
- 조류수 급증(특히, 남조류), 어패류 폐사, 물의 착색 및 악취 발생

■ 부영양화의 평가자료
- TSI(Trophic State Index, 부영양화도 지수) : Calson 지수로 투명도, 클로로필-a, T-P를 통하여 부영양화를 판단
- AGP(Algal Growth Potential) : 녹조류 등 특정조류 온도 20℃ 조도 4,000 Lux에서 배양하여 증식한 조류에서 건조중량을 나타낸 것

2.6.2 연습문제

01 여름철 부영양화된 호수나 저수지에서 다음과 같은 조건을 나타내는 수층은 어디인가? ㉮

[조건]	
① pH는 약산성이다.	② 용존산소는 거의 없다.
③ CO_2는 매우 많다.	④ H_2S가 검출된다.

㉮ 심수층　　　　㉯ 수온약층
㉰ 표층　　　　㉱ 혼합층

해설 : 조건의 내용을 종합해 보면 혐기성 상태이다.

02 성층현상에 관한 설명으로 알맞지 않은 것은 무엇인가? ㉮

㉮ 성층현상이 일어나는 겨울의 수심에 따른 수질은 균일하며 양호한 편이다.
㉯ 수심에 따른 온도변화로 인해 발생되는 물의 밀도차에 의해 발생한다.
㉰ 겨울과 여름에는 수직운동이 없어 정체현상이 생기며 수심에 따라 온도와 용존산소 농도 차이가 크고 겨울보다 여름이 정체가 더 뚜렷이 생긴다.
㉱ 봄, 가을에는 저수지의 수직혼합이 활발하여 분명한 열밀도층의 구별이 없어진다.

해설 : 성층현상이 일어나면 수심에 따른 수질은 균일하지 않다.

03 여름 정체기간 중 호수의 깊이에 따른 CO_2와 DO 농도의 변화를 설명한 것으로 알맞은 것은 무엇인가? ㉰

㉮ 심해에서 DO 농도는 매우 낮지만 CO_2 농도는 표수층과 큰 차이가 없다.
㉯ 깊이가 깊어질수록 CO_2 농도보다 DO 농도가 높다.
㉰ CO_2 농도와 DO 농도가 같은 지점(깊이)이 존재한다.
㉱ 표수층에서 CO_2 농도가 DO 농도보다 높다.

해설 : 표수층에서 CO_2 농도보다 DO 농도가 더 높으며, 심해는 혐기성 상태여서 CO_2 농도가 더 높으며, 깊이가 깊어질수록 DO 농도는 낮아지고 CO_2 농도는 높아진다.

04 다음 중 부영양화 현상을 억제하는 방법과 거리가 먼 것은 무엇인가? ㉯

㉮ 하수처리장에서 질소와 인을 제거하기 위해 고도처리공정을 도입하여 질소, 인의 호소유입을 막는다.
㉯ 과잉 번식된 조류는 황산망간을 살포하여 제거 또는 억제할 수 있다.
㉰ 비료나 합성세제의 사용을 줄인다.
㉱ 축산폐수의 유입을 막는다.

해설 : 조류 제거시 황산구리($CuSO_4$)를 살포한다.

05 조류제거를 위하여 살포하는 황산동의 투입량 결정시 고려되는 인자와 가장 거리가 먼 것은 무엇인가? ㉱

㉮ 알칼리도 ㉯ pH

㉰ 수온 ㉱ 용존산소

해설 : 조류제거를 위하여 살포하는 황산동의 투입량 결정시 고려되는 인자로서 pH, 수온, 알칼리도를 들 수 있으며, 용존산소와는 관계없다.

06 다음 중 부영양 상태에서 나타나는 현상이 아닌 것은 무엇인가? ㉱

㉮ 어패류 폐사 및 청록색 조류번식

㉯ 수중식물 성장

㉰ 심층수로부터 DO감소 및 악취유발

㉱ COD 및 투명도 증가

해설 : 부영양 상태는 COD 증가 및 투명도 감소 현상이 일어난다.

07 호소의 부영양화를 나타내는 부영양화도 지수는 Carlson에 의해 개발되어 Carlson지수라고도 하는데 다음 중 Carlson 지수와 가장 거리가 먼 것은 무엇인가? ㉰

㉮ Trophic State Index(Chl-a) ㉯ Trophic State Index(SD)

㉰ Trophic State Index(AGP) ㉱ Trophic State Index(T-P)

해설 : Carlson지수는 투명도(SD), Chlorophyll-a 농도, 총인(T-P)이며 2차 주관식 시험에서도 자주 출제되는 문제이다.

08 호수나 저수지 등 정체된 수역의 오염도(유기물량)를 BOD값보다 COD값으로 나타내는 이유로 가장 적절한 것은 무엇인가? ㉰

㉮ 수질의 변동이 비교적 적기 때문에 그 차이를 나타내기 위해

㉯ 흐르는 물이 아니기 때문에 용존산소가 적어 BOD를 측정하기 곤란하기 때문

㉰ 조류의 양을 고려할 수 있기 때문

㉱ 유기물이나 염류가 많아 이러한 저해요인을 피하기 위해서

해설 : 호소에는 조류의 수가 많아 정밀한 BOD값을 추정할 수 없어 COD값으로 추정한다.

09 깊은 호수나 저수지의 수직방향의 물 운동이 없을 때 성층현상(成層現象)으로 생기는 성층구분 순서로 알맞은 것은 무엇인가? (단, 수표면으로부터) ㉯

㉮ hypolimnion → thermocline → epilimnion → 침전물층

㉯ epilimnion → thermocline → hypolimnion → 침전물층

㉰ hypolimnion → epilimnion → thermocline → 침전물층

㉱ epilimnion → hypolimnion → thermocline → 침전물층

해설 : 수면으로부터 표층(순환대, epilimnion) → 수온약층(변천대, thermocline) → 심수층(정체대, hypolimnion) → 침전물층 순이다.

10 호소수를 상수원으로 이용시 Turn over 현상으로 수질악화가 우려되는 시기로 가장 적절하게 짝지은 것은 무엇인가? ㉮

㉮ 봄, 가을 ㉯ 봄, 여름

㉰ 가을, 겨울 ㉱ 여름, 겨울

해설 : 전도(turn over)현상은 봄과 가을에 일어나는 현상이며, 성층(stratification)현상은 여름과 겨울에 일어나는 현상이다.

제9절 해양의 수질관리

최근 들어 해양오염의 특징은 해양레저 활동의 증가와 선박 등의 증가로 인하여 유류에 의한 오염이나 적조현상의 발생으로 인한 양식업의 피해 등과 같이 우리 생활환경에 보다 직접적인 영향을 미칠 정도로 지속적으로 확대되고 있는 실정이다. 더욱이 인구증가와 급속한 산업화로 인하여 해양에 직·간접적으로 투기되는 오염물질이 증가하고 있다.

본 절에서는 해수의 특성과 각종 오염의 종류와 특성 및 적조현상 등에 대해 알아보자.

1. 해수의 특성

생물체에 영향을 미치는 해수의 주요 요인들은 수온, 염분농도, 밀도, 영양염류, 용존 기체, pH 등이다. 해수의 염분 농도와 pH는 비교적 안정적이나 수온, 밀도, 용존산소, 영양염류 농도 등은 변화가 많다. 각각의 주요 요인들에 대한 특성은 다음과 같다.

1.1 해수의 수온

해수의 물리적 성질은 온도 및 밀도와 밀접한 관련이 있다. 해수의 수온은 호소와 마찬가지로 표수층, 수온약층, 심수층으로 구분할 수 있다.

표수층의 수온은 상당한 깊이까지 표면수온과 비슷한 수온을 가지고 있는데 표면으로부터 25～200 m 깊이까지 파도 때문에 혼합이 잘 되어 이른바 혼합층 이라고 하며 적도 부근에서는 30℃ 정도로 수온이 높으나 극지방에서는 −2℃ 정도로 수온이 매우 낮다. 적도에서는 200 m 깊이까지 온도가 높은 층이 형성될 수도 있다.

수온약층의 경우 수심에 따른 온도 감소율이 가장 큰 층인데 계절에 따라 그 해당 수심이 변하지 않고 깊은 층에 영구 수온약층과 계절적으로 생겼다 없어지는 계절수온약층의 두 가지가 있다. 수온약층은 적도부근에서 200～1,000 m 깊이의 영역에 형성될 수 있다.

표수층과 수온약층의 수온은 계절에 따라 변화가 있으나 수온약층의 아래층인 심수층은 −2～5℃ 정도의 차가운 층으로 수온의 계절적 변화가 거의 없다.

1.2 해수의 염분 농도

해수는 여러 가지 염류가 녹아 있는 일종의 무기 전해질 용액으로 대략 바닷물 1 kg 속에 약 31～38 g의 염류가 녹아 있는 염수(鹽水)이다. 농도는 깊이에 따라 다소 차이가 있으나 그 주요 성분의 조성비는 일정한 특성을 가지고 있다.

해수중의 염류량은 염분(Salinity)이라고 정의하며 이는 해수 1 kg 중에 녹아있는 고형물질의 총량을 g으로 표시한 값이다. 해수의 염분 농도는 평균적으로 35 ‰, 즉 3.5 % 정도이다. 해수 중 염류의 총량은 Cl^-의 함량에 거의 비례하여 증감한다. 염분(S)와 염소량(Cl^-) 사이에는 다음과 같은 관계가 성립한다.

$$S(‰) = 1.80656 \times Cl^-(‰)$$

해수에 존재하는 주요 염류들의 구성 성분과 농도는 표 1.43과 같다. 해수에는 90 여 종의 원소가 녹아 있는데 주요 성분은 대부분 이온 상태로 존재한다. 염소(Cl^-), 나트륨(Na^+), 마그네슘(Mg^{2+}), 황(SO_4^{2-}), 칼슘(Ca^{2+}), 칼륨(K^+), 중탄산염(HCO_3^-) 등이 해수의 주요 구성 물질로 전체 염류의 99% 이상을 차지하고 있다. 그 중에서 염소의 농도가 전체 염류의 약 55%로 가장 높은 비율을 차지하고 있다.

강수량보다 증발량이 많으면 염분 농도가 증가한다. 반대로 강수량이 증발량보다 많으면 염분 농도는 감소한다. 또한 큰 강에 의한 담수의 유입도 인근해역 해수의 염분 농도를 저하시킬 수 있다.

표 1.43 해수의 주요 구성 성분과 농도

해수의 주요 성분	농도(ppm)
Cl^-	19,400
Na^+	10,800
Mg^{2+}	1,290
SO_4^{2-}	904
Ca^{2+}	411
K^+	392

출처 : Karl K Turekian : Ocean, 1968. Prenyice-Hall

영양염류가 찬 바다에 많고 따뜻한 바다에서 적은 이유는 다음과 같다.

① 찬 바다의 표층수는 원래 영양염류가 풍부한 극지방의 심층수로부터 기원하지만, 따뜻한 바다의 표층수는 적도 부근의 표층수로부터 기원하므로 처음부터 영양염류가 결핍되어 있다.

② 찬 바다에는 겨울에 표층수가 냉각되어 밀도가 커지므로 침강작용이 일어나 영양염류가 풍부한 심층수에 들어가게 된다. 그러나 따뜻한 바다에서는 언제나 표층수가 고온이고 하층수가 저온이므로 수계가 안정으로 수직혼합이 일어나지 않는다. 따라서 표층수의 영양염류가 식물성 플랑크톤에 의해 소비만 일어날 뿐, 영양염류 농도가 높은 심층수로부터 공급이 이루어지지 못하기 때문이다.

1.3 해수의 밀도

해수의 밀도(density)는 4℃에서 최대밀도 1.000 g/cm^{3}인 담수(fresh water)보다 높은 편이다. 염분 농도가 높아 같은 부피의 담수보다 질량이 더 많이 나가기 때문이다. 해수이 수평적 밀도 분포는 지역에 따라 차이가 있다. 해수 표면의 밀도는 1.020～1.029 g/cm^3 정도이며, 평균밀도는 1.0259 g/cm^3 정도이다.

해수의 밀도는 수온, 염분 농도, 압력의 영향을 받는다. **해수의 밀도와 수온, 염분 농도, 수압과의 관계**는 다음과 같다.

- **수온이 증가하면 해수의 밀도는 감소한다.**
- **염분 농도가 증가하면 해수의 밀도는 증가한다.**
- **압력이 증가하면 해수의 밀도는 증가한다.**

1.4 해수의 영양염류의 농도

해수의 영양염류의 농도는 다음과 같은 특성을 가지고 있다.

(1) 영양염류 농도는 표층수보다 심층수에서 높다.

해수의 영양염류는 표층수에서는 식물성 플랑크톤에 의하여 소모되어 농도가 낮고, 심층수에서는 상층부에서 가라앉은 생물들의 사체나 유기물들이 분해되는 과정에서 생성되어 농도가 높다. 또한 심층수는 빛이 도달하지 못하여 식물성 플랑크톤에 의한 영양염류의 소모가 일어나지 않기 때문에 농도가 더 높은 것이다. 수층이 형성되는 경우 수직적인 분포 차이는 더욱 심화될 것이다.

(2) 차가운 바다의 표층수가 따뜻한 바다의 표층수보다 영양염류 농도가 높다.

① 일 년 내내 기온이 높은 저위도의 표층수는 항상 고온이고 심층수는 저온이기 때문에 안정된 수층을 형성한다. 안정된 수층이 형성되면 수직혼합이 발생하지 않아 심층수로부터 표층수에 영양염류가 공급되지 않는다. 그리고 표층수의 영양염류는 식물성 플랑크톤에 의해 소모된다. 따라서 따뜻한 지역에 존재하는 바다의 표층수는 영양염류 농도가 낮다.

② 한편 고위도 부근의 차가운 바다는 겨울에 기온이 하강하여 표층수가 냉각되면서 밀도가 증가한다. 밀도가 증가한 무거운 표층수가 침강하면서 해수의 수직혼합이 발생한다. 그런 과정에서 영양염류의 농도가 높은 심층수가 상승하여 표층수의 영양염류 농도를 증가시킨다. 따라서 차가운 바다의 표층수는 따뜻한 바다의 표층수 보다 영양염류 농도가 높다.

1.5 해수의 용존 기체

해수는 소량의 용존 기체를 함유하고 있으며 대기를 구성하는 주요 기체들의 일부가 해수에서 발견된다. 이산화탄소, 질소, 산소, 아르곤, 헬륨, 네온 등이 그 예이다. 특히 이산화탄소는 다른 기체들에 비하여 많은 양이 해수에 함유되어 있다.

해수에 함유되어 있는 기체들은 바람과 파도에 의한 해수 표면의 교란 과정에서 대기로부터 유입된 것이다. 대기로부터 해수로 녹아 든 가스의 농도는 해수의 수온, 염분 농도 등에 의하여 결정된다. 해수의 수온과 염분 농도가 낮아지면 해수에 녹을 수 있는 기체의 양은 증가한다.

용존산소와 이산화탄소의 농도는 해양 생물에 매우 중요하다. 용존산소는 호기성 생물들의 물질대사 과정에서 이용되고, 이산화탄소는 광합성 생물들의 광합성 과정에서 이용된다. 용존산소는 해수표면을 통하여 대기 중으로부터 확산되어 들어오는 것뿐만 아니라 식물성 플랑크톤의 광합성 과정을 통하여 공급되기도 한다. 해수의 용존산소 농도는 0～20 ppm 정도이며 평균 용존산소 농도는 7 ppm 정도이다.

해양은 이산화탄소의 저장소로 인류가 생성하는 많은 양의 이산화탄소를 흡수한다. 해수는 이산화탄소 흡수를 통하여 대기 중의 이산화탄소 양을 조절함으로서 기후변화에 대하여 완충적인 역할을 한다. 대기 중의 이산화탄소 양이 증가하면 대기 중의 이산화탄소와 해양의 이산화탄소 농도의 평형관계에 의하여 해수의 이산화탄소 흡수량이 증가한다. 해수로 흡수되는 이산화탄소의 대부분은 물리적 용해에 의존하며, 흡수된 이산화탄소는 탄산염의 형태로 침전된다. 또한 광합성 과정에서 식물성 플랑크톤에 고정된 후 식물성 플랑크톤이 죽어 가라앉을 때 해저로 침전되기도 한다. 이런 과정을 통하여 해수중의 이산화탄소 양이 감소하면 대기 중의 이산화탄소가 다시 흡수된다. 지역적으로 이산화탄소의 흡수량은 동일하지는 않다. 일반적으로 대기 중 이산화탄소의 농도가 높은 지역과 수온이 낮은 지역의 이산화탄소 흡수량이 많다.

1.6 해수의 pH

해수의 pH는 7.5～8.5 정도인 약알칼리성으로 평균 pH는 8.2이다. 해수에는 이산화탄소의 양이 다른 가스들에 비하여 많이 녹아 있다. 따라서 해수의 pH는 이산화탄소에 의한 완충시스템 때문에 비교적 안정적이다. 그러나 산업화에 의하여 대기 중의 이산화탄소의 양이 증가하면서 해수의 이산화탄소 흡수량이 증가하고 있다. 그런데 앞에서 살펴본 바와 같이 이산화탄소의 흡수량은 지역적으로 동일하지 않다. 따라서 이산화탄소의 흡수량이 높은 지역은 해수의 pH 저하가 염려되고 있다.

해류의 종류

- **조류(tidal current)** : 태양과 달의 인력으로 발생
- **쓰나미(해일, tsunami)** : 해저의 지진이나 화산 활동으로 발생
- **심해류(밀도류, deep ocean current)** : 해수의 온도와 염분에 의한 밀도차에 의하여 형성
- **용승류(상승류, upwelling)** : 바람과 지형의 영향으로 발생

2. 해양오염

해양오염의 주요 오염물질들은 유류, 고형폐기물, 영양염류, 탁도 유발물질, 독성물질, 열, 병원균, 방사능물질, 산과 염기, 심미적으로 불쾌한 물질 등으로 매우 다양하다. 주로 인간의 각종 생활 및 산업 활동에 의해 유발되고 그 오염은 날로 가속화 되고 있는 실정이다. 해양에 오염물질이 유입되면 일부는 산화 및 생물학적 작용에 의해 분해되고 해류 및 조류에 의해 이동되며, 해수와의 혼합작용에 의하여 희석, 분산되거나 퇴적물 또는 생물에 의해 농축된다. 이러한 해양 오염물질의 거동은 아래 그림 1.35와 같다.

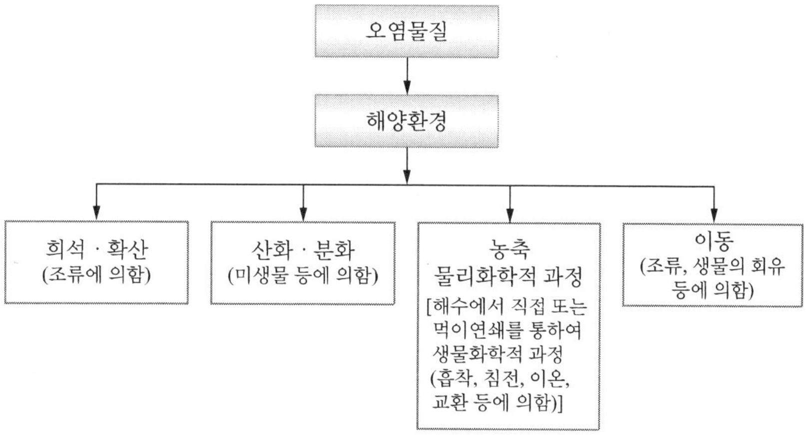

» 그림 1.35 해양 오염물질의 거동

- **이류** : 해수의 이동에 따라 오염물질의 운반
- **확산** : 분자 확산과 난류 확산이 있는데 일반적으로 난류 확산에 있어서는 수평방향의 확산이 수직 방향의 확산보다 $10^4 \sim 10^5$배 크다.

2.1 해양의 유류오염

해양의 유류오염은 날로 증가추세에 있으며 세계적으로도 문제시되고 있다. 유류오염은 직·간접적으로 해양생태계에 큰 피해를 준다. 생물들의 해양서식지를 파괴하고, 해양생물들을 죽음에 이르게 한다. 유류는 빠르게 해수 표면에 퍼져 유막을 형성함으로서 식물성 플랑크톤의 광합성을 억제하고, 해양 내 가스교환을 방해하여 용존산소를 감소시킨다. 또한 생물 독성 등에 의해 어패류, 조류 등과 같은 생물들의 죽음을 초래할 수 있으며 이로 인해 수산자원의 감소를 가져오기도 한다. 오염된 해역은 냄새나 미관상 좋지는 않아 생활의 불편을 초래할 뿐만 아니라 관광지로서의 가치를 하락시키기도 한다.

유류가 해양에 살포되면 엷은 유막을 형성하며 분산되는데 수십 일에서 수년에 걸쳐 증발, 용해, 침전, 분해 및 광산화 반응을 거쳐 정화된다. 유류오염의 원인은 유조선을 비롯한 선박에 의한 오염이 약 50 % 정도를 차지하고 있다.

유류로 인한 해양생태계에 미치는 영향은 다음과 같다.

① 해양의 유류사고는 대형 사고를 의미하며, 유류는 비중이 작아 해수표면에 유막을 형성하며, 적은 양으로도 광범위한 면적을 오염시킨다.
② 유막 형성으로 광합성작용의 억제, 가스교환의 방해, 용존산소의 감소, 유류자체의 독성으로 해양생태계의 플랑크톤 성장에 악영향을 미친다.
③ 유류의 물리·화학적 특성에 의한 어패류의 성장저해 및 질식사현상 및 어로작업에 지장을 준다.
④ 조류는 유류에 약하기 때문에 큰 피해를 당하는데, 수서조류의 깃털에는 밀납이 분비되고 깃털 사이에 공기를 품어 젖지 않고 보온작용을 할 수 있다. 그러나 유류에 젖게 되면 이 보호 작용이 무용하게 되어 피해를 입게 된다.

해양의 유류 사고 시 대책을 살펴보면 다음과 같다.

- 유류가 확산되는 것을 막기 위해 기름울타리(oilfence)를 친다.
- 유류제거 선박을 이용, 흡입 회수한다.
- 흡수포로 유류를 흡수한 후 흡수포(glasswool)를 회수하여 제거한다.
- 유화제(분산제)를 살포하여 유류를 분해한다. 그러나 유화제는 독성이 강하므로 상황 여부에 따라 결정한다.
- 응집제를 살포하여 침강시킨다.
- 유화방지제를 유화방지 목적으로 사용하기도 한다.

2.2 해양의 열오염(Thermal pollution, 온폐수)

화력발전소, 원자력발전소 등과 같은 발전소나 철강, 화학공업 등의 공장에서 온폐수가 해양으로 배출될 수 있다. **해양으로 배출된 온수**는 주변 수역의 수온을 상승시킨다. 이로 인한 **피해**는 다음과 같다.

(1) 수생생물의 피해

① 체온조절이 불가능하고 온도차에 민감하여 수온 상승의 직접적 영향으로 결국 죽게 된다.
② 특정 종의 증가 혹은 사멸 및 이상 산란, 회유어에 영향을 미친다.
③ 수생생물의 호흡, 생장의 변화를 초래한다.

④ 유독성 물질에 대한 저항력은 감소하고 예민도는 증가한다.

⑤ 인위적 수온 상승으로 체온이 상승하고 호흡량이 증가하나 수중의 용존산소는 감소되므로 결국 산소가 부족하여 폐사하게 된다.

⑥ 수온상승으로 병원성 미생물의 급증이 야기될 수 있으며 수인성 전염병의 유발이 가능하다.

⑦ 수온 상승으로 플랑크톤 등의 미생물 급 번식 및 주변 해양의 생태계를 교란시켜 생물상의 변화를 초래한다.

(2) 수중에 안개 발생으로 항로 방해 유발

(3) 어업, 진주 양식 등 수산업에 큰 타격을 줌

(4) 수온 상승으로 밀도류가 생성되고 수온약층이 발생됨

2.3 해양의 고형폐기물 오염

해양에 버려지는 고형폐기물 중에서 플라스틱류가 가장 큰 문제가 되고 있다. 전 세계 해양폐기물의 80 % 정도가 플라스틱으로 플라스틱류가 해양에 빠르게 축적되고 있다. 비닐봉지, six pack ring(캔 뚜껑 손잡이), 각종 그물, 기타 다양한 형태의 제품들이 해양을 오염시키고 있다.

플라스틱은 다양한 방법으로 해양 생물들에게 피해를 주고 있다. 플라스틱으로 만들어진 물건은 해양 동물들의 행동을 제한한다. 또한 부유상태로 떠다니는 플라스틱 표류물을 어류, 포유류, 조류들이 먹이로 오해하여 먹게 되고 이로 인하여 동물들을 죽음에 이르게 할 수 있다. 또한 용출된 플라스틱 성분들은 해양생물의 생리적 기능을 교란시킨다. 일부 플라스틱 첨가 물건들에서 플라스틱 성분이 용출되어 생물에 흡수된다. 이런 물질들은 내분비 기관의 기능을 혼란시켜 생식 능력을 저하시키고 면역능력을 억제하는 것으로 알려지고 있다.

2.4 해양의 영양염류 오염

해양에는 각종 생활오수, 축산폐수 및 자연생태계에서 비점오염원 등으로부터 질소, 인 등의 영양염류가 유입되어 조류가 과다하게 증식하여 적조현상을 유발할 수 있다. 적조현상은 해양 생태계를 교란하여 인간과 수생생물들에게 많은 피해를 유발한다.

3. 적조현상(赤潮, Red tide)

여러 가지 해양오염으로 인하여 발생되는 현상 중 적조현상을 들 수 있다. **적조현상(red tide)**은 산업폐수나 도시하수의 유입에 의한 해역의 부영양화가 기반으로 되어, 해수 중에서 부유생활을 하고 있는 식물성 플랑크톤과 같은 미소한 생물이 단기간에 급격하게 증식한 결과로 해수가 적색 또는 녹색으로 변하는 현상이다. 즉, **바다의 부영양화 현상**이라 말할 수 있다.

3.1 적조현상의 발생원인

적조현상의 발생원인은 해수 내 영양염류 농도가 지나치게 높을 때나, 일사량이 높은 주로 여름철에 발생을 하며 장마가 끝난 후 내륙에서 흘러나온 물과 희석되어 염분의 농도가 낮을 때 주로 발생한다. 발생지역은 주로 정체해역인 만에서 잘 발생하여 수산 양식업에 큰 피해를 준다.

수온이 상승하는 경우 조류가 증식하기 위해서는 일정수준 이상의 수온이 유지되어야 하기 때문에 수온이 낮은 겨울철엔 잘 발생하지 않지만 봄, 여름, 가을에는 주로 적조현상이 발생한다. 또한 적조현상이 발생하기 위해서는 충분한 빛에너지가 필요하다. 조류들은 광합성 과정을 통하여 자신이 필요한 생체 구성 성분과 에너지원을 합성하기 때문에 조류의 증식률은 빛에너지가 강할 때 주로 발생하게 된다.

적조현상이 발생하기 위해서는 특정 농도 이상의 질소나 인이 필요하다. 질소나 인이 조류 성장의 제한요인으로 작용하기 때문이다. 따라서 질소나 인의 농도가 증가하면 조류의 증식이 증가하여 적조현상이 발생한다. 강수량이 많은 경우 강수에 의해 육지로부터 비점오염원 형태의 영양염류가 많이 공급된다. 따라서 강수량이 많은 경우에 적조현상이 발생할 가능성이 증가하며 강수량이 많은 경우 염분 농도가 낮은 빗물이나 육지의 담수가 유입되어 염분농도가 낮아진다. 해수의 염분 농도가 2/3 정도 농도에서 조류가 잘 증식한다.

해수 표면에 바람이 불지 않으면 적조현상이 발생할 가능성 또한 높아진다. 해수면이 잔잔하면 조류들이 해수표면에서 안정적으로 태양에너지를 받을 수 있다. 따라서 조류들의 광합성 효율이 증가하여 조류의 증식률이 높아지기 때문이다.

3.2 적조현상의 영향

적조현상이 발생 시 다음과 같은 영향이 있다.

(1) 용존산소의 감소 발생

적조현상이 발생하면 대량 증식한 조류들의 사체들이나 적조의 피해에 의하여 죽은 어패류의 사체들이 밑으로 가라앉을 수 있다. 이런 사체들은 호기성 세균들의 좋은 먹이가 되어 분해되기 시작한다. 호기성 세균들이 사체들을 분해하며 증식하는 과정에서 용존산소 소모량이 증가한다. 해수 용존산소의 부족 또는 혐기성화는 특히 이동능력이 약한 어류나 저서생물의 생존을 위협한다.

(2) 투명도 저하 및 물의 착색 발생

적조가 발생하면 조류들에 의하여 해수의 투명도가 감소한다. 또한 조류들의 고유한 색들에 의하여 물의 색이 변할 수 있다. 물의 색은 조류들의 종류에 따라 노랑, 오렌지, 갈색, 붉은색 등 다양한 색으로 표현될 수 있다. 이러한 물은 여가 활동 및 관광지로서의 가치를 하락시킨다. 또한 탁도의 증가는 빛의 투과성을 감소시켜 바다의 저층에 서식하는 광합성 생물들의 생존을 위협할 수 있다.

(3) pH 변화 발생

조류가 과다하게 증식하는 경우 해수 표층의 pH가 알칼리성으로 변할 수 있다. 조류들이 광합성을 하는 과정에서 이산화탄소가 소모된다. 따라서 조류가 과다하게 증식하는 경우 해수에 존재하는 이산화탄소가 많이 소모되어 pH가 상승할 수 있다.

(4) 어패류 질식사 유발

일부 조류들은 어류들을 질식사 시킬 수 있다. 조류들이 어류의 아가미에 상처를 내거나 조류들이 생성하는 점액성 물질이 아가미에 부착되는 경우 아가미에서의 가스 교환을 방해하여 어류들을 질식시킬 수 있다.

(5) 독소 생성

조류가 생산하는 독성물질들은 어류와 인체에 피해를 줄 수 있다. 독소를 갖는 편모조류 번식 등으로 어패류를 폐사시킨다.

3.3 적조현상에 대한 대책

적조현상은 주로 내륙의 오염된 하천수가 해양으로 흘러들어가 발생되는 경우가 많으므로 하·폐수의 철저한 처리가 가장 근본적인 대책이 될 수 있다. 적조현상에 대한 대책을 사전·사후로 나누어 보면 다음과 같다.

(1) 적조현상의 사전대책

① 바다로 유입되는 내륙의 영양염류를 제어해야 한다. 하·폐수처리의 철저한 관리로 배출되는 질소나 인의 양을 최소 시켜야 한다. 바다의 가두리 양식장에서 사료의 과다 사용 억제나 생산능력을 감안한 적정 양식 등을 통하여 영양염류의 양을 최소화해야 한다.

② 조류의 수 측정이나 조류들이 생성하는 독소의 양을 주기적으로 측정하여 적조의 발생을 예측할 수 있다. 최근에는 인공위성으로 특정 해역의 엽록소 양을 측정하여 적조현상의 진행 정도를 파악하기도 한다. 이런 자료들을 토대로 미리 대책을 세움으로서 피해를 최소화 시켜야 한다.

(2) 적조현상의 사후대책

① 적조현상이 발생될 경우 대책으로 가장 많이 사용되는 방법은 **황토를 살포**하여 조류들을 흡착시켜 가라앉힌다. 예로 우리나라에서 적조현상을 일으키는 조류 중 하나인 코클로디니움(Cochlodinium)의 경우 황토 살포 30분 후 약 70～80 % 정도가 제거되는 것으로 보고되고 있다.

② 화학약품에 의한 구제법으로 황산구리($CuSO_4$)를 살포하는 방법이 있으나 2차 오염문제를 유발할 수 있고 경제성이 없어 근래는 거의 사용되고 있지 않다.

③ 초음파, 오존, 광화학적 반응 등에 의하여 적조생물의 세포를 파괴시키는 방법들도 시도되고 있으나, 수심이 얕고 저밀도 적조 시에는 비효율적이므로 실용화하기 어려운 점이 있는 것으로 알려지고 있으며 회수선으로 끌어들인 다음 응집제를 써서 조류들을 응집 제거하는 방법도 있다.

3.4 요점정리 및 연습문제

3.4.1 해양의 수질관리 요점정리

■ 해수의 성질
- 해수성분(염분, 염도) → 염분 농도관계(염분 농도는 평균 3.5%임)
- $Cl^- > Na^+ > SO_4^{2-} > Mg^{2+} > Ca^{2+} > K^+ > HCO_3^-$ 등 ⇒ 해수는 전해질이다.
- pH 8~8.4 정도이며 중탄산염(HCO_3^-)의 완충용액
- 용존 유기물의 평균농도는 0.5 mg/L
- PO_4^{3-}가 많은 해수는 상승류가 일어나는 해역
- 질소분의 존재 형태
  NO_2^--N, NO_3^--N : 65% 정도
  NH_3-N, 유기질소 : 35% 정도
- 해수 내 탄소량은 염의 약 2% 정도
- 수온이 낮을수록, 수심이 깊을수록(수압이 높을수록), 염분의 농도가 높을수록
  → 해수의 밀도는 증가함
- 염분 농도는 중위도 > 적도 > 극지방 순임

■ 적조현상(Red tide)의 발생원인
- 해수 내 영양염류 농도가 높으며 일사량이 높은 여름철에 주로 발생
- 장마가 끝난 후 염분의 농도가 낮을 때, 정체해역인 만에서 잘 발생

■ 적조현상(Red tide)의 영향
- 고밀도의 적조 생물 번식으로 어류의 아가미에 부착되어 질식사 유발 및 수중 산소 고갈, 또는 독소를 갖는 편모조류 번식 등으로 어패류를 폐사시킴

■ 해양 유류오염
- 유류는 비중이 작아 해수표면에 유막을 형성하며, 적은 양으로도 광범위한 면적을 오염시킴

■ 해양 열오염
- 화력발전소, 철강산업, 원자력 발전소 등의 보일러 냉각수의 배출로 기인
- 수온상승으로 각종 수생태계 변화 유발
- 수산업에 큰 피해 유발

3.4.2 연습문제

01 화력발전소에서 배출되는 온열배수로 인한 수역에서 발생되는 영향이 아닌 것은 무엇인가? ㉰

㉮ 동계의 안개 발생으로 항해에 장해를 준다.

㉯ 수중 생물의 독성물질에 대한 예민도를 증가시킨다.

㉰ 수중 미생물이나 물고기의 번식률을 감소시킨다.

㉱ 물의 용존산소의 농도를 줄인다.

해설 : 온도가 높아지면 대부분을 차지하는 친온성 미생물이 활동량이 증가하여 번식률이 증가한다.

02 우리나라 근해의 적조(red tide)현상의 발생 조건에 대한 설명으로 알맞지 않는 것은 무엇인가? ㉮

㉮ 여름철 갈수기에 수온상승에 따른 상승류 현상으로 영양분 농도가 높아질 때 잘 발생된다.

㉯ 질소, 인 등의 영양분이 풍부하고 규소, 칼슘, 마그네슘 등의 영양염과 더불어 미량의 금속, 비타민 등이 존재할 때 많이 발생한다.

㉰ 정체수역에서 많이 발생된다.

㉱ 플랑크톤의 증식을 위한 햇빛이 강하고 수온이 높을 때 많이 발생한다.

해설 : 여름철 홍수발생 후 염분의 농도가 낮을 때, 풍수기에 주로 발생한다.

03 다음 해류에 관한 설명으로 알맞지 않는 것은 무엇인가? ㉰

㉮ Tidal current : 태양과 달의 영향으로 발생된다.

㉯ 심해류 : 해수의 온도와 염분에 의한 밀도차에 의하여 발생된다.

㉰ Tsunami : 해저 지반의 이동 및 지형에 따라 발생된다.

㉱ Upwelling : 바람과 해양 및 육지의 상호작용으로 형성되는 상승류이다.

해설 : Tsunami : 해저의 지진이나 화산 활동으로 발생한다.

04 해역에서 확산·혼합의 현상에 관한 다음 기술 중 틀린 것은 무엇인가? ㉱

㉮ 자연수역에서 난류확산이 물질 확산의 가장 큰 요인이다.

㉯ 오염물질은 해수중의 난류와 조류의 영향을 받아 희석, 확산되고 유기물은 미생물에 의해 분해 섭취되어 진다.

㉰ 확산, 혼합의 현상에서는 해저의 지형, 조류 등에 크게 영향을 받는다.

㉱ 난류확산은 수직방향으로 격렬하고, 수평 방향으로는 완만하다.

해설 : 해수에서 난류확산은 수평방향으로 격렬하며, 수직방향으로 완만하다.

05 해양에서 기름 유출에 의한 해양오염이 발생되었을 때 적용하기에 가장 부적당한 방법은 무엇인가? ㉱

㉮ 합성수지를 이용하여 기름을 흡착시킨다.
㉯ skimmer나 진공펌프를 이용한다.
㉰ 유화제나 침전제를 사용한다.
㉱ 연소 시킨다.

해설 : 기름오염이 되었을 때 기름제거 방법으로 연소시키는 방법은 적용하기가 부적당하다.

06 해수에서 영양염류가 수온이 낮은 곳에 많고 수온이 높은 지역에서 적은 이유로 가장 거리가 먼 것은? ㉮

㉮ 수온이 낮은 바다는 겨울에 표층수가 냉각 되어 밀도가 커지므로 침강작용이 일어나지 않기 때문이다.
㉯ 수온이 높은 바다의 표층수는 적도부근의 표층수로부터 기원하므로 영양염류가 결핍되어 있다.
㉰ 수온이 낮은 바다의 표층수는 원래 영양염류가 풍부한 극지방의 심층수로부터 기원하기 때문이다.
㉱ 수온이 높은 바다는 수계의 안정으로 수직 혼합이 일어나지 않아 표층수의 영양염류가 플랑크톤에 의해 소비되기 때문이다.

해설 : 수온이 낮은 바다는 겨울에 표층수가 냉각되어 밀도가 커지므로 침강작용이 일어난다.

07 일반적으로 담수의 DO가 해수의 DO 보다 높은 이유로 가장 적절한 것은 무엇인가? ㉱

㉮ 산소의 분압이 크기 때문에
㉯ 수온이 낮기 때문에
㉰ 기압에 따른 산소용해율이 크기 때문에
㉱ 염도가 낮기 때문에

해설 : 담수는 해수에 비해 염분의 농도가 낮으므로, DO가 높다고 할 수 있다.

08 적조(red tide)에 관한 설명으로 알맞지 않은 것은 무엇인가? ㉰

㉮ 고밀도로 존재하는 적조생물의 호흡에 의해 수중 용존산소를 소비하여 수중의 다른 생물의 생존이 어렵게 된다.
㉯ 상승류(upwelling)현상이 원인이 되는 경우가 있다.
㉰ 적조생물 중 편모조류는 광합성 작용을 활발히 진행하여 수중 용존산소농도를 높여준다.
㉱ 여름철 장마로 인한 염도가 감소되는 정체 해역에서 주로 발생된다.

해설 : 적조현상이 일어나면 수중 용존산소량은 낮아진다.

09 바다에 기름이 유출되어 문제가 되고 있다. 적절한 처리방법이 아닌 것은 무엇인가? ㉮

㉮ 응집제를 이용하여 침전 제거시킨다.
㉯ 진공펌프를 이용하여 흡입시킨다.
㉰ 흡수포를 이용하여 흡착 제거한다.
㉱ Oil fence, boom을 설치하여 확산을 방지한다.

해설 : 응집제를 사용하여 침전제거가 가능하나 침강 처리시는 해저에서 2차 오염을 일으키므로 최후의 방법으로 이용될 사항이다.

10 온도가 높은 폐수가 수원으로 배출되면 그 주위수역의 물리적 조건 및 생태계에 변화가 생기는데 그 변화에 대한 내용으로 부적당한 것은 무엇인가? ㉯

㉮ 수중의 용존산소가 감소한다.
㉯ 일반적으로 pH가 높아지기 때문에 어류의 서식에 적합하지 않게 된다.
㉰ Plankton의 이상증식을 일으키는 경우가 있다.
㉱ 밀도류가 생기고 수온 약층이 형성되는 경우가 있다.

해설 : 수온이 높아짐에 따라 체온이 상승하고 호흡량이 증가하나 수중의 용존산소는 감소되므로 결국 산소가 부족하여 폐사된다.

제 2 장

수질환경 분석실험

제1절 수질실험을 위한 기본사항

수질실험을 위한 기본사항에서는 수질환경 분석실험에 있어 규칙 및 주의사항, 실험노트 작성요령 등에 대해서 알아봄으로서 분석 실험 시 위험에 대비하고 올바른 분석실험을 통해 체계적인 실험이 되도록 기본사항을 습득하고자 한다.

1. 실험의 일반규칙 및 주의사항

실험실에서 사용하는 많은 화학약품은 대단히 위험하여 주의를 기울이지 않을 경우 많은 위험 및 사고가 발생하게 된다. 이러한 위험과 사고에 대비하기 위해서는 실험실에서 다음과 같은 규칙과 주의사항을 숙지하여야 한다.

① 실험을 실시하기 전에 실험 교과서나 참고서적을 통하여 해당 실험에 대한 내용을 충분히 숙지하고 실험 지침서에 따라 실험을 실시한다.

② 각종 약품의 위험으로부터 자신의 신체와 의복을 보호하기 위하여 실험실에서는 반드시 실험복을 착용하여야 한다.

③ 실험 전에 실험실 창문을 열고 후드를 작동시켜 실험실의 통풍이 잘되도록 한다.

④ 명확하지 않은 사항이 있으면 실험을 실시하기 전에 담당교수 및 조교에게 반드시 질문해서 확인한 다음 실험에 임하도록 하며 실험담당교수 및 조교의 지시 없이 허가되지 않은 실험을 하여서는 안 된다.

⑤ 눈을 보호하기 위하여 가능하면 보안경(goggle)을 착용하도록 하며 눈에 시약이 들어갔을 때는 먼저 많은 양의 물로 씻어 응급조치를 취한 후 적절한 치료를 받도록 해야 한다. 또한 신체에 산이나 염기 등의 화학약품이 튀었을 시에는 즉시 물로 충분히 잘 닦는다. 응급상황 시에는 재빨리 응급조치를 취하고 적당한 치료를 받는다.

⑥ 실험실에서 사용하는 대부분의 시약은 유독하므로 맛을 보아서는 아니 된다.

⑦ 시약은 사용 전에 반드시 시약병의 라벨을 확인한 후 사용하도록 하고, 기체가 발생하는 시약은 후드 안에서 사용해야 한다. 그리고 사용한 시약은 즉시 뚜껑을 닫아야 한다.

⑧ 피펫 등을 직접 시약병에 넣어서는 안 되며 대략 필요한 양을 실험관 또는 다른 기구에 받아서 시약을 취하도록 하고 쓰고 남은 시약은 원래의 시약병에 다시 넣어서는 아니 된다.

⑨ 피펫을 사용하여 액체를 덜 때는 입을 사용해서는 안 되며 피펫용 고무 빨개(rubber pipette bulb)나 피펫 충전기(pipette filler)를 사용한다.

⑩ 독성이 있거나 냄새가 심한 기체가 발생하는 실험은 반드시 후드에서 실험해야 하며, 이때 후드 안에 머리를 넣지 않도록 조심한다.

⑪ 용액을 묽힐 때에는 진한 용액을 물이나 묽은 용액에 잘 저으면서 서서히 가한다. 묽은 황산용액을 만들 때에는 물에다 황산을 가하며 이때 열이 발생하므로 저어주면서 서서히 가해 주어야 하며 절대로 황산에다 물을 가하지 않도록 한다.

⑫ 실험대는 항상 깨끗하게 정리정돈하고 시약병, 기구 및 장치 등이 넘어지거나 약품 등이 혼합되어 폭발하거나 화재가 일어나지 않도록 주의한다.

⑬ 유리 기구를 가열할 경우에는 반드시 석면판을 사용하여 유리 기구에 직접 불꽃이 닿지 않도록 한다.

⑭ 뜨거운 유리 기구는 반드시 장갑을 준비한 후 집게를 사용하여 취급한다.

⑮ 눈금이 새겨진 실험기구는 가열해서는 아니 된다.

⑯ 액체를 가열할 때는 끓임쪽(boiling chip)을 넣어 액체가 튀는 것을 방지한다. 대부분의 유기물질은 가연성이므로 불꽃의 접근을 피하여야 한다. 인화성의 액체는 물중탕(water bath)으로 가열한다.

⑰ 증류, 농축 및 가열 등의 조작에서 끓임쪽을 도중에 넣으면 범핑(bumping)이 일어나 터지거나 넘칠 위험성이 있으므로 끓임쪽을 미리 넣고 행한다.

⑱ 인화성 용매가 묻은 것을 건조 시에는 전기건조기(electric dry oven)에 넣지 않는 것이 좋다. 노르말헥산 추출물을 전기건조기에서 건조하면 폭발의 위험이 있다.

⑲ 실험 중에 나오는 폐액 등의 공해물질은 싱크대나 휴지통에 함부로 버려서는 안 되며, 반드시 별도로 준비된 회수통을 이용하여 회수하며 이때 그 물질의 종류와 양을 적어서 비치한다.

2. 실험실에서의 응급처치법

실험실에서 부상, 화재, 폭발 등의 사고가 발생했을 경우의 응급조치를 알아두어야 한다. 어떠한 재해가 일어나도 침착한 행동을 취하는 것이 무엇보다도 중요하다.

응급상황이 일어나면 즉시 실험실에 비치되어 있는 안전수칙대로 응급사고의 사실을 알리고 부상이 심각한 경우에는 즉시 가까운 소방서나 의료기관에 연락을 하여 즉시 의료진의 치료를 받도록 조치한다.

① **화재가 발생했을 때** : 모든 열원(전기 등)을 끄고 인화성 물질이나 용매를 먼 곳에 옮기고 이산화탄소 소화기나 모래를 사용하여 소화한다.

② **시약에 불이 붙었을 때** : 모든 열원을 끄고 인화성 물질이나 용매를 먼 곳에 옮긴다. 물과 잘 섞이는 용매에 불이 붙었을 때에는 물로 소화하여도 무방하지만 물에 잘 섞이지 않는 용매에 불이 붙었을 경우에는 절대 물을 사용해서는 안 되며 이산화탄소 소화기를 사용한다.

③ **옷에 불이 붙었을 때** : 당황하지 말고 침착하게 담요나 실험복을 덮어 끄든지 물을 뿌려 소화한다. 근처의 안전 샤워를 이용하는 것이 좋은 방법이다.

④ **불에 의한 화상시** : 물로 씻지 말고 즉시 연고나 탄닌산 용액을 발라준다. 화상부위를 깨끗이 하며 얼음찜질을 하는 것도 좋다.

⑤ **약품에 의한 화상시** : 화상을 입은 곳을 즉시 다량의 물로 세척한다. 산에 의한 화상은 묽은 탄산수소나트륨용액으로 씻고, 알칼리에 의한 화상은 아주 묽은 초산용액으로 씻는다. 페놀에 의한 화상은 알코올로 씻어준다. 화상이 심한 경우에는 의사가 검진하기 전에는 아무거나 바르지 말고, 적절한 치료를 받는다.

⑥ **눈에 약품이 들어갔을 때** : 산이 눈에 들어갔을 때에는 묽은 탄산수소나트륨용액으로 씻고, 알칼리가 들어갔을 때에는 붕산 세안액으로 씻은 후 깨끗한 물로 충분히 씻고 의사의 검진을 받는다.

⑦ **유독가스(염소, 브롬, 황화수소 등)**를 들이마셨을 때 : 즉시 앉거나 누워서 깊게 호흡한다. 할로겐가스를 들이마셨을 때에는 알코올로 적신 솜뭉치로부터 증기를 들이 마시면 기분이 좋아진다. 상당한 양의 증기를 들이마셨을 때에는 인공호흡을 시키고 즉시 의사를 불러야 한다.

⑧ **시약을 마셨을 때** : 손을 입에 넣어 토하도록 하고 의사의 응급조치를 받는다.

⑨ **베었을 때** : 에탄올로 소독하고, 거름종이나 붕대 등으로 지혈이 되도록 한다.

3. 실험약품 및 실험기구의 취급법

3.1 실험약품의 취급법

3.1.1 약품의 순도

시약은 일반적으로 정량분석용, 정성분석용, 합성용 등의 용도로 나눌 수 있으나 그 등급을 국가마다 달리 규정하고 있다. 일반적으로 약품의 순도는 특급시약(guaranteed reagent, G.R.), 1급 시약(extra pure reagent, E.P.), 화학용 시약(chemical reagent, C.P.) 및 공업용 시약(technical reagent, T.P.) 등으로 구분되나 약품의 순도는 각 제조회사에 따라 다르며 각각 제조회사의 분석표가 붙어있다. 그러나 이 분석표는 완전히 신뢰할 만한 것이 아니므로 고체인 경우에는 녹는점 측정, 액체인 경우에는 끓는점을 측정하여 확인하고 순도가 낮으면 정제하여 사용하여야 한다.

3.1.2 실험약품의 취급법

실험에 사용되는 실험약품의 개봉 시 주의할 점과 약품취급에 있어서 주의하여야 할 점은 다음과 같다.

(1) 약품의 개봉 시에는 주의를 기울여야 한다.

약품의 병마개를 처음으로 열 때에는 주의해서 열어야 한다. 구입한 약품의 마개가 플라스틱마개, 코르크마개 혹은 고무마개의 경우는 쉽게 열수가 있지만 코르크마개의 경우에는 코르크 부스러기가 약품에 들어가지 않도록 주의하여야 한다. 또 진한 황산과 발연질산 등은 유리마개 위에 파라핀 등으로 봉해져 있으므로 이를 먼저 깨끗이 제거하고 유리마개를 연다. 열기가 어려울 때에는 유리마개의 머리를 천으로 싸서 나무망치로 가볍게 두드리면 쉽게 열린다. 앰플(ampoule)에 든 약품은 대개 유독한 액체이거나 휘발성으로 고압일 때가 있으므로 폭발에 특히 유의하여야 한다.

(2) 약품은 정확하게 그리고 청결히 사용하여야 한다.

고체약품의 경우에는 수저로 뜨는 데 금속수저가 부식당할 염려가 있을 때에는 플라스틱 수저를 사용하여야 한다. 그리고 약품의 라벨에 기재되어 있는 이름은 물론이고 비중, 중량백분율도 기재되어 있으면 관찰의 기록으로서 실험노트에 메모해 두는 것이 필요하다.

(3) 약품의 뒤처리를 철저히 하여야 한다.

조해성(고체가 대기 속에서 습기를 흡수하여 녹는 성질) 약품이나 공기와 접촉하면 변질되는 약품은 고체, 액체의 구별 없이 사용한 후 마개를 단단히 해두어야 한다. 액체의 경우에는 앰플로서 봉해두면 더 확실하고 오래 보존된다. 위험약품의 뒤처리 및 저장에 신중을 기해야 하며, 금속나트륨이나 생석회를 쓰레기통에 그냥 버려서는 절대 안 된다.

(4) 시약은 신중하게 보관한다.

시약용액을 만들어 보관할 경우에는 이것을 보통의 유리병에 넣어야 할지 갈색 병에 넣어 보관해야 할지 또 코르크마개, 유리마개, 고무마개 중 어느 것을 사용하여야 할지를 그 시약의 화학적 성질을 참작하여 결정하여야 한다. 그리고 라벨에는 명확하게 시약명, 농도, 조제일자를 써둔다. 잉크나 볼펜으로 쓰면 약품의 증기에 의해서 표백될 수 있으므로 그 위에다 투명 테이프를 붙여두면 좋다.

(5) 시약은 깨끗이 취급한다.

시약을 쓸 때에는 미리 필요한 양을 알아서 필요량만큼 시험관 또는 다른 기구에 받아서 사용하여야 한다. 시약병 속에 피펫 등을 직접 넣어서는 안 되며 쓰고 남은 시약을 다시 시약병에 넣는 것은 삼가 해야 한다. 또 시약병의 마개를 실험대 위에 놓으면 다른 시약병의 마개와 혼동될 우려가 있을 뿐만 아니라 실험대 위의 불순물이 묻을 염려가 있으니 주의한다.

약품시약의 취급법이 그 실험반응의 결과를 결정할 수 있으므로 신중하게 다루지 않으면 안 된다.

(6) 약품의 순도를 확인하고 필요하면 정제한다.

약품의 순도는 대개 표시되어 있다. 그러나 명시되어 있어도 신뢰할 수 없는 것이 많으므로 경우에 따라서는 검사하여 확인하여야 한다.

고체이면 녹는점을 측정하고 그 결과 불순하면 재결정하여야 한다. 온도에 따라 용해도 차이가 커야 한다. 요오드와 같이 승화하기 쉬운 고체는 승화 법으로 정제한다.

액체이면 주로 증류법을 사용하며 기타 시약에 따라 이온교환법, 전기분해법, 크로마토그래피법, 용매추출법, 염석법 등을 사용한다.

정제된 시약을 건조할 때에는 일정한 온도에서 일정한 조성을 가져야 하므로 특히 주의하여야 한다.

3.2 실험기구의 취급법

기본적인 실험용 기구의 이름과 사용목적을 기억해 두는 것은 정확한 실험을 하기 위한 필수사항이다.

3.2.1 유리기구

유리의 일반적인 성질 살펴보면 아래와 같다.

① 경도는 6～7이며 깨어지기 쉽고 깨진 부분은 예리하여 위험하다.
② 압축력은 강하나(압축강도 9,000 kg/cm^2), 인장력은 약하다.(400～600 kg/cm^2)
③ 열전도도는 작으며 부분적으로 가열하면 깨지기 쉽다. 두꺼운 유리는 가열해서는 안 된다.
④ 장기간 사용한 유리는 알칼리 성분을 잃어 가열하면 깨지기 쉽다.

유리기구의 사용에 있어서 사용 전에 흠이 있는 것은 피하고 특히 감압, 가압 가열할 때에는 세심하게 검사할 필요가 있으며, 비커, 플라스크, 시험관은 두께가 얇아 기계적 강도가 작으므로 가열할 때 특히 주의하여야 한다. 감압플라스크(suction flask), 씻기병(wash bottle)과 같은 두꺼운 용기는 갑자기 가열하면 파손되므로 주의한다.

유리기구의 세척은 유리면에 상처가 가지 않도록 부드러운 솔로 양질의 가루비누나 가루치약 등으로 씻은 후 깨끗한 물로 헹구어 준다. 그러나 이러한 방법으로 잘 세척되지 않을 때는 클리닝용액(cleaning solution)(진한 황산 80 mL와 물 20 mL 중에 1~20 g $Na_2Cr_2O_7$ 또는 $K_2Cr_2O_7$이 녹은 용액) 중에 하룻반 담가둔다. 가열하면 세척작용이 향상된다. 때로는 2～3 mL의 진한 황산과 2～3 mL의 30% 과산화수소로 씻으면 거의 모든 유리 기구를 씻을 수 있다. 기타 알칼리용액이나 발연질산(이산화 질소를 많이 함유하고 있는 진한 질산)을 넣은 그릇 속에 방치한 후 물로 씻어내면 대개 잘 닦인다.

분액깔때기(separatory funnel), 뷰렛(buret) 등에 달려있는 유리마개는 사용 후 물로 씻고 접촉부위에 반드시 황산지(진한 황산 용액으로 처리한 종이, 물과 기름에 잘 젖지 않음)를 끼워 보존하고 사용할 때에는 물 또는 그리이스 등의 윤활제를 발라서 사용하는 것이 좋다. 또 유리마개는 분실되기 쉬우므로 끈으로 매달아 두면 좋다.

피펫(pipette), 뷰렛, 눈금실린더(graduated cylinder) 등 액체의 부피측정에 사용되는 유리기구는 가열 건조하는 것은 절대 금물이며, 물로 잘 씻은 후 수용성 용매(예, 알코올)로 잘 씻고 다음에 휘발성 용매(예, 에테르)로 씻은 후 아스피레이터(aspirator)나 건조기(dryer)로 공기를 통하면서 건조시킨다.

3.2.2 클램프(clamp) 사용법

클램프(공작물을 공작 기계의 테이블 위에 고정하는 장치), 링(ring) 등 금속제 기구가 유리기구에 직접 접촉하는 곳에는 반드시 천으로 감아 유리기구의 파손을 방지한다. 그리고 클램프 집게는 위를 보도록 사용하고 클램프는 위에서 나사를 돌리도록 하여야 한다. 가지가 달린 플라스크를 사용할 때에는 될 수 있는 대로 가지 밑에 클램프를 설치해야 한다.

3.2.3 코르크마개(cork)와 고무마개(rubber)의 취급법

유기용매와 접촉하는 곳에는 원칙적으로 고무마개를 사용하지 않으며 가열부분에도 사용할 수 없다. 코르크마개가 적합하지 않을 때에는 젓빛유리마개(frosted glass stopper)를 사용하여야 한다.

코르크마개와 고무마개의 크기는 막아서 반이나 그 이상이 밖에 나올 정도의 크기를 선택하고 사용 전에는 코르크마개는 반드시 코르크 압축기로 압축하고 압축기가 없을 때는 코르크마개를 종이로 말아 마룻바닥에 놓고 발로 여러 번 밟아 압축하여 사용하면 좋다. 그리고 고무마개에 구멍을 뚫을 때에는 여기에 끼울 유리관, 온도계 등 보다 약간 굵은 구멍뚫이(borer)를 사용하며 코르크마개의 경우에는 그 반대이다. 마개의 중앙에 구멍뚫이를 수직으로 대놓고 가볍게 회전시키면서 누르면 구멍이 쉽게 뚫어진다. 구멍이 뚫린 마개에 유리관을 끼울 때에는 무리하게 힘을 가하면 유리관이 깨져 상처를 입기 쉬우므로 마개를 쥔 손과 유리관을 쥔 손을 될 수 있는 대로 가까이 하고 유리관에 물이나 그리이스 등을 발라 장갑이나 수건으로 손을 보호하고 회전시키면서 눌러 끼운다.

4. 액체의 부피 측정법

액체의 부피를 측정하는 기구에는 여러 가지 종류 및 규격의 것이 사용된다. 눈금실린더(graduated cylinder), 뷰렛(buret), 피펫(pipette), 용량플라스크(volumetric flask) 등이 주로 쓰이고 있다. 눈금이 새겨진 비커나 플라스크를 사용할 수도 있으나 이러한 것들은 정확한 부피측정에는 부적합하므로 어림측정을 할 때만 사용한다. 보다 정확한 미량의 부피측정을 위해서는 마이크로피펫(micro pipette)을 사용하기도 한다. 따라서 부피를 측정하고자 하는 액체의 분량과 측정 목적에 따라서 사용할 기구가 선택된다.

유리기구의 눈금을 읽을 때에는 눈금이 새겨진 부분이 수직이 되도록 세워서 눈금을 읽어야 하며, 눈의 높이를 액체의 메니스커스(meniscus)와 같이 하고 메니스커스의 밑바닥에 해당하는 위치를 읽는다.

4.1 용량플라스크(volumetric flask)

용량플라스크는 일정한 부피의 액체를 정밀하게 잴 수 있는 기구로 플라스크의 목 부분에 표선이 나 있어 그 표선까지 채웠을 때 표시된다. 부피를 정확하게 나타낸다.

흔히 일정한 농도의 용액을 만들 때 사용되기도 한다. 먼저 용질의 양을 정확히 측정하여 플라스크에 넣고 표선보다 약간 못 미친 위치까지 용매를 채운 후 마개를 막고 잘 흔들어서 균일한 용액이 되게 한 후에 정치하여 용매로 표선에 메니스커스를 정확히 맞춘다. 물론 이때 검정된 온도에서 용액을 만들어야 한다.

4.2 눈금실린더(graduated cylinder)

눈금실린더는 원통형의 유리그릇에 눈금을 새긴 것으로 측정하고자 하는 부피에 적합한 것을 사용하여 액체의 부피를 근사 측정하는데 유용하다. 보통 0.5 % 이하의 정확도가 요구되는 근사측정에 주로 이용된다.

4.3 뷰렛(buret)

뷰렛은 눈금실린더 보다 더 정확한 측정이 필요할 때 쓰이며, 특히 필요한 부피의 액체를 취하거나 반응그릇에 들어가는 부피를 측정할 때 매우 편리하도록 위에서부터 눈금이 새겨져 있다. 뷰렛을 사용하기 전에 콕크의 틈으로 액체가 새는가를 확인하여야 한다. 뷰렛에 액체를 채울 때에는 깔때기를 사용하여 채우며, 처음에 나타낸 눈금과 나중의 눈금을 읽어 그 차이로부터 취한 액체의 양을 알아낸다. 뷰렛의 콕크는 왼손으로 감싸 쥐고 손가락의 끝부분으로 콕크를 안쪽으로 조금씩 잡아당기면서 서서히 돌려 콕크를 연다.

4.4 피펫(pipette)

피펫은 일정한 부피의 액체를 취하는 경우에 편리한 기구이며, 일정한 양만을 측정하도록 피펫의 규격전량에 표선을 붙인 홀 피펫과 뷰렛과 같이 눈금이 새겨진 눈금피펫이 있다. 피펫으로 액체를 취할 때에는 피펫용 고무빨개나 안전피펫 충전기를 사용하는 것이 안전하며 입으로 빨아서는 안 된다. 부득이 입으로 빨아들일 경우에는 인체에 유해한 액체인지를 확인한 후에 입속으로 액체가 들어가지 않도록 각별히 조심한다.

4.5 피펫 필러(pipette filler) 사용법

수용액이나 용매를 피펫으로 정확하게 취하고자 할 때에는 피펫 필러를 사용한다. 피펫을 입으로 빨면 대단히 위험하다. 피펫 필러의 사용법은 다음과 같다.

① 밸브 A를 엄지손가락과 집게손가락으로 누른 다음 용액을 빨아들일 수 있도록 다른 손으로 큰 공을 꽉 쥐어 압축하여 진공으로 만든 후, 밸브 A를 놓는다.
② 피펫 충전기에 피펫을 끼운다.
③ 피펫을 용액이 들어 있는 용기에 넣은 다음 밸브 B를 엄지손가락과 집게손가락으로 눌러 용액을 원하는 양만큼 정확히 빨아올린다. 이 때 용액이 충전기까지 들어가지 않도록 각별히 주의한다.
④ 뽑아 올린 용액을 다른 용기에 옮기려면 밸브 C를 누른다.
⑤ 피펫의 용액을 전부 빼내려면 밸브 C의 압력을 유지하면서 가운데 손가락으로 밸브 C의 입구를 막고 작은 공을 누르면 된다.

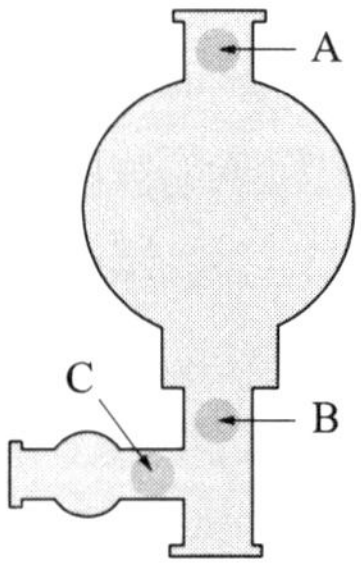

≫ 그림 2.1 피펫 필러(Pipette filler)

5. 실험노트 작성방법

5.1 실험예비노트 작성

매 실험을 실시하기 전에 실험과제에 대하여 다음 사항을 요약하여 실험노트에 기술한다.

① 실험제목(실험일자, 제출자 인적사항)
② 실험목적
③ 관련이론
④ 측정원리
⑤ 사용되는 실험기구
⑥ 시약조제법
⑦ 시험순서(flowchart)

5.2 실험결과노트 작성

실험결과는 실험예비노트 뒤에 연속해서 실제 사용한 시약을 기록하고 실험 중에 관찰한 필요한 내용을 적고 실험에서 얻은 값을 계산하고, 그 결과에 대하여 고찰한다.

⑧ 실험결과 자료
  ㈀ 실험에 사용한 시약 : 시약명, 양(부피 혹은 질량), 농도 등
  ㈁ 실험의 중요한 시간간격(반응시간, 건조시간 등), 온도 및 현상의 변화 등과 같은 실험 중 발견된 특별한 사항이나 중요 사항에 대하여 예비보고서 내 시험순서의 해당되는 곳에 자세히 기록
  ㈂ 실험에서 얻은 결과 기록
⑨ 계산값
⑩ 검토 및 분석
⑪ 참고문헌 작성

5.3 실험노트 작성시 유의사항

실험노트 작성 시 유의 사항은 다음과 같다.

① 매 실험 전에 실험 예비노트를 작성한다.
② 실험 중에는 실험내용을 이해할 수 있도록 주의 깊게 관찰한다.
③ 실험에 필요한 사항을 되도록 상세히 실험노트에 기록해야 한다. 즉, 실험노트는 깨끗하게 정리된 보고서 문서를 작성하는 것이 아니라 실험에 필요한 모든 사항을 꼼꼼하게 적은 노트로 작성한다.
④ 실험 중에 사용된 기구, 시약의 종류와 양, 실험순서도(절차), 측정치, 중요한 시간 간격(건조시간, 증류조작 등의 시간 등), 현상의 변화와 다른 관련성 있는 자료들을 기록하여 다른 실험자가 이 실험노트를 참고하여 실험을 실시하여도 동일한 결과를 얻을 수 있도록 써야 한다. 작성된 실험노트는 추후 지적재산권 문제에 있어서도 중요한 자료로 쓰일 수 있다.
⑤ 매 실험 완료 후 실험결과 자료까지를 기록하여 실험 완료 후 제출한다.
⑥ 지도교수 및 담당조교 확인 후 실험결과노트에 계산식, 검토 및 분석, 참고문헌을 완성한다.

5.4 실험노트 작성 예시

다음은 실험노트 작성 예시를 나타냈다.

표 2.1 실험노트 작성 예시

<table>
<tr><th>실험 No.</th><th>학 번</th><th>성 명</th><th>실험일자</th><th>담당교수 확인</th></tr>
<tr><td># 1</td><td>00000000</td><td>김 성 준</td><td>20 . . .</td><td rowspan="2"></td></tr>
<tr><td>실험제목</td><td colspan="3">생물학적 산소요구량(BOD) 측정 실험</td></tr>
</table>

① 실험목적
실험에 대한 목적을 간단히 기술
② 관련이론
실험에 관한 관련지식을 요약하여 기록
③ 측정원리
④ 사용되는 실험기구

(ㄱ) 사용되는 기구의 종류, 형태 등을 기술.

(ㄴ) 특정한 기구의 경우 모양, 사진 및 사용을 약술하여 기술.

⑤ 시약조제법

각 시약의 조제법을 흐름도를 활용하여 기술

⑥ 시험순서

실험의 진행과정을 한 눈에 알 수 있도록 간결하고 명확하게 flowchart로 기술.

⑦ 실험결과 자료

(ㄱ) 실험에 사용된 시약 : 시약명, 양, 농도 등을 기록.

(ㄴ) 실험에서 얻은 결과.

(ㄷ) 온도, 시간, 물리적 및 화학적 변화 등을 관찰하여 시험순서내 flowchart 해당란 옆에 간략하게 기록.

⑧ 계산값

필요시 실험에서 얻은 값으로 주어진 식으로부터 계산.

⑨ 검토 및 분석

실험에 대한 종합적인 분석 및 검토 그리고 문제점, 개선할 점 등에 대해 기술.

⑩ 참고문헌

필요하면 인용문헌을 학술지 등에서 통용되는 방식으로 기술.

제2절 수질환경 분석의 기초

수질환경 분석의 기초에서는 수질환경 분석을 처음 배우는 사람뿐만 아니라 자격증 취득을 준비하고 있는 사람에 있어 어려움 없이 환경실험 및 분석 실습이 이루어 질 수 있도록 분석의 기초에 대해 알아본다.

1.1 계량(計量)의 단위 및 기호

주요단위 및 기호는 다음과 같으며, 여기에 표시되지 않은 단위는 KS A 0105 국제단위계(SI) 및 그 사용방법에 대한 규정에 따른다.

표 2.2 계량(計量)의 단위 및 기호

종 류	단 위	기 호	종 류	단 위	기 호
길 이	미 터	m	용 량	킬로리터	kL
	센티미터	cm		리 터	L
	밀리미터	mm		밀리리터	mL
	마이크로미터	μm		마이크로리터	μL
	나노미터	nm			
무 게	킬로그램	kg	부 피	세제곱미터	m^3
	그 램	g		세제곱센티미터	cm^3
	밀리그램	mg		세제곱밀리미터	mm^3
	마이크로그램	μg			
	나노그램	ng	압 력	기 압	atm
넓 이	제곱미터	m^2		수은주 밀리미터	mmHg
	제곱센티미터	cm^2		수주 밀리미터	mmH_2O
	제곱밀리미터	mm^2			

1.2 농도 표시

(1) 백분율(%, parts per hundred)

① **질량(중량) 백분율**(weight/weight %, wt %)

질량 백분율은 용액 전체 질량에 대한 어떤 성분의 질량비이다.

즉, 용액 100 g 중의 성분무게(g)를 나타냄. 예) 1 %(w/w) = 1 g/100 g

② **부피(용량) 백분율**(volume/volume %, vol %)

용액 전체 부피에 대한 어떤 성분의 부피비를 부피(용량) 백분율이라 한다.

즉, 용액 100 mL 중의 성분용량(mL)를 나타냄. 예) 1 %(v/v) = 1 mL/100 mL

③ w/v %(weight/volume %)

용액 100 mL 중에 포함되어 있는 용질의 g 수로 표시한다. 보통 용액의 농도를 %로만 나타내었을 때는 w/v/%를 말한다.

즉, 용량 100 mL 중의 성분중량(g)을 나타냄. 예) 1 %(w/v) = 1 g/100 mL

④ v/w %(volume/weight %)

용액 100 g 중에 포함되어 있는 용질의 mL 수로 표시한다.

$$\text{성분 A의 v/w \%} = \frac{\text{용질 A의 부피(mL)}}{\text{용액 100 g}} \times 100$$

즉, 용액 100 g 중의 성분용량(mL)을 나타냄. 예) 1 %(v/w) = 1 mL/100 g

⑤ **몰 분율**(mol/mol %)

전체 몰수를 100 mol 중 성분몰수 mol로 표시한다.

예) 1 %(mol/mol) = 1 mol/100 mol

(2) 천분율(‰, parts per thousand)

천분율은 어떤 물질이 전체 1,000 중 어느 정도 함유되어 있는 가를 나타내는 비율이다. 천분율의 단위는 ‰(permil)로 표시하며 해수의 염분 농도를 나타낼 때 주로 사용한다. 해수는 일반적으로 35 ‰, 즉 3.5 % 정도의 염분을 함유하고 있다. 35 ‰이란 1 kg의 바닷물에 35 g의 염류가 함유되어 있음을 나타낸다.

예) 1 ‰(w/w) = 1 g / 1,000 g = 1 g / 1 kg

예) 1 ‰(v/v) = 1 mL / 1,000 mL = 1 mL / 1 L

(3) 백만분율(parts per million)

백만분율은 어떤 물질이 전체 1,000,000 중 어느 정도 함유되어 있는 가를 나타내는 것이다. 즉, 일백만분의 1단위의 농도를 말하며, 1 ppm이란 용액 1 kg 중에 용질 1 mg 녹아 있는 상태를 의미한다. 수질에서 오염도를 나타내는 데 가장 빈번하게 사용되는 농도 표시 방법이다.

$$\text{ppm} = \frac{\text{용질의 질량(g)}}{\text{시료의 질량(g)}} \times 10^6 \qquad 1\ \text{ppm} = 1\frac{\text{mg}}{\text{kg}} = 1\frac{\mu\text{g}}{\text{g}}$$

예시) 1 ppm(w/w) = 1 g / 10^6 g = 1 mg / 1 kg

예시) 1 ppm(v/v) = 1 mL / 10^6 mL = 1 mL / 1 m^3

1.3 온도 표시

온도의 표시는 셀시우스(Celsius)법에 따라 아라비아 숫자의 오른쪽에 ℃를 붙인다.

표준온도는 0℃, 상온은 15~25℃, 실온은 1~35℃로 하며, 찬 곳은 따로 규정이 없는 한 0~15℃의 곳을 뜻한다. 온수는 60~70℃, 열수는 약 100℃, 냉수는 15℃ 이하로 한다. "**수욕상(水欲上) 또는 물중탕 중에서 가열한다.**"라 함은 따로 규정이 없는 한 수온 100℃에서 가열함을 뜻하고 100℃의 증기욕을 쓸 수 있다.

제반시험 조작은 따로 규정이 없는 한 상온에서 실시하고 조작 직 후 그 결과를 관찰하는 것으로 한다. 단, 온도의 영향이 있는 것의 판정은 표준 온도를 기준으로 한다.

1.4 방울수(滴水)

방울수라 함은 20℃에서 정제수(精製水) 20방울 적하할 때, 그 부피가 약 1 mL가 되는 것을 뜻한다. (1방울 = 0.05 mL)

1.5 항량

"**항량으로 될 때까지 건조한다.**" 또는 "**항량으로 될 때까지 강열한다.**"라 함은 같은 조건에서 1시간 더 건조하거나 또는 강열할 때 전 후 차가 g당 0.3 mg 이하일 때를 말한다.

1.6 액의 농도

액의 농도를 (1→10), (1→100) 또는 (1→1,000) 등으로 표시하는 것은 고체 성분에 있어서는 1 g, 액체성분에 있어서는 1 mL를 용매에 녹여 전체량을 10 mL, 100 mL 또는 1,000 mL로 하는 비율을 표시한 것이다.

액체시약의 농도에 있어서 예를 들어 염산(1+2)이라고 되어 있을 때에는 염산 1 mL와 물 2 mL를 혼합하여 조제한 것을 말한다.

(1) 몰농도(molar concentration, M, mole/L)

보통 수중의 용존 물질의 농도를 M(mole)농도로 표시하며, 이것은 용액 1 L 중에 존재하는 gram분자량의 수를 말한다. g분자량은 해당화합물의 분자량에 g을 붙여 나타낸다. 즉 용액 1,000 mL 속에 녹아 있는 용질의 몰수를 몰농도(molarity, M)라 한다.

$$\text{몰농도(M)} = \frac{\text{용질의 몰수(mole)}}{\text{용액 1 L}} = \frac{\dfrac{\text{용질의 g수}}{\text{분자량(g/mole)}}}{\text{용액 1 L}}$$

$$\text{mole/L} = \text{mmole/mL}$$

(2) 노르말농도(normality concentration, N, eq/L)

용액 1 L 속에 녹아있는 용질의 g당량수를 노르말농도(normal : N) 또는 규정농도(規定濃度)라 한다.

$$\text{노르말농도(N)} = \frac{\text{용질의 g당량수}}{\text{용액 1 L}}, \qquad \text{eq/L} = \text{meq/mL}$$

(3) 몰랄농도(molality, molal concentration)

용매 1,000 g 속에 녹아 있는 용질의 몰수를 말한다. 몰랄농도는 어는점 내림, 증기압 또는 삼투압과 같이 용액 중의 용매 1몰마다의 용질의 입자수만으로 결정되는 물질의 성질을 물리 화학적으로 측정할 때 편리하다. 몰랄농도는 온도에 의존하지 않으나 몰농도와 노르말농도는 온도에 의존한다(용매의 부피가 온도에 따라 변하므로).

(4) 묽힘(dilution)

진한 용액으로부터 묽은 농도의 용액을 만드는 데 필요한 묽힘을 계산할 때, 희석 전후에 몰수는 같다는 것을 이용한다.

$$몰농도 \times 부피 = 몰수, \qquad M \times mL = mmole$$

(5) 물질량에 대한 정의

① 원자량

원자량(atomic weight)은 질량수 12인 탄소원자 ^{12}C의 질량을 12로 정하고 이것과 비교한 다른 원소의 상대적인 질량 값이다.

② 분자량

분자를 이루고 있는 모든 원자의 원자량의 합을 분자량(molecular weight)이라 한다.

③ 화학식량

화학식량(formular weight)은 화학식을 이루고 있는 모든 원자의 원자량의 합이다. 염화나트륨과 같은 이온결합 화합물과 염(salt)과 같은 화합물은 화학식량(formular weight)으로 계산한다. 화학식량도 보통 분자량으로 통용되고 있으나 엄밀하게는 화학식량으로 해야 맞다.

④ 몰

원자번호 12인 탄소원자 ^{12}C 12 g 속의 탄소원자와 같은 수의 실제물(원자, 분자, 이온, 전자 등)을 갖고 있는 어떤 물질의 물질량으로 정의되며 다음과 같이 나타낼 수 있다.

$$몰수(n) = \frac{분자수}{1몰의\ 분자수} = \frac{질량}{분자량(혹은\ 화학식량)}$$

예를 들면 화학식량(분자량)이 98인 황산(H_2SO_4)의 g 단위를 몰 단위로 환산하면, 황산의 화학식량은 98 g/mole이므로 다음과 같이 나타낸다.

1 mole H_2SO_4 = 98 g H_2SO_4

황산 질량 A g을 몰(mole) 단위로 환산하려면, $A\ g\ H_2SO_4 \times \frac{1\ mole\ H_2SO_4}{98\ g\ H_2SO_4}$

황산 B몰을 g 단위로 환산하려면, $B\ mole\ H_2SO_4 \times \frac{98\ g\ H_2SO_4}{1\ mole\ H_2SO_4}$ 로 계산한다.

⑤ 당량

당량(equivalent weight)은 아보가드로수(Avogadro number)의 반응단위에 해당

되는 물질의 질량에 상당하며, 따라서 당량수는 몰수와 분자 또는 원자마다의 반응단위수와의 곱으로 나타낸다. 당량은 화학식량을 반응단위수로 나눔으로써 얻어진다.

$$\text{당량(equivalent weight)} = \frac{\text{화학식량}}{\text{반응단위}}, \qquad \text{g/eq} = \text{mg/meq}$$

정량분석에서 유용한 농도의 단위로는 노르말농도(N)가 있다. 1노르말의 용액은 1당량/L을 포함한다. 당량이나 노르말농도를 사용하는 장점은 화학종이 몰비 보다는 당량비로 반응하는 경우가 많다는 데 있다. 당량수나 노르말농도는 반응에 따라 다르다는 것에 주의하여야 한다. 예컨대, Na_2CO_3는 한 개의 H^+와도 반응하며, 전자는 1반응 단위이고, 후자는 2반응 단위이다.

⑥ **밀도와 비중**

특정한 온도에서의 물체의 단위부피당 질량을 밀도(density)라 하며, 보통 20℃에서의 g/mL나 g/cm^{3}로 나타낸다.

$$\text{밀도}(d) = \frac{\text{질량}}{\text{부피}}$$

밀도는 보통 물질 1 cm^{3}당 g으로 나타낸다. 4℃의 순수한 물의 밀도는 다음과 같이 단위에 따라 여러 값으로 표현된다.

$$d_{H_2O} = \frac{1\text{ g}}{\text{cm}^3} = \frac{1\text{ g}}{\text{mL}} = 1{,}000\frac{\text{kg}}{\text{m}^3} = \frac{1\text{ kg}}{\text{L}} = 62.4\frac{\text{lb}}{\text{ft}^3}$$

때때로 비중이 밀도 대신에 사용된다. 어떤 물질(A)의 밀도에 대한 기준물질(ref)의 비를 비중(specific gravity, sp. gr.)이라 정의한다. 즉, 비중은 두 물질의 밀도의 비로 무차원(dimensionless)이다.

보통 4℃의 같은 무게의 물의 질량에 대한 20℃에서의 용액의 질량의 비로서 비중을 나타낸다. 4℃의 물의 밀도는 1.000 g/cm^{3}이므로 4℃의 물을 기준으로 하면 밀도와 비중은 같다. 참고로 가스에 대한 비중은 0℃, 1기압하의 공기의 밀도(1.293 g/L)가 기준이 된다.

1.7 진공

감압 또는 진공이라 함은 규정이 없는 한 15 mmHg 이하를 말한다.

1.8 물

시험에 사용하는 물은 따로 규정이 없는 한 정제수 또는 이온교환수지로 정제한 탈염수를 말한다.

1.9 액성

액체의 액성인 산성, 알칼리성 또는 중성을 검사할 때는 따로 규정이 없는 한 유리전극에 의한 pH 미터로 측정하고 액성을 구체적으로 표시할 때는 pH 값을 쓴다.

1.10 시약 및 용액

(1) 시약

시험에 사용하는 시약은 따로 없는 한 특급 또는 1급 이상 또는 이와 동등한 규격의 시약을 사용하여 조제방법에 따라 조제하여야 한다.

(2) 용액

용액의 앞에 몇 %라고 한 것(예 : 20 % 수산화나트륨 용액)은 수용액을 말하며, 따로 조제방법을 수재하지 아니하였으나 일반적으로 물 100 mL에 녹아 있는 용질의 g수를 나타낸다.

용액 다음의 ( )안에 몇 N, 몇 mole 또는 w/v %라고 한 것

예) 아황산나트륨 용액(0.1 N), 아질산나트륨 용액(0.1 M), 구연산이암모늄 용액(20 w/v %)은 용액의 조제방법에 따라 조제하여야 한다.

1.11 용기

"용기"라 함은 시약 또는 시액을 넣어두는 것을 말하며 또는 시액과 직접 접촉하는 것을 뜻한다. 용기를 막는데 사용되는 것들도 용기의 일부로 본다.

(1) 밀폐용기(密閉容器)

취급 또는 저장하는 동안에 이물이 들어가거나 또는 내용물이 손실되지 아니하도록 보호하는 용기를 말한다.

(2) 기밀용기(氣密容器)

취급 또는 저장하는 동안에 밖으로 부터의 공기나 다른 가스가 침입하지 아니하도록 내용물을 보호하는 용기를 말한다.

(3) 밀봉용기(密封容器)

취급 또는 저장하는 동안에 기체 또는 미생물이 침입하지 아니하도록 내용물을 보호하는 용기를 말한다.

(4) 차광용기(遮光容器)

광선이 투과하지 않는 용기 또는 투과하지 않게 포장을 한 용기이며 취급 또는 저장하는 동안에 내용물이 광화학적 변화를 일으키지 아니하도록 방지할 수 있는 용기를 말한다.

1.12 기구 및 기기

공정시험방법에서 사용하는 모든 유리기구는 KS L 2302 이화학용 유리기구의 형상 및 치수에 적합한 것 또는 이와 동등 이상의 규격에 적합한 것으로, 국가 또는 국가에서 지정하는 기관에서 검정을 필한 것을 사용하여야 한다.

공정시험방법에서 사용하는 모든 기구 및 기기는 측정 결과에 대한 오차가 허용되는 범위 이내인 것을 사용하여야 한다.

1.13 분석용 저울 및 분동(分銅)

분석용 저울은 0.1 mg까지 달 수 있는 것이어야 하며, 분석용 저울 및 분동은 국가검정을 필한 것을 사용하여야 한다.

1.14 시험 용어 및 기타

(1) 시험 용어

① "약"이라 함은 기재된 양에 대해 ±10 % 이상의 차이가 있어서는 안 된다.

② "이상"과 "초과", "이하", "미만"이라고 기재하였을 때는 "이상"과 "이하"는 기산점 또는 기준점인 숫자를 포함하며, "초과"와 "미만"은 기산점 또는 기준점인

숫자를 포함하지 않는 것을 뜻한다.

③ "정확히 단다"라 함은 규정된 양의 시료를 취하여 분석용 저울로 0.1 mg까지 다는 것을 말한다.

④ "냄새가 없다"라고 기재한 것은 냄새가 없거나, 또는 거의 없을 것을 표시하는 것이다.

⑤ "정확히 취하여"라 하는 것은 규정한 양의 시료 또는 시액을 홀 피펫으로 눈금까지 취하는 것을 말한다.

⑥ 여과용 기구 및 기기를 기재하지 아니하고 "여과한다"라고 하는 것은 KS M 7602 거름종이 5종 A 또는 이와 동등한 거름종이를 사용하여 여과함을 말한다. 다만 영양염류(암모니아성 질소, 질산성 질소, 아질산성 질소, 인산염인) 시험법에서 "여과한다"라 함은 유리섬유여과지(GF/C)를 사용하여 여과함을 말한다.

⑦ "정량범위"라 함은 본 시험방법에 따라 시험할 경우 표준편차율 10 % 이하에서 측정할 수 있는 정량하한과 정량상한의 범위를 말하며 측정기기의 성능 및 조작조건에 따라 다소 변할 수 있다.

⑧ "표준편차율"이라 함은 표준편차를 평균값으로 나눈 값의 백분율로서 반복조작 시의 편차를 상대적으로 표시한 것을 말한다.

(2) 기타

① 연속측정 또는 현장측정의 목적으로 사용하는 측정기기는 공정시험방법에 의한 측정값과의 정확한 보정을 행한 후 사용할 수 있다.

② 공정시험방법에 수재되어 있지 아니한 방법이라도 측정결과가 같거나 그 이상의 정확도가 있다고 판단될 경우로서 국내·외의 공인기관에서 인정하고 있는 방법은 그 방법을 사용할 수 있다.

③ 유효 측정농도는 지정된 시험방법에 따라 시험하였을 경우 그 시험방법에 대한 최소정량 한계를 의미하며, 그 미만은 불검출된 것으로 간주한다.

④ 공정시험방법에 기재돼 있지 아니한 항목에 대해서는 시료의 특성을 고려하여 먹는 물 수질공정시험방법, KS M 0100 공업용수의 시험방법, KS M 0111 공장폐수 시험방법 및 외국의 공인 시험방법 중 가장 적합하다고 판단되는 시험방법에 따라 시험할 수 있다.

제3절 수질오염 분석의 일반사항

1. 공장폐수 및 하수유량측정방법

1.1 측정방법의 종류

(1) 관내의 유량 측정방법(관내에 압력이 존재하는 관수로의 흐름)

① 벤투리미터(Venturi meter)
② 유량측정용 노즐(Nozzle)
③ 오리피스(Orifice)
④ 피토우(Pitot)관
⑤ 자기식 유량측정기(Magnetic flow meter)

(2) 측정용 수로에 의한 유량측정 방법

① 웨어(Weir)
② 파아샬플루윰(Parshall flume)

(3) 기타 유량측정방법

① 용기에 의한 측정
② 개수로에 의한 측정

1.2 측정방법의 선택

하·폐수에는 부유물질 등 여러 가지 오염물질이 함유되어 있으며, 때때로 점성도 상당히 높으므로 하·폐수 유량측정은 부유물질로 인한 측정 장애가 적고 침전물의 청소가 용이한 방법을 선택해야 하며, 수두손실이 가급적 적은 방법을 택하여야 한다.

1.3 측정방법 및 특징

각종 유량측정장치에 대한 구조 및 특성, 측정공식은 수질오염공정시험기준 제2장 제1항에 자세히 수록되어 있으며 측정방법과 특징을 간단히 요약하면 다음과 같다.

1.3.1 벤튜리미터(Venturi meter)

벤튜리미터는 긴관의 일부로써 단면이 작은 목(throat)부분과 점점 축소, 점점 확대되는 단면을 가진 관으로 축소부분에서 정력학적 수두의 일부는 속도수두로 변하게 되어 관의 목(throat)부분의 정력학적 수두보다 적게 된다. 이러한 수두의 차에 의해 직접적으로 유량을 계산할 수 있다.

1.3.2 유량측정용 노즐(Nozzle)

유량측정용 노즐은 수두와 설치비용 이외에도 벤튜리미터와 오리피스 간의 특성을 고려하여 만든 유량측정용 기구로서 측정원리의 기본은 정수압이 유속으로 변화하는 원리를 이용한 것이다. 그러므로 벤튜리미터의 유량공식을 노즐에도 이용할 수 있으며, 또한 노즐은 약간의 고형 부유물질이 포함된 하·폐수에도 이용할 수 있다.

1.3.3 오리피스(Orifice)

오리피스는 설치에 비용이 적게 들고 비교적 유량측정이 정확하여 얇은 판오리피스가 널리 이용되고 있으며 흐름의 수로내에 설치한다. 오리피스를 사용하는 방법은 노즐(Nozzle)과 벤튜리미터와 같다.

- **장점** : 단면이 축소되는 목(throat)부분을 조절하므로 써 유량이 조절된다는 점
- **단점** : 오리피스(orifice) 단면에서 커다란 수두손실이 일어난다는 점

1.3.4 피토우(Pitot)관

피토우관의 유속은 마노미터에 나타나는 수두차에 의하여 계산한다. 왼쪽의 관은 정수압을 측정하고 오른쪽관은 유속이 0인 상태인 정체압력(Stagnation Pressure)을 측정한다. 피토우관으로 측정할 때는 반드시 일직선상의 관에서 이루어져야 하며, 관의 설치장소는 엘보우(elbow), 티(tee) 등 관이 변화하는 지점으로부터 최소한 관지름의 15~50배 정도 떨어진 지점이어야 한다. 또한 피토우관은 부유물질이 많이 흐르는

하·폐수에서는 사용이 곤란하나 부유물질이 적은 대형 관에서는 효율적인 유량측정기이다.

1.3.5 자기식 유량측정기(Magnetic flow meter)

고형물이 많아 관을 메울 우려가 있는 하·폐수에 이용할 수 있는 유량 측정기기로 측정원리는 패러데이(Faraday)의 법칙을 이용하여 자장의 직각에서 전도체를 이용시킬 때 유발되는 전압은 전도체의 속도에 비례한다는 원리를 이용한 것으로 이 경우 전도체는 폐하수가 되며, 전도체의 속도는 유속이 된다. 이때 발생된 전압은 유량계 전극을 통하여 조절 변류기로 전달된다. 이 측정기는 전압이 활성도, 탁도, 점성, 온도의 영향을 받지 않고 다만 유체(하·폐수)의 유속에 의하여 결정되며 수두 손실이 적다.

1.3.6 웨어(Weir)

(1) 수로(水路)

① 수로는 목재, 철판, PVC판, FRP 등을 이용하여 만들며 부식성을 고려하여 내구성이 강한 재질을 선택한다.

② 수로의 크기는 수로의 내부치수로 정하되 폐수량에 따라 적절하게 결정한다.

③ 수로는 바닥면을 수평으로 하며 수위를 읽는데 오차가 생기지 않도록 한다.

④ 수로의 측면과 바닥면은 안측이 직각으로 접하게 하고, 누수가 없도록 하여야 한다.

⑤ 웨어판에 다가오는 흐름을 고르게 하여 수면의 파동이 없게 하기 위하여 웨어의 상류에 체(**눈금의 간격 10~20 mm 철재의 체를 사용하여도 좋다**) 혹은 적당한 다공판으로 만든 정류 장치를 마련한다. 그 위치는 따로 정한다.

⑥ 웨어의 수로는 웨어로부터 상류로 향하여 수위측정부분, 정류부분, 유수 노입부분으로 되어 있으며 정류장치의 다공판은 2매 이상, 될 수 있으면 4매로 하고 정류부분에 같은 간격으로 유수에 직각 또는 수직으로 붙인다.

⑦ 유수의 도입부분은 상류측의 수로가 웨어의 수로폭과 깊이보다 클 경우에는 없어도 좋다. 저수량은 될수록 큰 편이 좋다.

(2) 수두의 측정방법

① 수두란 웨어의 상류측 수두측정 부분의 수위와 절단 하부점 또는 절단 하부 모서리와 중앙과의 수직거리를 말한다.

② 자로서 수두를 측정하는 경우에는 다음과 같이 한다.

㈀ 수두의 측정 장소는 웨어판 내면으로부터 300 mm 상류인 곳으로 하고 그 위치를 표시하기 위하여 적당한 철제 기구를 사용하여 수로의 측벽 윗면에 고정하여 표시한다.

㈁ 유량산출의 기초가 되는 수두 측정 장치는 a～b.
즉, 영점수위 측정치(mm) − 흐름의 수위측정치(mm) = 측정수두(mm)로 한다.

1.3.7 파아샬플루움(Parshall flume)

수두차가 작아도 유량측정의 정확도가 양호하며 측정하려는 폐하수중에 부유물질 또는 토사 등이 많이 섞여 있는 경우에도 목(throat)부분에서의 유속이 상당히 빠르므로 부유물질의 침전이 적고 자연유하가 가능하다.

1.3.8 용기에 의한 측정

(1) 최대 유량이 1 m^3/min 미만인 경우

① 유수를 용기에 받아서 측정한다.

② 용기는 용량 100～200 L인 것을 사용하여 유수를 채우는 데에 요하는 시간을 스톱워치로 잰다. 용기에 물을 받아 넣는 시간을 20초 이상이 되도록 용량을 결정한다.

(2) 최대 유량이 1 m^3/min 이상인 경우

(이 경우는 침전지, 저수지 기타 적당한 수조를 이용한다.)

① 수조가 작은 경우는 한번 수조를 비우고서 유수가 수조를 채우는 데 걸리는 시간으로부터 최대유량이 1 m^3/min 미만인 경우와 동일한 방법으로 유량을 구한다.

② 수조가 큰 경우는 유입시간에 있어서 유수의 부피는 상승한 수위와 상승 수면의 평균표면적의 계측에 의하여 유량을 산출한다. 이 경우 측정시간은 5분 정도, 수위의 상승속도는 적어도 매분 1 cm 이상이어야 한다.

1.3.9 개수로에 의한 측정

(1) 수로의 구성 재질과 수로 단면의 형상이 일정하고 수로의 길이가 적어도 10 m까지 똑바른 경우

직선 수로의 기울기와 횡단면을 측정하고 이어서 자 등으로 수로폭간의 수위를 측정한다.

(2) 수로의 구성, 재질, 수로단면의 형성, 기울기 등이 일정하지 않은 개수로의 경우

① 수로는 될수록 직선적이며, 수면이 물결치지 않는 곳을 고른다.

② 10 m를 측정구간으로 하여 2 m마다 유수의 횡단면적을 측정하고, 산술 평균값을 구하여 유수의 평균 단면적으로 한다.

③ 유속의 측정은 부표를 사용하여 10 m 구간을 흐르는데 걸리는 시간을 스톱워치로 재며 이때 실측 유속을 표면 최대유속으로 한다.

1.4 하천유량 측정방법

(1) 유속 - 면적법(Velocity-Area Method)

① 유황이 일정하고 하상의 상태가 고른 지점을 선정하여 물이 흐르는 방향과 직각이 되도록 하천의 양끝을 로프로 고정하고 등간격으로 측정점을 정한다.

② 통수단면을 여러 개로 소구간 단면으로 나누어 각 소구간 마다 수심 및 유속계로 1～2개의 점 유속을 측정하고 소구간 단면의 평균유속 및 단면적을 구한다. 이 평균유속에 소구간 단면적을 곱하여 소구간 유량(q_m)으로 한다.

③ 소구간 단면에 있어서 평균유속 V_m은

(ㄱ) 수심이 0.4 m 미만일 때 $V_m = V_{0.6}$

(ㄴ) 수심이 0.4 m 이상일 때 $V_m = (V_{0.2} + V_{0.8}) \times \frac{1}{2}$

④ $V_{0.2}$, $V_{0.6}$, $V_{0.8}$은 각각 수면으로부터 전 수심의 20 %, 60 % 및 80 %인 점의 유속이다.

$$Q = q_1 + q_2 + q_3 + \cdots + q_m$$

여기서, Q : 총유량

q_m : 소구간 유량

V_m : 소구간 평균유속

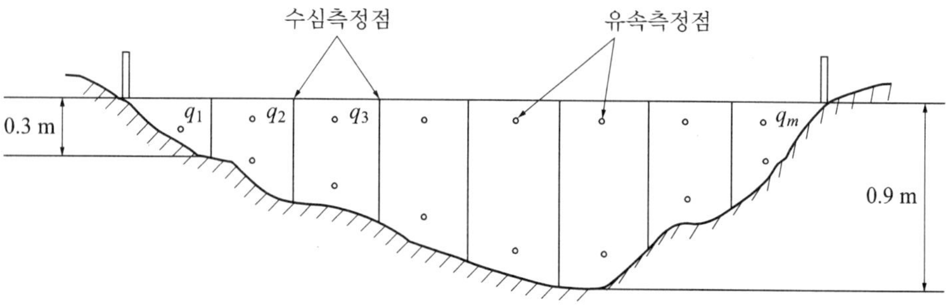

» 그림 2.2 유속 – 면적법에 의한 유량 측정방법

1.5 시료의 채취 및 보존방법

1.5.1 시료의 채취방법

(1) 시료 채취방법의 구분

시료는 배출허용기준 적합여부를 판정하기 위한 시료와 하천수 등 수질조사를 위한 시료로 구분하여 채취한다.

① **배출허용기준 적합여부 판정을 위한 시료채취**

배출허용기준 적합여부 판정을 위하여 채취하는 시료는 시료의 성상, 유량, 유속 등의 시간에 따른 변화를 고려하여 현장물의 성질을 대표할 수 있도록 채취하여야 하며, 복수 채취를 원칙으로 한다. 단, 신속한 대응이 필요한 경우 등 복수 채취가 불합리한 경우에는 예외로 할 수 있다.

② **하천수 등 수질조사를 위한 시료채취**

시료는 시료의 성상, 유량, 유속 등의 시간에 따른 변화(폐수의 경우 조업상황 등)를 고려하여 현장물의 성질을 대표할 수 있도록 채취하며, 수질 또는 유량의 변화가 심하다고 판단될 때에는 오염상태를 잘 알 수 있도록 시료의 채취 횟수를 늘려야 하며, 이때에는 채취시의 유량에 비례하여 시료를 서로 섞은 다음 단일시료로 한다.

(2) 시료 채취시의 유의사항

① 시료는 목적 시료의 성질을 대표할 수 있는 위치에서 시료채취용기 또는 채수기를 사용하여 채취하여야 하며, 채취용기는 시료를 채우기 전에 시료로 3회 이상 씻은 다음 사용한다.

② 유류 또는 부유물질 등이 함유된 시료는 시료의 균질성이 유지될 수 있도록 채취하여야 하며, 침전물 등이 부상하여 혼입되어서는 안 된다.

③ 용존가스, 환원성 물질, 휘발성 유기물질, 유류 및 수소이온 등을 측정하기 위한 시료는 운반 중 공기와의 접촉이 없도록 가득 채워져야 한다.

④ 시료 채취 용기에 시료를 채울 때는 어떠한 경우에도 시료의 교란이 일어나서는 안 된다. 가능한 한 공기와 접촉하는 시간을 짧게 하여 채취한다.

⑤ 채취된 시료는 즉시 실험하여야 하며, 그렇지 못한 경우에는 정해진 시료의 보존방법에 따라 보존하고 규정된 시간 내에 실험하여야 한다.

⑥ 시료채취량은 시험항목 및 시험횟수에 따라 차이가 있으나 보통 3～5 L 정도이어야 한다. 다만, 시료를 즉시 실험할 수 없어 보존하여야 할 경우 또는 시험항목에 따라 각각 다른 채취용기를 사용하여야 할 경우에는 시료채취량을 적의 증감하여야 한다.

⑦ 지하수 시료는 취수정 내에 고여 있는 물과 원래 지하수의 성상이 달라질 수 있으므로 고여 있는 물을 충분히 퍼낸 다음 새로 나온 물을 채취한다. 이 경우 퍼내는 양은 고여 있는 물의 4～5배 정도이나 pH 및 전기전도도를 연속적으로 측정하여 이 값이 평형을 이룰 때까지로 한다.

⑧ 시료채취 시에 시료채취시간, 보존제 사용여부, 매질 등 분석결과에 영향을 미칠 수 있는 사항을 기재하여 분석자가 참고할 수 있도록 한다.

1.5.2 시료의 채취지점

(1) 배출시설 등의 폐수

폐수의 성질을 대표할 수 있는 곳에서 채취한다.

폐수의 방류수로가 한지점 이상일 때에는 각 수로별로 채취하여 별개의 시료로 하며 필요에 따라 부지 경계선 외부의 배출구 수로에서도 채취할 수 있다 시료 채취 시 우수나 조업목적 이외의 물이 포함되지 말아야 한다.

(2) 하천수의 채수지점

① 하천수의 오염 및 용수의 목적에 따라 채수지점을 선정한다.

② 하천본류와 하천지류가 합류하는 경우에는 합류이전의 각 지점과 합류이후 충분히 혼합된 지점에서 각각 채수한다.

③ 하천의 단면에서 수심이 가장 깊은 수면의 지점과 그 지점을 중심으로 하여 좌우로 수면폭을 2등분한 각각의 지점의 수면으로부터 수심 2 m 미만일 때에는 수심의 1/3에서, 수심이 2 m 이상일 때에는 수심의 1/3 및 2/3에서 각각 채수한다.

④ 이외의 경우에는 시료채취 목적에 따라 필요하다고 판단되는 지점 및 위치에서 채수한다.

1.5.3 시료의 보존방법

채취된 시료를 즉시 실험할 수 없을 때에는 따로 규정이 없는 한 다음의 보존방법에 따라 보존하고 어떠한 경우에도 보존기간 이내에 실험을 끝내야 한다.

(1) 즉시 측정

온도, 수소이온농도(pH)

(2) BOD병에 보존하는 경우

① 용존산소 측정에서의 전극법 : 즉시측정

② 용존산소 측정에서의 윙클러아지드법(현장에서 용존산소를 고정한 후에 암소에 8시간 보존)

(3) 시료를 유리병(Glass)에 보관하는 경우

① 노르말헥산추출물질(n-h) : 4℃, H_2SO_4로 pH 2 이하에서 28일간

② 페놀류 : 4℃, H_3PO_4로 pH 4 이하로 조정 후 $CuSO_4$ 1 g/L 첨가하여 28일간

③ 유기인 : 4℃, HCl로 pH 5～9에서 7일간

④ PCB(폴리클로리네이티드비페닐) : 4℃, HCl로 pH 5～9에서 7일간(추출 후 40일)

⑤ 휘발성 저급 탄화수소류 : 인산(1＋10) 또는 황산(1＋5)으로 1방울/10 mL를 가해 냉암소 보관 7일간(추출 후 14일)

(4) 오직 Polyethylene에서 보관하는 시료

불소 : 별도의 조치 없이 28일간

(5) Polyethylene와 Glass에 모두 보관 가능한 시료(괄호 : 권장)

① 생물학적 산소요구량 : 4℃, 48시간(권장 : 6시간)

② 화학적 산소요구량 : 4℃, H_2SO_4로 pH 2 이하에서 28일간(7일)

③ 색도 : 4℃, 48시간

④ 부유물질(SS) : 4℃, 7일간

⑤ 염소이온 : 별도의 조치 없이 28일간

⑥ 암모니아성 질소 : 4℃, H_2SO_4로 pH 2 이하에서 28일간(7일)

⑦ 아질산성 질소 : 4℃, 48시간(즉시)

⑧ 질산성 질소 : 4℃, 48시간

⑨ 총질소 : 4℃, H_2SO_4로 pH 2 이하에서 28일간(7일)

⑩ 인산염이온 : 즉시 여과한 후 4℃에서 48시간 보관

⑪ 총인 : 4℃, H_2SO_4로 pH 2 이하에서 28일간

⑫ 시안 : 4℃, NaOH로 pH 12 이상에서 14일간(24일)보관하며, 잔류염소가 공존하는 경우에는 아스코르빈산 1 g/L 첨가한다.

⑬ 음이온계면활성제 : 4℃, 48시간

⑭ 총대장균군

(ㄱ) 환경기준 적용시료 : 저온(10℃ 이하), 24시간

(ㄴ) 배출허용기준 및 방류수 수질기준 적용시료 : 저온(10℃ 이하), 6시간

⑮ 분원성 대장균군 : 저온(10℃ 이하), 24시간

⑯ 클로로필-a : GF/C 여과 후 20℃에 7일간 보관

⑰ 6가 크롬 : 4℃, 24시간 보관

⑱ 크롬 : c-HNO_3 2 mL/L, 6개월 보관

⑲ 아연 : c-HNO_3 2 mL/L, 6개월 보관

⑳ 구리 : c-HNO_3 2 mL/L, 6개월 보관

㉑ 카드뮴 : c-HNO_3 2 mL/L, 6개월 보관

㉒ 납 : c-HNO_3 2 mL/L, 6개월 보관

㉓ 망간 : c-HNO_3 2 mL/L, 6개월 보관

㉔ 비소 : c-HNO_3 2 mL/L, 6개월 보관

㉕ 니켈 : c-HNO_3 2 mL/L, 6개월 보관

㉖ 철 : c-HNO_3 2 mL/L, 6개월 보관

㉗ 셀레늄 : c-HNO_3 2 mL/L, 1개월 보관

㉘ 수은 : c HNO_3 2 mL/L, 1개월 보관

㉙ 알킬수은 : c-HNO_3 2 mL/L, 1개월 보관

㉚ 전기전도도 : 4℃, 24시간 보관

㉛ 안티몬 : c-HNO_3 2 mL/L, 6개월 보관

(6) 시료를 갈색 유리병(Glass)에 보관하는 경우

① 석유계 총탄화수소 : 4℃, H_2SO_4 또는 HCl으로 pH 2 이하에서 7일 이내 추출(추출 후 40일)

② 다이에틸헥실프탈레이트 : 4℃ 보관, 7일 이내 추출(추출 후 40일)

제4절 수질오염 기본항목별 시험방법

1. 수질오염공정시험기준의 적용범위

1.1 수질기준의 적합여부 시험·판정

① 하천 및 호소에 대한 수질기준
「환경정책기본법」 제10조
② 폐수종말처리시설의 방류수 수질기준
「수질 및 수생태계 보전에 관한 법률」 제12조 제3항
③ 물놀이 등의 행위제한 권고기준
「수질 및 수생태계 보전에 관한 법률」 제21조의 2
④ 폐수배출시설의 배출허용기준
「수질 및 수생태계 보전에 관한 법률」 제32조
⑤ 공공하수처리시설·분뇨처리시설 및 개인하수처리시설의 방류수 수질기준
「하수도법」 제7조
⑥ 지하수의 수질기준
「지하수법」 제20조

1.2 기타 수질기준

「수질 및 수생태계 보전에 관한 법률」에 따른 오염실태조사 중 하천 및 호소의 오염상황조사, 「지하수법」에 따른 지하수오염 실태조사는 따로 규정이 없는 한 이 공정시험기준의 규정에 따라 시험한다.

수질오염물질의 측정에 관해서는 다른 법령(고시 등을 포함)에 특별히 정하고 있지 아니한 경우에는 이 공정시험기준에 따라 시험 판정한다.

2. 수질오염측정 항목의 분석방법 및 정량범위

다음은 수질오염공정시험기준 내 측정 항목의 분석방법 및 정량범위를 아래에 나타내었다.

항 목	분석방법	정량범위	파 장
온도	직접측정법	-	-
투명도	지름 30 cm 투명도판 사용	-	-
수소이온농도(pH)	pH 미터		-
용존산소(DO)	윙클러 아자이드화나트륨 변법 격막 전극법	0.1 mg/L 이상 0.5 mg/L 이상	-
생물화학적 산소요구량(BOD)	25℃ 5일간 배양	-	-
화학적 산소요구량(COD)	산성 100℃에서 과망간산칼륨($KMnO_4$)에 의한 COD_{Mn} 알칼리성 100℃에서 과망간산칼륨($KMnO_4$)에 의한 COD_{Mn} 중크롬산칼륨($K_2Cr_2O_7$)에 의한 COD_{Cr}	- - -	- - -
색도	투과율법	-	-
부유물질(SS)	유리섬유여과지법	5 mg 이상	-
노르말헥산추출물질 (n-h)	중량측정법	5 ~ 200 mg	-
염소이온	질산은 측정법 이온크로마토그래피법	0.7 mg/L 이상 0.1 mg/L 이상	-
암모니아성 실소	흡광광도법(인도페놀법) 이온진극법 중화적정법	0.002 ~ 0.04 mg 0.08 ~ 80 mg/L 0.2 ~ 30 mg	630 nm(청색)
아질산성 질소	흡광광도법(다이아조화법) 이온크로마토그래피법	0.0002 ~ 0.002 mg 0.01 mg/L 이상	540 nm(홍색)
아질산성 질소	이온크로마토그래피법 흡광광도법(불루신법) 자외선 흡광광도법 데발다합금 환원증류법(중화적정법) 데발다합금 환원증류법(흡광광도법)	0.01 mg/L 이상 0.001 ~ 0.01 mg 0.005 ~ 0.1 mg 0.2 ~ 30 mg 0.004 ~ 0.8 mg	410 nm(황색) 215 nm

항 목	분석방법	정량범위	파 장
총질소	자외선 흡광광도법 카드뮴 환원법 환원증류 - 킬달법(합산법) 자동분석법 분할흐름 분석기(SFA) / 흐름주입 분석기(FIA)	0.005 ~ 0.05 mg 0.0002 ~ 0.002 mg 0.008 ~ 0.016 mg 0.05 ~ 10 mg/L	220 nm 550 nm
용존 총질소	총질소의 시험방법과 동일	0.005 ~ 0.05 mg	220 nm
인산염인	흡광광도법(염화제일주석 환원법) 흡광광도법(아스코르브산 환원법)	0.002 ~ 0.05 mg 0.002 ~ 0.05 mg	690 nm(청색) 880 nm, 710 nm
총인	흡광광도법(아스코르브산 환원법) 자동분석법 분할흐름 분석기(SFA) / 흐름주입 분석기(FIA)	0.001 ~ 0.025 mg/mL 0.003 ~ 1 mg/L	880 nm, 710 nm 800 nm
용존 총인	총인 시험방법과 동일	0.001 ~ 0.025 mg/mL	880 nm
페놀류	흡광광도법(4-아미노 안티피린법) 흡광광도법(4-아미노 안티피린법) 자동분석법 분할흐름 분석기(SFA) / 흐름주입 분석기(FIA)	0.0025 ~ 0.05 mg/L 0.05 ~ 0.5 mg/L 0.007 ~ 0.25 mg/L	460 nm 510 nm 510 nm
시안	흡광광도법(피리딘 - 피라졸론법) 이온전극법 자동분석법 분할흐름 분석기(SFA) / 흐름주입 분석기(FIA)	0.0002 ~ 0.01 mg 0.1 ~ 100 mg/L 0.01 ~ 0.1 mg/L	620 nm(청색) 620 nm
불소(플루오르)	흡광광도법(란탄 - 알리자린 콤플렉손법) 이온전극법	0.004 ~ 0.005 mg 0.1 ~ 100 mg/L	620 nm(청색)
크롬, 6가 크롬	원자흡광광도법 흡광광도법(다이페닐카바지드법) 유도결합플라즈마 발광광도법(ICP)	0.2 ~ 5 mg/L 0.002 ~ 0.05 mg/L 0.007 ~ 50 mg/L	357.9 nm 540 nm(적자색) 267.72 nm
아연	원자흡광광도법 흡광광도법(다이페닐카바지드법) 유도결합플라즈마 발광광도법(ICP)	0.05 ~ 2 mg/L 0.002 ~ 0.04 mg 0.002 ~ 100 mg/L	213.3 nm 620 nm(청색) 213.86 nm

항 목	분석방법	정량범위	파 장
망간	원자흡광광도법 흡광광도법(과요오드산칼륨법) 유도결합플라즈마 발광광도법(ICP)	0.1～4 mg/L 0.04～0.5 mg 0.002～50 mg/L	279.5 nm 525 nm 257.61 nm
구리	원자흡광광도법 흡광광도법 (다이에틸다이싸이오카바민산법) 유도결합플라즈마 발광광도법(ICP)	0.2～4 mg/L 0.002～0.03 mg 0.006～50 mg/L	324.7 nm 440 nm(황갈색) 324.75 nm
카드뮴	원자흡광광도법 흡광광도법(다이싸이존법) 유도결합플라즈마 발광광도법(ICP)	0.05～2 mg/L 0.001～0.03 mg 0.004～50 mg/L	228.3 nm 520 nm(적색) 226.5 nm
납	원자흡광광도법 흡광광도법(다이싸이존법) 유도결합플라즈마 발광광도법(ICP)	1～20 mg/L 0.001～0.04 mg 0.04～100 mg/L	283.3 nm 520 nm 220.35 nm
비소	원자흡광광도법 흡광광도법 (다이에틸다이싸이오카바민산법) 유도결합플라즈마 발광광도법(ICP)	0.005～0.05 mg/L 0.002～0.01 mg 0.05～100 mg/L	193.7 nm 530 nm(적자색) 193.7 nm
니켈	원자흡광광도법 흡광광도법(다이메틸글리옥심법) 유도결합플라즈마 발광광도법(ICP)	0.3～6 mg/L 0.002～0.05 mg 0.015～50 mg/L	232 nm 450 nm(적갈색) 231.6 nm
철	원자흡광광도법 흡광광도법(페난트로린법) 유도결합플라즈마 발광광도법(ICP)	0.3～6 mg/L 0.02～0.5 mg 0.007～100 mg/L	248.3 nm 510 nm(등적색) 259.94 nm
셀레늄	흡광광도법	0.005～0.05 mg/L	196 nm
수은	원자흡광광도법(환원기화법) 흡광광도법(다이싸이존법)	0.0005～0.01 mg/L 0.001～0.025 mg	253.7 nm 490 nm
알킬수은	가스크로마토그래피법 원자흡광광도법	0.0005 mg/L 이상 0.0005 mg/L 이상	- -
유기인	가스크로마토그래피법	각 성분당 0.001～0.02 μg	-
폴리클로리네이티드 바이페닐(PCB)	가스크로마토그래피법	-	-
음이온 계면활성제	흡광광도법(메틸렌블루법) 자동분석법 분할흐름 분석기(SFA) / 흐름주입 분석기(FIA)	0.002～0.05 mg 0.09～1.3 mg/L	650 nm 650 nm

항 목	분석방법	정량범위	파 장
클로로필-a (Chlorophyll-a)	흡광광도법	-	663, 645, 630, 750 nm
휘발성 탄화수소	용매추출 기체크로마토그래피법 퍼지 트랩 기체크로마토그래피 / 질량분석법 헤드스페이스 가스크로마토그래피 / 질량분석 용매추출 기체크로마토그래피법 / 질량분석법 퍼지 트랩 기체크로마토그래피법 헤드스페이스 기체크로마토그래피법	0.04～0.75 ng 0.0001 mg/L 0.005 mg/L 0.002 mg/L - 0.001 mg/L	-
전기전도도	전극법	-	-
식물성 플랑크톤 (조류)	정성시험(검경배율), 정량시험(계수법)	-	-
총유기탄소	고온연소방법, 자외선 - 과황산 산화방법	0.5 mg/L	-
석유계 총탄화수소 (TPH)	기체크로마토그래피	0.2 mg/L	-
물벼룩을 이용한 급성 독성 시험법	대조군 시험	-	-
총대장균군	막여과법 시험관법 평판집락법	-	-
분원성 대장균군	막여과법 시험관법	-	-
대장균	효소이용정량법	-	-
안티몬	유도결합 플라즈마 원자발광광도법 유고결함 플라즈마 질량분석법	0.008 mg/L 0.0004 mg/L	206.83 nm
다이에틸 헥실프탈레이트	기체크로마토그래피 / 질량분석법	0.0025 mg/L	-
1,4-다이옥산	용매추출 / 기체크로마토그래피 / 질량분석법	0.01 mg/L	-
염화비닐, 아크릴로 나이트릴, 브로모폼	헤드스페이스 / 기체크로마토그래피 / 질량분석법	0.005 mg/L	-
퍼클로레이트	액체크로마토그래피 / 질량분석법 이온크로마토그래피	0.002 mg/L 0.002 mg/L	-

3. 항목별 시험방법

3.1 수소이온농도(pH)

3.1.1 실험 목적

수소이온농도(pH)는 용액의 산성 또는 알칼리성의 정도를 pH로 나타낸다. 수질화학에서 가장 중요하고 가장 많이 사용하는 시험항목 중의 하나인 pH 측정을 실험한다.

3.1.2 관련 이론

자연수의 pH는 물에 포함되어 있는 각종의 염류, 유리탄산, 광산 및 유기산 등으로 좌우되나 하수, 공장폐수에 의해서도 영향을 받는다. pH시험은 수질의 변화를 아는데 중요하다. 예를 들면 $Al_2(SO_4)_3$으로 응집처리 때나 소오다석회로 물의 연수화 작업 등 수처리에서 약품 사용량의 결정 및 효과적인 염소 소독 등은 pH값에 좌우된다. 실제적인 pH 측정도는, 0(극산성)에서 14(극알칼리성)까지로 되어 있으며 그 중간인 pH 7을 완전중성으로 하고 있다(25℃에서).

pH는 주어진 온도에서 용액의 산과 염기정도를 나타낸다. 수학적으로 이것은 수중에 존재하는 수소이온농도(H^+)를 그 역수의 상용대수로서 표시된다. 즉

$$pH = \log\frac{1}{[H^+]} \quad \text{또는} \quad pH = -\log[H^+]$$

여기서, $[H^+]$는 H^+의 몰농도(mole/L)를 뜻한다. 물은 자체적으로 어느 정도 해리되어 순수한 물은 $[H^+]=[OH^-]=1.0\times10^{-7}$ M임이 경험적으로 밝혀졌다.

물의 pH 측정법에는 비색법과 유리전극법이 주로 사용되나 수질오염공정시험기준에서는 유리전극법을 사용한다. 이 방법은 산화·환원제 및 계면활성제의 영향을 받지 않는다. 염의 오차가 없고 착색, 콜로이드용액 중에서도 사용될 수 있다. 또 비완충용액 중에서도 비교적 정확하게 측정되며 빠르게 평형되고 정밀측정 등의 이점이 있으나 전극이 파손되기 쉽고 또 사용할 때마다 항시 pH 표준액으로 조정하여야 하므로 현장에서 사용하기에는 불편한 점이 있다. 이런 점에서는 비색법이 간편하고 측정치도 비교적 정확하므로 담수에는 사용이 가능하다. 그러나 해수가 유입되는 호소수나 지하수에서는 염 때문에 오차가 생겨 비색법으로는 부적당하다. 측정기구로 사용되는 것 중에는 pH 지시종이, 비색기, pH 미터가 있으며 이들의 특징은 다음과 같다.

(1) pH 지시종이

여러 가지 색도가 표시되어 있어 시료에 잠길 때 나타난 지시종이의 색변화를 pH 값과 비교한다. 이 방법은 개략적인 pH값을 측정할 때 이용된다.

(2) 비색기(comparators)

pH 디스크가 딸린 비색기를 사용하면 보다 정확히 pH를 측정할 수 있다. 매우 간편하고 일반적이기 때문에 현장에서 많이 사용한다. pH 지시약을 시료에 첨가하여 변화된 색을 비색기의 디스크와 비교하여 pH값을 직접 읽는다. 상업화된 제품이 가능하다. 그러나 이 방법은 시험되는 물이 혼탁하거나, 착색 정도가 심하거나 완충이 불량한 경우에는 pH의 측정치에 오차가 나게 된다.

(3) pH meter

pH 미터는 두 전극사이의 전위를 측정하는 원리를 이용한다. 기본 원리는 유리전극과 비교전극을 사용하여 전위측정으로 수소이온의 활성도를 결정하는 것이다. 가장 보편적인 복합전극(combination electrode)은 유리와 비교전극을 단일 전극으로 결합시켰다. 유리전극은 수소이온에 민감하여 수소이온농도의 변화를 전위로 변환시킨다. 비교전극은 일정한 전위를 갖는다. 이들 전위의 차이는 mV로 나타내며, 이는 용액의 pH와 직선관계를 보인다. pH 미터의 척도는 전압을 pH로 직접 읽을 수 있도록 제작되어 있다. pH값 1의 변화는 25℃에서 전위차 59.1 mV의 변화를 생기게 한다는 원리에 의한 것이다.

3.1.3 pH의 중요성

pH는 물의 산성 또는 알칼리성의 강도를 측정하는 것이다. 가정하수의 pH는 일반적으로 7.0에 가깝다. 만일 이 pH가 갑자기 변화하게 된다면, 이것은 산성 또는 알칼리성의 공장폐수가 불법으로 도시하수도에 방류되고 있는 것을 암시하는 것이다. 이와 같은 폐수의 유입은 하수도에 손상을 입히고, 처리효율을 저하시키거나, 활성슬러지법(Activated sludge process) 또는 살수여상법(Trickling filter process)과 같은 생물학적 처리에 악영향을 미치는 원인이 된다.

3.1.4 측정원리

pH는 수소이온농도를 그 역수의 상용대수로서 나타내는 값이다. pH는 보통 유리전극과 비교전극으로 된 pH 미터를 사용하여 측정하는데 양전극간에 생성되는 기전력의 차를 이용하여 다음과 같은 식으로 정의된다.

$$pH_x = pH_s \pm \frac{F(E_x - E_s)}{2.303RT}$$

여기서, pH_x : 시료의 pH 측정값

pH_s : 표준용액의 pH($-\log[H^+]$)

E_x : 시료에서의 유리전극과 비교전극간의 전위차(mV)

E_s : 표준액에서의 유리전극과 비교전극간의 전위차(mV)

F : Faraday 정수(9.649×10^4 coulomb/mole)

R : 기체상수(8.314 J/K · mole)

T : 절대온도(K)

3.1.5 pH 미터의 구조

pH 미터는 보통 유리전극 및 비교전극으로 된 검출부와 검출된 pH를 지시하는 지시부로 되어 있으며 지시부에는 비대칭 전위조절(영점조절)용 꼭지 및 온도보상용 꼭지가 있다. 온도보상용 꼭지가 없는 것은 온도보상용 감온부가 있다. pH 미터는 다음 조작법에 따라 임의의 한 종류가 pH 표준액에 대하여 검출부를 물로 잘 씻은 다음 5회 되풀이하여 pH를 측정했을 때 그 재현성이 ±0.05 이내의 것을 쓴다.

3.1.6 수소이온농도 시험방법

pH 측정방법은 사용하는 기기와 전극에 따라 다르다. pH 측정은 유리전극 pH 미터를 사용한다. 시료채취 후 즉시 측정한다. pH 미터와 전극은 신뢰할만한 정확한 결과를 얻을 수 있는 기기여야 한다. 전극과 함께 pH 미터는 예상되는 시료의 pH 범위값에 따라 pH 완충액 7.0, 4.0 또는 10.0을 사용하여 보정해야 한다.

(1) pH 미터 보정방법

① 유리전극은 미리 물에 수 시간 이상 담가둔다. (전극은 저장용액에 둔다.)

② pH 미터를 'ON' 위치에 놓아 전원을 켠다.

③ 온도 보정 다이얼을 실내온도에 설정한다.

④ 전극을 저장용 용액에서 제거하고, 증류수로 세척하여 부드러운 티슈로 닦아 건조시킨다.

⑤ 전극을 pH 7 표준완충용액에 담그고 자석교반기로 일정한 속도로 교반시킨다. 시료의 공기 - 물 계면에서 공기전달률이 최소화 되도록 교반속도를 조절한다.

시료량은 전극의 감응부를 충분히 덮을 수 있는 양이어야 한다. pH 값을 읽는다. pH 값이 실제값(7.0)과 차이를 보이면 'Calibration 스위치'로 조정한다.

⑥ pH 7 완충용액에서 전극을 제거한다. 증류수로 세척하고 부드러운 티슈로 닦은 뒤 pH 4 완충용액에 담근다. pH 값을 읽는다. pH 값이 실제값(4.0)과 차이를 보이면 'slope 스위치'로 조정한다.

⑦ pH 4 완충용액에서 전극을 제거한다. 증류수로 세척하고 부드러운 티슈로 닦은 뒤 pH 10 완충용액에 담근다. pH 값을 읽는다. pH 값이 10.0 또는 매우 근사한 값을 보여야 한다. 이 상태가 보정된 상태이다. 이 점에서 pH 미터를 조정하지 말아야 한다.

⑧ 전극을 제거하여 증류수로 세척하고 부드러운 티슈로 닦은 다음 검액에 담가 pH 측정값을 읽는다.

(2) pH 미터 조작 시 유의사항

① 시험을 대비하여 유리전극을 사용하지 않을 때에도 전극을 증류수에 담가 평형에 도달한 후에 사용한다.

② 비교전극을 포화염화칼슘에 담그거나 고무캡을 씌워 둔다.

③ 이산화탄소를 함유한 시료에서는 이산화탄소의 평형이동에 따라 pH는 현저히 영향을 받게 되는 것을 주의한다.

④ 전극의 오염이 현저할 때에는 염산(0.1 M)에 2시간 이상 담가두었다가 증류수로 여러 번 세척한다.

3.1.7 수소이온농도(pH) 관련 연습문제

01 pH 측정시 pH 미터기의 조작에 관한 내용으로 틀린 것은 무엇인가? ㈐

㉮ pH 11 이상의 시료는 오차가 크므로 알칼리에서 오차가 적은 특수전극을 쓰고 필요한 보정을 한다.

㉯ pH meter는 전원을 넣어 5분 이상 경과 후에 쓴다.

㉰ pH meter의 재현성은 ±0.1 이내인 것을 쓴다.

㉱ pH meter의 지시부는 비대칭 전위조절용 꼭지 및 온도 보상용 꼭지가 있다.

해설 : pH meter의 재현성은 ±0.05 이내인 것을 쓴다.

02 다음 중 수소이온농도(pH)의 측정 원리에 대한 설명 중 틀린 것은 무엇인가? ㉮

㉮ pH 미터는 임의의 한 종류의 pH 표준액에 대하여 검출부를 물로 잘 씻은 다음 5회 되풀이하여 pH를 측정했을 때 그 재현성이 ±0.05 이상인 것을 쓴다.

㉯ pH는 보통 유리전극과 비교전극으로 된 pH 미터를 사용하여 측정한다.

㉰ pH 미터는 극간에 생성되는 기전력차를 이용한다.

㉱ pH는 수소이온농도를 그 역수의 상용대수로서 나타낸 값이다.

해설 : pH meter의 재현성은 ±0.05 이내인 것을 쓴다.

03 수온 20℃, pH 9 부근의 pH 표준액으로서 사용되는 것은 무엇인가? ㈐

㉮ 0.05 mol/L 프탈렌인염 표준액

㉯ 0.025 mol/L 인산이수소칼륨과 0.025 mol/L 인산수소이나트륨의 등량혼합액

㉰ 0.01 mol/L 붕산염 표준액

㉱ 0.025 mol/L 수산화나트륨염 표준액

해설 : pH 높은 표준액 순서 : 수산화칼슘표준액 > 탄산염표준액 > 붕산염표준액(9에 가깝다) > 인산염표준액(7에 가깝다) > 프탈산염표준액 > 수산염표준액

04 다음은 pH 측정관리를 설명한 것이다. 옳게 설명한 것은 무엇인가? ㉯

㉮ 보통 탄소전극과 비교전극 간에 발생하는 기전력차를 이용하여 구한다.

㉯ 보통 유리전극과 비교전극 간에 발생하는 기전력차를 이용하여 구한다.

㉰ 보통 백금전극과 비교전극 간에 발생하는 기전력차를 이용하여 구한다.

㉱ 보통 수은전극과 비교전극 간에 발생하는 기전력차를 이용하여 구한다.

해설 : pH는 보통 유리전극과 비교전극으로 된 pH 미터를 사용하여 측정하는데 양전극간에 생성되는 기전력의 차를 이용하여 측정한다.

05 pH 미터기의 조작법에 관한 주의사항 들이다. 잘못된 것은 무엇인가? ㉯

㉮ pH meter는 전원을 넣어 5분 이상 경과 후에 쓴다.
㉯ 유리전극을 사용하지 않을 때는 1%의 식염수에 담가둔다.
㉰ pH 표준액으로 보정할 때는 온도보정을 하여야 한다.
㉱ pH meter의 재현성은 ±0.05 이내이면 된다.

해설 : 유리전극을 사용하지 않을 때는 증류수에 담가둔다.

06 pH 2의 용액과 pH 6의 용액을 비교할 때 수소이온농도는 어느 쪽이 몇 배나 큰가? ㉰

㉮ pH 6 쪽이 1,000배 더 크다. ㉯ pH 2 쪽이 1,000배 더 크다.
㉰ pH 2 쪽이 10,000배 더 크다. ㉱ pH 6 쪽이 10,000배 더 크다.

해설 : $pH = -\log[H^+]$, $[H^+] = 10^{-pH}$,
pH 2 → $[H^+] = 10^{-2}$ mole/L, pH 6 → $[H^+] = 10^{-6}$ mole/L, $\frac{10^{-2}}{10^{-6}} = 10{,}000$,
∴ pH 2가 pH 6보다 10,000배 더 크다.

07 NaOH 0.4 g이 물 1 L에 포함되어 있을 때의 액의 pH는 얼마인가? ㉱

㉮ 9 ㉯ 10 ㉰ 11 ㉱ 12

해설 : $NaOH(eq/L) = \frac{0.4\text{ g}}{1.0\text{ L}} \left| \frac{1\text{ eq}}{40\text{ g}} \right. = 0.01\text{ eq/L as } OH^-$,
$pOH = -\log[OH^-] = -\log[0.01] = 2$, ∴ $pH = 14 - pOH = 14 - 2 = 12$

08 pH가 6.0인 용액산도의 2배를 가진 pH는 얼마인가? ㉰

㉮ 4.8 ㉯ 5.4 ㉰ 5.7 ㉱ 6.7

해설 : pH 6 → $[H^+] = 10^{-6}$ mole/L, 그러므로 산도가 2배이면 $[H^+] = 2 \times 10^{-6}$ mole/L이다.
∴ $pH = -\log[H^+] = -\log[2 \times 10^{-6}] = 5.7$

09 완충용액의 pH가 5일 경우 이 용액 100 mL에 물 100 mL를 가하면 pH는 어떻게 되는가? ㉯

㉮ pH가 5.0보다 작아진다. ㉯ pH가 5.0보다 커진다.
㉰ pH가 5.0과 같다. ㉱ pH를 pH 미터로 측정해야 알 수 있다.

해설 : 첨가하는 100 mL는 중성(pH 7)으로 보아야 하므로 pH 5와 pH 7을 혼합하면 혼합액의 pH는 5보다 크며 pH 7보다는 작아진다.

10 pH 2.5의 물을 pH 6.0의 물로 희석한다. 용량비를 1 : 9로 혼합하면 혼합액의 pH는 얼마인가? ㉮

㉮ 3.5 ㉯ 3.0 ㉰ 2.5 ㉱ 6.0

해설 : $pH = -\log[H^+]$, $[H^+] = 10^{-pH}$,
pH 2.5 → $[H^+] = 10^{-2.5}$ mole/L, pH 6 → $[H^+] = 10^{-6}$ mole/L,
$$N = \frac{10^{-2.5} \times 1 + 10^{-6} \times 9}{1+9} = 3.17 \times 10^{-4}\text{ N as } H^+$$
∴ $pH = -\log[H^+] = -\log[3.17 \times 10^{-4}] = 3.5$

3.2 경도, 알칼리도, 산도

실험 목적

수중에 함유되어 있는 각종 염과 음양이온들에 의해서 유발되는 경도, 알칼리도, 산도는 하수나 공장폐수의 영향을 받으면 현저하게 증감하므로 수질오염의 지표로서 측정할 필요가 있다. 경도, 알칼리도, 산도를 측정한다.

관련 이론

(1) 경도(Hardness)

물은 그 경도에 따라 연수, 정수, 경수 및 높은 경수로 구분할 수 있다. 연수는 경도가 0～75 mg/L, 정수는 76～150 mg/L, 경수는 150～300 mg/L이며 300 mg/L 이상이면 높은 경수로 구분한다. 우리나라 수도 기준은 300 mg/L 이하로 정하고 있으나 마시기에 적합한 경도는 100 mg/L 이하가 좋고 보통 가장 맛있는 물은 경도가 50 mg/L 정도이다. 또 다른 경도의 형태로 금속이온을 중심으로 하는 구분과 이들 금속이온과 결합하는 음이온들에 의한 구분이 있다.

이러한 경도는 일시경도(temporary hardness)와 영구경도(permanent hardness)로 구별되고, 양자의 합을 총경도(Total hardness)라 한다.

만약 Ca^{2+}과 Mg^{2+} 등이 알칼리도를 이루는 탄산염(CO_3^{2-}), 중탄산염(HCO_3^-) 등과 결합한 형태로 있을 때는 이를 탄산경도(carbonate hardness)라 하며, 끓임에 의해서 침전이 형성되어 연수화(softening)되며 일시경도라고도 한다. 반면 Ca^{2+}과 Mg^{2+} 등이 비탄산이온인 SO_4^{2-}, Cl^-, NO_3^-, SiO_3^{2-}와 화합물을 이루고 있을 때 나타나는 경도를 비탄산경도(non-carbonate hardness)라 하며, 이들은 끓임에 의해서 제거되지 않으므로 영구경도(permanent hardness)라고도 한다.

(2) 알칼리도(Alkalinity)

물의 알칼리도(alkalinity)는 산을 중화시킬 수 있는 능력의 척도로서 수소이온을 중화하기 위해 반응할 수 있는 물속의 이온량으로 정의된다. 즉 수중에 수산화물(OH^-), 탄산염(CO_3^{2-}), 중탄산염(HCO_3^-)의 형태로 함유되어 있는 알칼리성을 이에 대응하는 $CaCO_3$ 농도로 환산하여 나타낸 것으로 물속에서 산을 중화시키는 능력의 척도이다.

물속의 알칼리도에 기여하는 물질을 높은 pH 순으로 열거하면 **수산화물(OH^-)>탄산염(CO_3^{2-})>중탄산염(HCO_3^-) 순**이며 주로 약한산의 염이나 센 염기로 구성되어 있어 산을 첨가할 때 pH가 감소하는 것을 억제하는 완충작용을 하게 된다.

알칼리도 유발물질의 측정은 적정법으로 하며, 지시약으로는 **페놀프탈레인(Phenol-phthalein)과 메틸오렌지(Methyl orange)지시약**이 사용된다.

(3) 산도(Acidity)

산도는 수중의 탄산과 황산, 염산, 질산 및 유기산 등과 같은 산을 중화시킬 수 있는 능력의 척도로 알칼리도와 상대적인 개념이며, 산을 중화시키는데 필요로 하는 알칼리분을 이에 대응하는 $CaCO_3$로 환산한 값이다. 자연수의 산도는 주요 유리탄산에 기인하나 광산폐수, 광천 및 공장폐수의 유입이 원인이 되는 경우도 있다. 때로는 가수분해에 의하여 철이나 알루미늄의 황산염이나 중탄산염에서 기인하는 경우도 있다. 산도 유발 대표적인 유발물질은 SO_4^{2-}, SiO_3^{2-}, Cl^-, NO_3^- 등이며, 산도 유발물질이 존재하는 pH 범위는 0～8.3까지이며 산도 유발물질과 알칼리도 유발물질이 공존하는 pH 범위는 4.5～8.3이다.

3.2.1 경도(Hardness)

(1) 측정원리

경도란 물의 세기 정도를 나타내는 용어로서 물속에 용존하고 있는 Ca^{2+}, Mg^{2+}, Fe^{2+}, Sr^{2+}, Mn^{2+} 등 2가 양이온 금속의 함유량을 $CaCO_3$(석회석)의 상당량으로 환산하여 표시한 것을 말한다.

물의 경도는 주로 토양과 암석층을 통과한 물에서 얻어지게 된다. 경도를 유발시키는 것은 빗물과 흙 속의 박테리아 작용으로 발생한 CO_2에 기인한다. 센물은 주로 표토층이 두텁고 석회암층이 존재하는 곳에서 발생하기 쉽고 단물은 그 반대이다. 또한 지표수보다 지하수의 경도가 높다.

(2) 시험방법

① **실험 기구**

용량플라스크(100 mL), 홀 피펫(10 mL), 눈금실린더(100 mL)

② **시약**

사이안화칼륨, 염화마그네슘, 염화암모늄, 염산하이드록실아민, 에탄올, 에틸렌다이아민4초산2나트륨(2수화물), EBT, EDTA

③ 시약의 조제

(ㄱ) **사이안화칼륨용액**

사이안화칼륨 10 g을 물에 녹여 100 mL로 한다.

(ㄴ) **염화마그네슘용액(0.01 M)**

염화마그네슘(6수화물) 약 2.1 g을 물에 녹여 1,000 mL로 한다.

(ㄷ) **암모니아완충액**

염화암모늄 67.5 g을 암모니아수 570 mL에 녹이고 물을 넣어 1,000 mL로 한다.

(ㄹ) **EBT용액**

에리오크롬블랙T 0.5 g과 염산하이드록실아민 4.5 g을 에탄올에 녹여 100 mL로 한다.

(ㅁ) **EDTA용액(0.1 M)**

에틸렌다이아민4초산2나트륨(2수화물)을 80℃에서 5시간 건조하고, 데시케이터에서 식힌 다음 3.722 g을 물에 녹여 1,000 mL로 한 후 갈색병에 넣어 보존한다. (이 용액 1 mL는 탄산칼슘으로 1 mg을 함유하는 양에 상당한다.)

④ 경도 시험방법

(ㄱ) 검수 100 mL(탄산칼슘이 10 mg 이하로 함유되도록 검수에 물을 넣어 100 mL로 한 것)를 삼각플라스크에 넣고, 사이안화칼륨용액 수방울, 염화마그네슘용액 1 mL 및 암모니아완충액 2 mL를 넣는다.

(ㄴ) EBT용액 수방울을 지시약으로 하여 EDTA용액(0.01 M)으로 검액이 적자색으로부터 청색이 될 때까지 적정한다.

(ㄷ) 이때에 소비된 EDTA용액(0.01 M)의 양을 구한다.

⑤ 경도 측정공식

$$경도(mg/L) = (a-1) \times \frac{1,000}{검수(mL)}$$

여기서, a : 적정에 소비된 EDTA 용액의 양(mL)

3.2.2 알칼리도(Alkalinity) 시험방법

(1) 측정원리

물의 알칼리도(alkalinity)는 수중에 수산화물(OH^-), 탄산염(CO_3^{2-}), 중탄산염

(HCO_3^-)의 형태로 함유되어 있는 알칼리성을 이에 대응하는 $CaCO_3$ 농도로 환산하여 나타낸 것으로 물속에서 산을 중화시키는 능력의 척도로 초기 pH가 8.3이 넘는 시료에 대하여는 두 단계로 적정을 시도한다. 첫 번째 단계는 **pH가 8.3**으로 될 때까지 적정하며, 이때 **페놀프탈레인 지시약이 분홍색에서 무색으로** 변한다. 두 번째 단계는 **pH가 4.5**로 될 때까지 적정하는데 **메틸오렌지 종말점**에 해당한다.

만일 해당시료가 8.3 이하일 때는 pH 4.5까지 한 번의 적정을 하며, pH 7 이하인 산성용액에서도 알칼리도를 가진다는 점을 유의해야 한다.

(2) 시험방법

① 실험 기구

용량플라스크(100, 300 mL), 홀 피펫(10 mL), 눈금실린더 100 mL, 글라스봉, 황산데시케이터, 1,000 mL용 메스플라스크

② 시약

황산(H_2SO_4), 염산(HCl), Methyl Red 혼합시약, Phenolphthalein 시약, 탄산나트륨(Na_2CO_3)

③ 시약의 조제

㈀ **황산(0.02 N)용액**

황산 0.6 mL를 물 1,000 mL 중에 섞으면서 천천히 넣어 식힌다.

㈁ **염산(0.1 N)용액**

염산 9 mL에 물을 넣어 1,000 mL로 한다.

㈂ **탄산나트륨(0.1 N)용액**

탄산나트륨(Na_2CO_3)을 550±50℃에서 40～90분간 가열하고 황산데시케이터 중에서 방냉시켜 5.3 g을 정확히 칭량하여 1,000 mL용 메스플라스크에 넣고 증류수에 녹여 전량을 1,000 mL로 한다.

④ 0.1 N HCl 용액의 표정

㈀ 0.1 N 탄산나트륨(Na_2CO_3) 용액 25 mL을 비커에 취하고 M.R 혼합지시약 수적을 가하고 여기에 0.1 N HCl로 적정한다. 종말점 부근에서 끓여 CO_2를 몰아낸 다음 방냉 후 회자색을 나타날 때까지 적정한다.

㈁ 이 때 소비된 염산의 mL 수(a)에 의해 다음 식으로 역가를 구한다.

$$f = \frac{25}{x}$$

⑤ 알칼리도 시험방법

(ㄱ) **총알칼리도 시험조작**

- 검수(탁도가 심할 때는 원심분리하여 상등액을 검수로 한다.) 100 mL(0.02 N H_2SO_4 소모량이 25 mL를 넘지 않도록)을 300 mL의 삼각플라스크에 취한다.
- 여기에 Methyl Red 혼합시약 0.1 mL를 넣고 이때 수층이 황색이 나타날 때는 수산화물, 탄산염 또는 중탄산염이 존재하는 것을 의미하므로 글라스봉으로 가볍게 흔들어 저으면서 0.02 N 황산으로 수층이 홍색이 나타날 때까지 적정한다.

(ㄴ) **페놀프탈레인 알칼리도 시험조작**

- 검수 100 mL를 300 mL 삼각플라스크에 취하여 Phenolphthalein 시약 0.1 mL를 넣는다.
- 이때 수층이 홍색이 나타날 때는 탄산염 혹은 수산화물이 존재하는 것을 의미하므로 글라스봉을 사용하여 가볍게 흔들어 저으면서 0.02 N 황산으로 수층이 무색이 될 때까지 적정한다.

(ㄷ) **수산기 알칼리도, 탄산 알칼리도 및 중탄산 알칼리도 시험조작**

수산기 알칼리도는 수중의 수산화물에 의한 알칼리도, 탄산 알칼리도는 탄산염에 의한 알칼리도, 중탄산 알칼리도는 중탄산염에 기인한 알칼리도를 말한다. 이들의 알칼리도는 다음 표에 의해서 구한다.

산 주입결과	OH^-	CO_3^{2-}	HCO_3^-	pH
$P=0$	0	0	T	8.3 이하
$P<\frac{1}{2}T$	0	$2P$	$T-2P$	8.3 이상 11 이하
$P=\frac{1}{2}T$	0	T 또는 $2P$	0	9.5 이상
$P>\frac{1}{2}T$	$2P-T$	$2T-2P$	0	10 이상
$P=T$	T	0	0	매우 높다.

여기서, T=총알칼리도, P=페놀프탈레인 알칼리도

(ㄹ) **소화액의 알칼리도 시험조작**

- 검수 100 mL를 비커에 넣고 마그네틱 바를 넣는다. 마그네틱 스타라 위에 놓고 바를 회전시켜 검수를 혼합시킨다.

- pH 전극을 검수에 담근다.
- 0.1 N HCl 용액으로 pH가 4.5에 가까울수록 천천히 적정하고 4.5가 될 때 적정을 멈춘다.

⑥ 측정공식

㈀ **총알칼리도 측정공식**

$$\text{총알칼리도}(CaCO_3\ mg/L) = a \times \frac{1,000}{\text{검수}(mL)} \times 1.0$$
$$= \frac{a \times N \times f \times 1,000}{\text{검수량}(mL)} \times 50$$

여기서, a : 홍색이 나타날 때까지 소비된 황산 mL 수
N : 0.02 N
f : 0.02 N 황산의 역가

㈁ **페놀프탈레인 알칼리도 측정공식**

$$\text{페놀프탈레인 알칼리도}(CaCO_3\ mg/L) = a \times \frac{1,000}{\text{검수}(mL)} \times 1.0$$

여기서, a : 무색이 나타날 때까지 소비된 황산 mL 수

㈂ **소화액의 총알칼리도 측정공식**

$$\text{총알칼리도}(CaCO_3\ mg/L) = \frac{a \times f \times 1,000}{\text{검수}(mL)} \times 5$$

여기서, a : pH가 4.5가 될 때까지 적정된 0.1 N HCl 소비량(mL)
f : 0.1 N HCl의 역가

3.2.3 산도(Acidity) 시험방법

(1) 측정원리

산도는 수중의 탄산과 황산, 염산, 질산 및 유기산 등과 같은 산을 중화시킬 수 있는 능력의 척도로 알칼리도와 상대적인 개념이며, 산을 중화시키는데 필요로 하는 알칼리분을 이에 대응하는 $CaCO_3$로 환산한 값이다. 산도는 M-산도와 P-산도가 있고 P-산도는 T-산도와 같다. 광산산도라 함은 H_2SO_4, HCl 및 HNO_3 등의 광산에 의한 산도를 말한다.

산도 유발 대표적인 유발물질은 SO_4^{2-}, SiO_3^{2-}, Cl^-, NO_3^- 등이며, 산도 유발물질이 존재하는 pH 범위는 0～8.3까지이며 산도 유발물질과 알칼리도 유발물질이 공존하는 pH 범위는 4.5～8.3이다.

(2) 시험방법

① 실험 기구

백색자기접시, 비색관, 용량플라스크(100, 300 mL), 홀 피펫(10 mL), 눈금실린더 100 mL, 글라스봉, 1,000 mL용 메스플라스크

② 시약

수산화나트륨(NaOH), Methyl Orange 시약, Phenolphthalein 시약,

③ 시약의 조제

(ㄱ) 0.02 N 수산화나트륨(NaOH)용액

수산화나트륨 42 g을 물 950 mL를 넣어 녹이고 새로 만든 수산화바륨 용액(포화)을 침전이 생기지 않을 때까지 한 방울씩 떨어뜨려 잘 섞고 마개를 하여 24시간 방치한 다음 여과한 1 N 수산화나트륨을 50배 희석한다.

④ 산도 시험방법

(ㄱ) 총산도 시험조작

- 검수 100 mL를 백색자기접시(검수량은 적정시액이 25 mL 이하가 되도록)의 비색관에 취하여 Phenolphthalein 시약 2～3방울을 넣는다.
- 여기에 0.02 N NaOH 용액으로 미홍색이 나타날 때까지 적정한다. 잘 흔든 다음 이 때 홍색이 소실되면 다시 적정을 계속한다.
- 적정에 소비된 0.02 N NaOH 용액의 mL(a)수를 구한다.

(ㄴ) 광산산도 시험조작

- 검수 100 mL를 300 mL 삼각플라스크에 취하여 Methyl Orange 시약 0.1 mL를 넣는다.
- 이때 액이 도색(桃色)을 나타낼 때는 유리탄산이 존재함을 의미하므로 여기에 0.02 N NaOH 용액으로 미홍색(엷은 오렌지색)을 나타날 때까지 소비된 0.02 N NaOH 용액의 mL(a)수를 구한다.

⑤ 측정공식

㈀ **총산도 측정공식**

$$\text{총산도}(\mathrm{CaCO_3\ mg/L}) = a \times \frac{1{,}000}{\text{검수}(\mathrm{mL})} \times 1.0$$

$$= \frac{a \times N \times f \times 1{,}000}{\text{검수량}(\mathrm{mL})} \times 50$$

여기서, a : 홍색이 소실될 때까지 적정된 0.02 N NaOH 용액량(mL)

N : 적정에 사용된 NaOH의 농도(0.02 N)

f : 적정에 사용된 0.02 N NaOH의 역가

㈁ **광산산도 측정공식**

$$\text{광산산도}(\mathrm{CaCO_3\ mg/L}) = a \times \frac{1{,}000}{\text{검수}(\mathrm{mL})} \times 1.0$$

$$= a \times N \times f \times 1{,}000$$

여기서, a : 미홍색이 나타날 때까지 적정된 0.02 N NaOH 용액량(mL)

N : 적정에 사용된 NaOH의 농도(0.02 N)

f : 적정에 사용된 0.02 N NaOH의 역가

만약, 검수 중에 제2철염, 알루미늄염이 다량 함유도어 있을 때는 철 및 알루미늄염을 측정하여 이에 대응하는 탄산칼슘(mg/L)를 뺀 잔량을 광산산도로 한다.

3.2.4 경도, 알칼리도, 산도 관련 연습문제

01 수중 분석결과 다음과 같은 결과를 얻었을 경우 총경도, 알칼리도, 산도, 일시경도, 영구경도 값을 산출하시오.

[수중 분석결과]	
OH^- : 17 mg/L	CO_3^{2-} : 60 mg/L
Ca^{2+} : 40 mg/L	Mg^{2+} : 24 mg/L
SO_4^{2-} : 24 mg/L	Cl^- : 35.5 mg/L

해설 :

① 총경도(mg/L) $= \left[\frac{40\text{ mg}}{1.0\text{ L}}\bigg|\frac{2\text{ meq}}{40\text{ mg}} + \frac{24\text{ mg}}{1.0\text{ L}}\bigg|\frac{2\text{ meq}}{24\text{ mg}}\right] \times \frac{100\text{ mg}}{2\text{ meq}} = 200\text{ mg/L as }CaCO_3$

② 알칼리도(mg/L) $= \left[\frac{17\text{ mg}}{1.0\text{ L}}\bigg|\frac{1\text{ meq}}{17\text{ mg}} + \frac{60\text{ mg}}{1.0\text{ L}}\bigg|\frac{2\text{ meq}}{60\text{ mg}}\right] \times \frac{100\text{ mg}}{2\text{ meq}} = 150\text{ mg/L as }CaCO_3$

③ 산도(mg/L) $= \left[\frac{24\text{ mg}}{1.0\text{ L}}\bigg|\frac{2\text{ meq}}{96\text{ mg}} + \frac{35.5\text{ mg}}{1.0\text{ L}}\bigg|\frac{1\text{ meq}}{35.5\text{ mg}}\right] \times \frac{100\text{ mg}}{2\text{ meq}} = 75\text{ mg/L as }CaCO_3$

④ 일시경도 = 150 mg/L as $CaCO_3$

⑤ 영구경도 = 50 mg/L as $CaCO_3$

02 다음 경도에 대한 설명으로 알맞지 않은 것은 무엇인가? ㉮

㉮ Ca^{2+}과 Mg^{2+}이 알칼리도와 결합되어 있으면 영구경도를 유발시킨다.

㉯ 경도가 75~150 mg/L 정도이면 비교적 약한 센물이다.

㉰ 경도를 유발시키는 것은 Ca^{2+}, Mg^{2+}, Fe^{2+}, Mn^{2+} 등이다.

㉱ 경도의 농도는 이온의 종류에 관계없이 $CaCO_3$로 환산된 값이다.

해설 : 알칼리도와 경도가 결합하면 일시경도(탄산경도)가 된다.

03 Ca^{2+}이온의 농도가 300 mg/L인 물의 환산경도는 얼마인가? (단, Ca원자량 : 40) ㉰

㉮ 650 mg/L as $CaCO_3$ ㉯ 700 mg/L as $CaCO_3$

㉰ 750 mg/L as $CaCO_3$ ㉱ 800 mg/L as $CaCO_3$

해설 : 경도(mg/L) $= \frac{300\text{ mg}}{1.0\text{ L}}\bigg|\frac{2\text{ meq}}{40\text{ mg}}\bigg|\frac{100\text{ mg}}{2\text{ meq}} = 750\text{ mg/L as }CaCO_3$

04 물속에 녹아 있는 이온의 양은 그 물의 액성(pH)를 결정한다. 다음 중 물의 액성이 pH>7에 해당하는 항목은 무엇인가? ㉯

㉮ NO_3, Cl, H^+ ㉯ CO_3, CO_3^{2-}

㉰ HCO_3^-, OH^- ㉱ Na^+, K^+

해설 : pH가 높을수록 알칼리도 유발물질이 많다.

05 다음 중 가경도(pseudo hardness) 유발 물질로 가장 대표적인 것은 무엇인가? ㉣

㉮ 철　　㉯ 칼륨

㉰ 염소　　㉱ 나트륨

해설 : 가경도(유사경도) 유발 대표 물질은 Na^+이다.

06 다음 중 유사경도(pseudo-hardness)와 관련된 물질은 무엇인가? ㉮

㉮ Na^+　　㉯ H^+

㉰ Cl^-　　㉱ NO_3^-

해설 : 가경도(유사경도) 유발 대표 물질은 Na^+이다.

07 시료 100 mL를 0.05 N H_2SO_4로 적정하였더니 4.2 mL 소비되었다. 이 시료의 총알칼리도는 얼마인가? (단, f=1.0임)? ㉣

㉮ 21.1 mg/L as $CaCO_3$　　㉯ 70.5 mg/L as $CaCO_3$

㉰ 96.0 mg/L as $CaCO_3$　　㉱ 105.0 mg/L as $CaCO_3$

해설 : 총알칼리도(mg/L) = $\frac{0.05\text{ eq}}{100\text{ mL}\ |\ 1\text{ L}} \cdot 4.2\text{ mL} \cdot \frac{100\times1{,}000\text{ mg}}{2\text{ eq}}$ = 105 mg/L as $CaCO_3$

08 pH가 10.0인 물 100 mL를 메틸오렌지를 넣고 지시약으로 하고, 0.04 N H_2SO_4로 적정하였더니 8.5 mL가 소요되었다. 이때 이 물의 알칼리도는 몇 mg $CaCO_3$/L인가? ㉰

㉮ 270 mg/L as $CaCO_3$　　㉯ 220 mg/L as $CaCO_3$

㉰ 170 mg/L as $CaCO_3$　　㉱ 165 mg/L as $CaCO_3$

해설 : 알칼리도(mg/L) = $\frac{0.04\text{ eq}}{100\text{ mL}\ |\ 1\text{ L}} \cdot 8.5\text{ mL} \cdot \frac{100\times1{,}000\text{ mg}}{2\text{ eq}}$ = 170 mg/L as $CaCO_3$

09 시료 50 mL에 0.02 N NaOH로 측정한 결과 13.5 mL 소비에서 pH가 8.3이 되었다면 총 산도를 산출하라? ㉯

㉮ 135 mg/L as $CaCO_3$　　㉯ 270 mg/L as $CaCO_3$

㉰ 350 mg/L as $CaCO_3$　　㉱ 460 mg/L as $CaCO_3$

해설 : 산도(mg/L) = $\frac{0.02\text{ eq}}{50\text{ mL}\ |\ 1\text{ L}} \cdot 13.5\text{ mL} \cdot \frac{100\times1{,}000\text{ mg}}{2\text{ eq}}$ = 270 mg/L as $CaCO_3$

10 pH 8인 물에서 가장 많이 존재하는 알칼리도 물질은 무엇인가? ㉮

㉮ HCO_3^-　　㉯ CO_2

㉰ OH^-　　㉱ CO_3^{2-}

해설 : $pH<5$: CO_2, $5<pH<9$: HCO_3^-, $pH>9$: CO_3^{2-}

3.3 용존산소(DO, Dissolved Oxygen)

3.3.1 실험 목적

생활환경의 중요한 지표중의 하나인 폐수나 오수 등의 용액에 녹아있는 용존산소량을 측정한다.

3.3.2 관련 이론

자연 상태의 물 또는 폐수에서의 용존산소(Dissolved Oxygen, DO)는 수체에서의 물리적, 화학적 및 생화학적 활동도와 관련 있다. 용존산소는 수중에 용해되어 있는 산소를 말한다. DO는 공기 중의 산소기체에 의하여 공급되고 용해량은 수온, 기압, 용해염류와 수면상태에 따라 좌우된다. 1기압 20℃에서 순수한 물의 DO는 8.84 mg/L이고 온도가 낮아짐에 따라 상승하여 4℃에서 12.70 mg/L가 된다. DO는 물의 오염정도에 따라 차이가 현저하다. 물속에서 산소를 소비하는 물질은 주로 유기물질이고 그 외에 황화물, 아황산이온, 제1철 이온 등 환원성 물질과 미생물의 호흡작용에 의해서 소비된다. 일반적으로 청정한 수역에서 DO는 온도에 따라 포화량에 가깝거나 과포화 된다. 하천에 있어서 양호한 수역의 DO는 7.5 mg/L 이상이 된다.

유출된 폐수에는 유기물은 유기탄소를 포함하지만, 이외에도 질소와 황 같은 다른 원소를 포함하고 있다. 유기질소의 완전산화는 질산염을 만들고, 황은 황산염으로 산화한다. 충분한 산소농도가 부족할 때는 혐기성 미생물이 유기물을 분해시킨다. 유기물과 함께 황과 질소의 혐기성 호흡은 황화수소(H_2S)와 암모니아(NH_3)를 형성한다. 자연계에서 낮은 DO 농도는 보통 혐기성 호흡과 연관 있으며 수생생물에 독성을 주는 물질을 생성한다.

DO 분석은 수질오염과 폐수처리 공정을 조절하는데 꼭 필요한 중요 측정 항목이다. DO 측정은 시료에 함유되어 있는 물질에 따라 큰 영향을 받게 되므로 시료를 채취할 때부터 조건을 잘 고려하여 전처리 측정방법을 선정해야 한다.

DO 측정방법에는 다음 2가지 방법이 주로 사용된다.

- 윙클러 아자이드화나트륨(Winkler azide natrium) 변법
- 격막 전극법

윙클러 아자이드화나트륨법이 DO의 산화 특성에 근거한 적정과정인 반면에 격막 전극법은 막을 통한 산소 분자의 확산속도에 따른다. 방법 선택은 간섭 물질의 존재여

부, 분석정확도에 때로는 편리성 및 숙련성 등에 따라 결정된다. 윙클러법은 현장에서 사용하기에는 불편하다. 본 실험에서는 DO 측정에서 보다 정확하고 신뢰성이 큰 측정방법인 윙클러 아자이드화나트륨 변법을 이용한다.

3.3.3 DO의 중요성

하수처리방법 중 활성 슬러지법의 혼합액에서는 양호한 처리효과를 유지하기 위해서 포기 프로세스가 최종단계에 있어서 용존산소 약 1.5 mg/L가 함유되어 있어야 한다. 만일, DO가 1.5 mg/L 이하로 떨어지면 프로세스의 기능이 저하하여 처리수의 수질이 악화되어 버린다. 반면, DO가 지나치게 공급되면 처리비용의 증가를 초래한다. 또한 과도한 DO는 과잉 질산화의 원인이 되며, 탈질화로 인해 슬러지의 벌킹(bulking)을 일으키게 된다. DO는 생활환경에 있어서 중요한 지표로 이용되고 있다.

3.3.4 측정원리

황산망간($MnSO_4$) 용액과 알칼리성 아이오딘화칼륨(KI) 용액을 넣을 때 생기는 수산화제일망간이 시료중의 DO에 의하여 산화되어 수산화제2망간으로 되고, 황산 산성에서 용존산소량에 대응하는 요오드를 유리한다. 유리된 요오드를 티오황산나트륨으로 적정함으로써 간접적으로 용존산소량을 구하는 방법이다.

이 방법은 아질산염(NO_2^-) 50 μg/L 이상, 제일철염(Fe^{2+}) 1.0 mg/L 이하에서 방해를 받지 않으며, 하천수, 하수 및 공장폐수에 적용한다. 정량범위는 0.1 mg/L 이상이다.

① 황산망간과 알칼리성을 가하여 뿌연 백색의 수산화제일망간을 발생시킨다.

$$MnSO_4 + 2NaOH \rightarrow Mn(OH)_2\downarrow + Na_2SO_4$$

② 시료중의 수산화제일망간이 용존산소에 의하여 산화되어 수산화제2망간으로 되어 용존산소의 고정한다. 즉, 산소가 알칼리 조건에서 Mn^{2+}을 더 높은 원자가 상태인 Mn^{4+}로 산화하여 갈색침전물인 수산화제2망간을 형성한다.

$$2Mn(OH)_2 + \frac{1}{2}O_2 + H_2O \rightarrow 2Mn(OH)_3$$

③ 수산화제2망간이 황산 산성조건에서 I^-을 자유 I_2로 산화시킨다. 즉, 용존산소량에 대응하는 요오드를 유리하기 때문에 생성되는 I_2의 양은 용존산소와 동가이며, 또한 자유 I_2은 지시약인 전분과 반응하여 **청남색**을 나타낸다.

$$2Mn(OH)_3 + 2KI + 3H_2SO_4 \rightarrow 2MnSO_4 + K_2SO_4 + 6H_2O + I_2$$

④ 유리된 요오드를 티오황산나트륨으로 **무색**이 될 때까지 적정하여 용존산소의 양을 정량한다.

$$I_2 + 2Na_2S_2O_3 \rightarrow 2NaI + Na_2S_4O_6$$

3.3.5 용존산소(DO) 시험방법

(1) 실험 기구

300 mL용 유리마개 달리 BOD병, 삼각플라스크, 0.1 mL 간격 눈금의 50 mL 뷰렛, 20 mL 홀 피펫, 100 mL 비커 등

(2) 시약

수산화나트륨(NaOH), 수산화칼륨(KOH), 요오드화칼륨(KI), 아자이드화나트륨(NaN_3), 탄산나트륨(Na_2CO_3), 황산망간 4수화물($MnSO_4 \cdot 4H_2O$), 티오황산나트륨 5수화물($Na_2S_2O_3 \cdot 5H_2O$), 아이오딘산칼륨(KIO_3), 아이소아밀알코올, 전분, 황산(H_2SO_4)

(3) 시약의 조제

① **황산망간(manganous sulfate)용액**

황산망간결정[$MnSO_4 \cdot 4H_2O$ 480 g(또는 $MnSO_4 \cdot 2H_2O$ 400 g, $MnSO_4 \cdot H_2O$ 364 g)]을 물(증류수)에 녹이고 불용분을 여과하여 버리고 물을 넣어 1,000 mL로 한다.

② **알칼리성 요오드화칼륨 – 아자이드화나트륨(alkali iodide azide)용액**

NaOH 500 g(또는 KOH 700 g), KI 150 g(또는 NaI 135 g), NaN_3 10 g을 물(증류수)에 녹여 1,000 mL로 한다. 갈색병에 넣어 암소에서 보관한다. 이 용액은 산성에서 요오드를 유리한다.

③ **0.025 N 티오황산나트륨용액**

0.1 N 티오황산나트륨용액 250 mL를 정확히 취하여 새로 끓여 식힌 물을 넣어 정확히 1,000 mL로 한다.

㈀ **간이조제**

$Na_2S_2O_3 \cdot 5H_2O$ 6.5 g 및 무수 Na_2CO_3 0.2 g에 끓여 식힌 물을 넣어 녹여 1,000 mL로 하고 아이소아밀알코올 약 10 mL를 넣고 2일간 방치한다.

(ㄴ) **표정(f)**

0.05 N KIO_3 표준용액 10 mL를 피펫으로 취하여 비커에 넣고 증류수를 가하여 50 mL 되게 한다. 여기에 KI 12.0 g과 황산(1 + 1) 2 mL를 가하여 유리된 요오드를 0.025 N $Na_2S_2O_3$[$Na_2S_2O_3 \cdot 5H_2O$, M · W = 248(1 g당량) 0.025 N × 248 = 6.2 g/L] 표준용액으로 적정한다. 액의 황색이 엷어지면 전분용액 1 mL를 가하여 요오드 전분의 청색이 소실될 때까지 적정한다. 적정에 필요한 0.025 N $Na_2S_2O_3$ 표준용액의 양 x(mL)로부터 다음 식에 따라 보정계수(f)값을 구한다.

$$f = \frac{0.05 \times 10}{0.025 \times x} = \frac{20}{x}$$

여기서, f : 역가, factor

10 : 적정에 사용된 0.05 N KIO_3 용액의 양(mL)

x : 적정에 사용된 0.025 N 티오황산나트륨 표준용액의 양(mL)

(ㄷ) **0.05 N 요오드산 칼륨(KIO_3) 표준용액**

특급 KIO_3(M : 214 g : 6 g 당량)를 120 ~ 140℃에서 약 2시간 건조하고 데시케이터 속에서 냉각시킨 다음 1.78 g(35.67×0.05)을 증류수에 용해시켜 1,000 mL가 되게 한다.

④ **전분(starch)용액**

전분(수용성) 1 g을 물 약 10 mL에 넣어 혼합하고 열수 100 mL 중에 넣고 약 1분간 끓이고 방냉한다. 상층액을 사용한다(사용할 때 제조한다).

⑤ **황산용액**

시약용 순수 진한 황산(H_2SO_4)을 사용해야 하며, 이것은 손이나 의복에 화상을 입히므로 조심해서 다뤄야 한다. 옷이나 피부에 묻었을 때는 다량의 수돗물로 씻어내서 손상을 방지해야 한다.

⑥ **황산구리 – 설파민산(copper sulfate–sulfamic acid)용액**

설파민산($HOSO_2NH_2$) 32 g을 물 475 mL에 녹인다. 따로 황산구리(5수화물) [$CuSO_4 \cdot 5H_2O$] 50 g을 물(증류수) 500 mL에 녹인다. 양 액을 섞고 아세트산 25 mL를 넣는다.

⑦ **칼륨명반(potassium aluminum sulfate, 또는 alum)용액**

황산알루미늄칼륨(24수화물)[$K_2Al_2(SO_4)_4 \cdot 24H_2O$] 10 g을 물에 녹여 100 mL로

한다.

⑧ **불화칼륨(potassium fluoride)용액**

불화칼륨($KF \cdot 2H_2O$) 40 g을 물에 녹여 100 mL로 한다.

(4) 시료의 전처리

① **시료의 착색, 현탁된 경우**

(ㄱ) 시료를 마개있는 1 L 유리병(마개는 접촉부분이 45°로 절단되어 있는 것)에 기울여서 기포가 생기지 않도록 조심하면서 가득 채우고, 칼륨명반용액 10 mL와 암모니아수 1～2 mL를 유리병의 위로부터 넣고 공기(피펫의 공기)가 들어가지 않도록 주의하면서 마개를 닫고 조용히 위아래를 바꾸어 가면서 1분간 흔들어 섞고 10분간 정치하여 현탁물을 침전시킨다.

(ㄴ) 상등액을 고무관 또는 폴리에틸렌관을 이용하여 사이펀 작용으로 300 mL 용존산소 측정병(또는 BOD병)의 아래로부터 침강된 응집물이 들어가지 않도록 주의하면서 조용히 가득 채운다.

② **황산구리 – 설퍼민산법(활성오니의 미생물의 플록(floc)이 형성된 경우)**

(ㄱ) 시료를 마개있는 1 L 유리병(마개는 접촉부분이 45°로 절달되어 있는 것)에 기울여서 기포가 생기지 않도록 조심하면서 가득 채우고, 황산구리 - 설퍼민산 용액 10 mL를 유리병의 위로부터 넣고 공기가 들어가지 않도록 주의하면서 마개를 닫고 조용히 위아래를 바꾸어 가면서 1분간 흔들어 섞고 10분간 정치하여 현탁물을 침강시킨다.

(ㄴ) 깨끗한 상등액을 고무관 또는 폴리에틸렌관을 이용하여 사이펀 작용으로 300 mL 용존산소 측정병(또는 BOD병)의 아래로부터 침강된 응집물이 들어가지 않도록 주의하면서 조용히 가득 채운다.

③ **산화성 물질을 함유한 경우**

(ㄱ) 시료 중에는 잔류염소 등이 함유되어 있을 때에는 바탕시험으로 별도의 용존산소 측정병에 시료를 가득 채운 다음 알칼리성 요오드화칼륨 - 아자이드화나트륨 용액 1 mL와 황산 1 mL를 넣어 마개를 닫고 조용히 위 아래를 바꾸어 가면서 약 1분간 흔들어 섞는다.

(ㄴ) 여기에 황산망간용액 1 mL를 넣고 다시 위아래를 바꾸어 가면서 흔들어 섞은 다음 이 용액 200 mL를 취하여 삼각플라스크에 옮기고 전분용액을 지시약으로 하여 0.025 N 티오황산나트륨액으로 적정하고 그 측정값을 용존산소량의 측정값에 보정한다.

④ Fe(Ⅲ)이 공존하는 경우

Fe(Ⅲ) 100～200 mg/L가 함유되어 있는 시료의 경우 황산의 첨가 전 불화칼륨 용액(300 g/L) 1 mL를 가한다.

(5) 용존산소 측정의 방해물질 및 제거

① **개요**

개량되지 않은 윙클러법은 아질산염과 제2철염(Fe^{3+})과 같은 산화력이 있는 물질이 존재하면 용존산소를 과대평가하는 경향이 있다.

② **아질산염(Nitrite Ion)**

(ㄱ) 주로 생물학적 프로세스를 이용하는 하수처리장 유출수에서 나타남.

(ㄴ) 아질산염은 산성조건에서 I^-을 자유 I_2로 산화시킨다.

$$2NO_2^- + 2I^- + 4H^+ \rightarrow I_2 + N_2O_2 + 2H_2O$$

(ㄷ) 아질산염에 의해 방해가 있을 때는 영구 종말점을 얻을 수 없다. 즉, 산소에 의해서 N_2O_2가 산화되어서 다시 아질산염이 나타남.

$$3N_2O_2 + \frac{1}{2}O_2 + H_2O \rightarrow 2NO_2^- + 2H^+$$

③ **아질산염의 제거**

아질산염은 아자이드화나트륨을 사용하여 제거할 수 있다.

$$NaN_3 + N^+ \rightarrow HN_3 + Na^+$$

$$HN_3 + NO_2^- + H^+ \rightarrow N_2 + N_2O + H_2O$$

(6) 용존산소 시험방법

① 시료를 가득 채운 300 mL 용존산소 측정병(또는 BOD병)에 시료를 가득 채운다. 이때 액의 온도를 기록한다.

② 황산망간 용액 1 mL와 알칼리성 요오드화칼륨 아자이드화나트륨 용액 1 mL를 넣고 기포가 남지 않게 조심하여 마개를 닫고 수회 병을 회전하면서 섞는다.

③ 시료가 해수이거나 알칼리성에서 산화되기 쉬운 유기물을 함유하는 폐수의 경우에는 2분간 병을 회전하여 섞는다.

④ 2분간 이상 정치시키고 위의 맑은 액에 미세한 침전이 남아 있으면 다시 회전시

켜 혼화한 다음 정치하여 완전히 침전시킨다.

⑤ 100 mL 이상의 맑은 층이 생기면 마개를 열고 황산 2.0 mL를 병목으로부터 넣는다.

⑥ 충분히 흔들어 2분 이상 침강시켜 상등액이 전체의 1/3 정도 된 후 황산 2.0 mL를 가하여야 한다.

⑦ 마개를 다시 닫고 갈색의 침전물이 완전히 용해할 때까지 병을 회전시킨다. 용존산소 측정병의 용액 200 mL를 정확히 취하여 황색이 될 때까지 0.025 N 티오황산나트륨 용액으로 적정한 다음, 전분용액 1 mL를 넣고 액의 **청색이 무색**이 될 때까지 적정한다.

(7) 용존산소 측정공식

$$\text{용존산소}(O_2\ mg/L) = a \times f \times \frac{V_1}{V_2} \times \frac{1,000}{V_1 - R} \times 0.2$$

$$= a \times f \times \frac{V_1}{V_2} \times \frac{1,000}{V_1 - R} \times C \times 8$$

여기서, a : 적정에 소비된 0.025 N 티오황산나트륨 용액(mL)

f : 0.025 N 티오황상나트륨 용액의 농도계수(factor)

V_1 : 전체의 시료량(mL)

V_2 : 적정에 사용한 시료량(mL)

R : 황산망간용액과 알칼리성 요오드화칼륨 아자이드화나트륨 용액 첨가량(mL)

C : 적정노르말농도 (예 : 0.025 N × 8 = 0.2)

(8) 용존산소량의 포화율 계산

용존산소량을 포화율로 나타낼 경우에는 수중의 용존산소 포화량으로부터 시료의 온도와 염소이온 농도에 일치하는 값을 찾아내서 다음 식에 따라 계산한다.

$$\text{용존산소 포화율}(\%) = \frac{DO}{DO_t \times \frac{B}{760}} \times 100 \ (\text{해수 등에 적용})$$

여기서, DO : 시료의 용존산소량(mg/L)

DO_t : 순수중의 용존산소 포화율(mg/L)

B : 시료채취시의 대기압(mmHg)

3.3.6 격막 전극법에 의한 용존산소(DO) 측정방법

(1) 측정원리

시료중의 용존산소가 격막을 통과하여 전극의 표면에서 산화, 환원반응을 일으키고 이 때 산소의 농도에 비례하여 전류가 흐르게 되는데 이 전류량으로부터 용존산소량을 측정하는 방법이다.

산화성물질이 함유된 시료나 착색된 시료에 적합하며, 특히 윙클러 아자이드화나트륨변법을 사용할 수 없는 폐하수의 용존산소 측정에 유용하게 사용할 수 있다. 정량범위는 0.5 mg/L 이상이다.

(2) 실험기구

용존산소 측정기, 측정용기(용존산소 측정병), 자석 교반기

(3) 시험방법

시료와 같은 온도의 5 % 아황산나트륨 용액을 가득 채운 측정용기에 전극을 담그고 영점을 맞춘다. 밀봉한 다음 일정한 속도로 교반하면서 기기가 안정되면 계기판의 지시값을 영점에 맞춘다. 별도로 용존산소 포화수를 측정용기에 조용히 가득 채우고 같은 조작을 하여 계기판의 지시값을 그 온도에서의 용존산소 포화농도값에 맞춘다. 시료를 기포가 들어가지 않도록 조심하여 측정용기에 가득 채우고 같은 조작을 하여 계기판의 지시값이 안정되면 용존산소값을 직접 읽는다.

3.3.7 용존산소(DO) 관련 연습문제

01 용존산소를 Winkler–Azide화 나트륨 변법에 의한 측정시 사용되는 황산의 작용으로 가장 적절한 것은? ㉰

㉮ $Mn(OH)_2$를 H_2MnO_3로 되게 한다.

㉯ H_2MnO_3를 $MnSO_4$로 되게 한다.

㉰ 강한 산화제 역할을 하여 KI를 요오드로 유리한다.

㉱ I_2가 산성에서 NaI로 반응되게 한다.

해설 : DO(윙클러－아지드화나트륨 변법 원리) : 황간망간과 알칼리성 요오드칼륨용액을 넣을 때 생기는 수산화제일망간이 시료 중의 용존산소에 의하여 산화되어 수산화제이망간으로 되고, 황산 산성에서 용존산소량에 대응하는 요오드를 유리한다. 유리된 요오드를 티오황산나트륨으로 적정하여 용존산소의 양을 정량하는 방법이다.

02 Winkler 법 중 Azide 변법에 의한 DO 측정에서 Azide 첨가는 어떤 성분의 방해를 억제하기 위한 것인가? ㉮

㉮ NO_2^-　　㉯ Cl^-

㉰ Fe　　㉱ I_2

해설 : DO(윙클러－아지드화나트륨 변법)의 방해물질 : 아질산염, 제일철염

03 폐수의 용존산소 측정시 아자이드화 변법을 사용하는 이유로 가장 타당한 것은 무엇인가? ㉰

㉮ 폐수중의 Cl^-의 방해를 제거하기 위하여

㉯ 폐수중의 Fe^{3+}의 방해를 제거하기 위하여

㉰ 폐수중의 NO_2^-의 방해를 제거하기 위하여

㉱ 폐수중의 유기물의 방해를 제거하기 위하여

해설 : 용존산소 측정시 아자이드화 변법은 폐수중의 NO_2^-의 방해를 제거하기 위하여 사용한다.

04 DO 측정시 End point(종말점)에 있어서의 액의 색은 무엇인가? (단, 윙클러－아자이드나트륨 변법 기준) ㉯

㉮ 미홍색　　㉯ 무색

㉰ 청남색　　㉱ 황색

해설 : 전분용액 1 mL를 넣고 액의 청색이 무색이 될 때까지 적정한다.

05 용존산소량(DO) 측정시 시료에 활성슬러지 미생물 플록(floc)이 형성된 경우의 시료 전처리로 가장 옳은 것은 무엇인가? ㉱

㉮ 불화칼륨 - 황산 용액 주입
㉯ 칼륨명반 - 암모니아 용액 주입
㉰ 알칼리성 요오드화칼륨 - 아자이드화나트륨 용액 주입
㉱ 황산구리 - 설퍼민산 용액 주입

해설 : 활성오니의 미생물의 플록(floc)이 형성된 경우 전처리 시약은 황산구리 – 설퍼민산 용액이다.

06 어느 폭기조 내의 폐수 DO를 측정하기 위하여 시료 300 mL를 취하여 윙클러 – 아자이드법에 의하여 처리하고 203 mL를 분취하여 0.025 N $Na_2S_2O_3$로 적정하니 3 mL가 소모되었다. 이 폐수의 DO는 몇 mg/L인가? (단, 0.025 N $Na_2S_2O_3$의 역가는 1.2이고 전체 시료량에 넣은 시약은 4 mL이다.) ㉰

㉮ 4.6 mg/L ㉯ 4.2 mg/L
㉰ 3.6 mg/L ㉱ 3.2 mg/L

해설 : $$용존산소(mg/L) = a \times f \times \frac{V_1}{V_2} \times \frac{1,000}{V_1 - R} \times 0.2,$$

$$용존산소(mg/L) = 3 \times 1.2 \times \frac{300}{203} \times \frac{1,000}{300-4} \times 0.2 = 3.59 \text{ mg/L}$$

07 윙클러 – 아자이드화나트륨 변법으로 용존 산소를 정량할 때 적정에 사용된 0.01 N $Na_2S_2O_3$이 1 mL 소요 되었다면 이것은 용존산소 몇 mg에 상당하는가? ㉱

㉮ 0.8 mg ㉯ 0.2 mg
㉰ 0.02 mg ㉱ 0.08 mg

해설 : $$O_2 \text{ mg} = \frac{0.01 \text{ eq}}{1 \text{ L}} \bigg| \frac{1 \text{ mL}}{} \bigg| \frac{1 \text{ L}}{1,000 \text{ mL}} \bigg| \frac{8 \times 1,000 \text{ mg}}{1 \text{ eq}} = 0.08 \text{ mg}$$

08 다음 중 DO 미터의 영점 조정시에 사용하는 시약은 무엇인가? ㉰

㉮ 1% 아황산나트륨 용액 ㉯ 1% 과황산칼륨 용액
㉰ 5% 아황산나트륨 용액 ㉱ 1% 과황산칼륨 용액

해설 : 시료와 같은 온도의 5% 아황산나트륨 용액을 가득 채운 측정용기에 전극을 담그고 영점을 맞춘다.

09 DO측정을 위해 Fe(Ⅲ) 100~200 mg/L가 함유되어 있는 시료를 전처리하는 방법으로 가장 적절한 것은? ㉯

㉮ 황산의 첨가 전 불화칼륨용액(30 g/L) 1 mL를 가한다.

㉯ 황산의 첨가 전 불화칼륨용액(300 g/L) 1 mL를 가한다.

㉰ 황산의 첨가 전 불화칼슘용액(30 g/L) 1 mL를 가한다.

㉱ 황산의 첨가 전 불화칼슘용액(300 g/L) 1 mL를 가한다.

해설 : Fe(Ⅲ) 100~200 mg/L가 함유되어 있는 시료의 경우 황산의 첨가 전 불화칼륨용액(300 g/L) 1 mL를 가한다.

10 하천수의 용존산소를 윙클러 – 아자이드화나트륨 변법으로 측정할 때 시료 100 mL에 대해 N/40 티오황산나트륨용액(f= 1.0)의 적정치 2.2 mL를 요한다. 이 하천수의 용존산소량 포화율은 대략 몇 %인가? (단, 하천수의 수온은 20℃, 포화 용존산소농도는 9.0 mg/L, R= 2.0, 시료채취시 대기압 = 684 mmHg로 한다.) ㉮

㉮ 55 ㉯ 60

㉰ 65 ㉱ 70

해설 : $\text{용존산소(mg/L)} = 2.2 \times 1.0 \times \frac{300}{100} \times \frac{1,000}{300-2} \times 0.2 = 4.43\ \text{mg/L}$

$$\text{용존산소포화율(\%)} = \frac{DO}{DO_t \times B/760} \times 100\ \frac{4.43}{9 \times 684/760} \times 100 = 54.69\%$$

3.4 생물화학적 산소요구량(BOD, Biochemical Oxygen Demand)

3.4.1 실험 목적

생물화학적 산소요구량(BOD)은 수중에 포함된 유기물이 호기성 미생물에 의하여 분해될 때, 소비되는 산소량을 mg/L로 나타내며 수중의 유기물이 양을 간접적으로 나타내는 척도로 하천에서 하·폐수 등의 유입에 의한 오염농도를 나타내는데 쓰인다. 즉, 일반적 물의 오염도를 나타내는 지표의 하나이다. 폐수나 오수 등의 시료로부터 BOD를 측정한다.

3.4.2 관련 이론

생물화학적 산소요구량(BOD)은 폐수나 물의 유기물량을 표시하기 위하여 가장 많이 사용되는 지표로서, 이것은 어떠한 유기물을 미생물에 의해서 호기성 상태에서 분해안정화 시키는데 요구되는 산소량을 나타낸 것이다. 실제 물속에는 유기물질의 종류가 대단히 많아 일일이 그 농도를 각각 측정하는 것은 거의 불가능하다. 따라서 호기성 미생물에 의해 산소가 소모 된다는 점에 착안하여 많은 종류의 유기물질을 일일이 분석하지 않더라도 호기성 미생물에 의해 사라지는 산소량만 측정하여 간접적으로 유기물의 양을 측정하는 방법이다. 이 때 미생물은 유기물을 분해 섭취하여 세포를 합성하게 되며 없어진 유기물 질량만큼 산소가 소모되는 것이다. 일반적으로 유기물질의 생물학적 산화작용은 완만히 일어나며 20℃에서 5일간에는 대략 60~70%, 20일간에는 95~98%의 산화가 이루어진다.

(1) 1단계 BOD(carbonaceous BOD, CBOD)

- **탄수화물**(carbofydrate) + O_2 → CO_2 + H_2O
- **단백질**(protein) + O_2 → CO_2 + H_2O + NH_3

(2) 2단계 BOD(nitrogenous BOD, NBOD)

- $NH_3 + \frac{3}{2}O_2 \rightarrow H^+ + NO_2^- + H_2O$(*Nitrosomonas*) ← 질산화 1단계
- $NO_2^- + \frac{1}{2}O_2 \rightarrow NO_3^-$(*Nitrobacter*) ← 질산화 2단계
- $NH_3 + 2O_2 \rightarrow H^+ + NO_3^- + H_2O$ ← 질산화 최종반응식

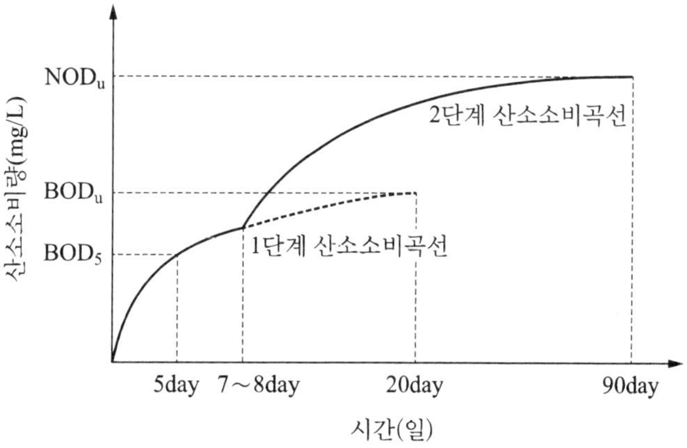

≫ 그림 2.3 BOD 반응곡선

이 곡선에서 처음 7～8일 동안에는 유기물 중 탄소계의 산화에 따른 용존산소의 소모곡선식(제1단계)을 나타내고 있으며 산소 소모가 거의 수렴되는 단계에서부터 제 2단계의 질소계 유기물의 산화곡선이 이루어진다.

3.4.3 BOD의 중요성

만일, 하·폐수가 많이 오염되어 있으면, 하·폐수 중에는 다량의 유기물질이 함유되어 있다. 박테리아는 이것을 분해, 안정화하기 위해 다량의 산소를 필요로 하게 되며 이로 인하여 BOD가 높게 된다. 반대로 하·폐수 중에 유기물질량이 적을 때에는 박테리아는 이들을 안정화하는데 소량의 산소밖에 소비하지 않는다. 즉, BOD가 적게 된다.

3.4.4 측정원리

시료를 20℃에서 5일간 저장하여 두었을 때 시료중의 호기성 미생물의 증식과 호흡작용에 의하여 소비되는 용존산소의 양으로부터 측정하는 방법이다. 시료중의 용존산소가 소비되는 산소의 양보다 적을 때에는 시료를 희석수로 적당히 희석하여 사용한다. 공장폐수나 혐기성 발효의 상태에 있는 시료는 호기성 산화에 필요한 미생물을 식종(seeding)하여야 한다.

3.4.5 BOD 시험방법

(1) 실험 기구

300 mL용 유리마개 달린 BOD병, 삼각플라스크, 0.1 mL 간격 눈금의 50 mL 뷰렛,

20 mL 홀 피펫, 100 mL 비커, 항온기(incubator), 뚜껑 있는 눈금실린더(1,000 mL) 등

(2) 시약

인산수소2칼륨(K_2HPO_4), 인산2수소칼륨(KH_2PO_4), 인산수소2나트륨 12수화물($Na_2HPO_4 \cdot 12H_2O$), 염화암모늄(NH_4Cl), 황산마그네슘 7수화물($MgSO_4 \cdot 7H_2O$), 염화칼슘($CaCl_2$), 염화제2철 6수화물($FeCl_3 \cdot 6H_2O$), 염산(HCl), 수산화나트륨(NaOH), 수산화칼륨(KOH), 요오드화칼륨(KI), 아자이드화나트륨(NaN_3), 탄산나트륨(Na_2CO_3), 황산망간 4수화물($MnSO_4 \cdot 4H_2O$), 티오황산나트륨 5수화물($Na_2S_2O_3 \cdot 5H_2O$), 아이오딘산칼륨(KIO_3), 아이소아밀알코올, 전분, 황산(H_2SO_4) 등 DO 측정 시약

(3) 시약의 조제

① **완충액(①)용액**

인산수소2칼륨(K_2HPO_4) 21.75 g, 인산2수소칼륨(KH_2PO_4) 8.5 g, 인산수소2나트륨 12수화물($Na_2HPO_4 \cdot 12H_2O$) 44.6 g, 염화암모늄(NH_4Cl) 1.7 g을 증류수에 녹여 1 L로 한다.

② **황산마그네슘(②)용액**

황산마그네슘 7수화물($MgSO_4 \cdot 7H_2O$) 22.5 g을 증류수에 녹여 1 L로 한다.

③ **염화칼슘(③)용액**

무수염화칼슘($CaCl_2$) 27.5 g을 증류수에 용해하여 1 L의 수용액을 만든다.

④ **염화2철(④)용액**

염화제2철 6수화물($FeCl_3 \cdot 6H_2O$) 0.25 g을 증류수에 녹여 1 L의 수용액을 만든다.

⑤ **염산(1 + 11)용액**

염산(HCl) 10 mL를 취하여 증류수 110 mL를 합한다.

⑥ **전분(starch)용액**

전분(수용성) 1 g을 물 약 10 mL에 넣어 혼합하고 열수 100 mL 중에 넣고 약 1분간 끓이고 방냉한다. 상층액을 사용한다(사용할 때 제조한다).

⑦ **황산용액**

시약용 순수 진한 황산(H_2SO_4)을 사용해야 하며, 이것은 손이나 의복에 화상을 입히므로 조심해서 다뤄야 한다. 옷이나 피부에 묻었을 때는 다량의 수돗물로 씻어내서 손상을 방지해야 한다.

(4) 시료의 전처리

시료가 산성 또는 알칼리성을 나타내거나 잔류염소 등 산화성 물질을 함유하였거나 용존산소가 과포화 되어 있을 때에는 다음과 같이 전처리를 행한다.

① 산성 또는 알칼리성 시료

pH가 6.5～8.5의 범위를 벗어나는 시료는 염산(1 + 11) 또는 4 % 수산화나트륨 용액으로 시료를 중화하여 pH 7로 한다. 다만 이때 넣어주는 산 또는 알칼리의 양이 시료량의 0.5 %가 넘지 않도록 하여야 한다.

② 잔류염소가 함유된 시료

시료 100 mL에 아자이드화나트륨 0.1 g과 요오드화칼륨 1 g을 넣고 흔들어 섞은 다음 염산을 넣어 산성으로 한다(pH 약 1). 유리된 요오드를 전분지시약을 사용하여 아황산나트륨용액(0.025 N)으로 액의 청색이 무색으로 될 때까지 적정하여 얻은 아황산나트륨액(0.025 N)의 소비 mL를 남아 있는 시료의 양에 대응하여 넣어 준다. 일반적으로 잔류염소가 함유된 시료는 BOD용 식종희석수로 희석하여 사용한다.

③ 용존산소가 과포화된 시료

수온이 20℃ 이하이거나 20℃일 때의 용존산소 함유량이 포화량 이상으로 과포화되어 있을 때에는 수온을 23～25℃로 하여 15분간 통기하고 방냉하여 수온을 20℃로 한다.

시료는 시험하기 바로 전에 온도를 20±1℃로 조정한다.

(5) BOD 시험방법

① 시료(또는 전처리한 시료)의 예상 BOD치로부터 단계적으로 희석배율을 정하여 3～5종의 희석 시료용액을 2개를 한조로 하여 조제한다.

② 예상 BOD치에 대한 사전 경험이 없을 때에는 다음과 같이 희석하여 시료용액을 조제한다.

- **강한 공장폐수는 0.1～10%**
- **처리하지 않은 공장폐수와 침전된 하수는 1～5%**
- **처리하여 방류된 공장폐수는 5～25%**
- **오염된 하천수는 25～100%의 시료가 함유되도록 희석 조제**

③ BOD용 희석수 또는 BOD용 식종희석수를 사용하여 시료용액을 희석할 때에는 2 L 부피 실린더에 공기가 갇히지 않게 조심하면서 1/2용량만큼 채우고, 시료(또는 전처리한 시료) 적당량을 넣은 다음 BOD용 희석수 또는 식종 희석수로 희석배율에 맞는 눈금의 높이까지 채운다.

④ 공기가 갇히지 않게 젖은 막대로 조심하면서 섞고 2개의 300 mL BOD병에 완전히 채운 다음, 한 병은 마개를 꼭 닫아 물로 마개주의를 밀봉하여 BOD용 배양기에 넣고 20℃ 어두운 곳에서 5일간 배양한다.

⑤ 나머지 한 병은 15분간 방치 후에 희석된 시료자체의 처음 용존산소를 측정하는데 사용한다. 같은 방법으로 미리 정하여진 희석배율에 따라 몇 조(組)의 희석시료 용액을 조제하여 2개의 300 mL BOD병에 완전히 채운 다음 위와 같이 실험한다. 처음의 희석 시료 자체의 용존산소량과 20℃에서 5일간 배양할 때 소비된 용존산소의 양을 제3항 용존산소 측정법에 따라 측정하여 구한다.

⑥ 5일간 저장한 다음 산소의 소비량이 40～70% 범위안의 희석시료용액을 선택하여 처음의 용존산소량과 5일간 배양한 다음 남아 있는 용존산소량의 차로부터 BOD를 계산한다. 다만 시료를 식종하여 BOD를 측정할 때는 실험에 사용한 식종액을 희석수로 단계적으로 희석하여 이하 위의 실험방법에 따라 실험하고 배양후의 산소 소비량이 40～70% 범위 안에 있는 식종 희석수를 선택하여 배양전후의 용존산소량과 식종액 함유율을 구하고 시료의 BOD 값을 보정한다.

(6) BOD용 희석수 및 BOD용 식종희석수의 검토

① 희석수가 호기성미생물의 증식에 영향이 있는 경우

독성물질이 함유되어 있거나 구리, 납 및 아연 등의 금속이온이 함유된 시료는 호기성 미생물의 증식에 영향을 주어 정상적인 BOD값을 나타내지 않게 된다.

② 시험을 행하여 적정여부를 검토

㈀ 글루코오스 및 글루타민산 각 150 mg씩을 취하여 증류수에 녹여, 1,000 mL로 한 액 5～10 mL를 3개의 300 mL BOD병에 넣고 BOD값을 나타내지 않게 된다.

㈁ BOD 시험방법에 따라 시험할 때에 측정하여 얻은 BOD값은 220±20 mg/L의 범위 안에 있어야 한다.

주의사항

- 시료의 pH가 6.5~8.5의 범위를 벗어나는 시료는 염산(1+11) 또는 4 %(w/v) 수산화나트륨 용액으로 시료를 중화하여 pH 7로 한다. 이 때 넣어 주는 산 또는 알칼리의 양이 시료량의 0.5 %가 넘지 않도록 한다.
- 하수처리장 부근 등의 잔류염소를 포함한 시료는 BOD용 식종희석수로 희석하여 사용한다.
- 시료의 온도는 시험하기 바로 전에 20±1℃로 조정한다.
- 일반 하천수는 폐수 중에 난분해성 물질 또는 BOD 저해물질이 포함되어 있는 경우에는 항상 그 폐수가 방류되고 있는 지점으로부터 500~1,000 m 하류의 물을 사용하며 사용할 때 조제한다.

(7) BOD 측정공식

① 부하량을 통한 BOD 계산

총 BOD 부하량 = 원시료의 BOD 부하량 + 식종액의 BOD 부하량

$$(D_1 - D_2) \times V_{Total} = \mathrm{BOD} \times V_0 + \mathrm{BOD}' \times V'$$

$$\mathrm{BOD}' = (B_1 - B_2) \times P'$$

여기서, V' : 식종 희석액에서의 식종액의 부피

② 희석과 식종하지 않은 시료의 BOD 계산

$$\mathrm{BOD} = (D_1 - D_2)$$

③ 희석한 시료의 BOD 계산

$$\mathrm{BOD} = (D_1 - D_2) \times P$$

④ 희석과 식종을 한 시료의 BOD 계산

$$\mathrm{BOD} = [(D_1 - D_2) - (B_1 - B_2) \times f] \times P$$

$$\mathrm{BOD} = \left[(D_1 - D_2) - (B_1 - B_2) \times \left(1 - \frac{1}{P}\right)\right] \times P$$

여기서, D_1 : 희석(조제)한 15분간 방치한 후의 시료의 DO(mg/L)

D_2 : 5일간 배양한 희석(조제)한 시료의 DO(mg/L)

B_1 : 식종액의 BOD를 측정할 때 희석된 식종희석수 시료의 배양전의 DO(mg/L)

B_2 : 식종액의 BOD를 측정할 때 희석된 식종희석수 시료의 배양후의 DO(mg/L)

f : 시료의 BOD를 측정할 때 희석시료중의 식종액의 함유율(x %)에 대한 식종액의 BOD를 측정할 때 희석한 식종액 중의 식종액 함유율(y %)의 비(x/y)

P : 희석시료 중 시료의 희석배수(희석 시료량 / 시료량)

3.4.6 BOD 관련 연습문제

01 BOD를 측정할 경우 시료의 전처리에 대한 설명이다. 틀린 것은 무엇인가? ㉰

㉮ 시료는 시험하기 바로 전에 온도를 20±1℃로 조정한다.

㉯ 시료의 pH가 6.5～8.5 범위를 벗어나는 시료는 염산(1+11) 또는 4% 수산화나트륨 용액으로 시료를 중화한다.

㉰ 시료 중화시 넣어주는 산 또는 알칼리의양은 시료량의 1.0%가 넘지 않도록 한다.

㉱ 일반적으로 잔류염소가 함유된 시료는 BOD용 식종 희석수로 희석 사용한다.

해설 : 시료 중화시 넣어주는 산 또는 알칼리의 양은 시료량의 0.5%가 넘지 않도록 한다.

02 BOD 측정을 위한 전처리 과정에서 용존 산소가 과포화된 시료는 수온 23~25℃로 하여 몇 분간 통기하고 20℃로 방냉하여 사용하는 시간은 얼마인가? ㉯

㉮ 10분 ㉯ 15분

㉰ 20분 ㉱ 30분

해설 : 용존산소가 과포화된 시료의 전처리는 수온이 20℃ 이하이거나 20℃일 때의 용존산소 함유량이 포화량 이상으로 과포화되어 있을 때에는 수온을 23~25℃로 하여 15분간 통기하고 방냉하여 수온을 20℃로 한다.

03 BOD 실험에서의 시료 전처리에 대한 설명 중 틀린 것은 무엇인가? ㉰

㉮ 용존산소가 과포화된 시료는 23～25℃로 하여 15분간 통기한다.

㉯ 알칼리성시료인 경우는 염산(1+11)을 사용하여 중화한다.

㉰ 일반적으로 잔류염소가 함유된 시료는 정제수로 희석하여 사용한다.

㉱ 산성시료인 경우는 4% 수산화나트륨을 사용하여 중화한다.

해설 : 잔류염소가 함유된 시료는 BOD용 식종희석수로 희석하여 사용한다.

04 BOD를 측정할 때의 전처리로써 가장 알맞은 내용은 무엇인가? ㉯

㉮ 수온이 5℃인 하천수는 23℃ 정도로 가온해서 30분간 통기 후 20℃로 한다.

㉯ 일반적으로 잔류염소를 함유한 시료는 BOD용 식종희석수로 희석하여 사용한다.

㉰ pH가 7을 벗어나는 시료는 황산, 암모니아수로 중화하여 사용한다.

㉱ 용존산소량이 과포화일 경우 수온을 23～25℃로 올리고 30분간 통기한다.

해설 : 용존산소가 과포화된 시료의 전처리는 수온이 20℃ 이하이거나 20℃일 때의 용존산소 함유량이 포화량 이상으로 과포화 되어 있을 때에는 수온을 23~25℃로 하여 15분간 통기하고 방냉하여 수온을 20℃로 하며, pH가 6.5~8.5의 범위를 벗어나는 시료는 염산(1+11) 또는 4% 수산화나트륨 용액으로 시료를 중화해야 한다.

05 생물화학적 산소요구량의 예상치에 대한 사전 경험이 없을 때 강한 공장 폐수는 통상 얼마 정도를 희석하여 검액을 조제해야 하는가? ㉮

㉮ 0.1～1.0% ㉯ 1.0～5.0%
㉰ 5.0～25.0% ㉱ 25.0～50.0%

해설 : 예상 BOD치에 대한 사전경험이 없을 때에는 강한 공장폐수 : 0.1~1.0 %, 처리하지 않은 공장폐수와 침전된 하수 : 1~5 %, 처리하여 방류된 공장폐수 : 5~25%, 오염된 하천수 : 25~100%로 희석하여 시료용액을 조제한다.

06 시약 및 용액 제조에 관한 내용으로 알맞지 않은 것은 무엇인가? ㉰

㉮ BOD용 식종희석수 : BOD용 희석수 1,000 mL에 대하여 하수, 하천수 또는 토양추출액을 실온에서 24～36시간 가라앉힌 후 상등액을 하수 5～10 mL, 하천수 10～50 mL, 토양추출액의 경우 20～30 mL를 넣는다.

㉯ 산성용액 : 황산 300 mL를 물 약 600 mL에 천천히 넣어 방냉하여 질산 4 mL를 넣고 물을 넣어 1,000 mL로 한다.

㉰ BOD용 희석수 : 20±1℃에서 5일간 저장하였을 때의 용존산소감소가 0.5～1.0 mg/L 범위 이내여야 한다.

㉱ 디티존클로로포름용액(0.03 w/v %) : 디티존 0.3 g을 클로로포름에 녹여 1,000 mL로 한다.

해설 : BOD용 희석수 : 이 액은 20±1℃에서 5일간 저장하였을 때의 용존산소의 감소는 0.2 mg/L 이하이어야 한다.

07 BOD 실험을 위해 원수를 50배 희석하고 이 중 150 mg/L를 300 mL BOD 병에 취한 후 BOD_5를 알아보았더니 DO의 양이 4 mL이었다. 최초의 DO는 7 mg/L였고 식종이 없었다면 BOD는 얼마인가? ㉱

㉮ 4,500 mg/L ㉯ 1,500 mg/L
㉰ 150 mg/L ㉱ 300 mg/L

해설 : $\text{BOD(mg/L)} = (D_1 - D_2) \times P = (7-4) \times \frac{300}{150} \times 50 = 300\ \text{mg/L}$

08 어떤 공장폐수의 BOD를 측정하기 위하여 검수에 식종 희석수를 넣어서 40배로 희석하여 20℃의 부란기에 넣어 5일간 배양했다. 이 희석검수의 처음 DO는 8.4 mg/L, 5일 후 DO는 3.7 mg/L이었다. 식종물질로는 BOD 10 mg/L의 하천수를 쓰고 그 100 mL를 희석수 900 mL에 가하여 식종 희석수를 조제했다. BOD는 얼마인가? ㉰

㉮ 98 mg/L ㉯ 126 mg/L

㉰ 149 mg/L ㉱ 188 mg/L

해설 : 식종물질 BOD = 10 mg/L, $P = 40$, $q = (100 + 900)/100 = 10$이므로

$$\text{BOD(mg/L)} = (D_1 - D_2)P - (B_1 - B_2) \times \frac{1}{q} \times (P-1)$$

$$= (8.4 - 3.7) \times 40 - 10 \times \frac{1}{10} \times (40-1) = 149 \text{ mg/L}$$

09 BOD식종 보정을 할 때 가장 정확한 결과를 갖기 위해서는 DO 감소율이 5일 후 어느 정도이어야 하는가? ㉯

㉮ 20～40% ㉯ 40～70%

㉰ 50～90% ㉱ 60～90%

해설 : 배양 후의 산소 소비량이 40~70% 범위 안에 있는 식종 희석수를 선택하여 배양전후의 용존 산소량과 식종액 함유율을 구하고 시료의 BOD값을 보정한다.

10 어떤 공장폐수의 BOD를 측정했을 경우 50배 희석했을 때의 DO는 8.4 mg/L이고, 20℃, 5일간 방치 후의 DO는 2.6 mg/L이었다. 이 폐수를 BOD 제거율 90%의 성능을 가진 활성오니처리 시설에서 처리했을 때 방류수의 BOD(mg/L)는 얼마인가? ㉰

㉮ 12 ㉯ 18

㉰ 29 ㉱ 30

해설 : $\text{BOD(mg/L)} = (D_1 - D_2) \times P = (8.4 - 2.6) \times 50 = 290 \text{ mg/L}$

∴ 방류수의 BOD = 290 × (1 − 0.9) = 29 mg/L

3.5 화학적 산소요구량(COD, Chemical Oxygen Demand)

3.5.1 실험 목적

수질오염물질에는 가정이나 공장 등에서 배출된 유기물을 기초로 한 환원성 물질이 다량 포함되어 있다. 따라서 산화제의 소비량을 구해 유기물질에 의한 수질오염지표로 사용하고 있다. 물의 오염도를 나타내는 지표 중의 하나인 COD를 측정한다.

3.5.2 관련 이론

화학적 산소요구량(Chemical Oxygen Demand : COD)은 수중의 유기물 함유도를 측정하기 위한 간접적 지표로서 수중에 존재하는 유기물을 산화제를 이용하여 산화시킬 때 요구되는 산소량을 mg/L로 표시해서 말하며 산화제로는 중크롬산칼륨($K_2Cr_2O_7$)이나 과망간산칼륨($KMnO_4$)을 사용한다. 산화정도는 피산화물의 농도, pH, 온도, 반응시간, 산화제의 종류 및 농도에 따라 다르다.

유기물을 CO_2와 H_2O로 완전산화 시키는 데는 BOD와는 달리 생물학적으로 산화될 수 있는 유기물과 생물학적 분해가 불가능한 물질을 모두 강력한 산화제에 의해 강제적으로 산화 가능하므로 COD 값이 BOD 값보다 일반적으로 높게 나타난다. **COD 값에 비해 BOD 값이 큰 경우는 BOD실험 중에 질산화가 5일 이내로 발생하였거나 혹은 COD 분석시에 방해물질 존재하는 경우이다.**

또한 어떤 대상폐수를 분석시 COD 값에 비해 BOD값이 매우 적게 나타날 경우는 대상 폐수가 생물학적으로 분해 불가능한 유기물질로 이루어져 있거나 BOD 실험 시에 미생물의 유기물질 섭취활동에 장애를 일으키는 독성물질이 포함되어 있는 상태라고 할 수 있다.

BOD와 COD는 다음과 같은 관계가 있다.

$$COD = BDCOD + NBDCOD$$
$$BDCOD = BOD_u = k \times BOD_5$$

여기서, BDCOD : 생물학적 분해가능한 COD(Biodegradable COD)
NBDCOD : 생물학적 분해불가능한 COD(Non-biodegradable COD)

유기물질을 산화시키기 위하여 $KMnO_4$ 용액이 오랫동안 사용되어 왔으며, 이 방법은 시약의 농도, 화합물의 형태 등에 따라 산화능력의 차이가 크다. 과망간산칼륨을 이용한 COD 분석법은 일본, 영국에서 사용되고 있으며, 우리나라의 수질오염공정시험기준법상에는 산화제로 주로 0.025 N $KMnO_4$ 용액이 사용된다. 그러나 불안정성, 산화의 불안정, 반응조건 그리고 변색점에 의한 영향이 큰 결점으로 되어 있다. 실험이 간단하고 신속하므로 동일 성질의 하수에 대하여 유기물 농도의 변화를 알고자 할 때 편리하게 이용되고 있으며, 몇몇 아미노산, 케톤, 포화성 카르복실산 등의 유기물들은 잘 산화되지 않으므로 상수와 오염이 심하지 않은 지표수 등의 분석에 적용되고 있다.

COD 분석을 위한 또 하나의 산화제는 $K_2Cr_2O_7$ 용액으로 여러 종류의 유기물질을 CO_2와 H_2O로 완전 산화시킬 수 있어 광범위한 시료수에 대해 산화성과 적용성 그리고 재현성이 우수해 연구논문과 보고서 등에서 널리 사용되고 있으며 미국의 Standard method에서 산화제로 $K_2Cr_2O_7$ 용액을 사용하고 있다.

다음은 **산화제에 따른 COD의 산화율**을 나타냈다.

산화제	분석시간	산화율
$KMnO_4$	30분~1시간	약 60%
$K_2Cr_2O_7$	2~3시간	약 80~90%

3.5.3 COD의 중요성

물속 유기물질량을 나타내기 위하여 하천의 경우는 BOD를 부영양화가 주요 쟁점인 호소(湖沼)에서는 생체량(biomass)인 조류(algae)를 유기물질량으로 포함시키기 위하여 COD를 보통 측정하게 된다. COD 실험은 다음과 같은 장점을 가지고 있다.

(1) 분석시간이 짧다.

BOD 분석에 5일이 걸리는데 비해 약 2시간 내에 측정이 가능하기 때문에 빠른 수질결과를 확인하기 위해서 BOD 대신 COD값을 측정하기도 한다. 빠른 시간 안에 실험 결과를 얻을 수 있어서 분석 오류를 그날 바로 잡을 수 있다는 장점을 가지고 있다.

(2) 생물 독성물질의 영향을 받지 않는다.

BOD 분석은 미생물에 의하여 이루어지기 때문에 시료 중에 미생물의 증식을 억제하는 독성물질이 존재하면 유기물의 양을 측정할 수 없지만 COD 분석은 독성물질이 함유된 시료도 측정이 가능하다.

(3) 많은 종류의 유기물량을 측정할 수 있다.

미생물이 분해 가능한 유기물뿐만 아니라 난분해성 유기물들도 측정되기 때문에 COD 분석은 BOD 분석보다 많은 유기물량을 측정할 수 있다.

3.5.4 COD 시험방법

우리나라의 수질오염 공정시험기준법상에는 COD 측정 방법이 다음과 같이 3가지 방법이 있다.

(1) 산성 100℃에서 과망간산칼륨에 의한 정량법

① 시료를 황산산성으로 만드는데 이때 황산은 사용으로 Cl^-의 방해를 방지할 수 있다.

② 이 방법은 탄소화합물 등은 산화하기 쉬우나 질소질의 유기물은 산화하기 어렵다.

③ 아질산염, 제1철염, 황화물 등은 쉽게 산화되므로 시료채취 후 바로 실험을 실시하여야 한다.

(2) 알칼리성 100℃에서 과망간산칼륨에 의한 정량법

① Cl^-의 영향은 비교적 적고 산성산화에 비하여 무기환원성 물질에 영향을 받는 일이 비교적 적고 알코올류, 당류, 단백질 등의 수용성 및 알칼리 가용성의 유기물 산화에 적합하다.

② 특히 하수성 유기물 정량에 적합하다.

(3) 중크롬산칼륨에 의한 정량법

① 유기물을 거의 완전히 산화시키는 방법으로 황산수은 첨가에 의하여 유기물 종류에 따라 산화를 촉진함과 동시에 Cl^-의 영향을 피할 수 있다.

② 이 방법으로 얻은 측정치는 20일간의 BOD 값에 가까운 경우가 많다.

3.5.5 COD 측정의 분류

(1) 질산화합물의 분해능력에 따른 분류

① 중크롬산칼륨법($K_2Cr_2O_7$) : 질산화합물의 산화능력이 우수

② 과망간산칼륨법($KMnO_4$) : 질산화합물을 분해하지 못 함

(2) 염소이온에 의한 과망간산칼륨법($KMnO_4$)의 분류

① 산성 100℃에서 과망간산칼륨법 : 염소이온 방해를 받지만 산화력이 우수

② 알칼리성 100℃에서 과망간산칼륨법 : 염소이온의 방해를 받지 않음

3.5.6 산성 100℃에서 과망간산칼륨법($KMnO_4$)

(1) 측정원리

시료를 황산산성으로 하여 과망간산칼륨 일정과량을 넣고 30분간 수욕상에서 가열 반응시킨 다음 소비된 과망간산칼륨량으로부터 이에 상당하는 산소의 양을 측정하는 방법이다. 염소이온이 2,000 mg/L 이하인 반응시료(100 mL)에 적용하며 그 이상일 때는 알칼리성법에 따른다. 따로 규정이 없는 한 해수를 제외한 모든 시료의 COD는 이 방법에 따라 시험한다.

과망간산칼륨은 산성용액 하에서 시료중의 피산화성 물질이 산화된다. 여기서 $KMnO_4$의 양은 모든 유기물을 산화하고 남아 있어야 한다.

$$MnO_4^- + 8H^+ + 5e \rightleftarrows Mn^{2+} + 4H_2O$$

그 후 미산화로 잔존하고 있는 과망간산칼륨을 일정과량의 수산나트륨을 가하여 환원 탈색을 시킨다.

$$2KMnO_4^- + 5C_2O_4^{2-} + 16H^+ \rightleftarrows 2Mn^{2+} + 10CO_2 + 8H_2O$$

다음에 과잉의 수산나트륨을 $KMnO_4$으로 적정하여 소모된 $KMnO_4$의 양을 구한다(역적정). 소비된 과망간산칼륨량으로부터 이에 상당하는 산소의 양을 측정한다.

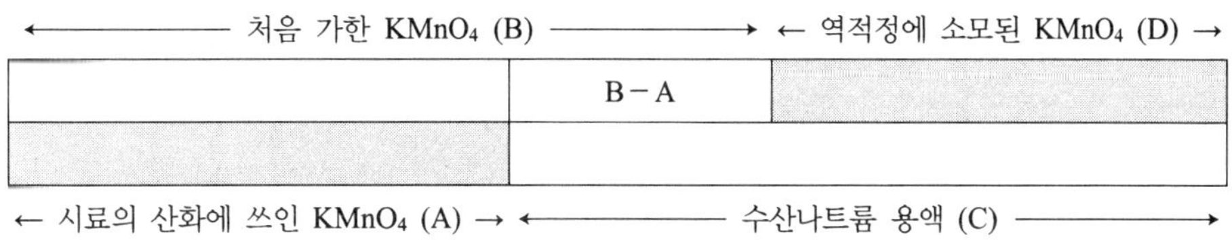

위에서 $C - (B - A) = B - (B - A) = A = D$

(2) 시험방법

① **실험 기구**

등근바닥플라스크 300 mL[코니칼(conical) 비커], 수욕조(water bath), 용량플라스크(100 mL), 홀 피펫(10 mL), 눈금실린더 100 mL, 환류냉각기(reflux condenser), 가열판

② 시약

황산(H_2SO_4), 과망간산칼륨($KMnO_4$), 수산나트륨($Na_2C_2O_4$), 황산은(Ag_2SO_4)

③ 시약의 조제

(ㄱ) **황산(1+2)용액**

부피로 증류수 2에 황산 1을 잘 섞고 여기에 과망간산칼륨 용액(0.5 %)을 연분홍색이 나타날 때까지 조금씩 흔들어준다.

(ㄴ) **0.025 N 수산나트륨용액(표정용)**

표준시약 수산나트륨($Na_2C_2O_4$)을 미리 150~200℃에서 40~60분간 가열하여 황산데시케이터 안에서 방냉한 후, 수산나트륨 1.675 g을 평량하여 증류수에 녹여 1,000 mL로 한다. 이 용액 1 mL는 0.2 mg O(산소)에 상당한다.

(ㄷ) **0.025 N 과망간산칼륨용액**

$KMnO_4$ 0.8 g을 증류수 1,100 mL에 녹인 후 1~2시간 서서히 끓인 다음 어두운 곳에서 하룻밤 암소에 방치한 후 , 그 액을 초자여과지로 여과하여 이 액을 표정한다. 이 때 여과 전 후에 물로 씻지 말아야 하며 거름종이와 같은 유기질 여과재는 과망간산칼륨에 영향을 주므로 사용해서는 안 된다. 또한 이 용액은 빛에 의하여 분해되므로 갈색병에 넣어 암소에 보관해야 한다.

④ 0.025 N $KMnO_4$의 표정

증류수 100 mL를 300 mL의 삼각플라스크에 취하고, 황산(1+2) 용액 10 mL를 넣고 여기에 0.025 N $Na_2C_2O_4$ 용액(표정용) 10 mL를 정확히 넣어주고, 수욕상에서 60~80℃를 유지하면서 엷은 분홍색을 나타낼 때까지 0.025 N $KMnO_4$ 용액으로 적정한다. 별도로 증류수 100 mL에 황산(1+2) 10 mL을 가한 용액에 대해서 공시험을 하여 보정한다. 보정한 소비량 x(mL)로부터 다음 식에 의해 0.025 N $KMnO_4$ 용액의 농도계수, 즉 역가(factor) f를 계산한다.

$$f = \frac{10}{x}$$

⑤ 산성 100℃에서 과망간산칼륨법 COD 시험방법

(ㄱ) 300 mL 둥근바닥 플라스크에 시료 적당량을 취하여 물을 넣어 전량을 100 mL로 하고, 황산(1+2) 10 mL를 넣고 황산은 분말 약 1 g을 넣어 세게 흔들어 준 다음 수 분간 방치하고, 0.025 N 과망간산칼륨액 10 mL를 정확히 넣고 둥근바닥플라스크에 냉각관을 붙이고 물중탕의 수면이 시료의 수면보다 높게 하여 끓는 물중탕 중에서 30분간 가열한다.

(ㄴ) 냉각관의 끝을 통하여 물 소량을 사용하여 씻어준 다음 냉각관을 떼어 내고, 수산나트륨용액(0.025 N) 10 mL를 정확하게 넣고 60~80℃를 유지하면서 0.025 N 과망간산칼륨용액을 사용하여 액의 색이 엷은 분홍색을 나타낼 때까지 적정하고 이를 종말점이라 한다.

(ㄷ) 따로 물 100 mL를 사용하여 같은 조건으로 바탕시험을 행한다.

참고사항

- 시료의 양은 30분간 가열반응한 후에 0.025 N 과망간산칼륨액이 처음 첨가한 양의 50~70%가 남도록 채취한다. 다만 시료의 COD값이 10 mg/L 이하일 경우에는 시료 100 mL를 취하여 그대로 시험하며, 보다 정확한 COD값이 요구될 경우에는 0.025 N 과망간산칼륨액의 소모량이 처음 가한 양의 50%에 접근하도록 시료량을 취한다.
- 황산은 분말 1 g 대신 20% 질산은 용액 5 mL 또는 질산은 분말 1 g을 첨가해도 좋다. 다만, 시료 중 염소이온이 존재할 경우에는 염소이온의 당량만큼 황산은 또는 질산은을 가해준 다음 규정된 양을 추가로 첨가한다. 염소이온 1 g에 대한 황산은의 당량은 4.4 g이며, 질산은의 당량은 4.8 g이다.
- (예) 은염은 첨가량(g) = 시료 중 염소이온의 양(g) × 염소이온 1 g에 대한 은염의 당량(g) + 1 g

⑥ COD 측정공식

$$\text{COD(mg O/L)} = (b-a) \times f \times \frac{1,000}{V} \times 0.2$$

여기서, a : 바탕시험 적정에 소비된 0.025 N 과망간산칼륨용액(mL)
b : 시료의 적정에 소비된 0.025 N 과망간산칼륨용액(mL)
f : 0.025 N 과망간산칼륨용액 농도계수인 역가(factor)
V : 시료의 량(mL)

⑦ 염소이온의 방해 제거

염소이온이 측정에 방해를 주기 때문에 황산은(또는 질산은)의 주입을 통하여 염소이온(Cl^-)의 방해를 막아야 한다. 이때 염소이온에 의해 과망간산칼륨이 소모된다.

$Ag^+ + Cl^- \rightarrow$ AgCl (백색침전)

$$2Cl^- + Ag_2SO_4 \rightarrow 2AgCl\downarrow + SO_4^{2-}$$

3.5.7 알칼리성 100℃에서 과망간산칼륨법($KMnO_4$)

(1) 측정원리

100℃에 있어서 과망간산칼륨에 의한 산소소비량과 원리는 같다. 단, 알칼리성으로 피산화물을 과망간산칼륨과 반응시키는 것이 다르다. 시료를 알칼리성으로 하는 것은 시료 중의 염소이온의 방해를 방지하기 위함이다. 즉, 시료를 알칼리성으로 하여 과망간산칼륨 일정과량을 넣고 60분간 수욕상에서 가열반응 시키고 요오드화칼륨 및 황산을 넣어 남아있는 과망간산칼륨에 의하여 유리된 요오드의 양으로부터 산소의 양을 측정하는 방법이다. 일반적으로 해수 등 염소이온이 다량 함유된 시료에 적용한다.

(2) 시험방법

① 실험 기구

둥근바닥플라스크 300 mL[코니칼(conical) 비커], 수욕조(water bath), 용량플라스크(100 mL), 홀 피펫(10 mL), 눈금실린더 100 mL, 환류냉각기(reflux condenser), 가열판

② 시약

수산화나트륨(NaOH), 0.025 N 과망간산칼륨($KMnO_4$), 요오드화칼륨(KI), 황산(H_2SO_4), 과망간산칼륨($KMnO_4$), 아자이드화나트륨(NaN_3), 전분지시약, 0.025 N 티오황산나트륨 5수화물($Na_2S_2O_3 \cdot 5H_2O$)

③ 시약의 조제

(ㄱ) 10 % 수산화나트륨용액

NaOH 10 g을 물에 녹여 100 mL로 한다.

(ㄴ) 0.025 N 과망간산칼륨용액

$KMnO_4$ 0.8 g을 증류수 1,100 mL에 녹인 후 1～2시간 서서히 끓인 다음 어두운 곳에서 하룻밤 암소에 방치한 후, 그 액을 초자 여과지로 여과하여 이 액을 표정한다. 이 때 여과 전 후에 물로 씻지 말아야 하며 거름종이와 같은 유기질 여과재는 과망간산칼륨에 영향을 주므로 사용해서는 안 된다. 또한 이 용액은 빛에 의하여 분해되므로 갈색병에 넣어 암소에 보관해야 한다.

(ㄷ) 10 % 요오드화칼륨용액

요오드화칼륨(KI) 10 g을 물에 녹여 100 mL로 한다.

(ㄹ) 0.025 N 티오황산나트륨용액

티오황산나트륨 5수화물($Na_2S_2O_3 \cdot 5H_2O$) 6.5 g 및 무수탄산나트륨(Na_2CO_3) 0.2 g을 물에 녹여 100 mL로 한다. 여기에 아이소아밀알코올 10 mL를 넣고

잘 교반 후 2일간 방치한다(DO 시험법 참조).

(ㅁ) **황산(2+1)용액**

물 10 mL에 H_2SO_4 20 mL를 서서히 가한다.

(ㅂ) **4 % 아자이드화나트륨용액**

아자이드화나트륨(NaN_3) 4 g을 물에 녹여 100 mL로 한다.

(ㅅ) **전분지시약**

전분(용성) 1 g을 물 약 10 mL에 녹여 열수 100 mL 중에 잘 교반하면서 약 1분간 끓인 후 방냉한다. 사용 시 제조한다.

④ 알칼리성 100℃에서 과망간산칼륨법 COD 시험방법

(ㄱ) 300 mL 둥근바닥플라스크에 시료적당량을 취하여 물을 넣어 50 mL로 하고 10 % 수산화나트륨용액 1 mL를 넣어 알칼리성으로 한다. 여기에 0.025 N 과망간산칼륨용액 10 mL를 정확히 넣은 다음 둥근바닥플라스크에 냉각관을 붙이고 물중탕의 수면이 시료의 수면보다 높게 하여 끓는 물중탕 중에서 60분간 가열한다.

(ㄴ) 냉각관의 끝을 통하여 물 소량을 사용하여 씻어준 다음 냉각관을 떼어 내고 10 %(w/v) 요오드화칼륨용액 1 mL를 넣어 방냉 한다. 4 %(w/v) 아자이드화나트륨 한 방울을 가하고 황산용액(2+1) 5 mL를 넣어 유리된 요오드를 지시약으로 전분용액 2 mL를 넣고 0.025 N 티오황산나트륨용액으로 무색이 될 때까지 적정한다.

(ㄷ) 따로 시료량과 같은 양의 물을 사용하여 같은 조건으로 바탕시험을 행한다.

참고사항

- 시료의 양은 가열반응하고 남은 0.025 N 과망간산칼륨 용액이 처음 첨가한 양의 50~70%가 남도록 채취한다. 보다 정확한 COD값이 요구될 경우에는 0.025 N 과망간산칼륨액의 소모량이 처음 가한 양의 50%에 접근하도록 시료량을 취한다.

⑤ COD 측정공식

$$\text{COD(mg O/L)} = (a-b) \times f \times \frac{1,000}{V} \times 0.2$$

여기서, a : 바탕시험 적정에 소비된 0.025 N 티오황산나트륨 용액(mL)

b : 시료의 적정에 소비된 0.025 N 티오황산나트륨 용액(mL)

f : 0.025 N 티오황산나트륨 용액 농도계수인 역가(factor)
V : 시료의 양(mL)

3.5.8 중크롬산칼륨에 의한 COD 시험방법

$K_2Cr_2O_7$에 의한 COD 측정법은 유기물이 거의 완전산화에 가깝다. 유기물의 산화를 촉진시키기 위하여 황산은(Ag_2SO_4)을 첨가하고 아울러 염소이온(Cl^-)의 영향을 피할 수 있다. 이 방법에 측정값은 BOD_{20}에 근사값이다.

(1) 측정원리

시료를 황산산성으로 하여 중크롬산칼륨 일정과량을 넣고 2시간 가열반응 시킨다.

$$Cr_2O_7^{2-} + 14H^+ + 6e^- \rightleftarrows 2Cr^{3+} + 7H_2O$$

다음 소비된 중크롬산칼륨의 양을 구하기 위해 환원되지 않고 남아 있는 중크롬산칼륨을 황산제일철암모늄용액으로 적정하여 시료에 의해 소비된 중크롬산칼륨을 계산하고 이에 상당하는 산소의 양을 측정하는 방법이다. 따로 규정이 없는 한 해수를 제외한 모든 시료의 중크롬산칼륨에 의한 화학적 산소요구량을 필요로 하는 경우에 이 방법에 따라 시험한다. 이 방법의 산화조건은 과망간산칼륨에 의한 것보다 산화율이 높으며 대부분의 피산화성 물질은 80～100 % 분해되어 수중의 유기물량에 상당하는 치를 거의 완전히 나타낸다. 아울러 재현성이 좋은 것이 특징이다.

(2) 시험방법

① **실험 기구**

둥근바닥 플라스크 또는 삼각플라스크 250 mL, 냉각관과 서로 갈아맞춘 연결관, 리비히 환류냉각관 또는 이와 동등한 것으로서 삼각플라스크와 서로 갈아맞춘 것, 열판 또는 맨틀 히터(mantle heater), 비등석

② **시약**

황산(H_2SO_4), 황산은(Ag_2SO_4), 황산제2수은($HgSO_4$), 중크롬산칼륨($K_2Cr_2O_7$), 황산제일철 6수화물($FeSO_4 \cdot 6H_2O$), 황산제일철암모늄 6수화물($Fe(NH_4)_2(SO_4)_2 \cdot 6H_2O$), 페로인 지시약(Ferroin indicator), 페난트로린($C_{12}H_8N_2 \cdot H_2O$)

③ **시약의 조제**

(ㄱ) **황산 황산은 용액**

황산은(Ag_2SO_4) 11.0 g을 황산 1,000 mL에 용해시킨다. 녹이는데 1～2일이

걸리며 가열하여 녹여도 좋다.

(ㄴ) **황산제2수은 용액**

화학분석용 결정 분자식은 $HgSO_4$(mercuric sulfate)

(ㄷ) **0.25 N & 0.025 N 중크롬산칼륨 용액**

- 0.25 N 용액은 중크롬산칼륨($K_2Cr_2O_7$)을 약 103℃에서 2시간 동안 건조한 다음 데시케이터에서 식혀 12.259 g 칭량하여 증류수에 녹여 1,000 mL를 만든다. 이 용액 1 mL는 2 mg의 산소(O)에 해당한다.
- 0.025 N 용액은 0.25 N 중크롬산칼륨($K_2Cr_2O_7$) 10배 희석한다.
- 산소소비량이 50 ppm 이상의 시료에는 0.25 N 중크롬산칼륨을, 그 이하의 시료에는 0.025 N 중크롬산칼륨($K_2Cr_2O_7$) 용액을 사용한다.

(ㄹ) **0.025 N 황산제일철암모늄(FAS) 용액**

황산제일철암모늄 6수화물($Fe(NH_4)_2(SO_4)_2 \cdot 6H_2O$)을 9.8 g을 물 500 mL에 용해하고 농황산(c-H_2SO_4) 20 mL를 첨가하여 냉각시킨 후 물을 넣어 1,000 mL로 한다. 이 용액은 불안정하므로 사용할 때마다 표정을 하여야 한다.

(ㅁ) **페로인 지시약(*o*-페난트로린 제1철)**

1.48 g의 1,10-페난트로린($C_{12}H_8N_2 \cdot H_2O$)을 0.70 g의 황산제일철 6수화물($FeSO_4 \cdot 6H_2O$) 결정과 함께 물에 용해하여 100 mL로 한다.

④ **0.025 N 황산제일철암모늄 용액의 표정**

(ㄱ) 0.025 N 중크롬산칼륨 용액 20 mL를 정확히 취하여 삼각플라스크에 넣고 물을 넣어 약 100 mL로 한 다음 황산 30 mL를 넣는다.

(ㄴ) 이를 냉각한 다음 페로인 지시약 2~3방울을 넣고 0.025 N 황산제일철암모늄(FAS 표준액) 용액을 사용하여 액의 색이 청록색에서 적갈색으로 변할 때까지 적정한다.

$$f = \frac{20}{x}$$

여기서, x : 적정에 소비된 0.025 N 황산제일철암모늄양(mL)

⑤ **중크롬산칼륨법 COD 시험방법**

(ㄱ) 250 mL 플라스크에 시료 적당량을 넣고 여기에 황산제이수은 약 0.4 g을 넣은 다음, 물을 넣어 20 mL로 하여 잘 흔들어 섞고 몇 개의 비등석을 넣은 다음 천천히 흔들어 주면서 황산은용액 2 mL를 천천히 넣고, 0.025 N 중크롬산칼륨용액 10 mL를 정확히 넣은 다음 플라스크에 냉각관을 연결시키고

냉각수를 흘린다.

(ㄴ) 열린 냉각관 끝에서 황산은용액 28 mL를 천천히 흔들면서 넣은 다음 냉각관 끝을 작은 비커로 덮고 열판에서 2시간 동안 가열한다.

(ㄷ) 방냉 시키고 물 약 10 mL로 냉각관을 씻은 다음 냉각관을 떼어내고 전체 액량이 약 140 mL가 되도록 물을 넣고 *o*-페난트로린제일철 용액 2～3방울 넣은 다음 0.025 N 황산제일철암모늄 액을 사용하여 액의 색이 청록색에서 적갈색으로 변할 때까지 적정한다. 따로 물 20 mL를 사용하여 같은 조건으로 바탕시험을 행한다.

참고사항

- 현탁물질을 포함하는 경우에는 잘 흔들어 균일하게 한 다음 신속하게 분취한다.
- 2시간 동안 끓인 다음 최초에 넣은 0.025 N 중크롬산칼륨 용액의 약 1/2이 남도록 취한다.
- 염소이온의 양이 40 mg 이상 공존할 경우에는 $HgSO_4$: Cl^- = 10 : 1의 비율로 황산제2수은의 첨가량을 늘린다.

⑥ COD 측정공식

$$\text{COD(mg O/L)} = (b-a) \times f \times \frac{1,000}{V} \times 0.2$$

여기서, a : 적정에 소비된 0.025 N 황산제일철암모늄 용액(mL)
b : 바탕시험에 소비된 0.025 N 황산제일철암모늄 용액(mL)
f : 0.025 N 황산제일철암모늄 용액 농도계수인 역가(factor)
V : 시료의 량(mL)

주의사항

- 아질산성이온(NO_2^-) 1 mg으로 1.1 mg의 산소(O)를 소비한다. 아질산성이온에 의한 방해를 제거하기 위해 시료에 존재하는 아질산성 질소(NO_2-N) mg당 설퍼민산 10 mg을 첨가한다.
- 이 방법에서는 수은화합물을 사용하므로 시험 후 폐액처리에 특히 주의하여야 한다.

3.5.9 COD 관련 연습문제

01 100℃에서 $KMnO_4$에 의한 산소 소비량 측정조작에서 Ag_2SO_4를 첨가하는 이유는 무엇인가? ㉰

㉮ pH 조절하여 종말점을 분명하게 하기 위해서
㉯ 과망간산칼륨의 산화력을 촉진하기 위해서
㉰ 염소이온의 방해 억제를 위해서
㉱ 발색조건을 균일하게 하기 위해서

해설 : 염소이온의 방해를 제거하기위해 황산은(Ag_2SO_4) 분말 1 g을 넣는다. 황산은 분말 1 g 대신 20% 질산은 용액 5 mL 또는 질산은 분말 1 g을 첨가해도 좋다.

02 산성 100℃에서 과망간산칼륨에 의한 화학적 산소요구량을 측정할 때 최종 적정 종말점의 색변화는 어떻게 변화 하는가? ㉱

㉮ 남청색에서 무색 ㉯ 녹청에서 적갈색
㉰ 엷은 청색에서 무색 ㉱ 무색에서 엷은 홍색

해설 : 산성 100℃에서 과망간산칼륨에 의한 화학적 산소요구량 : 액의 색이 엷은 홍색을 나타낼 때까지 적정한다.

03 중크롬산칼륨에 의한 화학적 산소요구량의 실험방법에 관한 설명으로 알맞지 않는 것은 무엇인가? ㉰

㉮ 시료 중 현탁물질을 포함하는 경우에는 충분히 침전시킨 후 상등수를 분취한다.
㉯ 2시간 동안 끓인 다음 최초에 넣은 0.025 N 중크롬산칼륨용액의 약 1/2이 남도록 시료를 취한다.
㉰ 염소이온의 양이 40 mg 이상 공존할 경우에는 $HgSO_4 : Cl^- = 10 : 1$의 비율로 황산제이수은의 첨가량을 늘린다.
㉱ 아질산성 이온에 의한 방해를 제거하기 위해 시료에 술퍼민산을 첨가한다.

해설 : 현탁물질을 포함하는 경우에는 잘 흔들어 섞어 균일하게 한 다음 신속하게 분취한다.

04 폐수 30 mL를 이용하여 100℃에 있어서의 $KMnO_4$에 의한 COD를 측정했을 때, 0.025 N $KMnO_4$ 용액의 량은 4 mL이었다. 이 폐수의 COD는 몇 mg/L인가? (단, 0.025 N $KMnO_4$ 용액의 $f=1.00$이고, 공시험치는 1 mL이었다.) ㉯

㉮ 10 mg/L ㉯ 20 mg/L
㉰ 30 mg/L ㉱ 40 mg/L

해설 : $COD(mg/L) = (b-a) \times f \times \frac{1,000}{V} \times 0.2 = (4-1) \times 1 \times \frac{1,000}{30} \times 0.2 = 20\ mg/L$

05 알칼리성 100℃에서 과망간산칼륨에 의한 화학적 산소요구량을 측정할 때 최종적정 종말점의 색은 무엇인가? ㉮

㉮ 무색　　㉯ 엷은 황색

㉰ 적자색　　㉱ 엷은 홍색

해설 : 알칼리성 100℃에서 과망간산칼륨에 의한 화학적 산소요구량 : 0.025 N 티오황산나트륨 용액으로 무색이 될 때까지 적정한다.

06 다음 화학적 산소요구량(COD)측정법에 관한 설명 중 틀린 것은 무엇인가? ㉰

㉮ COD측정치에는 온도, 가열시간 및 피산화물 농도가 영향을 미친다.

㉯ 염소이온의 방해는 황산은을 첨가함으로서 감소시킬 수 있다.

㉰ 해수와 같이 염소이온이 다량 함유된 시료는 산성 $KMnO_4$법을 이용한다.

㉱ 염소이온은 COD값을 증가시키고, 크롬산이온은 COD값을 감소시킨다.

해설 : 산성 $KMnO_4$법은 염소이온의 방해를 받으므로 해수 측정에는 부적절 하다. 따라서 해수의 경우는 알칼리성법을 사용하는 것이 좋다.

07 0.1 N 과망간산칼륨액의 표정에 사용되는 표준시약은 무엇인가? ㉱

㉮ 티오황산나트륨　　㉯ 무수 탄산나트륨

㉰ 수산화나트륨　　㉱ 수산나트륨

해설 : 0.1 N 과망간산칼륨액의 표정 : 150~200℃에서 1시간 건조하여 황산 건조용기에서 식힌 수산나트륨(표준시약) 약 0.3 g을 정밀히 달아 500 mL 삼각플라스크에 넣고 물 200 mL를 넣어 녹인 다음 황산(1+1) 10 mL를 넣고 열판상에서 60~80℃로 액온을 유지하면서 조제한 과망간산칼륨액으로 적정한다.

08 다음 실험에서 종말점 색깔을 잘못 나타낸 것은 무엇인가? ㉰

㉮ 염소이온 - 엷은 적황색

㉯ 용존산소 - 무색

㉰ 알칼리성 100℃ 과망간산칼륨에 의한 COD - 청색

㉱ 산성 100℃ 과망간산칼륨에 의한 COD - 엷은 홍색

해설 : 알칼리성 100℃ 과망간산칼륨에 의한 COD – 청색에서 무색이다.

09 P공장 폐수의 COD를 측정하기 위하여 검수 25 mL에 증류수를 가하여 100 mL로 하여 실험한 결과 0.025 N $KMnO_4$가 10.1 mL 최종 소모되었다. 이 공장의 COD는 얼마인가? (단, 공시험의 적정에 소요된 0.025 N $KMnO_4$는 0.1 mL이고 0.025 N $KMnO_4$의 역가는 1.00이다.) ㉮

㉮ 80 mg/L　　㉯ 60 mg/L

㉰ 40 mg/L　　㉱ 20 mg/L

해설 : $COD(mg/L) = (b-a) \times f \times \frac{1,000}{V} \times 0.2 = (10.1-0.1) \times 1 \times \frac{1,000}{25} \times 0.2 = 80\ mg/L$

10 알칼리를 함유하는 폐수의 COD 측정에서 시료 100 mL 취해서 중화적정을 한 결과 중성까지 요구된 산의 양은 6 N H_2SO_4 10 mL였다. 이 시료로부터 검수로 10 mL를 취해서 100 mL로 희석하여 COD 실험을 한 결과 0.025 N $KMnO_4$ 소요량이 6 mL였을 때 이 폐수의 COD는 얼마인가? (단, 0.025 N $KMnO_4$ 용액의 역가는 1.050이었고, 바탕액 시험값은 0.32 mL였다.) ㉮

㉮ 약 132 mg/L　　㉯ 약 142 mg/L

㉰ 약 152 mg/L　　㉱ 약 162 mg/L

해설 : $COD(mg/L) = (b-a) \times f \times \frac{1,000}{V} \times 0.2 = (6-0.32) \times 1.05 \times \frac{1,000}{10} \times 0.2 = 119.28\ mg/L$,

여기서 희석을 고려하면 (폐수 100 mL + 황산 10 mL)이므로 전체량은 110 mL이므로,

$= 119.28\ mg/L \times \frac{110}{100} = 131.21\ mg/L$

3.6 부유물질(SS, Suspended Solid)

3.6.1 실험 목적

수중의 고형물에는 입자상으로 현탁되어 있는 고형물과 용액으로 되어 있는 용존 고형물이 있다. 수중에 현탁되어 있는 입자상의 고형물을 부유물질이라 한다. 수질환경의 기준 물질의 하나인 수중에 부유하고 있는 부유물질의 양을 측정한다.

3.6.2 관련 이론

부유물질(suspended solids)은 직경이 0.1 μm 이상의 입자를 말하며, 콜로이드입자는 0.1～0.001 μm, 용존물질(dissolved solids)은 0.001 μm 이하의 입자를 말한다. SS에 해당하는 물질은 0.1 μm 이상의 입자인 부유물질로 해당 시료를 공극이 0.1 μm인 유리섬유여과지(GF/C)에 걸러 105℃에서 건조한 후에 남아 있는 잔류물을 말하며 총 부유성고형물(total suspendes solids : TSS)이라 한다.

3.6.3 SS의 중요성

부유물질 실험은 1차, 2차 처리 시스템과 같은 각종 처리 프로세스에 있어 유입, 유출하는 부유물질의 부하를 알 수 있게 하며, 이에 의해 처리효율을 결정할 수 있다. 또한 방류유역에 방류하게 되는 부유물질 부하도 측정할 수 있다. 물에는 부유물질이 있어도 반드시 유독한 것은 아니지만 음료수로서는 감각적인 불쾌함이 따르므로 탁도 2도로 규정하고 있다. 공업용수로서는 물론 부유물질이 유독하며 특히 섬유공업, 펄프, 양조, 유제품, 클리닝, 염색, 사진, 발전 등의 제조공업에서는 큰 장애가 된다.

물속의 총고형물이 500 mg/L 이하일 경우 식수로 가능하며 가정하수에는 총고형물의 측정이 굳이 필요치 않다. SS의 측정은 오염된 물의 측정에 가장 중요하게 취급되며 가정하수의 강도와 하수처리장치의 효율을 구하는데 이용되고 있다. **침강성 고형물량의 측정은 하·폐수 처리장의 1차 침전지의 필요성 유·무를 결정하는데 중요한 기초 자료**가 되기도 한다.

3.6.4 측정원리

미리 무게를 단 유리섬유거름종이(GF/C)를 여과기에 부착하여 일정량의 시료를 여과시킨 다음 항량으로 건조하여 무게를 달아 여과 전·후의 유리섬유거름종이(GF/C)의 무게차를 산출하여 부유물질의 양을 구하는 방법이다. 정량범위는 5 mg 이상이다.

3.6.5 SS 시험방법

(1) 실험 기구 및 기기

감압 여과기, 유리섬유거름종이(GF/C), 진공플라스크, 데시케이터, 가열건조기, 전자저울, 눈금이 있는 메스실린더, 진공펌프 또는 흡출기

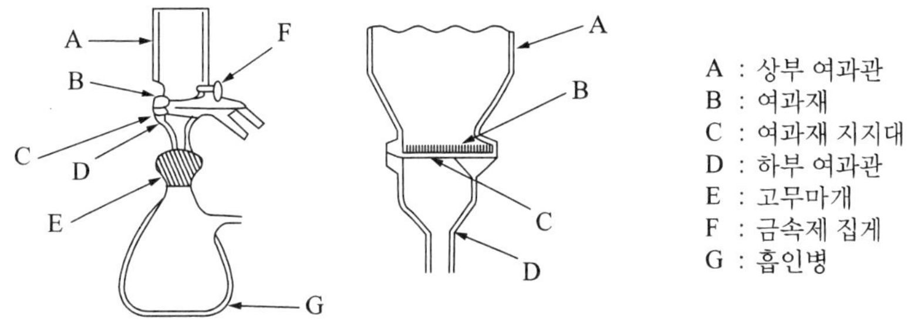

≫ 그림 2.4 **감압 여과기**

(2) SS 시험방법

① 유리섬유거름종이(GF/C 또는 이와 동등한 규격으로서 지름 47 mm의 것)를 여과기에 부착하여 미리 물 20 mL씩으로 3회 흡입 여과하여 씻은 다음 시계접시 위에 놓고 105～110℃의 건조기 안에서 2시간 건조시켜 황산건조용기에 넣어 방냉하고 항량으로 하여 무게를 정밀히 달고 여과기에 부착시킨다.

② 시료 적당량을 여과기에 주입하면서 흡입 여과한다. 시료용기 및 여과기의 기벽에 붙어있는 부착물질을 소량의 물로 거름종이 위에 씻어 내린 다음 즉시 거름종이상의 잔류물을 물 10 mL씩으로 3회 씻어주고 약 3분 동안 계속하여 흡입 여과 한다. 다만 용존염류가 다량 함유되어 있다고 판단되는 시료일 경우에는 세척조작을 2～3회 추가한다.

③ 유리섬유거름종이를 핀셋으로 주의하면서 여과기에서 끄집어내어 시계접시 위에 놓고 105～110℃의 건조기 안에서 2시간 건조시켜 황산건조용기에 넣어 방냉한 다음 항량으로 하여 무게를 정밀히 단다.

④ 여과 전·후의 유리섬유거름종이 무게의 차를 구하여 부유물질의 양으로 한다.

참고사항

- 입경이 큰 고형물을 함유한 시료는 세게 흔들어 섞은 다음 2 mm의 체를 통과한 시료를 가지고 실험한다.
- 사용한 여과기의 하부여과재를 중크롬산 황산 용액에 넣어 침전물을 녹인 다음 정제수로 씻어준다.

(3) SS 측정공식

희석과 식종을 한 시료의 BOD 계산

$$부유물질(mg/L) = (b-a) \times \frac{1,000}{V}$$

여기서, a : 시료 여과 전의 유리섬유 거름종이 무게(mg)
b : 시료 여과 후의 유리섬유 거름종이 무게(mg)
V : 시료의 양(mL)

주의사항

- 건조기의 온도를 체크하여 105～110℃로 유지시킨다.
- 유리섬유거름종이(GF/C)를 조정하여 누수되지 않는가 확인할 것. 만일 누수가 있게 되면 고형물이 그대로 빠져나가 실제보다 낮은 값이 얻어진다.
- 시료를 메스실린더로 계량하여 검수를 만들 때는 시료를 완전하게 혼합하여 시료 중의 SS가 균일하게 분포되도록 하여 이것이 가라앉기 전에 메스실린더에 나눠 붓도록 하여야 한다. 특히 침강속도가 빠른 생슬러지나 활성슬러지 혼합액의 경우와 같이 SS 농도가 짙은 시료에서 주의하여야 한다. 시험에서는 이 혼합이 우선 조건으로 되는 것이다.
- 필요에 따라 추가시험을 할 수 있도록 예비의 유리섬유거름종이(GF/C)의 무게를 달아놓아 준비해 두는 것이 좋다. 즉 시험결과가 의심스러울 때는 재시험을 실시하여야 한다.
- 부유물질은 물리·화학·생물학적으로 변화하기 쉽기 때문에 시료 채취 후 즉시 시험한다. 바로 시험할 수 없을 때에는 동결되지 않게 4℃의 암소에 보관한다.

3.6.6 SS 관련 연습문제

01 SS의 측정 방법은 다음 중 어느 방법에 속하는가? ㉰

㉮ 산화환원적정법 ㉯ 침전적정법
㉰ 중량분석법 ㉱ 중화적정법

해설 : SS 측정 방법은 중량 분석법에 해당한다.

02 다음 중 부유물질 측정시 주의사항으로 옳지 않은 것은 무엇인가? ㉮

㉮ 여지상의 부유물질을 80±5℃에서 2시간 건조한다.
㉯ 유리여과기 또는 부흐너 깔때기형 유리 여과기를 사용한다.
㉰ 입경이 큰 고형물질을 함유한 시료는 세게 흔들어 섞은 다음 2 mm체를 통과한 시료를 가지고 실험한다.
㉱ 시료는 건조 후 현탁물질이 5～30 mg이 되도록 채취한다.

해설 : 105~110℃ 건조기 안에서, 2시간 건조한다.

03 하수처리장에 유입하는 하수의 부유물질량(SS)를 측정하였다. 측정한 최초여지의 무게는 1.111 g이었다. SS 측정법에 따라 시료 200 mL를 여과한 후의 여지의 무게는 1.231 g이었다면 유입수의 부유물질 농도는 얼마인가? ㉰

㉮ 400 mg/L ㉯ 500 mg/L
㉰ 600 mg/L ㉱ 700 mg/L

해설 : $SS(mg/L) = (b-a) \times \frac{1,000}{V} = (1.231 - 1.111) \times \frac{1,000}{200} = 0.6\ g/L = 600\ mg/L$

04 어느 하수처리장의 SS 제거효율을 구하기 위하여 다음과 같은 분석결과를 얻었다. 이 처리장의 SS 제거효율은 얼마인가? ㉯

구분 \ 시료	시료부피	건조시킨 후(용기+SS)무게	용기의 무게
유입수	250 mL	16.3542 g	16.3143 g
유출수	400 mL	17.2712 g	17.2638 g

㉮ 약 86% ㉯ 약 88%
㉰ 약 90% ㉱ 약 92%

해설 : 유입수 $SS(mg/L) = (b-a) \times \frac{1,000}{V} = (16.3542 - 16.3143) \times \frac{1,000}{250} = 0.1596\ g/L$
$= 159.6\ mg/L$

유출수 $SS(mg/L) = (b-a) \times \frac{1,000}{V} = (17.2712 - 17.2638) \times \frac{1,000}{250} = 0.0185\ g/L$
$= 18.5\ mg/L$

$\therefore$ 제거율(%) $= \frac{159.6 - 18.5}{159.6} = 88.40852\%$

05 부유물질(SS) 측정시, 건조시키는 온도와 시간이 알맞게 짝지어진 것은 무엇인가? ㉱

㉮ 100～105℃, 1시간　　㉯ 100～105℃, 2시간
㉰ 105～110℃, 1시간　　㉱ 105～110℃, 2시간

해설 : 105~110℃건조기 안에서, 2시간 건조한다.

06 4℃의 물 1,300 mL가 있는데 97.5 mg의 부유물질이 포함되었다면 중량비로는 몇 ppm인가? ㉱

㉮ 57.0　　㉯ 67.0
㉰ 67.5　　㉱ 75.0

해설 : 4℃에서 물의 밀도는 1 kg/L이므로 물 1.3 L의 무게는 1.3 kg과 같다.

$$\text{ppm} = \frac{97.5\ \text{mg}}{1.3\ \text{L}} = 75\ \text{mg/L}(75\ \text{ppm})$$

07 수질오염공정시험방법상 유리섬유여지(GF/C)를 사용한 부유물질 시험의 정량범위는 얼마 이상인가? ㉱

㉮ 0.1 mg　　㉯ 0.5 mg
㉰ 1.0 mg　　㉱ 5.0 mg

해설 : 부유물질(유리섬유거름종이법) : 미리 무게를 단 유리섬유 거름종이(GF/C)를 여과기에 부착하여 일정량의 시료를 여과시킨 다음 항량으로 건조하여 무게를 달아 여과 전·후의 유리섬유거름종이의 무게차를 산출하여 부유물질의 양을 구하는 방법이다. 정량범위는 5 mg 이상이다.

08 폐수 중의 부유물질(SS)을 측정하기 위하여 다음과 같은 결과를 얻었다. 이 결과로부터 시료 여과 후 여과지의 무게는 얼마인가? (단, 결과 : 시료량 200 mL, 여과 전 여과지 무게 : 1.9912 g, 시료의 SS : 124 mg/L) ㉰

㉮ 2.006 g　　㉯ 2.010 g
㉰ 2.016 g　　㉱ 2.116 g

해설 : $\text{SS(mg/L)} = (b-a) \times \frac{1,000}{V} = 124\text{mg/L} = (b-1.9912) \times \frac{1,000}{200}$

$\therefore\ b = 2.016\ \text{g}$

09 부유물질에 관한 사항 중 옳은 것은 무엇인가? ㊏

㉮ 사용한 여과기의 하부여과재를 정제수로 용해시킨 후, 씻어내 오차를 줄인다.

㉯ 입경이 큰 고형물질을 함유한 시료는 세게 흔들어 섞은 다음 2 mm의 체를 통과한 시료로 실험한다.

㉰ 105～110℃의 건조기 안에서 1시간 건조 후 상온에서 냉각한다.

㉱ 정량범위는 10 mg 이상이다.

해설 : 부유물질은 105~110℃의 건조기 안에서 2시간 건조시키며, 여과기의 하부여과재를 중크롬산 황산용액으로 용해시켜 씻어내 오차를 줄이며, 정량범위는 5 mg 이상이다.

10 폐수중의 부유물질 측정 결과 시료량 : 100 mL, 유리섬유여지의 무게 : 0.6329 g, 폐수 여과 후 건조여지의 무게 : 0.6531 g으로 나타났다. 이 폐수의 부유물질은 얼마인가? ㉮

㉮ 202 mg/L ㉯ 221 mg/L

㉰ 231 mg/L ㉱ 241 mg/L

해설 : $SS(mg/L) = (b-a) \times \frac{1,000}{V} = (0.6531 - 0.6329) \times \frac{1,000}{100} = 0.202\ g/L = 202\ mg/L$

3.7 총질소(TN, Total Nitrogen)

3.7.1 실험 목적

폐수 중에 존재하는 부영양화 현상의 원인 물질인 유기성 질소와 무기성 질소의 총량을 측정한다.

3.7.2 관련 이론

총질소는 수중에 함유된 질소화합물의 총량을 말한다. 이를 질소량, 즉 무기성질소와 유기성 질소의 총량으로 나타낸다. 질소와 인의 폐쇄 수역인 호소나 해역에서 부영양화의 원인 물질로 조류와 편모류 등을 증식케 하여 수질오염을 악화시킨다.

무기성 질소는 암모니아성 질소, 아질산성 질소 및 질산성 질소를 말하고, 유기성 질소는 아미노산, 폴리팹타이드, 단백질 등 생물학적 생산물을 비롯하여 여러 가지 유기화합물 중에 함유되어 있는 질소(단, 시험방법의 조건에서 분해 불가능한 것은 제외)를 말한다. 수중의 유기성 질소는 분뇨, 공장폐수 등의 유입으로 증가한다.

총질소는 통상 암모니아와 아질산성 질소 그리고 질산성 질소의 한 가지 형태로 분해시키는 분해단계와 분해 된 질소형태를 정량 분석하는 단계로 구분하여 실험을 수행한다. 분해단계로서 총질소와 유기질소를 분해하기 위해서는 킬달질소를 정량하기 위하여 사용되는 킬달법(일명 증류법)과 고압멸균기를 이용하여 분해하는 과황산법이 사용된다. 알칼리성 과황산법은 모든 질소화합물을 질산염으로 산화시켜서 총질소를 결정한다. 암모니아, 질산염과 아질산염은 별도로 결정하여야 하며 유기질소는 각각의 차에서 구할 수 있다. 킬달질소(Kjeldahl nitrogen)는 자유암모니아와 다른 유기질소화합물(황산암모늄으로 전화되는 질소화합물)의 합이다.

현재 우리나라의 수질오염공정시험방법에는 암모니아성 질소, 아질산성 질소, 질산성 질소, 그리고 총질소 분석법이 규정되어 있으며, 총질소 분석방법으로는 자외선 흡광광도법, 카드뮴 환원법, 환원증류 - 킬달법, 합산법을 택하고 있다.

자외선 흡광광도법은 시료중의 질소화합물을 질산성 질소로 산화시킨 후 220 nm에서 직접 질산성 질소를 측정하여 총질소를 정량하는 방법으로 간편하고 신속하여 예비실험으로 적당하다.

카드뮴 환원법은 질산성 질소를 카드뮴 - 구리 환원칼럼을 통과시켜 아질산성 질소로 환원시켜 이를 측정하여 총질소를 정량하는 방법으로 미량의 질산성 질소를 정량할 수 있으나 실험절차가 복잡하다.

환원증류 - 킬달법은 시료 중의 화학종을 암모니아로 전환시켜 이를 측정하여 총질소를 정량하는 방법으로 앞의 두 가지 방법보다 절차가 더 복잡하다. 이들 총질소 분석방법 중 자외선 흡광광도법이 가장 간편하고 신속한 방법으로 여겨진다. 그러나 이 방법은 미국의 시험방법인 Standard Method에는 채택되어 있지 않으므로 사용용도에 적합한지를 우선 고려해서 사용하여야 한다.

3.7.3 자외선 흡광광도법

(1) 측정원리

시료 중 질소화합물을 알칼리성 과황산칼륨의 존재 하에 120℃에서 유기물과 함께 분해하여 질산이온으로 산화시킨 다음 산성에서 자외부 흡광도를 측정하여 질소를 정량하는 방법이다. 이 방법은 비교적 분해되기 쉬운 유기물을 함유하고 있거나 자외부에서 흡광도를 나타내는 브롬이온이나 크롬을 함유하지 않는 시료에 적용된다. 정량범위는 0.005～0.05 mg N이며, 표준편차는 3～10 %이다.

(2) 시험방법

① 실험 기구

광전광도계 또는 광전분광광도계(220 nm에서 측정 가능한 것), 고압증기멸균기(약 120℃에서 가열이 가능한 것), 분해병(용량 약 100 mL의 내압·내열의 마개 있는 유리병 또는 테프론병), 용량플라스크(100 mL), 유리섬유거름종이(GF/C)

② 시약

과황산칼륨($K_2S_2O_8$), 수산화나트륨(NaOH), 염산(HCl), 질산칼륨(KNO_3)

③ 시약의 조제

㈀ **알칼리성 과황산칼륨($K_2S_2O_8$)용액**

증류수 500 mL에 수산화나트륨(질소, 인 시험용 또는 질소함량이 0.005 % 이하인 것) 20 g을 녹인 다음, 과황산칼륨(질소, 인 시험용 또는 질소함량이 0.005 % 이하인 것) 15 g을 넣어 녹인다. 이 용액은 사용시 조제한다.

㈁ **염산(1+16)**

증류수 160 mL에 진한 염산 10 mL를 천천히 가하여 혼합한다.

㈂ **염산(1+500)**

증류수 500 mL에 진한 염산 1 mL를 천천히 가하여 혼합한다.

㈃ **질산성 질소 표준액(0.02 mg NO_3-N/mL)**

질산성 질소 표준원액(0.1 mg NO_3-N/mL) 20 mL을 정확히 취하여 증류수로 정확히 100 mL로 만든다.

(ㅁ) **질산성 질소 표준원액(0.1 mg NO_3–N/mL)**

미리 건조기에서 105～110℃로 약 4시간 건조한 질산칼륨(KNO_3) 0.7218 g을 증류수에 녹여 1,000 mL로 만든다.

④ **시료의 전처리**

시료 50 mL(질소함량이 0.1 mg 이상일 경우에는 희석)를 분해병에 넣고 알칼리성 과황산칼륨 용액 10 mL를 넣어 마개를 닫고 흔들어 섞은 다음 고압증기멸균기에 넣고 가열한다. 약 120℃가 될 때부터 30분간 가열 분해하고 분해병을 꺼내어 방냉한다.

⑤ **자외선 흡광광도법 시험방법**

(ㄱ) 전처리 한 시료의 상등액을 취하여 유리섬유거름종이(GF/C)로 여과하고 처음 여액 5～10 mL는 버린 다음 여액 25 mL를 정확히 취하여 50 mL 비커 또는 비색관을 옮긴다.

(ㄴ) 여기에 염산(1+16) 5 mL를 넣어 pH 2～3으로 하고 이 용액의 일부를 층장 10 mm 흡수셀에 옮겨 시료용액으로 한다.

(ㄷ) 따로 물 50 mL를 취하여 시료의 전처리 시험방법에 따라 시험하고 바탕시험액으로 한다. 바탕시험액을 대조액으로 하여 220 nm에서 시료 용액의 흡광도를 측정하고 미리 작성한 검량선으로부터 질소의 양을 구하여 다음 식으로 시료중의 총질소 농도(mg/L)를 산출한다.

⑥ **검량선의 작성**

질산성질소 표준액(0.02 mg NO_3-N/mL) 0～10 mL를 단계적으로 취하여 100 mL 용량플라스크에 넣고 물을 넣어 표선을 채운다. 이 액 25 mL씩을 정확히 취하여 각각 50 mL 비커 또는 비색관에 넣고 염산(1+500) 5 mL를 넣은 다음 시료의 시험방법에 따라 시험하고 질소의 양과 흡광도와의 관계선을 작성한다.

(ㄱ) 이 방법은 브롬이온 10 mg/L, 크롬 0.1 mg/L 정도에서 영향을 받으며 해수와 같은 시료에는 적용할 수 없다.

(ㄴ) 시료 50 mL 중의 총 질소가 0.1 mg 이상인 경우는 시료의 적당량(N으로 0.2 mg 미만을 포함한 것)을 100 mL 용량플라스크에 취하고 표선까지 무를 채운다.

⑦ **총질소 측정공식**

작성한 검량선으로부터 질소의 양을 구하여 다음 식으로 시료 중의 총질소 농도를 산출한다.

$$총질소(mg\ N/L) = a \times \frac{60}{25} \times \frac{1,000}{V}$$

여기서, a : 검량선으로부터 구한 질소의 양(mg)

V : 전처리시 분해병에 넣은 시료의 량(mL)

시료를 희석한 경우는 시료 50 mL 중의 총질소가 0.1 mg 이상인 경우에는 시료의 적당량(N으로 0.2 mg 미만)을 100 mL 용량플라스크에 취하고 표선까지 물을 채운다.

$$총질소(mg\ N/L) = b \times \frac{60}{25} \times \frac{1,000}{50} \times \frac{100}{시료(mL)}$$

여기서, b : 분취한 용액 25 mL 중의 총질소

3.7.4 카드뮴 환원법

(1) 측정원리

시료 중 질소화합물을 알칼리성 과황산칼륨 존재 하에 120℃에서 유기물과 함께 분해하여 질산이온으로 산화시킨 다음 질산이온을 다시 카드뮴 - 구리환원 칼럼을 통과시켜 아질산이온으로 환원시키고 아질산성 질소의 양을 구하여 질소로 환산하는 방법이다. 이 방법은 비교적 분해되기 쉬운 유기물을 함유한 시료나 시료량이 소량일 경우로서 총질소 농도가 낮은 시료에 적용된다. 정량범위는 0.0002 ~ 0.002 mg N이며 표준편차는 3 ~ 10 %이다.

(2) 시험방법

① 실험 기구

광전광도계 또는 광전분광광도계(220 nm에서 측정 가능한 것), 고압증기멸균기(약 120℃에서 가열이 가능한 것), 분해병(용량 약 100 mL의 내압·내열의 마개 있는 유리병 또는 테프론병), 용량플라스크(100 mL), 유리섬유거름종이(GF/C), 카드뮴 - 구리 환원칼럼

② 시약

과황산칼륨($K_2S_2O_8$), 카드뮴 - 구리 환원칼럼 충전제 및 활성화액, 염화암모늄 - 암모니아 용액, 수산화나트륨(NaOH), 염산(HCl), 질산칼륨(KNO_3)

③ 시약의 조제

㈀ **알칼리성 과황산칼륨($K_2S_2O_8$)용액**

증류수 500 mL에 수산화나트륨(질소, 인 시험용 또는 질소함량이 0.005 % 이하인 것) 20 g을 녹인 다음, 과황산칼륨(질소, 인 시험용 또는 질소함량이 0.005 % 이하인 것) 15 g을 넣어 녹인다. 이 용액은 사용시 조제한다.

㈁ **카드뮴 – 구리 환원 칼럼 충전제**

입자카드뮴(입경 0.5～2 mm) 약 40 g을 삼각플라스크에 넣고 염산(1＋5) 약 50 mL를 넣어 씻어주고 다시 물 약 100 mL씩으로 5회 정도 씻어준다. 다음에 질산(1＋39) 약 50 mL씩으로 2회 씻어주고 다시 물 약 100 mL씩으로 5회 정도 씻어준다. 씻은 액은 버리고 카드뮴 - 구리 환원 칼럼 활성화액 200 mL를 넣어 24시간 방치하여 카드뮴의 표면에 구리의 피막을 형성케 한다. 이 충전제는 그대로 밀봉하여 보존하여야 한다.

㈂ **카드뮴 – 구리 환원 칼럼 활성화액**

물 약 700 mL에 8 % 수산화나트륨용액 70 mL를 넣고 에틸렌다이아민테트라초산이나트륨 2수화물($C_{10}H_{14}N_2Na_2O_8 \cdot 2H_2O$) 38 g, 황산구리 5수화물 12.5 g을 넣어 녹인 다음 8 % 수산화나트륨용액을 넣어 pH 7로 조절하고 물을 넣어 1,000 mL로 한다.

㈃ **염화암모늄 – 암모니아용액**

NH_4Cl(표준시약) 100 g을 물 액 700 mL에 녹인 다음 암모니아수 50 mL를 넣고 물을 1,000 mL로 한다.

㈄ **질산성 질소 표준액(0.01, 0.02 mg NO_3–N/mL)**

질산성 질소 표준원액(0.1 mg NO_3-N/mL) 10, 20 mL를 정확히 취하여 증류수로 정확히 100 mL로 만든다.

㈅ **질산성 질소 표준액(0.001, 0.002 mg NO_3–N/mL)**

질산성 질소 표준액(0.01 mg NO_3-N/mL) 10, 20 mL를 정확히 취하여 증류수로 정확히 100 mL로 만든다.

㈆ **질산성 질소 표준원액(0.1 mg NO_3–N/mL)**

미리 건조기에서 105～110℃로 약 4시간 건조한 질산칼륨(KNO_3) 0.7218 g을 증류수에 녹여 1,000 mL로 만든다.

④ 시료의 전처리

자외선 흡광광도법의 전처리와 같다.

⑤ **카드뮴 환원법 시험방법**

(ㄱ) 전처리한 시료가 들어있는 분해병에 염산(1+11) 10 mL를 넣고 흔들어 섞은 다음 100 mL 용량플라스크에 옮긴다. 분해병의 안쪽을 소량의 물로 수회 씻어서 용량플라스크에 합하고 염화암모늄-암모니아 용액 10 mL를 넣어 물로 표선을 채워서 환원용 시료액으로 한다.

(ㄴ) 이 액 5 mL를 환원칼럼의 상부로부터 매 분당 약 10 mL의 속도로 흘려보내 유출액은 버리고 이 조작을 한 번 더 반복한다. 다음에 환원용 시료액 약 80 mL를 위와 같은 속도로 흘려보내 처음의 유출액 20 mL는 버리고 다음 유출액 50 mL를 수기에 받아 측정용 시료로 사용한다.

(ㄷ) 측정용 시료 적당량을 취하여 시험하고 따로 물 50 mL를 취하여 시료의 시험방법에 따라 시험하여 시료용액의 흡광도를 보정한 다음 미리 작성한 검량선으로부터 환원용 시료 100 mL 중의 총질소 양을 구하고 다음 식에서 농도(mg/L)를 산출한다.

⑥ **검량선의 작성**

(ㄱ) 질산성질소 표준액(0.002 mg NO_3-N/mL) 0～10 mL를 단계적으로 취하여 100 mL 용량플라스크에 넣고 염화암모늄-암모니아용액 10 mL와 물을 넣어 표선을 체운 액을 환원용 표준액으로 하여 시료의 시험방법에 따라 시험하고 총질소의 양과 흡광도와의 관계선을 작성한다.

(ㄴ) 환원용 시료 100 mL 중 총질소의 양이 0.02 mL 이상일 경우에는 200～500 mL 용량플라스크를 사용하여 100 mL당 염화암모늄-암모니아용액 10 mL씩을 더 넣어주고 물로 표선을 채운 다음 환원용 시료로 한나. 이때는 총질소 농도 계산식에 $C/100$(C : 사용한 플라스크용량 mL)를 곱해 준다.

⑦ **총질소 측정공식**

작성한 검량선으로부터 질소의 양을 구하여 다음 식으로 시료 중의 총질소 농도를 산출한다.

$$\text{총질소(mg N/L)} = a \times \frac{1,000}{V}$$

여기서, a : 환원용시료 100 mL 중의 총질소의 양(mg)

V : 전처리에서 취한 시료의 량(mL)

3.7.5 환원 증류 - 킬달법(합산법)

(1) 측정원리

시료에 데발다합금을 넣고 알칼리성에서 증류하여 시료중의 무기질소를 암모니아로 환원 유출시키고, 다시 잔류시료 중의 유기질소를 킬달분해 한 다음 증류하여 암모니아로 유출시켜 각각의 암모니아성질소의 양을 구하고 이들을 합하여 총질소를 정량하는 방법이다. 정량범위는 0.008～0.16 mg N이며 표준편차는 3～10%이다.

(2) 시험방법

① 실험 기구

광전광도계 또는 광전분광광도계(220 nm에서 측정 가능한 것), 증류장치, 킬달분해장치

② 시약

데발다합금 분말, 수산화나트륨 용액(3 w/v %, 50 w/v %), 0.05 N 황산(H_2SO_4), 분해촉진제, 과산화수소(H_2O_2)

③ 시약의 조제

㈀ **분해 촉진제**

$CuSO_4 \cdot 5H_2O$와 K_2SO_4의 분말을 1 : 4 비율로 섞어서 만든다.

④ 시료의 전처리

㈀ **무기질소의 환원**

시료 적당량(0.7～10 mg N 함유)을 취하여 1 L 증류플라스크에 넣고 물을 넣어 약 350 mL로 한다. 비등석 수개, 데발다합금 분말 3 g과 수산화나트륨 용액(30 w/v %) 10 mL를 넣어 증류장치를 조립하고 냉각관의 끝을 미리 0.05 N 황산 50 mL를 넣어 둔 200 mL 부피실린더 수기에 연결하여 매분 5～7 mL의 유출속도로 증류한다. 수기의 유출액량이 약 180 mL가 되면 증류를 끝내고 냉각관의 안쪽을 소량의 물로 수 회 씻어서 수기에 합하여 물을 넣어 표선을 채운다(A액).

㈁ **유기질소의 환원**

무기질소의 환원에서 증류하고 남은 증류플라스크의 내용물과 증류플라스크를 물로 씻은액 전량을 조심하여 적당한 용량의 킬달플라스크에 옮기고 총질소 시험용 분해촉진제 2 g을 넣고 플라스크의 목 부분에 남아있는 잔류

물을 소량의 물로 씻어 넣은 플라스크의 내벽을 따라 황산 5~10 mL를 넣는다. 다음에 과산화수소수 1 mL를 주의하여 넣고 석면상에서 가열하여 백연이 발생하여 내용물이 투명해질 때까지 분해를 계속한다. 방냉한 다음 물 약 100 mL를 넣어 석출된 결정성 물질을 가열 용해하여 분해한 액을 1 L 증류플라스크에 옮기고 소량의 물로 킬달플라스크를 수 회 씻어서 합한다. 물을 넣어 액량을 약 350 mL로 하고 증류장치를 조립하여 냉각관의 끝을 미리 0.05 N 황산 50 mL를 넣어둔 200 mL 매스실린더 수기에 연결한다. 증류플라스크의 상부로부터 수산화나트륨 용액(50 w/v %) 40 mL를 넣고 증류플라스크를 가열하여 매분 5~7 mL의 유출속도로 증류한다. 수기의 유출액량이 약 180 mL가 되면 증류를 끝내고 냉각관의 안쪽을 소량의 물로 수 회 씻어서 수기에 합하고 물을 넣어 표선을 채운다(B액).

⑤ 환원 증류 – 킬달법(합산법) 시험방법

시료의 전처리에서 얻어진 A, B액의 일부 또는 전량을 취하여 흡광광도법(인도페놀법)에 따라 시험하고, 따로 시료와 같은 양의 물을 취하여 1 L 증류플라스크에 넣고 시료의 전처리와 같은 조작을 하여 바탕시험액으로 한다. 바탕시험을 대조액으로 하여 각각 A, B액 중의 총질소 농도를 구하고 두 값을 합하여 시료의 총질소 농도(mg/L)로 한다.

3.7.6 총질소(TN) 관련 연습문제

01 총킬달질소(TKN)는 무엇을 의미하는가? ㉰

㉮ 유기성 질소와 아질산성 질소 ㉯ 아질산성 질소와 질산성 질소
㉰ 유기성 질소와 암모니아성 질소 ㉱ 암모니아성 질소와 아질산성 질소

해설 : 총킬달질소(TKN)은 유기성 질소와 암모니아성 질소의 합이다.

02 수질오염공정시험법상 총질소 분석 방법과 가장 거리가 먼 것은? ㉮

㉮ 가스크로마토그래피법 ㉯ 환원증류 - 킬달법
㉰ 자외선 흡광광도법 ㉱ 카드뮴 환원법

해설 : 총질소 분석 방법은 흡광광도법, 카드뮴환원법, 환원증류 – 킬달법이 있다.

03 다음 시험항목 중 측정할 때 증류장치가 필요한 것은 어느 것인가? ㉰

㉮ 알킬수은법 ㉯ 아질산성 질소시험법
㉰ 총질소 시험법 ㉱ 철 시험법

해설 : 총질소 정량법 중 환원증류 – 킬달법(합산법)에서 증류장치가 필요하다.

04 [시료 중 질소화합물을 ( )의 존재하에 120℃에서 유기물과 함께 분해하여 질산이온으로 산화시킨다.] 총질소 측정시험에 관한 설명이다. ( )안에 알맞은 시약명은? (단, 흡광광도법 기준) ㉯

㉮ 염화제일주석산 ㉯ 알칼리성 과황산칼륨
㉰ 염화암모늄 - 암모니아용액 ㉱ 과염소산나트륨

해설 : 총질소의 흡광광도법 : 시료 중 질소화합물을 알칼리성 과황산칼륨의 존재하에 120℃에서 유기물과 함께 분해하여 질산 이온으로 산화시킨 다음 산성에서 자외부 흡광도를 측정하여 질소를 정량하는 방법이다. 이 방법은 비교적 분해되기 쉬운 유기물을 함유하고 있거나 자외부에서 흡광도를 나타내는 브롬이온이나 크롬을 함유하지 않는 시료에 적용된다.

05 질소화합물의 측정 방법이 알맞게 연결된 것은 무엇인가? ㉰

㉮ 질산성 질소 : 카드뮴환원법
㉯ 아질산성 질소 : 흡광광도법(인도페놀법)
㉰ 총질소 : 자외선 흡광광도법
㉱ 암모니아성 질소 : 환원 증류-킬달법(합산법)

해설 : 총질소 측정 방법 : 흡광광도법, 카드뮴환원법, 환원증류 – 킬달법(합산법)이 있다.

06 총질소의 전처리에서 시료를 분해병에 넣고 알칼리성과 황산칼륨용액을 주입 후 고압증기멸균기에 넣고 가열 분해하는데 소요되는 시간은 얼마인가? ㉱

㉮ 약 150℃가 될 때부터 1시간　　㉯ 약 150℃가 될 때부터 30분
㉰ 약 120℃가 될 때부터 1시간　　㉱ 약 120℃가 될 때부터 30분

해설 : 총질소 흡광광도법의 시료 전처리 : 시료 50 mL(질소함량이 0.1 mg 이상일 경우에는 희석)를 분해병에 넣고 알칼리성 과황산칼륨용액 10 mL를 넣어 마개를 닫고 흔들어 섞은 다음 고압증기멸균기에 넣고 가열한다. 약 120℃가 될 때부터 30분간 가열 분해하고 분해병을 꺼내어 방냉한다.

07 자외선 흡광광도법을 통한 총질소의 측정시 정량범위와 광전광도계의 파장은 무엇인가? ㉱

㉮ 0.008～0.16 mg, 220 nm　　㉯ 0.005～0.05 mg, 260 nm
㉰ 0.0002～0.002 mg, 260 nm　　㉱ 0.005～0.05 mg, 220 nm

해설 : 총질소 측정시 자외선 흡광광도법은 정령범위와 광전광도계 파장이 0.005~0.05 mg, 220 nm이다.

08 다음 공정시험법상 총질소의 측정방법과 가장 거리가 먼 것은 무엇인가? ㉰

㉮ 이온크로마토그래피법　　㉯ 자외선 흡광광도법
㉰ 데발다합금 환원증류법　　㉱ 카드뮴 - 구리칼럼 환원법

해설 : 총질소 분석 방법은 흡광광도법, 카드뮴환원법, 환원증류 – 킬달법이 있다.

09 총질소 측정방법 중 카드뮴 환원법의 정량범위와 광전광도계의 파장은 무엇인가? ㉯

㉮ 0.005～0.05 mg, 260 nm　　㉯ 0.0002～0.002 mg, 220 nm
㉰ 0.008～0.16 mg, 220 nm　　㉱ 0.005～0.05 mg, 220 nm

해설 : 총질소 측정시 카드뮴 환원법은 정령범위와 광전광도계 파장이 0.0002~0.002 mg, 220 nm이다.

10 0.1 mg N/mL 농도의 NH_3–N 표준원액을 1 L 조제하고자 할 때 요구되는 NH_4Cl의 양은 얼마인가? (단, NH_4Cl의 M · W = 53.5) ㉯

㉮ 314.70 mg/L　　㉯ 382.14 mg/L
㉰ 464.14 mg/L　　㉱ 492.14 mg/L

해설 : NH_4Cl(M · W = 53.5), N(M · W = 14)이므로

$$NH_4Cl(mg/L) = \frac{0.1\times10^3\ mg}{1\ L}\Big|\frac{53.5}{14} = 382.14\ mg/L$$

3.8 총인(TP, Total Phosphorus)

3.8.1 실험 목적

폐수나 시료 중에 존재하는 부영양화 현상의 원인 물질인 총인의 농도를 측정한다.

3.8.2 관련 이론

총인(TP, Total Phosphorus)은 대체로 축합 인산염과 또한 일부 자연 상태의 물에서 가수분해 되어 정인산염으로 변할 수 있는 형태의 유기인산염 화합물을 포함하고 있다. 또한 다중인산염을 포함하고 있다. 일반적으로 다중인산염은 반응성 인과 대응되지 않지만 산과 함께 가열하여 가수분해 되면 정인산염으로 변할 수 있다. 수중에 포함되어 있는 무기, 유기의 인 화합물의 총량을 과황산칼륨 분해법이나 질산-황산 분해법으로 분해하여 인산염인의 형태로 변화시킨 다음 측정한다. 인의 공급원으로는 지질적인 것, 생물의 유해, 공장폐수 및 가정하수 등이다.

3.8.3 흡광광도법(아스코르빈산 환원법)

(1) 측정원리

시료 중의 유기물을 산화 분해하여 모든 인 화합물을 인산염(PO_4) 형태로 변화시킨 다음 인산염을 아스코르빈산환원 흡광광도법으로 정량하여 총인의 농도를 구하는 방법이다. 880 nm에서 흡광도 측정이 불가능할 경우에는 710 nm에서 측정한다(발색시간 : 15분). 정량범위는 0.001～0.025 mg P이며, 표준편차는 2～10 %이다.

(2) 시험방법

① 실험 기구

광전광도계 또는 광전분광광도계, 고압증기멸균기(약 120℃에서 가열이 가능한 것), 분해병(용량 약 100 mL의 내압·내열의 마개있는 유리병 또는 테프론병), 마개 있는 용량플라스크(50 mL), 유리섬유거름종이(GF/C), 킬달플라스크(100 mL)

② 시약

과황산칼륨($K_2S_2O_8$), 수산화칼륨(KOH), 아스코르빈산($C_6H_8O_6$), 황산(H_2SO_4), 몰리브덴산암모늄[$(NH_4)_6Mo_7O_{24} \cdot 4H_2O$], 주석산안티몬칼륨[$K_9SbOC_4H_4O_5 \cdot 0.5$

H_2O], 설파민산암모늄($NH_4OSO_2NH_2$), *p*-나이트로페놀($C_6H_5NO_3$), 수산화나트륨(NaOH), 질산(HNO_3)

③ 시약의 조제

(ㄱ) **과황산칼륨($K_2S_2O_8$)용액(4 w/v %)**

과황산칼륨 4.0 g을 물에 녹여 100 mL로 한다.

(ㄴ) **아스코르빈산용액(7.2 w/v %)**

아스코르빈산 7.2 g을 증류수로 녹여 100 mL로 한다.

(ㄷ) **몰리브덴산암모늄 – 아스코르빈산 혼액**

몰리브덴산암모늄 6 g과 주석산안티몬칼륨 0.24 g을 물 약 300 mL에 녹이고 황산(2+1) 120 mL와 설파민산암모늄 5 g을 넣어 녹인 다음 증류수를 넣어 500 mL로 하고 여기에 7.2 % L-아스코르빈산 용액 100 mL를 넣어 섞는다. 이 용액은 사용시 조제한다.

(ㄹ) **황산(2+1)**

증류수 40 mL에 황산 80 mL를 서서히 가하여 녹인다.

(ㅁ) ***p*-나이트로페놀용액(0.1 w/v %)**

p-나이트로페놀 0.1 g을 증류수에 녹여 100 mL로 한다.

(ㅂ) **수산화나트륨용액(20 w/v %, 4 w/v %)**

수산화나트륨 20.0 g, 4.0 g을 증류수에 녹여 100 mL로 한다.

(ㅅ) **인산염인 표준액(0.005 mg P/mL)**

인산염인 표준원액 25 mL를 정확히 취하여 물을 넣어 정확히 500 mL로 한다.

(ㅇ) **인산염인 표준원액(0.1 mg PO_4–P/mL)**

미리 105～110℃에서 건조한 인산이수소칼륨(KH_2PO_4 표준시약) 0.439 g을 정확히 달아 증류수에 녹여 정확히 1,000 mL로 한다.

인산염인 표준원액 조제 시 계산

KH_2PO_4 : P = 136 : 31 = x ; 0.1 mg/mL × 1,000 mL

KH_2PO_4 필요량 x = 438.71 mg ≒ 439 mg

④ 시료의 전처리

(ㄱ) **황산칼륨 분해(분해되기 쉬운 유기물을 함유한 시료)**

시료 50 mL(인으로서 0.06 mg 이하 함유)를 분해병에 넣고 과황산칼륨용액(4 w/v %) 10 mL를 넣어 마개를 닫고 섞은 다음 고압증기멸균기에 넣어 가열한다. 약 120℃가 될 때부터 30분간 가열분해를 계속하고 분해병을 꺼내 방냉한다.

(ㄴ) **질산－황산 분해(다량의 유기물을 함유한 시료)**

- 시료 50 mL(인으로서 0.06 mg 이하 함유)를 킬달플라스크에 넣고 질산 2 mL를 넣어 액량이 약 10 mL가 될 때까지 서서히 가열 농축하고 방냉한다. 여기에 질산 2～5 mL와 황산 2 mL를 넣고 가열을 계속하여 황산의 백연이 격렬하게 발생할 때까지 가열한다.
- 만일 액의 색이 투명하지 않을 경우에는 방냉한 다음 질산 2～5 mL를 더 넣고 가열 분해를 반복한다. 분해가 끝나면 물 약 30 mL를 넣고 약 10분간 조용히 가열하여 가용성 염을 녹이고 방냉한다. 이 용액을 *p*-나이트로페놀(0.1 w/v %)을 지시약으로 하여 수산화나트륨용액(20 w/v %) 및 수산화나트륨용액(4 w/v %)을 넣어 액의 색이 황색을 나타낼 때까지 중화한 다음 50 mL 용량플라스크에 옮기고 물을 넣어 표선까지 채운다.

⑤ **흡광광도법(아스코르빈산 환원법) 시험방법**

(ㄱ) 전처리한 시료의 상등액 25 mL를 취하여 마개 있는 시험관에 넣고 몰리브덴산암모늄-아스코르빈산혼합액 2 mL를 넣어 흔들어 섞은 다음 20～40℃에서 15분간 방치한다.

(ㄴ) 여기서 전처리한 시료의 상등액이 탁할 경우에는 유리섬유거름종이(GF/C)로 여과하여 여액을 사용한다.

(ㄷ) 이 용액의 일부를 층장 10 mm 흡수셀에 옮겨 시료용액으로 하고 따로 물 50 mL를 취하여 시료의 시험방법에 따라 시험하여 바탕시험액으로 한다.

(ㄹ) 바탕시험액을 대조액으로 하여 880 nm에서 시료용액의 흡광도를 측정하고 미리 작성한 검량선으로 부터 총인의 양을 구하여 농도(mg/L)를 산출한다.

(ㅁ) 880 nm에서 흡광도 측정이 불가능할 경우에는 710 nm에서 측정한다(발색시간 : 15분).

⑥ **검량선의 작성**

인산염인 표준액(0.005 mg P/mL) 1～20 mL를 단계적으로 취하여 100 mL 용량플라스크에 넣고 물을 넣어 표선을 채운 다음 이 액 25 mL씩을 마개 있는 시험관에 넣고 시료의 시험방법에 따라 시험하여 인의 양과 흡광도와의 관계선을 작성한다.

⑦ **총인 측정공식**

미리 작성한 검량선으로부터 총인의 양을 구하여 다음 식으로 시료 중의 총인 농도를 산출한다.

㈀ **과황산칼륨 분해한 경우**

$$총인(\mathrm{mg\ P/L}) = a \times \frac{60}{25} \times \frac{1,000}{50}$$

여기서, a : 검량선으로부터 구한 인의 양(mg)

㈁ **질산－황산 분해한 경우**

$$총인(\mathrm{mg\ P/L}) = a \times \frac{1,000}{25}$$

여기서, a : 검량선으로부터 구한 인의 양(mg)

3.8.4 총인(TP) 관련 연습문제

01 총인 분석에 필요한 기구 및 기기가 아닌 것은 무엇인가? ㉰

㉮ 광전광도계 ㉯ 고압증기멸균기

㉰ 증류장치 ㉱ 분해병

해설 : 총인 분석에 필요한 기구 및 기기는 ① 광전광도계 또는 광전분광광도계, ② 고압증기멸균기, ③ 분해병, ④ 킬달분해장치

02 다음 중 총인을 아스코르빈산환원법에 의해 흡광도 측정을 할 때 880 nm에서 측정이 불가능한 경우 어느 파장범위에서 측정이 가능한가? ㉱

㉮ 440 nm ㉯ 540 nm ㉰ 660 nm ㉱ 710 nm

해설 : 880 nm에서 흡광도 측정이 불가능할 경우에는 710 nm에서 측정한다(발색시간 : 15분).

03 총인 측정에 관한 설명으로 알맞지 않은 것은 무엇인가? ㉰

㉮ 시료 중 유기물을 산화분해하여 모든 인화합물을 PO_4 형태로 변화시킨다.

㉯ 전처리한 시료의 상등액이 탁할 경우는 유리섬유여지로 여과하여 여액을 사용한다.

㉰ 분해되기 쉬운 유기물을 함유한 시료는 질산(시료 50 mL, 질산 2 mL)을 넣고 가열하여 전처리 한다.

㉱ 일반적 측정방법으로 아스코르빈산 환원(흡광광도법)에 이용된다.

해설 : 총인 시료의 전처리는 ① 과황산칼륨 분해(분해되기 쉬운 유기물을 함유한 시료) 시료 50 mL(인으로서 0.06 mg 이하 함유)를 분해병에 넣고 과황산칼륨용액(4 w/v %) 10 mL를 넣어 마개를 닫고 섞은 다음 고압증기멸균기에 넣어 가열한다. 약 120℃가 될 때부터 30분간 가열분해를 계속하고 분해병을 꺼내 방냉한다. ② 질산 – 황산 분해(다량의 유기물을 함유한 시료) 시료 50 mL(인으로서 0.06 mg 이하 함유)를 킬달플라스크에 넣고 질산 2 mL를 넣어 액량이 약 10 mL가 될 때까지 서서히 가열농축하고 방냉한다. 여기에 질산 2~5 mL와 황산 2 mL를 넣고 가열을 계속하여 황산의 백연이 격렬하게 발생할 때까지 가열한다.

04 흡광광도법으로 인산염인을 정량할 때 몰리브덴산 암모늄을 환원시키는 환원제는 무엇인가? ㉱

㉮ $SbCl_2$ ㉯ $SnCl_4$ ㉰ $SbCl_4$ ㉱ $SnCl_2$

해설 : 염화제일주석($SnCl_2$)으로 환원시킨다.

05 수질오염공정시험법에서 수질 중의 인산염인을 측정할 수 있는 시험방법은 무엇인가? ㉯

㉮ 카드뮴 아말감환원법 ㉯ 아스코르빈산환원법

㉰ 부루신법 ㉱ 에브럴 - 노리스법

해설 : 인화합물 정량법은 ① 인산염인 : 흡광광도법(염화제일주석환원법, 아스코르빈산환원법), ② 총인 : 흡광광도법(아스코르빈산환원법)

06 흡광광도법에 의한 총인 측정에 관한 설명 중 틀린 것은 무엇인가? ㉰

㉮ 환원제로 아스코르빈산을 사용한다.

㉯ 전처리한 시료의 상등액이 탁할 경우에는 유리섬유거름종이로 여과하여 여액을 사용한다.

㉰ 흡광광도법으로 측정시 파장은 680 nm에서 측정이 불가능한 경우에는 510 nm에서 측정한다.

㉱ 분해되기 쉬운 유기물을 함유한 시료 전처리로 과황산칼륨 분해법이 있다.

해설 : 880 nm에서 흡광도 측정이 불가능할 경우에는 710 nm에서 측정한다(발색시간 : 15분).

07 총인을 아스코르빈산 환원법에 의해 흡광도 측정을 할 때 880 nm에서 측정이 불가능한 경우 710 nm의 파장에서 측정이 가능하다. 이때의 발색시간은 얼마인가? ㉯

㉮ 10분 ㉯ 15분

㉰ 20분 ㉱ 30분

해설 : 총인은 880 nm에서 흡광도 측정이 불가능할 경우에는 710 nm에서 측정한다(발색시간 : 15분).

08 아스코르빈산 환원 흡광광도법을 통한 총인의 측정시 정량범위는 얼마인가? ㉱

㉮ 0.001 ~ 0.020 mg ㉯ 0.005 ~ 0.05 mg

㉰ 0.0002 ~ 0.002 mg ㉱ 0.001 ~ 0.025 mg

해설 : 총인 측정시 아스코르빈산 환원 흡광광도법은 정령범위는 0.001~0.025 mg이다.

09 아스코르빈산 환원 흡광광도법을 통한 총인의 측정을 위한 시료의 전처리시 분해되기 쉬운 유기물을 함유한 시료의 전처리는 무엇인가? ㉯

㉮ p-나이크로페놀 분해 ㉯ 과황산칼륨 분해

㉰ 질산-황산 분해 ㉱ 아스코르빈산 분해

해설 : 총인 시료의 전처리는 분해되기 쉬운 유기물을 함유한 시료는 과황산칼륨 분해와, 다량의 유기물을 함유한 시료는 질산-황산 분해를 하여 전처리 한다.

10 수질오염공정시험방법 중 흡광광도 분석법에서 다음 중 그 측정 파장이 가장 큰 것은 무엇인가? ㉮

㉮ 인산염인 ㉯ 크롬

㉰ 비소 ㉱ 페놀류

해설 : 흡광광도 분석법의 측정파장을 사펴보면 크롬(540 nm), 비소(530 nm), 페놀류(510 nm), 인산염인(염화제일주석환원법 : 690 nm, 아스코르빈산환원법 : 880 nm)이다.

제5절 수질환경기사 작업형 실기시험

본 절에서는 국가기술자격검정 수질환경기사 작업형 실기시험 수행 시 유의사항과 주로 출제되는 문제를 수록하였다. 출제유형과 경향 등을 파악함으로서 실기시험에 대비하는데 도움이 될 것이다.

1. 작업형 실기시험 시 유의사항 및 경향

1.1 작업형 실기시험 시 유의사항

수질환경기사 2차 시험은 계산문제 위주의 주관식 시험문제(60점)와 작업형 실기시험(40점) 중 전체 60점 이상이면 합격하게 된다. 다음 사항들은 실기시험에서 현장 체크리스트들로 항목별 채점에 산정이 된다.

(1) 실험태도가 성실하고 감독관의 지시에 잘 따르는가?

(2) 주어진 실험기구(피펫, 피펫 충전기, 자석교반기, 유리막대 등)를 적재적소에 적절히 사용하는가?

① 피펫, 피펫 충전기를 적절하게 사용하는가?
② 피펫 사용 시 끝부분의 잔액을 완전히 제거하는가?
③ 교반 시 자석교반기 및 유리막대는 적절하게 사용하는가?

(3) 실험 수행 시 초자기구 등의 실험기자재를 파손하는 경우는 없는가?
(4) 초자기구 사용 시 증류수로 2회 이상 세척하는가?
(5) 용량플라스크나 피펫 등을 사용할 때 눈금을 눈높이에서 표선에 맞추는가?
(6) 제조시약에 라벨을 부착하는가?
(7) 제조시약의 제조량과 제조시약의 숫자가 일치하는가?

(8) 흡광광도계 사용 시 흡수셀의 불투명한 부분(10 mm 사각 석영셀) 혹은 목부분(원형셀)을 잡고 측정하고자 하는 용액으로 2회 이상 세척 후 3/4 정도 셀을 채운 후 측정하며, 반드시 저농도 부터 측정하는가?

(9) 문제풀이 과정 유의사항

① 문제의 답은 반드시 흑색 볼펜으로 기재하고 수정 시에는 감독관의 날인을 받는다.

② 계산과정은 풀이과정을 반드시 기재하고 따로 설명이 없는 한 소수점 셋째자리에서 반올림하는 것을 원칙으로 한다.

③ 문제에 표시된 중요 결과 치는 감독관의 입회하에 실험을 수행하고 그 결과치는 확인 날인을 받는다.

④ 시약은 수검자가 직접 제조하여야 한다.

1.2 최근 작업형 실기시험 출제경향

(1) 1997 ~ 1998년

화학적 산소요구량(COD), 암모니아성 질소(NH_3-N), 아질산성 질소(NO_2-N), 철(Fe) 항목이 반복 출제되었음.

(2) 1999년

화학적 산소요구량(COD), 암모니아성 질소(NH_3-N), 아질산성 질소(NO_2-N), 철(Fe), 총인(T-P), 총질소(T-N) 항목이 출제되었음.

(3) 2000 ~ 2015년

암모니아성 질소(NH_3-N), 철(Fe), 총인(T-P), 총질소(T-N) 항목이 반복 출제되있음.

(4) 2016년 이후 ~ 최근

암모니아성 질소(NH_3-N), 철(Fe), 총인(T-P), 총질소(T-N) 4항목 중 2가지 항목이 번갈아 가며 반복 출제되고 있음.

2. 총질소(T-N) 측정

자격종목 및 등급	수질환경(산업)기사	작품명	질산화 및 탈질산화 공정계획을 위한 총질소 분석

◆ 시험시간 : 4시간

[문제풀이 과정 및 유의사항]

- 문제의 답은 답안지에 흑색볼펜으로 기재하며 수정 시에는 시험 감독의 날인을 받아야 한다.
- 계산문제는 풀이과정을 반드시 기재하고 소수점 셋째자리에서 반올림하는 것을 원칙으로 한다.
- 문제의 표시된 중요결과치는 시험위원 입회하에 실험을 수행하고 그 결과치를 확인날인을 받도록 한다.
- 채취시료(미지시료)는 실험계획서의 시료제조방법에 따라 제조하고 제시된 실험방법을 기준으로 분석한다.
- 시약은 수검자가 직접 제조하는 것을 원칙으로 하며 문제의 요구에 따라 제조방법을 서술할 수도 있다.
- 흡광도(검량선 포함) 측정 시, 흡수셀은 반드시 석영셀을 사용하여야 한다.

◆ 요구사항

A시 하수종말처리장에서는 질소제거를 위한 질산화 및 탈질산화 공정을 검토하고 있다. 이를 위해 처리장 2차 침전지 유출수를 취수하여 자외선 흡광광도법을 이용 T-N을 분석하고자 한다.

실험계획서를 완성하고 계획서에 주어진 제조방법에 따라 미지시료를 제조, 분석하여 다음 물음에 답하시오.

실 험 계 획 서

◆ 실험 방법

① 시료의 전처리 : 미지시료의 전처리과정은 과황산칼륨분해 중 일부만을 적용한다. 시료 50 mL(질소함량이 0.1 mg 이상일 경우에는 희석)를 분해병에 넣고 알칼리성 과황산칼륨 용액 10 mL를 넣어 마개를 닫고 흔들어 섞는다. 고압증기멸균기에 넣고 가열하여, 약 120℃가 될 때부터 30분간 가열 분해하고 분해병을 꺼내어 방냉한다(생략부분).

② 전처리한 시료의 상등액을 취하여 유리섬유거름종이(GF/C)로 여과한다.

③ 여액 25 mL를 정확히 취하여 50 mL 또는 100 mL 용량 플라스크에 옮긴다.

④ 이 용액에 염산(1+16) 5 mL를 넣어 pH 2～3으로 하고 이 용액의 일부를 층장 10 mm 흡수셀에 옮겨 검액으로 한다. 따로 물 50 mL를 취하여 시료의 전처리 시험방법에 따라 시험하고 바탕시험액으로 한다. (pH를 2～3으로 맞추는 조작은 생략한다.)

⑤ 바탕시험액을 대조액으로 하여 220 nm에서 검액의 흡광도를 측정하고 미리 작성한 검량선으로부터 총질소의 양을 구한다.

⑥ 검량선 작성 : 질산성질소 표준액(0.02 mg NO_3-N/mL) 2, 4, 8, 10 mL를 단계적으로 취하여 100 mL 용량플라스크에 넣고 물을 넣어 표선을 채운 다음, 이 액 25 mL씩을 정확히 취하여 각각 용량플라스크 또는 비색관에 넣고 염산(1+500) 5 mL를 넣은 나음 시료의 시험방법에 따라 시험하여 질소의 양과 흡광도와의 관계선을 작성한다.

◆ 시약제조 방법

① 질산성 질소 표준원액(0.1 mg NO_3-N/mL) : 건조한 질산칼륨(표준시약) 0.722 g을 정확히 달아 증류수에 녹여 정확히 1,000 mL로 한다.

② 질산성 질소 표준액(0.02 mg NO_3-N/mL, 100 mL 제조 기준) : 질산성 질소 표준원액(0.1 mg NO_3-N/mL) 20 mL를 정확히 취하여 증류수로 정확히 100 mL로 만든다.

③ 미지시료 1 폐수 제조 : 표준원액 5 mL+증류수 → 100 mL

④ 미지시료 2 폐수 제조 : 표준원액 20 mL+증류수 → 100 mL

⑤ 알칼리성 과황산칼륨($K_2S_2O_8$)용액 : 물 100 mL에 수산화나트륨(질소시험용 또는 질소함량이 0.005 % 이하인 것) 4 g을 넣어 녹인 다음 과황산칼륨(질소시험용 또

는 질소함량이 0.0005 % 이하인 것) 3 g을 넣어 녹인다.

⑥ 염산(1+16) : 증류수 160 mL에 진한 염산 10 mL를 천천히 가하여 혼합한다.

⑦ 염산(1+500) : 증류수 500 mL에 진한 염산 1 mL를 천천히 가하여 혼합한다.

● 문 제

문제 1. 측정원리를 서술하시오.

문제 2. 검량선 작성

질산성 질소 표준용액(0.02 mg NO_3-N/mL) 2, 4, 8, 10 mL를 단계적으로 취하여 시험하여 질산성 질소의 양과 흡광도와의 관계선을 작성하시오. 또한 회귀직선식과 그에 따른 상관계수(R)를 구하시오. (모든 계산치는 바탕실험을 보정한 값으로 한다.)

검량시료량(mL)	흡광도	시험위원(인)
2		※ 시험위원 입회하에 실험을 수행하고 결과치에 대한 확인, 날인을 받으시오.
4		
8		
10		
바탕실험액		

회귀직선식 $Y=AX+B$	※ A, B의 산출식을 쓰고 산출과정을 Table을 작성하여 정확히 기술하시오.
상관계수 $R=\dfrac{n(\Sigma XY)-(\Sigma X)(\Sigma Y)}{\sqrt{[n\Sigma X^2-(\Sigma X)^2][n\Sigma Y^2-(\Sigma Y)^2]}}$	※ 산출과정을 Table을 작성하여 정확히 기술하시오. ※ 소수점 4째자리까지 구하시오.

검량선작성(모눈종이 부착) ※ 회귀직선식에 따라 작성하시오. ※ X축 산출근거를 명확히 쓰시오(Y축 : 흡광도).

문제 3. 실험분석 결과치를 이용하여 미지시료(채취시료)의 농도를 계산하고, 과정을 쓰시오.

시 료	흡광도	시험위원(인)
채취시료(미지시료 1)	시험위원 입회하에 실험을 수행하고 결과치에 대한 확인, 날인을 받으시오.	
채취시료(미지시료 2)		
바탕 실험액		

답 안 지

● 문 제

문제 1. 측정원리를 서술하시오.

	배점	
시료 중 질소화합물을 알칼리성 과황산칼륨의 존재 하에 120℃에서 유기물과 함께 분해하여 질산이온으로 산화시킨 다음 산성에서 자외부 흡광도를 측정하여 질소를 정량하는 방법이다. 이 방법은 비교적 분해되기 쉬운 유기물을 함유하고 있거나 자외부에서 흡광도를 나타내는 브롬이온이나 크롬을 함유하지 않는 시료에 적용된다. 정량범위는 0.005～0.05 mg N이며 표준편차는 3～10 %이다.		

문제 2. 검량선 작성

질산성 질소 표준액(0.02 mg N/mL) 2, 4, 8, 10 mL를 단계적으로 취하여 100 mL 용량플라스크에 넣고 물을 채운 다음 이 액 25 mL를 취하여 실험을 하여 다음과 같은 흡광도 데이터를 얻었다. (이것은 각 개인의 실험 데이터를 가지고 계산하기 때문에 본 예제와 다소 차이가 날 수 있다.)

검량시료량(mL)	흡광도	시험위원(인)
2	0.1080	(인)
4	0.2044	(인)
8	0.3203	(인)
10	0.4029	(인)
바탕실험액	0.0000	(인)

배점

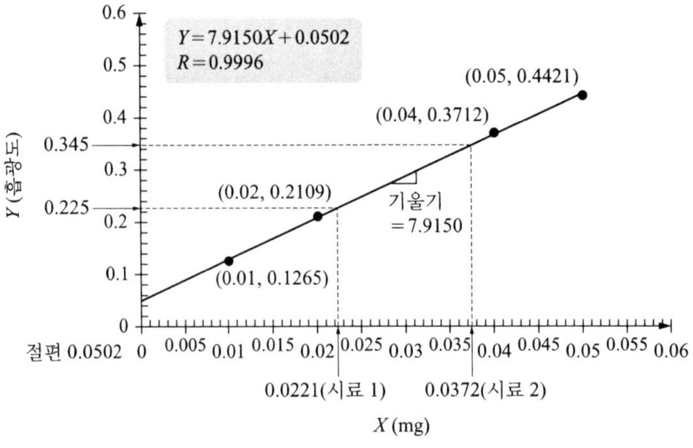

표준액 2, 4, 8, 10 mL를 각각 100 mL 용량플라스크에 넣고 물을 채운 다음 25 mL씩 취하여 시험하였으므로, 시험액 중의 질소의 양(mg)은?

※ X축 산출근거

$$\text{Sample.1} = \frac{0.02\text{ mg}}{\text{mL}} \times 2\text{ mL} \times \frac{25\text{ mL}}{100\text{ mL}} = 0.01\text{ mg}$$

$$\text{Sample.2} = \frac{0.02\text{ mg}}{\text{mL}} \times 4\text{ mL} \times \frac{25\text{ mL}}{100\text{ mL}} = 0.02\text{ mg}$$

$$\text{Sample.3} = \frac{0.02\text{ mg}}{\text{mL}} \times 8\text{ mL} \times \frac{25\text{ mL}}{100\text{ mL}} = 0.04\text{ mg}$$

$$\text{Sample.4} = \frac{0.02\text{ mg}}{\text{mL}} \times 10\text{ mL} \times \frac{25\text{ mL}}{100\text{ mL}} = 0.05\text{ mg}$$

※ 회귀직선 $Y = AX + B$ 구하기

$$A(\text{기울기}) = \frac{n(\sum XY) - (\sum X)(\sum Y)}{n\sum X^2 - (\sum X)^2}$$

$$= \frac{4(0.0424) - (0.12)(1.1507)}{4(0.0046) - (0.12)^2} = 7.9150$$

$$B(\text{절편}) = \frac{\sum X^2 \sum Y - \sum X \sum XY}{n\sum X^2 - (\sum X)^2}$$

$$= \frac{(0.0046)(1.1507) - (0.12)(0.0424)}{4(0.0046) - (0.12)^2} = 0.0502$$

※ 회귀직선 $Y = AX + B$

→ $Y = 7.915 \cdot X + 0.0502$, 여기서 $n = 4$

※ 상관계수(R)

시료량(mL)	X(mg)	Y	XY	Y^2	X^2
2	0.01	0.1080	0.0013	0.0160	0.0001
4	0.02	0.2044	0.0042	0.0445	0.0004
8	0.04	0.3203	0.0148	0.1378	0.0016
10	0.05	0.4029	0.0221	0.1955	0.0025
Σ	0.12	1.0356	0.0424	0.3937	0.0046

n(자료수) = 4

상관계수(R)

$$R = \frac{n(\sum XY) - (\sum X)(\sum Y)}{\sqrt{[n\sum X^2 - (\sum X)^2][n\sum Y^2 - (\sum Y)^2]}}$$

$$= \frac{4(0.0424) - (0.12)(1.1507)}{\sqrt{[4(0.0046) - (0.12)^2][4(0.3937) - (1.1507)^2]}}$$

$$= 0.9996$$

문제 3. 채취시료(미지시료)의 농도계산 및 과정

※ 채취시료(미지시료)의 농도계산 및 과정

시 료	흡광도	시험위원(인)
미지시료 1	0.225	(인)
미지시료 2	0.345	(인)
바탕실험액	0.000	(인)

$$\text{T-N(mg/L)} = a \times \frac{60}{25} \times \frac{1,000}{V}$$

여기서, a : 검량선으로부터 구한 질소의 양(mg)

V : 전처리에 사용한 시료량(mL)

회귀직선식 $Y = 7.9150 \cdot X + 0.0502$에서 미지시료내의 질소 양(mg)을 구하면,

- 미지시료 1 : $X = 0.0221$ mg

배점

- 미지시료 2 : $X = 0.0372$ mg 이를 총질소 농도 구하는 식에 대입하면, 미지시료 1 T-N(mg/L) $= 0.0221 \times \frac{60}{25} \times \frac{1,000}{50} = 1.0608\ \text{mg/L}$ 미지시료 2 T-N(mg/L) $= 0.0372 \times \frac{60}{25} \times \frac{1,000}{50} = 1.7856\ \text{mg/L}$		

3. 총인(T-P) 측정

자격종목 및 등급	**수질환경(산업)기사**	작품명	**하수처리장 유출수의 총인농도 분석**

◆ 시험시간 : 4시간

[문제풀이 과정 및 유의사항]
• 문제의 답은 답안지에 흑색볼펜으로 기재하며 수정 시에는 시험감독의 날인을 받아야 한다. • 계산문제는 풀이과정을 반드시 기재하고 소수점 셋째자리에서 반올림하는 것을 원칙으로 한다. • 문제의 표시된 중요 결과치는 시험위원 입회하에 실험을 수행하고 그 결과치를 확인날인을 받도록 한다. • 채취시료(미지시료)는 실험계획서의 시료제조방법에 따라 제조하고 제시된 실험방법을 기준으로 분석한다. • 시약은 수검자가 직접 제조하는 것을 원칙으로 하며 문제의 요구에 따라 제조방법을 서술할 수도 있다. • 본 실험 수행 중, 유리기구 등의 세척(세제에 인성분이 함유되어 있음)으로 인한 실험오차가 발생할 수 있으므로 실험에 사용되는 기기, 기구 등에 세제성분이 남아 있지 않도록 주의하여야 한다. (검정시행 전 : 유리기구 등에 세제성분이 없도록 헹굼과정을 거치도록 한다.) (검정시행 시, 시행 후 : 세제를 사용하지 않고 세척하거나 수돗물을 사용하여 여러 번 헹굼과정을 거치도록 한다.)

◆ 요구사항

A시 하수종말처리장 방류수 수질기준에 따른 안정적 총인(T-P)처리를 위한 적절한 탈인 공정을 도입하기 위하여 하수종말처리장 유출수의 총인농도를 흡광광도법으로 분석하고자 한다.

실험계획서를 완성하고 계획서에 주어진 제조방법에 따라 미지시료를 제조, 분석하여 다음 물음에 답하시오.

실 험 계 획 서

◆ 실험 방법

① 시료의 전처리 : 미지시료의 전처리과정은 과황산칼륨 분해방법 중 일부만 적용한다(질산 - 황산분해는 적용하지 않는다).

(ㄱ) 과황산칼륨분해 : 시료 50 mL(인으로 0.06 mg 이하 함유)를 플라스크에 넣고 과황산칼륨용액(증류수로 대치한다.) 10 mL를 넣어 마개를 닫고 섞은 다음 [고압증기멸균기에 넣어 가열한다. 약 120℃가 될 때부터 30분간 가열분해를 계속하고 분해병을 꺼내 방냉한다(생략부분)].

(ㄴ) 질산 - 황산 분해 : 시료 50 mL(인으로 0.06 mg 이하 함유)를 킬달플라스크에 넣고 질산 2 mL를 넣어 액량이 약 10 mL가 될 때까지 서서히 가열 농축하고 방냉한다. 여기서 질산 2～5 mL와 황산 2 mL를 넣고 가열을 계속하여 황산의 백연이 격렬하게 발생할 때까지 가열한다. 분해가 끝나면 물을 넣고 중화시킨 후 50 mL 용량플라스크에 옮기고 물을 넣어 표선까지 채운다.

② 전처리한 시료의 상등액 25 mL를 정확히 취하여 50 mL 또는 100 mL 용량 플라스크에 넣고 몰리브덴산암모늄 - 아스코르빈산혼액 2 mL를 넣어 흔들어 섞은 다음 15분간 방치한다.

③ 이 용액의 일부를 층장 10 mm 흡수셀에 옮겨 검액으로 한다. 따로 물 50 mL를 취하여 시료의 전처리 시험방법에 따라 시험하고 바탕시험액으로 한다.

④ 바탕시험액을 대조액으로 하여 880 nm에서 검액의 흡광도를 측정하고 미리 작성한 검량선으로부터 총인의 양을 구한다.

⑤ 검량선 작성 : 인산염 인 표준액(0.005 mg P/mL) 5, 10, 15, 20 mL를 단계적으로 취하여 100 mL 용량플라스크에 넣고 물을 넣어 표선을 채운 다음, 이 액 25 mL씩을 정확히 취하여 각각 용량플라스크에 넣고 시료의 시험방법에 따라 시험하여 인의 양과 흡광도와의 관계선을 작성한다.

◆ 시약제조 방법

① 몰리브덴산암모늄 - 아스코르빈산 혼액 : 몰리브덴산암모늄(4수화물) 1.2 g과 주석산안티몬칼륨 0.048 g을 물 약 60 mL에 녹이고 황산(2 + 1) 24 mL와 설파민산암모늄 1 g을 넣어 녹인 다음 물을 넣고 100 mL로 하고 여기에 7.2 % L-아스코르빈산 용액 20 mL를 넣어 섞는다.

② 미지시료 1 폐수 제조 : 표준원액 12 mL + 증류수 → 100 mL

③ 미지시료 2 폐수 제조 : 표준원액 40 mL + 증류수 → 100 mL

④ 인산염인 표준원액(0.1 mg PO_4-P/mL) : 건조한 인산이수소칼륨(표준시약) 0.439 g을 정확히 달아 증류수에 녹여 정확히 1,000 mL로 한다.

⑤ 인산염인 표준액(0.005 mg PO_4-P/mL) : 인산염인 표준원액 10 mL를 정확히 취하여 물을 넣어 정확히 200 mL로 한다.

⑥ 황산(2 + 1) : 증류수 40 mL에 황산 80 mL를 서서히 가하여 섞는다.

⑦ 7.2 % 아스코르빈산 용액 50 mL : 아스코르빈산($C_6H_8O_6$) 3.6 g을 증류수에 녹여 50 mL로 한다.

⑧ 과황산칼륨용액은 증류수로 대신한다.

● 문 제

문제 1. 측정원리를 서술하시오.

문제 2. 검량선 작성

인산염 인 표준액(0.005 mg P/mL) 5, 10, 15, 20 mL를 단계적으로 취하여 시험하여 인산염인의 양과 흡광도와의 관계선을 작성하시오. 또한 회귀직선식과 그에 따른 상관계수(R)를 구하시오. (모든 계산치는 바탕실험을 보정한 값으로 한다.)

검량시료량(mL)	흡광도	시험위원(인)
5		※ 시험위원 입회하에 실험을 수행하고 결과치에 대한 확인, 날인을 받으시오.
10		
15		
20		
바탕실험액		

회귀직선식 $Y = AX + B$	※ A, B의 산출식을 쓰고 산출과정을 Table을 작성하여 정확히 기술하시오.
상관계수 $R = \dfrac{n(\Sigma XY) - (\Sigma X)(\Sigma Y)}{\sqrt{[n\Sigma X^2 - (\Sigma X)^2][n\Sigma Y^2 - (\Sigma Y)^2]}}$	※ 산출과정을 Table을 작성하여 정확히 기술하시오. ※ 소수점 4째자리까지 구하시오.

검량선작성(모눈종이 부착)
※ 회귀직선식에 따라 작성하시오.
※ X축 산출근거를 명확히 쓰시오(Y축 : 흡광도).

문제 3. 전처리를 위해 과황산칼륨분해방법을 적용하는 시료와 질산 - 황산분해방법을 적용하는 시료의 차이점을 기술하시오.

문제 4. 실험분석 결과치를 이용하여 미지시료(채취시료)의 농도를 계산하고, 과정을 쓰시오.

시 료	흡광도	시험위원(인)
채취시료(미지시료 1)	시험위원 입회하에 실험을 수행하고 결과치에 대한 확인, 날인을 받으시오.	
채취시료(미지시료 2)		
바탕실험액		

답 안 지

● 문 제

문제 1. 측정원리를 서술하시오.

시료중의 유기물을 산화 분해하여 모든 인 화합물을 인산염(PO_4) 형태로 변화시킨 다음 인산염을 아스코르빈산환원 흡광광도법으로 정량하여 총인의 농도를 구하는 방법이다. 880 nm에서 흡광도 측정이 불가능할 경우에는 710 nm에서 측정한다(발색시간 : 15분). 정량범위는 0.001～0.025 mg P이며, 표준편차는 2～10 %이다.	배점	

문제 2. 검량선 작성

인산염인 표준액(0.005 mg P/mL) 5, 10, 15, 20 mL를 단계적으로 취하여 100 mL 용량플라스크에 넣고 물을 채운 다음 이 액 25 mL를 취하여 실험을 하여 다음과 같은 흡광도 데이터를 얻었다.	배점	

검량시료량(mL)	흡광도	시험위원(인)
5	0.229	(인)
10	0.451	(인)
15	0.673	(인)
20	0.894	(인)
바탕실험액	0.000	(인)

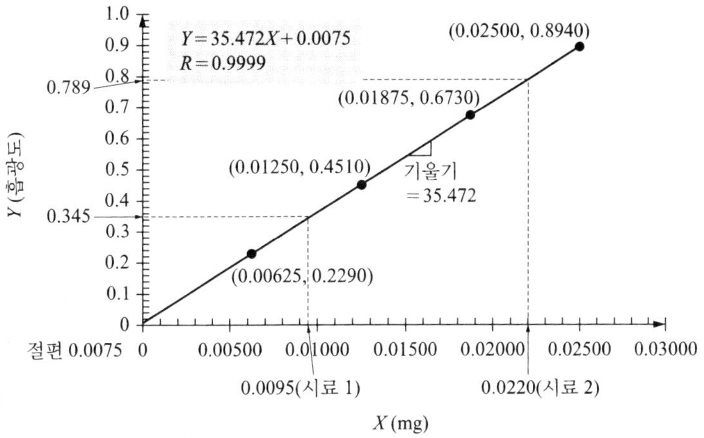

표준액 5, 10, 15, 20 mL를 각각 100 mL 용량플라스크에 넣고 물을 채운 다음 25 mL씩 취하여 시험하였으므로, 시험액 중의 인의 양(mg)은?

※ X축 산출근거

$$\text{Sample.1} = \frac{0.005\text{ mg}}{\text{mL}} \times 5\text{ mL} \times \frac{25\text{ mL}}{100\text{ mL}} = 0.00625\text{ mg}$$

$$\text{Sample.2} = \frac{0.005\text{ mg}}{\text{mL}} \times 10\text{ mL} \times \frac{25\text{ mL}}{100\text{ mL}} = 0.01250\text{ mg}$$

$$\text{Sample.3} = \frac{0.005\text{ mg}}{\text{mL}} \times 15\text{ mL} \times \frac{25\text{ mL}}{100\text{ mL}} = 0.01875\text{ mg}$$

$$\text{Sample.4} = \frac{0.005\text{ mg}}{\text{mL}} \times 20\text{ mL} \times \frac{25\text{ mL}}{100\text{ mL}} = 0.02500\text{ mg}$$

※ 회귀직선 $Y = AX + B$ 구하기

$$A(\text{기울기}) = \frac{n(\sum XY) - (\sum X)(\sum Y)}{n\sum X^2 - (\sum X)^2}$$

$$= \frac{4(0.0420)-(0.0625)(2.247)}{4(0.001172)-(0.0625)^2} = 35.472$$

$$B(\text{절편}) = \frac{\sum X^2 \sum Y - \sum X \sum XY}{n\sum X^2 - (\sum X)^2}$$

$$= \frac{(0.0046)(1.1507)-(0.12)(0.0424)}{4(0.0046)-(0.12)^2} = 0.0075$$

※ 회귀직선 $Y = AX + B$

→ $Y = 35.472 \cdot X + 0.0075$, 여기서 $n = 4$

※ 상관계수(R)

시료량(mL)	X(mg)	Y (흡광도보정)	XY	Y^2	X^2
5	0.00625	0.229	0.0014	0.0524	0.000039
10	0.01250	0.451	0.0056	0.2034	0.000156
15	0.01875	0.673	0.0126	0.4529	0.000352
20	0.02500	0.894	0.0224	0.7992	0.000625
Σ	0.06250	2.247	0.0420	1.5080	0.001172

n(자료수)$=4$

상관계수(R)

$$R = \frac{n(\sum XY)-(\sum X)(\sum Y)}{\sqrt{[n\sum X^2-(\sum X)^2][n\sum Y^2-(\sum Y)^2]}}$$

$$= \frac{4(0.0420)-(0.0625)(2.2470)}{\sqrt{[4(0.001172)-(0.0625)^2][4(1.5080)-(2.2470)^2]}}$$

$$= 0.9999$$

문제 3. 전처리를 위해 과황산칼륨분해방법을 적용하는 시료와 질산 - 황산분해방법을 적용하는 시료의 차이점을 기술하시오.

과황산칼륨 분해법 : 분해되기 쉬운 유기물을 함유한 시료에 적합 질산 - 황산 분해법 : 다량의 유기물을 함유한 시료에 적합	배점	

문제 4. 실험분석 결과치를 이용하여 미지시료(채취시료)의 농도를 계산하고, 과정을 쓰시오.

※ 채취시료(미지시료)의 농도계산 및 과정

시 료	흡광도	시험위원(인)
미지시료 1	0.345	(인)
미지시료 2	0.789	(인)
바탕실험액	0.000	(인)

$$\text{T-P(mg/L)} = a \times \frac{60}{25} \times \frac{1,000}{V}$$

여기서, a : 검량선으로부터 구한 인의 양(mg)

V : 전처리에 사용한 시료량(mL)

※ 과황산칼륨으로 시료를 전처리한 경우

회귀직선식 $Y = 35.4720 \cdot X + 0.0075$에서 미지시료내의 인의 양(mg)을 구하면

- 미지시료 1 : $X = 0.0095$ mg
- 미지시료 2 : $X = 0.0220$ mg

이를 총인 농도 구하는 식에 대입하면,

미지시료 1 $\text{T-P(mg/L)} = 0.0095 \times \frac{60}{25} \times \frac{1,000}{50} = 0.456 \text{ mg/L}$

미지시료 2 $\text{T-P(mg/L)} = 0.0220 \times \frac{60}{25} \times \frac{1,000}{50} = 1.056 \text{ mg/L}$

※ 질산－황산으로 시료를 전처리한 경우

$$\text{T-P(mg/L)} = a \times \frac{1,000}{25}$$

여기서, a : 검량선으로부터 구한 인의 양(mg)

검량선으로 구한 인의 양(mg)을 농도 공식에 대입하면,

미지시료 1 $\text{T-P(mg/L)} = 0.0095 \times \frac{1,000}{25} = 0.380 \text{ mg/L}$

미지시료 2 $\text{T-P(mg/L)} = 0.0220 \times \frac{1,000}{25} = 0.880 \text{ mg/L}$

배점

4. 철(Fe) 측정

자격종목 및 등급	**수질환경(산업)기사**	작품명	**지하수 중의 철 분석**

◆ 시험시간 : 4시간

[문제풀이 과정 및 유의사항]

- 문제의 답은 답안지에 흑색볼펜으로 기재하며 수정 시에는 시험감독의 날인을 받아야 한다.
- 계산문제는 풀이과정을 반드시 기재하고 소수점 셋째자리에서 반올림하는 것을 원칙으로 한다.
- 문제의 표시된 중요결과치는 시험위원 입회하에 실험을 수행하고 그 결과치를 확인날인을 받도록 한다.
- 채취시료(미지시료)는 실험계획서의 시료제조방법에 따라 제조하고 제시된 실험방법을 기준으로 분석한다.
- 시약은 수검자가 직접 제조하는 것을 원칙으로 하며 문제의 요구에 따라 제조방법을 서술할 수도 있다.

◆ 요구사항

음용수로 사용하고 있는 어떤 지하수를 채취하여 흡광광도법(페난트로린법)으로 이 지하수 중의 철(Fe)을 분석하여 수질환경기준(0.3 mg/L 이하) 적합여부를 판단하고자 한다.

실험계획서를 완성하고 계획서에 주어진 제조방법에 따라 미지시료를 제조, 분석하여 다음 물음에 답하시오.

실 험 계 획 서

◆ 실험 방법

① 전처리한 시료적당량(철로서 0.5 mg 이하 함유)을 비커에 넣고 질산(1+1) 2 mL를 넣어 끓인다. 물을 넣어 50~100 mL로 하고 암모니아수(1+1)을 넣어 약알칼리성으로 한 다음 수분간 끓여 침전을 생성시킨다.

② 염산(1+2) 6 mL를 넣어 가한다.

③ 100 mL 용량플라스크에 옮기고 물을 넣어 액량을 약 70 mL로 하고 염산하이드록실아민 용액(10 w/v %) 1 mL를 넣어 흔들어 섞는다.

④ *o*-페난트로린용액(0.1 w/v %) 5 mL를 넣어 흔들어 섞고 초산암모늄 용액(50 w/v %) 10 mL를 넣어 흔들어 섞은 다음 실온까지 식힌다. 물을 넣어 표선까지 채워 흔들어 섞은 다음 20분간 방치하여 시료용액으로 한다.

⑤ 따로 물 50 mL를 취하여 시료의 시험방법에 따라 시험하여 바탕시험액으로 한다. 바탕시험액을 대조액으로 하여 층장 10 mm 흡수셀에 옮겨 510 nm에서 검액의 흡광도를 측정하고 미리 작성한 검량선으로부터 철의 양을 구하고 농도(mg/L)를 산출한다.

◆ 시약제조 방법

① 미지시료 1 폐수 제조 : 철 표준원액 200 mL+증류수 → 500 mL

② 미지시료 2 폐수 제조 : 철 표준원액 10 mL+증류수 → 500 mL

③ 질산(1+1) : 질산 1부피에 물 1부피 비율로 섞어 만든다. 100 mL 제조 시 질산 50 mL + 물 50 mL를 섞는다.

④ 암모니아(1+1) : 암모니아 1부피에 물 1부피 비율로 섞어 만든다. 100 mL 제조 시 암모니아 50 mL + 물 50 mL를 섞는다.

⑤ 염산(1+2) : 물 66.7 mL에 염산 33.3 mL를 서서히 가하여 섞는다.

⑥ 염산하이드록실아민 용액(10 w/v %) : 염산하이드록실아민 10 g을 물에 녹여 100 mL로 한다.

⑦ *o*-페난트로린 용액(0.1 w/v %) : *o*-페난트로린 2염산염 0.12 g을 물에 녹여 100 mL로 한다.

⑧ 초산암모늄 용액(50 w/v %) : 초산암모늄 6수화물 50 g을 물에 녹여 100 mL로 한다.

⑨ 철 표준원액(1 mg Fe/mL) : 황산제일철암모늄 6수화물 7.02 g을 염산(1+1) 20

mL와 소량의 물을 녹이고 물을 넣어 1,000 mL로 한다.

⑩ 철 표준용액(0.01 mg Fe/mL) : 철 표준원액 10 mL를 정확히 취하여 물을 넣어 1,000 mL로 한다.

● 문 제

문제 1. 측정원리를 서술하시오.

문제 2. 실험방법 중 전처리로 침전을 하는 이유를 서술하시오.

문제 3. 실험방법 중 초산암모늄 용액의 역할을 서술하시오.

문제 4. 검량선 작성

철 표준액(0.01 mg Fe/mL) 5, 10, 20, 40 mL를 단계적으로 취하여 시험하여 100 mL 용량플라스크에 넣고 염산(1+2) 6 mL를 넣어 이하 시료의 시험방법으로 실험을 하여 각각의 농도와 흡광도와의 관계선을 작성하시오. 또한 회귀직선식과 그에 따른 상관계수(R)를 구하시오. (모든 계산치는 바탕실험을 보정한 값으로 한다.)

검량시료량(mL)	흡광도	시험위원(인)
5		※ 시험위원 입회하에 실험을 수행하고 결과치에 대한 확인, 날인을 받으시오.
10		
20		
40		
바탕실험액		

회귀직선식 $Y = AX + B$	※ A, B의 산출식을 쓰고 산출과정을 Table을 작성하여 정확히 기술하시오.
상관계수 $R = \dfrac{n(\Sigma XY) - (\Sigma X)(\Sigma Y)}{\sqrt{[n\Sigma X^2 - (\Sigma X)^2][n\Sigma Y^2 - (\Sigma Y)^2]}}$	※ 산출과정을 Table을 작성하여 정확히 기술하시오. ※ 소수점 4째자리까지 구하시오.

검량선작성(모눈종이 부착) ※ 회귀직선식에 따라 작성하시오. ※ X축 산출근거를 명확히 쓰시오(Y축 : 흡광도).

문제 5. 실험분석 결과치를 이용하여 미지시료(채취시료)의 농도를 계산하고, 과정을 쓰시오.

시 료	흡광도	시험위원(인)
채취시료(미지시료 1)	시험위원 입회하에 실험을 수행하고 결과치에 대한 확인, 날인을 받으시오.	
채취시료(미지시료 2)		
바탕실험액		

답 안 지

● 문 제

문제 1. 측정원리를 서술하시오.

철 이온을 암모니아 알칼리성으로 하여 수산화제이철로 침전분리하고 침전을 염산에 녹여서 염산히드록실아민으로 제일철로 환원한 다음, *o*-페난트로린을 넣어 약산성에서 나타나는 등적색 철착염의 흡광도를 510 nm에서 측정하는 방법이다. 정량범위는 0.02～0.5 mg이고 표준편차는 2～10 %이다.	배점	

문제 2. 실험방법 중 전처리로 침전을 하는 이유를 서술하시오.

착화합물 또는 착이온 상태로 존재하는 철 이온을 전처리하여 철을 3가로 산화시킨 후 암모니아수로 수산화제이철로 침전시킴으로서 철의 손실을 방지하고 목적성분의 정량을 쉽게 하기 위함이다.	배점	

문제 3. 실험방법 중 초산암모늄 용액의 역할을 서술하시오.

초산암모늄 용액은 완충용액으로서 *o*-페난트로린과 Fe^{2+} 이온이 반응하여 생긴 등적색의 가용성 착물이 완전하게 발색되는 pH 4～5(보통 pH 4.8)의 범위로 조절하고 장시간 안정하도록 해준다.	배점	

문제 4. 검량선 작성

철 표준액(0.01 mg Fe/mL) 5, 10, 20, 40 mL를 단계적으로 취하여 시험하여 100 mL 용량플라스크에 넣고 염산(1+2) 6 mL를 넣어 이하 시료의 시험방법으로 실험을 하여 다음과 같은 흡광도 데이터를 얻었다.

검량시료량(mL)	흡광도	시험위원(인)
5	0.154	(인)
10	0.243	(인)
20	0.423	(인)
40	0.735	(인)
바탕실험액	0.000	(인)

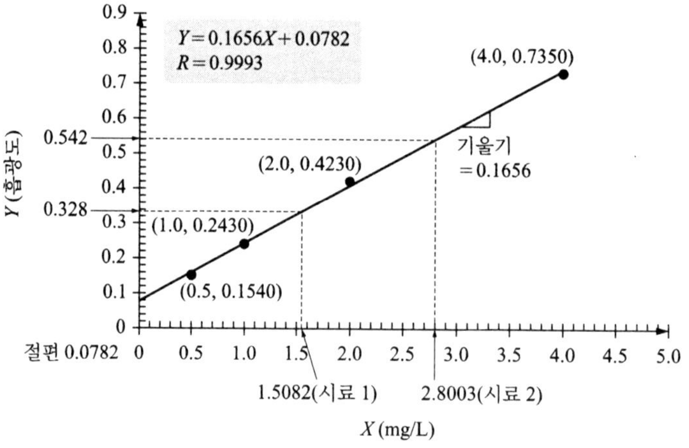

표준액 5, 10, 20, 40 mL를 각각 100 mL 용량플라스크에 넣고 물을 채운 다음 시험하였으므로, 시험액 중의 철의 양(mg)은?

※ X축 산출근거

$$\text{Sample.1} = \frac{0.01\ \text{mg}}{\text{mL}} \times \frac{5\ \text{mL}}{100\ \text{mL}} \times \frac{1{,}000\ \text{mL}}{1\ \text{L}} = 0.5\ \text{mg}$$

배점

$$\text{Sample.2} = \frac{0.01\ \text{mg}}{\text{mL}} \times \frac{10\ \text{mL}}{100\ \text{mL}} \times \frac{1{,}000\ \text{mL}}{1\ \text{L}} = 1.0\ \text{mg}$$

$$\text{Sample.3} = \frac{0.01\ \text{mg}}{\text{mL}} \times \frac{20\ \text{mL}}{100\ \text{mL}} \times \frac{1{,}000\ \text{mL}}{1\ \text{L}} = 2.0\ \text{mg}$$

$$\text{Sample.4} = \frac{0.01\ \text{mg}}{\text{mL}} \times \frac{40\ \text{mL}}{100\ \text{mL}} \times \frac{1{,}000\ \text{mL}}{1\ \text{L}} = 4.0\ \text{mg}$$

※ 회귀직선 $Y=AX+B$ 구하기

$$A(\text{기울기}) = \frac{n(\Sigma XY)-(\Sigma X)(\Sigma Y)}{n\Sigma X^2-(\Sigma X)^2}$$

$$= \frac{4(4.106)-(7.5)(1.555)}{4(21.25)-(7.5)^2} = 0.1656$$

$$B(\text{절편}) = \frac{\Sigma X^2 \Sigma Y - \Sigma X \Sigma XY}{n\Sigma X^2-(\Sigma X)^2}$$

$$= \frac{(21.25)(1.555)-(7.5)(4.106)}{4(21.25)-(7.5)^2} = 0.0782$$

※ 회귀직선 $Y=AX+B$

→ $Y=0.1656 \cdot X+0.0782$, 여기서 $n=4$

※ 상관계수(R)

시료량(mL)	X(mg)	Y	XY	Y^2	X^2
5	0.5	0.154	0.077	0.0237	0.25
10	1.0	0.243	0.243	0.0590	1.00
20	2.0	0.423	0.846	0.1789	4.00
40	4.0	0.735	2.940	0.5402	16.00
Σ	7.5	1.555	4.106	0.8019	21.25

n(자료수)$=4$

상관계수(R)

$$R = \frac{n(\Sigma XY)-(\Sigma X)(\Sigma Y)}{\sqrt{[n\Sigma X^2-(\Sigma X)^2][n\Sigma Y^2-(\Sigma Y)^2]}}$$

$$= \frac{4(4.106)-(7.5)(1.555)}{\sqrt{[4(21.25)-(7.5)^2][4(0.8019)-(1.555)^2]}}$$

$$= 0.9993$$

문제 5. 실험분석 결과치를 이용하여 미지시료(채취시료)의 농도를 계산하고, 과정을 쓰시오.

※ 채취시료(미지시료)의 농도계산 및 과정

시 료	흡광도	시험위원(인)
미지시료 1	0.328	(인)
미지시료 2	0.542	(인)
바탕실험액	0.000	(인)

회귀직선식 $Y = 0.1656 \cdot X + 0.0782$에서 미지시료내의 철의 양(mg)을 구하면,

- 미지시료 1 : $X = 1.5082$ mg/L
- 미지시료 2 : $X = 2.8003$ mg/L

이 시료는 100 mL 용량플라스크에서 50 mL를 취하여 실험을 하였으므로 철 농도 구하는 식에 대입하면,

미지시료 1 Fe(mg/L) $= 1.5082 \times \dfrac{100\ \text{mL}}{50\ \text{mL}} = 3.0164\ \text{mg/L}$

미지시료 2 Fe(mg/L) $= 2.8003 \times \dfrac{100\ \text{mL}}{50\ \text{mL}} = 5.6006\ \text{mg/L}$

시료의 철(Fe) 농도 측정 시 표준편차는 ±10 %이므로 실험값이 이 범위 안에 들어가야 한다.

배점	

5. 암모니아성 질소(NH_3−N) 측정

자격종목 및 등급	수질환경(산업)기사	작품명	암모니아성 질소 분석

◆ 시험시간 : 4시간

[문제풀이 과정 및 유의사항]

- 문제의 답은 답안지에 흑색볼펜으로 기재하며 수정 시에는 시험감독의 날인을 받아야 한다.
- 계산문제는 풀이과정을 반드시 기재하고 소수점 셋째자리에서 반올림하는 것을 원칙으로 한다.
- 문제의 표시된 중요결과치는 시험위원 입회하에 실험을 수행하고 그 결과치를 확인날인을 받도록 한다.
- 채취시료(미지시료)는 실험계획서의 시료제조방법에 따라 제조하고 제시된 실험방법을 기준으로 분석한다.
- 시약은 수검자가 직접 제조하는 것을 원칙으로 하며 문제의 요구에 따라 제조방법을 서술할 수도 있다.

◆ 요구사항

A저수지에 흘러 들어가는 어떤 하천에 처리되지 않은 축산폐수가 유입되어 하천의 부영양화가 가속화되는 것으로 판명되었다. 이 하천의 암모니아성 질소를 흡광광도법(인도페놀법)으로 측정하고자 한다.

실험계획서를 완성하고 계획서에 주어진 제조방법에 따라 미지시료를 제조, 분석하여 다음 물음에 답하시오.

실 험 계 획 서

◆ 실험 방법

① 전처리 또는 여과한 시료 2 mL(암모니아성 질소로서 0.04 mg 이하 함유)을 취하여 50 mL 용량플라스크에 넣고 물을 넣어 약 30 mL로 한 다음 나트륨페놀라이트 용액 10 mL와 니트로푸루싯나트륨 용액 1 mL를 넣고 조용히 섞은 다음 차아염소산나트륨 용액(암모니아성 질소 시험용) 5 mL를 넣어 조용히 섞는다.

② 물을 넣어 표선까지 채운 다음 액온을 20~25℃로 하여 약 30분간 방치하고 이 용액의 일부를 층장 10 mm 흡수셀에 옮겨 검액으로 한다.

③ 따로 물 30 mL를 취하여 이하 시료의 시험방법에 따라 시험하고 바탕시험액으로 한다.

④ 바탕시험액을 대조액으로 하여 630 nm에서 검액의 흡광도를 측정하고 미리 작성한 검량선으로부터 암모니아성 질소의 양을 구한다.

◆ 시약제조 방법

① 암모니아성 질소 표준원액(0.1 mg NH_3-N/mL) : 염화암모늄(NH_4Cl, m · w = 53.5) 0.382 g을 정확히 달아 물에 녹여 정확히 1,000 mL로 한다.

② 암모니아성 질소 표준액(0.005 mg NH_3-N/mL) : 암모니아성 질소 표준원액 25 mL를 정확히 취하여 물을 넣어 500 mL로 한다.

③ 미지시료 1 폐수 제조 : 표준원액 50 mL를 취하여 500 mL로 한다.

④ 미지시료 2 폐수 제조 : 표준원액 150 mL를 취하여 500 mL로 한다.

⑤ 20(w/v %) NaOH 제조 : 100 mL 제조 기준

⑥ 차아염소산나트륨 용액 : 유효염소 10 % 차아염소산나트륨(NaOCl) 시약을 사용하여 제조하고, 유효염소로서 1 g에 해당되는 mL수를 취한다. 10 % NaOCl을 21 mL를 취하여 물을 넣어 정확히 100 mL로 한다.

$$\frac{\text{NaOCl } 10\text{ g}}{100\text{ mL}} \times \frac{\text{Cl } 35.45\text{ g}}{\text{NaOCl } 74.45\text{ g}} = \frac{\text{Cl } 4.76\text{ g}}{100\text{ mL}} = \frac{\text{Cl } 1\text{ g}}{21\text{ mL}}$$

⑦ 나트륨페놀라이트 용액 : 페놀 12.5 g에 20 % NaOH 27.5 mL과 아세톤 3 mL를 해서 100 mL로 한다.

⑧ 나이트로푸르싯나트륨 용액 : 나이트로푸르싯나트륨 2수화물 0.15 g을 물에 녹여 100 mL로 한다.

문 제

문제 1. 측정원리를 서술하시오.

문제 2. 나트륨페놀라이트 용액의 역할을 서술하시오.

문제 3. 나이트로푸르싯나트륨 용액의 역할을 서술하시오.

문제 4. 검량선 작성

암모니아성질소 표준액(0.005 mg NH_3-N/mL) 2, 5, 8, 10 mL를 단계적으로 취하여 물을 넣어 약 30 mL로 하고 이하 시료의 시험방법에 따라 시험하여 암모니아성 질소의 양과 흡광광도의 관계선을 작성하시오. 또한 회귀직선식과 그에 따른 상관계수(R)를 구하시오. (모든 계산치는 바탕실험을 보정한 값으로 한다.)

검량시료량(mL)	흡광도	시험위원(인)
2		※ 시험위원 입회하에 실험을 수행하고 결과치에 대한 확인, 날인을 받으시오.
5		
8		
10		
바탕실험액		

회귀직선식 $Y=AX+B$	※ A, B의 산출식을 쓰고 산출과정을 Table을 작성하여 정확히 기술하시오.
상관계수 $R=\dfrac{n(\Sigma XY)-(\Sigma X)(\Sigma Y)}{\sqrt{[n\Sigma X^2-(\Sigma X)^2][n\Sigma Y^2-(\Sigma Y)^2]}}$	※ 산출과정을 Table을 작성하여 정확히 기술하시오. ※ 소수점 4째자리까지 구하시오.

검량선작성(모눈종이 부착) ※ 회귀직선식에 따라 작성하시오. ※ X축 산출근거를 명확히 쓰시오(Y축 : 흡광도).

문제 5. 실험분석 결과치를 이용하여 미지시료(채취시료)의 농도를 계산하고, 과정을 쓰시오.

시 료	흡광도	시험위원(인)
채취시료(미지시료 1)	시험위원 입회하에 실험을 수행하고 결과치에 대한 확인, 날인을 받으시오.	
채취시료(미지시료 2)		
바탕실험액		

답 안 지

● 문 제

문제 1. 측정원리를 서술하시오.

암모늄이온이 차아염소산의 공존아래에서 페놀과 반응하여 생성하는 인도 페놀의 청색을 630 nm에서 측정하는 방법이다. 정량범위는 0.002～0.04 mg NH_3-N이고, 표준 편차율은 2～10 %이다.	배점	

문제 2. 나트륨페놀라이트 용액의 역할을 서술하시오.

암모니아는 차아염소산이온의 존재 하에서 페놀과 반응하여 청색으로 발색하며 이 용액 중에 들어 있는 아세톤은 반응을 촉진시키므로 나트륨페놀라이트 용액은 반응촉진제인 동시에 발색제로 사용된다.	배점	

문제 3. 나이트로푸르싯나트륨 용액의 역할을 서술하시오.

온도가 높으면 정량차에 오차가 생기므로 이 오차를 줄이기 위해서 나이트로푸르싯나트륨 용액을 반응 촉진제로 사용하여 반응시킨다.	배점	

문제 4. 검량선 작성

암모니아성 표준액(0.005 mg NH_3-N/mL) 2, 5, 8, 10 mL를 단계적으로 취하여 시험 방법대로 시험을 하여 다음과 같은 흡광도 데이터를 얻었다.

검량시료량(mL)	흡광도	시험위원(인)
2	0.2290	(인)
5	0.4510	(인)
8	0.6730	(인)
10	0.8940	(인)
바탕실험액	0.0000	(인)

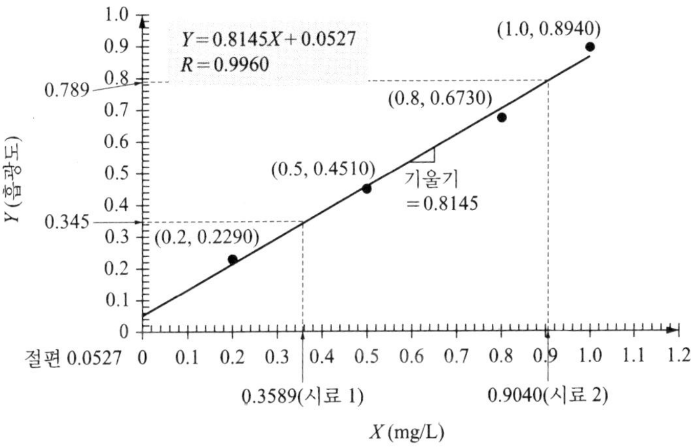

배점

표준액 2, 5, 8, 10 mL를 50 mL로 만들어 시험하였으므로, 각각의 농도는 아래와 같다.

※ X축 산출근거

$$\text{Sample.1} = \frac{0.005\text{ mg}}{\text{mL}} \times 2\text{ mL} \times \frac{1}{50\text{ mL}} \times \frac{1{,}000\text{ mL}}{1\text{ L}}$$

$$= 0.2\text{ mg/L}$$

$$\text{Sample.2} = \frac{0.005\text{ mg}}{\text{mL}} \times 5\text{ mL} \times \frac{1}{50\text{ mL}} \times \frac{1{,}000\text{ mL}}{1\text{ L}}$$

$$= 0.5\text{ mg/L}$$

$$\text{Sample.3} = \frac{0.005\text{ mg}}{\text{mL}} \times 8\text{ mL} \times \frac{1}{50\text{ mL}} \times \frac{1{,}000\text{ mL}}{1\text{ L}}$$

$$= 0.8\ \mathrm{mg/L}$$

$$\text{Sample.4} = \frac{0.005\ \mathrm{mg}}{\mathrm{mL}} \times 10\ \mathrm{mL} \times \frac{1}{50\ \mathrm{mL}} \times \frac{1{,}000\ \mathrm{mL}}{1\ \mathrm{L}}$$

$$= 1.0\ \mathrm{mg/L}$$

※ 회귀직선 $Y = AX + B$ 구하기

$$A(\text{기울기}) = \frac{n(\sum XY) - (\sum X)(\sum Y)}{n\sum X^2 - (\sum X)^2}$$

$$= = \frac{4(0.0458) - (2.5)(2.2470)}{4(1.93) - (2.5)^2} = 0.8145$$

$$B(\text{절편}) = \frac{\sum X^2 \sum Y - \sum X \sum XY}{n\sum X^2 - (\sum X)^2}$$

$$= \frac{(1.93)(2.2470) - (2.5)(1.7037)}{4(1.93) - (2.5)^2} = 0.0527$$

※ 회귀직선 $Y = AX + B$

→ $Y = 0.8145 \cdot X + 0.0527$, 여기서 $n = 4$

※ 상관계수(R)

시료량(mL)	X(mg)	Y	XY	Y^2	X^2
2	0.2	0.2290	0.0458	0.0524	0.04
5	0.5	0.4510	0.2255	0.2034	0.25
8	0.8	0.6730	0.5384	0.4529	0.64
10	1.0	0.8940	0.8940	0.7992	1.00
Σ	2.5	2.2470	1.7037	1.5080	1.93

n(자료수) = 4

상관계수(R)

$$R = \frac{n(\sum XY) - (\sum X)(\sum Y)}{\sqrt{[n\sum X^2 - (\sum X)^2][n\sum Y^2 - (\sum Y)^2]}}$$

$$= \frac{4(1.7037) - (2.5)(2.2470)}{\sqrt{[4(1.93) - (2.5)^2][4(1.5080) - (2.2470)^2]}}$$

$$= 0.9960$$

문제 5. 실험분석 결과치를 이용하여 미지시료(채취시료)의 농도를 계산하고, 과정을 쓰시오.

※ 채취시료(미지시료)의 농도계산 및 과정

시 료	흡광도	시험위원(인)
미지시료 1	0.345	(인)
미지시료 2	0.789	(인)
바탕실험액	0.000	(인)

회귀직선식 $Y = 0.8145 \cdot X + 0.0527$에서 미지시료내의 질소 양(mg)을 구하면,

- 미지시료 V mL를 취하여 50 mL 용량플라스크에 물을 채워 실험하였으므로 오염물질 농도는 희석배수(50 mL/ V mL)만큼 곱해줘야 한다. 여기서는 미지시료 2 mL를 취하여 실험하였으므로 암모니아성 질소의 농도(mg/L)는 아래와 같다.
- 미지시료 1 : $X = 0.3589$ mg/L
- 미지시료 2 : $X = 0.9040$ mg/L

이를 암모니아성질소 농도 구하는 식에 대입하면,

미지시료 1 NH_3-N(mg/L) $= 0.3589 \times \dfrac{50\ \text{mL}}{2\ \text{mL}} = 8.9725\ \text{mg/L}$

미지시료 2 NH_3-N(mg/L) $= 0.9040 \times \dfrac{50\ \text{mL}}{2\ \text{mL}} = 22.60\ \text{mg/L}$

배점

참고문헌

2017 하수도 통계(환경부, 2018)

2019 하수도 통계 (환경부, 2020.12월)

2020 지하수조사연보(환경부 · K-water, 2020)

2020 지하수 측정연보(환경부 · K-water, 2020)

강변여과수개발가능지점 및 개발가능량조사(K-water, 2002)

기상청(http://www.kma.go.kr)

기후변화 대응 물순환 신도시 조성을 위한 분산형 빗물관리 세미나 자료(2008. 10. 23) 중 - 국외의 빗물관리 사례와 제도(세명대 이태구 교수) · 다목적이고 적극적인 빗물관리에 의한 기후변화 적응방안과 국내사례(서울대 한무영 교수)

국립산림과학원(http://www.kfri.go.kr)

국토해양부 건설수자원정책실. 「주요 업무보고」, 2008.

도서 해안지역 지하수 확보방안 기본조사(국토해양부 · K-water, 2012)

물이란 무엇인가, 우에다이라 히사시, 전파과학사, 1987.

물과 현대생활, 이삼노 외 1인, 구미서관, 2002.

물과 미래, 한국수자원공사, 2021.

물관리 실무편람(K-water, 2020)

물의 위기(마크 드 빌리어스著 박희경 · 최동진譯 2001)(원저 : "Water, The fate of our most precious resource" by Marq de Villiers, 1999)

산림청(http://www.forest.go.kr)

수리학, 윤용남, 청문각, 2014.

수질오염개론, 김좌관, 동화기술, 2021.

수질오염개론, 박철희 외 4인, 동화기술, 2016.

수질오염개론, 이규성 외 6인, 형설출판사, 2007.

수질오염개론, 전세진 외 7인, 신광문화사, 2010.

수질오염분석, 박정환 외 3인, 동화기술, 2011.

수질오염물질분석, 이우식 외 5인, 동화기술, 2012.

수질오염 공정시험기준주해, 최규철 외 9인, 동화기술, 2012.

수질화학, 양운진, 신광문화사, 2014.

수질환경분석실험, 박정환 외 2인, 신광문화사, 2007.

수질환경실기, 신동성 외 1인, 동화기술, 2012.

수질환경, 신동성 외 1인, 동화기술, 2012.

수질환경, 이종혁 외 2인, 세진사, 2015.

수질환경기사 산업기사, 이규성 외 1인, 동화기술, 2004

수자원장기종합계획(2001～2020) 제3차 수정계획(국토교통부, 2016)

임업통계연보(산림청, 2018)

제3차 지하수관리기본계획 수정계획 변경(환경부 공고 제2020-11호, 2020)

제4차 수자원장기종합계획 제3차 수정계획(국토교통부, 2016)

전국유역조사보고서(국토교통부, 2015)

최신 수질관리, 박정규 외 6인, 신광문화사, 2010.

최신 수질오염개론, 우달식 외 6인, 동화기술, 2011.

하천 건천화 평가 및 개선방안 연구(국토해양부, 2009)

한국의 댐, 한국수자원공사, 2002.

환경공무원 · 환경공학, 신동성 외 1인, 동화기술, 2014.

환경공학(개정판), 최의소 외 1인, 청문각, 1995.

환경생태학, 박철희 외 4인, 동화기술, 2016.

환경화학, 김덕찬 외 2인, 동화기술, 2013.

환경부(http://www.ilovewater.or.kr)

환경백서, 환경부, 2018.

한국수자원공사(http://www.kwater.or.kr)
해수담수화 운영백서 2012(K-water)
해양심층수 이용학, 후지타 다이스케 외 1인, 북미디어, 2007.
해양심층수의 다목적 개발 연구보고서(국토해양부, 2010)
해양심층수 기술 · 정보 세미나(해양수연구원, 2008)
Desalination Yearbook 2012-2013(IDA)
etnews(http://www.greendaily.co.kr)
Global Water Market 2011, 2014(GWI)
http://www.nier.go.kr
http://www.nier.go.kr / 수질오염공정시험법, 2012
http://www.naver.co.kr
Riverbank filtration ; Improving source water quality(National water research institute, 2002)
The World's Water 2000~2001(Gleick, P.H.)
"WATER FOOTPRINTS OF NATIONS, Volume1: Main Report", Value of Water Research Series No.16(Chapagain, A.K. and Hoekstra, A.Y., UNESCO-IHE, 2004)
Water in Crisis(Gleick, P.H., 1993)
Water for People Water for Life(UN 세계수자원 개발보고서 2003)
World Water Resoures at the Beginning of 21st Century(I.A. Shiklomanov and John C. Rodda, 2003)

찾아보기

영문

저자 : **김 성 준**

- 전북대학교 대학원 환경공학과 공학박사
- 현) (재)화성시환경재단 정책운영지원팀 부장
- 전) (유)한국지구환경연구소 소장
- 전) 전북대학교 공과대학 강의초빙교수
- 전) 전북대학교 공과대학 강의전담교수
- 전) 전북대학교 공과대학 겸임교수
- 전) 전주대학교 의과학대학 환경생명과학과 외래교수
- 전) 전주대학교 공과대학 토목환경공학과 외래교수
- 전) 전북녹색환경지원센터 기술지원홈닥터

수질환경 개론 및 실험 정가 28,000원

발 행 2024년 3월 10일 2판 2쇄
저 자 김성준
발행인 정우용
발행처 도서출판 동화기술
경기도 파주시 광인사길 201(문발동, 파주출판도시)
Tel (031)955-4211~6 donghwapub@nate.com
Fax (031)955-4217 www.donghwapub.co.kr
(등록) 1977년 12월 19일/9-16호

ISBN 978-89-425-9353-8